国家公园蓝皮书

BLUE BOOK OF
NATIONAL PARK

中国国家公园体制建设报告
（2019~2020）

ANNUAL REPORT ON NATIONAL PARK MANAGEMENT
SYSTEM IN CHINA (2019-2020)

主　编／苏　杨　张玉钧　石金莲
副主编／王　蕾　陈吉虎　何思源

社会科学文献出版社
SOCIAL SCIENCES ACADEMIC PRESS (CHINA)

主要写作人员名单

国务院发展研究中心管理世界杂志社

苏　杨　苏红巧　赵鑫蕊

北京林业大学

张玉钧　张婧雅　李　卅　贾　倩　郑月宁　徐亚丹

北京工商大学商学院

石金莲　董月天　马晓霞

世界自然基金会北京代表处

王　蕾

水利部综合事业局

陈吉虎

中国科学院地理科学与资源研究所

何思源

中国林业科学研究院

尹昌君

中国农业大学

常　青　王佳鑫

首都师范大学

李　宏

"国家公园蓝皮书"丛书的相关研究工作、出版及样书购买得到**国务院发展研究中心力拓基金项目**、国家社科基金一般项目**"国家公园管理中的公众参与机制研究"**（17BGL122）、世界自然基金会 – 吕克·霍夫曼研究所（The Luc Hoffmann Institute）**"National Park for People in China (2015 – 2018)"** 项目、北京林业大学青年教师科学研究中长期项目**"国家公园生态旅游适应性规划与管理"**（2015ZCQ – YL – 04）的支持。

本书为作者团队个人科研成果的集成，不代表任何机构的观点，各部分内容的署名作者文责自负

目 录

Ⅱ　专题报告

Ⅲ　附件

皮书数据库阅读**使用指南**

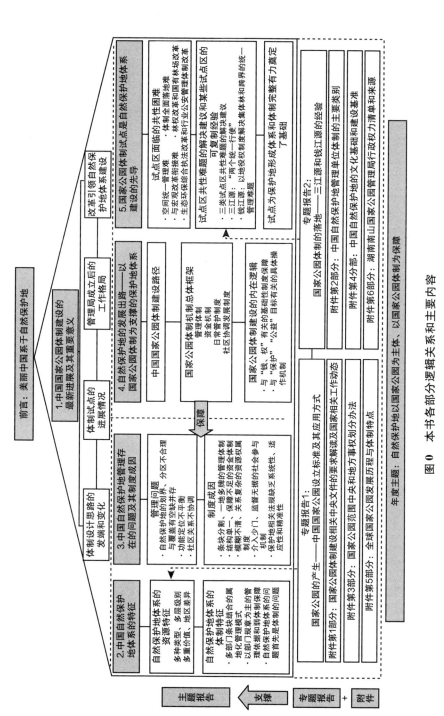

图 0　本书各部分逻辑关系和主要内容

前言　美丽中国系于自然保护地

　　党的十八大报告提出"建设美丽中国"，党的十九大报告进一步指出："建设生态文明是中华民族永续发展的千年大计……建设美丽中国，为人民创造良好生产生活环境，为全球生态安全做出贡献。"美丽中国必然是天蓝地绿水清的中国，但仅仅是人居环境的天蓝水碧——这是世界所有国家的统一标准，并不具有中国特征，也难以体现我们这片承载着五千年文明的国土同时还是世界12个"生物多样性巨丰"（mega-biodiversity）国家的美丽。而且，人居环境的改善有高度的可复制性和可恢复性，并非中国的特色美丽①。**以国家公园为主体的自然保护地，才是美丽中国的重要象征②**，在世界独一无二、在中国不可替代。而且，中国的自然保护地中的多数，承载着悠久的自然保护史、人与自然和谐相处的生产生活方式，并有依托名山大川的文化活动作为底蕴，自然美和文化美兼具。

---

① 例如，日本在20世纪五六十年代经济高速发展时期的污染比中国20世纪八九十年代经济高速发展时期重得多（世界八大公害事件有四个发生在日本，且只有日本才有数以千计的确诊的公害病患者），但现在的日本天蓝水碧，从人居环境而言已是人间天堂。不过，日本的生物多样性资源受到极大破坏，价值较高的陆生物种（如狼、朱鹮）悉数灭绝，且大多数河流过度人工化，大多数水生物种再也无法恢复。类似的情况也出现在大多数欧美发达国家，如在许多中国人心目中是人居环境天堂的瑞士，其生物多样性资源却乏善可陈。尽管全球最大的环保非政府组织世界自然基金会（WWF）的总部设在瑞士，但WWF也认为瑞士的生物多样性资源难以恢复，连狼这样在阿尔卑斯山脉常见的物种都难觅踪迹。

② 2019年6月，中共中央办公厅、国务院办公厅印发的《关于建立以国家公园为主体的自然保护地体系的指导意见》中明确指出，"自然保护地是生态建设的核心载体、中华民族的宝贵财富、美丽中国的重要象征，在维护国家生态安全中居于首要地位"。而党的十九大报告中早已指出："建立以国家公园为主体的自然保护地体系"。显然，按中央文件，美丽中国—自然保护地—国家公园之间的逻辑关系是清楚的。

一　中国的自然保护地得天独厚并有
文化基础和建设基准

美丽中国的精华主要体现在自然保护地，自然保护地集中体现了中国的自然环境优势。与许多人的直观感觉不同，中国的自然环境远远优于任何一个欧美发达国家：中国的地貌类型和海域特征多样，形成了复杂的自然生态系统，孕育了丰富的生物多样性。这些地貌和生态资源分布于中国不同的地理区位，呈现各具特色的自然风貌：①中国几乎具备了陆地生态系统的所有类型，包括森林、灌丛、草原和稀树草原、草甸、荒漠、高山冻原等。由于不同的气候、土壤等条件，又进一步分为各种亚类型约600种。众多的生态系统类型与众多的地貌结合，构成了中国高度多样化的自然风景。②中国位列世界12个"生物多样性巨丰"国家之列且是其中唯一的非热带国家，是东亚动物区系中最为独特的区域，拥有大量的孑遗和特有物种：拥有高等植物30000余种（其中约50%为中国特有种），脊椎动物6347种，分别占世界总种数的10%和14%；植物种数略次于马来西亚和巴西，居世界第三位①。③中国也是享誉世界的文明古国，各族人民在经济社会发展的过程中，不仅逐渐形成了"天人合一"的自然保护思想，成就了"山水林田湖草人"②的生命共同体，支撑了自然遗产和文化遗产伴生、自然文化遗产互促式保护的美丽中国。不同特色的自然基础孕育出各自不同的地域文化，从东部传统农业文化区到西南少数民族农业文化区，从沙漠游牧文化区到青藏高原游牧文化区，它们共同构成了多姿多彩的中国生态文化，在此基础上形成了不同类型的风景资源。这其中，不仅有"天下名山僧占多"的名山和"浪花淘尽英雄"的大川，也有"村规民约风水林"，还有"山高水长梯田多"的各种文化景观。而只占国土面积近1/5的自然保护地，就把全面、多样、复杂、自然人文交相辉映的美丽中国基本展现出来。

---

① 引自《全国野生动植物保护及自然保护区建设工程总体规划》。
② 指原住民已经成为生态系统的要素，所以与"山水林田湖草"共同形成生命共同体。这方面的具体阐释参见主题报告第三章3.1.2.1节。

能体现并延续这样的美丽中国，除了自然条件，还因为中国的自然保护史和价值观①。

深远厚重的自然保护史是中国自然保护地的文化基础。自然保护地，在中国有悠久的自然保护思想作为支撑。自春秋时期的祭祀封禅②开始，至汉代已经形成的以五岳五镇③为骨架的名山体系，到魏晋南北朝时期的畅神④，再到宋代逐步进行自然山水建设的实践，众多伟大的自然思想家在欣赏自然、感知自然、保护自然等方面积淀了宝贵的中国传统自然资源保护管理理论。发展至今，结合国际上对自然保护的科学共识，中国已建立了大量的针对不同生态系统和自然资源类型的保护地。其中的自然保护地犹如一颗颗璀璨的珍珠，镶嵌于中国壮美的山水格局中。国家通过实施科学且缜密的管理措施⑤，将这些"珍珠"永久保存，让美丽中国永放光彩，为后代提供公平的享用机会，为国家的可持续发展做出贡献。建设美丽中国，就是留住这些名山大川、留住这些鸟语花香、留住这些天人和谐，这是保护山水格局、保护生态系统、保护野生生物的"初心"。

一脉相承的价值观是自然保护地体系的建设基准。自然保护地展现了中国最深厚的土地资源家底和传统文化特色，是资源最珍奇或景观最典型的珍贵区域，代表着一个国家最精华的自然与精神，承载着千年古国传承下来的自然观与价值观。同时，自然保护地也是国民最值得骄傲和自豪的地方。在这里，人们可以逃离纷繁嘈杂的城市，回归真正的人类精神家园，因大自然的力量而敬畏自然、因大自然的和蔼而热爱自然、因大自然的脆弱而保护自然。一个国家

① 关于这方面更详细的阐述，参见本书附件第4部分。
② 中国古人认为群山中泰山最高，为"天下第一山"，因此历代帝王去最高的泰山祭过天帝，才算受命于天。
③ 五岳五镇：东岳泰山、西岳华山、南岳衡山、北岳恒山、中岳嵩山；东镇沂山、南镇会稽山、中镇霍山、西镇吴山、北镇医巫闾山。
④ 魏晋南北朝时期，人们对名山的认识由自然崇拜转变为游览观赏，到优美的自然山水之间饮酒赋诗，欣赏风景，注重自身心神与山水之"神"的融汇，达到物我交融的境界，即所谓的"畅神"。
⑤ 源自自然保护的可持续利用管理理念和措施，在中国历史悠久。例如，唐代著名诗人白居易在《策林二》中的名言："天育物有时，地生财有限，而人之欲无极。以有时有限奉无极之欲，而法制不生其间，则必物暴殄而财乏用矣"；又如，《逸周书·大聚解》记载："禹之禁，春三月，山林不登斧，以成草木之长；夏三月，川泽不入网罟，以成鱼鳖之长。"

的自然保护地只有得到全民的认可和热爱，才能真正发挥它的作用。因此，构建合理可行的保护地体系和体制，尤其是国家公园体制，将对国家形象的树立、国民身份的认同、国家共同意识和民族凝聚力的提升起到重大作用，并为实现公共资源的有效保护和公众永续享用的终极目标提供重要途径。

二 国家公园体制支撑的自然保护地体系是美丽中国的保障

中国的自然保护地体系尚未真正成形，目前有自然保护区、风景名胜区、森林公园、地质公园等十多种管理类型。在国家层面，出台了《环境保护法》《森林法》等相关法律和《自然保护区条例》《风景名胜区条例》等行政法规，制定了《森林公园管理办法》《湿地保护管理规定》等规章和规范性文件，还公布了《中国国家自然遗产、国家自然与文化双遗产预备名录》等。这些管理依据与多部门的管理机构，一起构成了中国的自然保护地管理框架。只是这个框架还没有体系化，也没有全面有力的体制支撑，这使得在中国划定的自然保护地占国土面积已经接近20%的情况下[1]，美丽中国仍然没有得到全面有力的保障。

所幸，过去近五年间，以国家公园体制建设为抓手[2]，自然保护地的体制保障一直在增强：在大力推进生态文明建设、努力建设美丽中国的新形势下，为了探索更加科学、更加高效的自然保护地治理路径，2013年党的十八届三中全会首次提出"坚定不移实施主体功能区制度，建立国家公园体制"，预示着要从国土空间层面对现有自然保护地进行系统梳理并提供体制支撑。2015

---

[1] 2019年9月，在中华人民共和国成立70周年活动新闻中心举办的第四场新闻发布会上，生态环境部副部长黄润秋介绍："70年来，我们国家建立了2750个自然保护区，其中国家级有474个，自然保护区的总面积达到147万平方公里，这个面积占到我们陆域国土面积的15%。如果我们国家别的保护地加在一起，我们各类自然保护地是11029处，占到陆域国土面积的18%。也就是说，我们提前实现了联合国《生物多样性公约》提出的到2020年保护地面积达到17%的目标（即爱知目标第11条）。"应该指出的是，在管理没有形成体系尤其没有体制保障的情况下，这个自然保护地面积数值不一定等同于管理效果。

[2] 严格而言，国家公园体制建设、国家公园体制改革和国家公园体制试点是有区别的，国家公园体制试点是国家公园体制建设的一个阶段性、局部工作，三者都属于生态文明体制建设。但因为国家公园体制相关工作的核心都是体制改革，国家公园体制试点在目前这个阶段就基本等同于国家公园体制建设，所以我们在本书中不刻意区分这三个概念。

年 1 月，国家发展改革委等 13 个部委联合发布了《建立国家公园体制试点方案》（以下简称《试点方案》），确定了北京等 9 个国家公园体制试点省份（省级行政区）和试点区，要求每个试点省份选取 1 个区域开展试点。2015 年 9 月，中共中央、国务院印发的《生态文明体制改革总体方案》（以下简称《生态文明总体方案》）进一步强调，"建立国家公园体制。加强对重要生态系统的保护和可持续续利用，改革各部门分头设置自然保护区、风景名胜区、文化自然遗产、地质公园、森林公园等的体制，对上述保护地进行功能重组，合理界定国家公园范围。国家公园实行更加严格保护，除不损害生态系统的原住民生活生产设施改造和自然观光科研教育旅游外，禁止其他开发建设，保护自然生态和自然文化遗产原真性、完整性"。2016 年 1 月 26 日，习近平总书记在中央财经小组第十二次会议上提出，"要着力建设国家公园，保护自然生态系统的原真性和完整性，给子孙后代留下一些自然遗产。要整合设立国家公园，更好保护珍稀濒危动物。要研究制定国土空间开发保护的总体性法律，更有针对性地制定或修订有关法律法规"。2016 年 3 月，《中华人民共和国国民经济和社会发展第十三个五年规划纲要》（以下简称《"十三五"规划纲要》）中提出到 2020 年的发展目标："加大禁止开发区域保护力度"，"建立国家公园体制，整合设立一批国家公园"，"强化自然保护区建设和管理，加大典型生态系统、物种、基因和景观多样性保护力度"。2017 年 9 月，中共中央办公厅、国务院办公厅联合发布了《建立国家公园体制总体方案》（以下简称《总体方案》）。《总体方案》确认国家公园是指由国家批准设立并主导管理，边界清晰，以保护具有国家代表性的大面积自然生态系统为主要目的，实现自然资源科学保护和合理利用的特定陆地或海洋区域，第一次系统给出"国家公园体制"的各项内容。2017 年 10 月，党的十九大报告中提出"建立以国家公园为主体的自然保护地体系"，既是对过去国家公园体制试点成果的肯定，也为今后自然保护地体系的全面改革指明了方向。2018 年 3 月出台的《深化党和国家机构改革方案》提出，"组建自然资源部，组建国家林业和草原局，加挂国家公园管理局牌子，由自然资源部管理"。随后自然资源部、国家林业和草原局（以下简称国家林草局）"三定方案"出台①，明确了国家公

---

① 《自然资源部职能配置、内设机构和人员编制规定》和《国家林业和草原局职能配置、内设机构和人员编制规定》。

园主管部门的权责，初步形成了国家公园管理的工作格局：自然资源部下属的国家公园管理局统一行使国家公园的管理职责。2019 年 1 月，中央全面深化改革委员会第六次会议通过的《关于建立以国家公园为主体的自然保护地体系指导意见》（以下简称《自然保护地意见》）等文件，提出要构建国家公园、自然保护区、自然公园三大类的"两园一区"的自然保护地新分类系统，对各类自然保护地要实行全过程统一管理，统一监测评估、统一执法、统一考核，实行两级审批、分级管理的体制。中央层面强有力的指导和配套政策对中国自然保护事业、保护地治理及国家公园体制建设给予了积极引导，也提出严格要求。社会各方对该领域的关注也更加聚焦：中国的国家公园是在借鉴国际经验基础上，以中央改革精神为目标导向，以解决自然保护地保护利用矛盾等为问题导向，在生态文明制度方面自上而下的积极探索。

过去近五年，国家公园体制试点一直是生态文明体制建设的排头兵。自上而下看，国家公园体制试点，针对原保护地体系"权、钱"相关体制的关键问题，在建立统一事权、分级管理体制上有了进展，初步完成了党的十八届三中全会提出的统一行使全民所有自然资源资产所有者职责，统一行使所有国土空间用途管制和生态保护修复职责的改革任务①；自下而上看，各试点区基本完成了空间整合和机构整合，在缓解保护区保护和社区发展矛盾、推动社会公益活动、开展生态旅游项目、吸纳社会绿色融资、挖掘生态产品价值等方面取得了一定的成效，完善了自然资源资产管理制度，通过制度设计引导自然资源价值化的实现，发挥其资产属性。这种改革思路，一方面促进了统一、规范、高效的管理和保护为主、全民公益目标的实现；另一方面探索国有自然资源资产隐藏的公共财富，将对中国生态经济的高质量发展起到难以估量的作用。过去五年间，中国政府在国家公园体制改革中不断摸索、调整，已逐渐形成**符合中国国情、具有中国特色的自然保护地体系发展道路：自然保护地以国家公园为主体、以国家公园体制为保障。因此，我们也将其作为这本"国家公园蓝**

---

① 2013 年 11 月 12 日，中国共产党第十八届中央委员会第三次会议通过《中共中央关于全面深化改革若干重大问题的决定》（以下简称《决定》）。

皮书"的年度主题①。可以期待在不久的将来，"布局合理、分类科学、定位明确、保护有力、管理有效的具有中国特色的以国家公园为主体的自然保护地体系"初露端倪，中国也因此真正成为有国情特色、有体制保障的美丽中国。

三　2020年后我们将携手进入美丽中国新时代

符合中国国情、具有中国特色的自然保护地体系发展道路，即将迎来一个新的时间节点，这是习近平生态文明思想与美丽中国目标共同作用的结果：习近平新时代中国特色社会主义思想完整地阐释了生态文明，中国的发展方式全面从工业文明升级到生态文明之时，就是中华民族完成伟大复兴之时；引领了全球的文明形态，就恢复了中华民族的千年荣光。既往提到这一点，许多人觉得是一个漫漫无期的目标，现在这个目标却可望又可即：不仅是2020年全面建成小康社会，更是党的十九大报告中明确提出全面小康后下一个阶段的目标，即"到2035年，生态环境根本好转，美丽中国目标基本实现"。就要完成17年前党的十六大报告提出的全面小康目标，又提出了16年后的美丽中国目标，现在正是承前启后之时，所以如果仅就笔者的个人感受而言，我们正处于通往美丽中国目标的起跑线上。

这个过程不是一蹴而就的：这既意味着美丽是努力出来的，也意味着这个过程是渐变的。而作为"美丽中国的重要象征"的自然保护地，当然应该作为优先着力点，也应该作为美丽的先发代表。2020年产生的第一批国家公园，更是先发的先发代表。对美丽中国建设来说，2020年将进入新时代。这一点，实际上是和国际共识合拍的。2015年6月5日（世界环境日），联合国发布了《新的征程和行动——面向2030》（*Transforming Our World by 2030：A New*

---

① 如图0所示，第一本"国家公园蓝皮书"的内容分为三个部分：**主题报告**（围绕年度主题，在阐明国家公园体制建设的最新进展及其重要意义后，从中国自然保护地体系的特征入手，以管理存在问题、制度成因和改革方案为线索展开）、**专题报告**（就年度主题涉及的问题进行专门的、详细的分析，对主题报告涉及的事务起支撑和补充说明作用）、**附件**（不仅对主题报告中涉及的一些细节进行展开说明，而且完整交代有关背景，如全球国家公园发展历程与体制特点，以使主题报告的相关观点得到更加扎实的支撑）。

Agenda for Global Action），此报告是在 2015 年联合国首脑会议的成果文件基础上，对 2015 年后全球发展的一次展望和规划，其中从三个关键维度（经济、社会和环境）提出了 17 个目标和 169 个子目标来指导发展，其中第 15 个目标即"保护陆地生态系统，防治沙漠化和土地退化，保护生物多样性"。以这个共识为基础的机制，有可能在 2020 年形成未来十年的一种全球治理局面——2020 年在中国召开的以"生态文明：共建地球生命共同体"为主题的联合国《生物多样性公约》COP15 大会①，将形成以生物多样性保护和惠益分享为依托的全球治理机制未来十年的新规则，这是人类命运共同体的重要体现平台。而事实上已经成为全球发展龙头的中国，以国家公园体制建设为抓手建设美丽中国、保护生物多样性，无疑是走进这个新时代的最佳实践。

言表及此，已是 2019 年 9 月 30 日的深夜，中华人民共和国成立即将 70 周年。正如亚洲几个国家举办奥运会分别标志着这些国家走向现代化，2020 年产生的中国国家公园，作为美丽中国的重要象征，也应该标志着中国美丽开始全面起来，"国家公园蓝皮书"就是美丽中国的过程记录：这第一本"国家公园蓝皮书"，是对这个过程的起点"打卡"，是对中国国家公园事业的致敬。

在这样的时代，以研究和写作"国家公园蓝皮书"丛书的方式参与到创建中国国家公园这样的事业中，我们不得不感慨身处盛世的幸运和携手建设的

---

① 即联合国《生物多样性公约》（CBD）缔约方大会第十五次会议，拟于 2020 年 10 月 19 日至 31 日在中国云南省昆明市召开。COP15 大会是《生物多样性公约》的最高议事和决策机制，每两年举行一次。2019 年 9 月 3 日，生态环境部部长李干杰和联合国《生物多样性公约》执行秘书克里斯蒂亚娜·帕斯卡·帕尔默（Cristiana Paşca Palmer）在北京共同发布了《生物多样性公约》缔约方大会第十五次会议的主题——"**生态文明：共建地球生命共同体**"（Ecological Civilization-Building a Shared Future for All Life on Earth）。2020 年的会议意义尤为特殊，重要性远胜于 COP11/12/13/14 等，因为 2020 年是上一个联合国生物多样性 10 年目标的结束年，在 COP15 大会上，CBD 各缔约方将审议通过新的"2020 后全球生物多样性框架"。也就是说，COP15 将总结过去 10 年全球生物多样性保护工作的进展，制定未来 10 年全球生物多样性保护的蓝图，确定 2030 年乃至更长时间的全球生物多样性保护的目标和方向。举办 COP15 对展示中国生态文明建设成就、深度参与全球生态环境治理具有重大意义。显然，COP15 这样的年度主题也反映了生物多样性保护与生态文明越来越互动的状态，反映了国家公园这一全球认可度最高的自然保护地形式与全球治理越来越紧密的关系。

共振。当然，这样一本大部头的研究成果（其实，第二本"国家公园蓝皮书"①也已有雏形），必然是团队之力，这远非本书封面所列编著者能体现出来的。参与本书相关研究、写作及出版工作的，除了主要写作人员名单中的诸位②，还有若干学者和一线工作者，他们在过去两年间的工作，包括数据收集、资料整理、现场调研、数据分析、地图绘制③以及附件写作、初稿修改等，还包括第二本"国家公园蓝皮书"的前期调研、资料搜集、问卷整理和重点区域遥感图像信息提取分析工作，他们是：中国环境科学研究院朱彦鹏，中国社会科学院金成武、王罗汉、王颖婕、李芳、赵静、孔大鹏、赵蕊、程源、林彩斌，中国人口与发展研究中心李月，南开大学朱荟，北京联合大学刘洁，首都经贸大学肖周燕，北京师范大学程红光、崔祥芬，北京林业大学魏钰，海南大学杜彦君、刘辉、冯源、张贝贝、陈少莲、黄翔、周铜磊，湖北经济学院邓毅、高燕、蒋昕，中国自然资源经济研究院周璞，北京智多宝咨询公司黄文靖，吉林临江市林业局王洪波、孟凡筠，陈可，社会科学文献出版社韩莹莹，商务印书馆李娟。管理世界杂志社的王宇飞、王茜以及既往两年的实习生胡艺馨、官玉婷、金萌萌、杨濛骏、黄斌斌、褚梦真、贾晰茹、陈中南、李宜博、胡广文、陆绍凯、彭林林、杨斓等，作为本书主编的团队成员，自然也"不可避免"（其实是兴之所至后的心之所安？）地参与了这项工作。在本书相关研究形成初步成果和本书初稿、征求意见稿等形成以后，国务院发

---

①　预计于2020年底第一批国家公园产生后出版，年度主题暂定为"国家公园如何统筹'最严格的保护'和'绿水青山就是金山银山'"。

②　需要特别说明的是，世界自然基金会在中国若干国家公园体制试点区（三江源、武夷山、钱江源、祁连山）的现场工作及其"National Park for People in China（2015－2018）"项目对本书的相关研究有较全面的支持，其在生态保护、环境教育和社区参与等方面的实践（如在三江源牵头进行的政府、企业、非政府组织三方合作项目，在钱江源进行的环境教育项目）为本书提供了丰富的分析素材。这些现场工作成果的整理和成果融入，主要由世界自然基金会北京代表处的王蕾和参与这个项目的何思源完成；原在北京联合大学、现在北京工商大学的石金莲牵头的团队，主要完成了专题报告一"国家公园的产生——中国国家公园设立标准及其应用方式"的相关研究和写作；水利部综合事业局陈吉虎完成了全书与水资源和水利风景区相关部分的写作。

③　作为一本以国家公园为主题（国家公园就是一种国土空间管理形式）的专业书，将相关研究成果呈现在地图上是理所应当甚至不可或缺的形式。但因为出版行业对地图成果使用的管理规则，本书的初稿中有大量的地图需要报审，为了本书能及时出版，我们只好放弃大部分地图，通过增加文字说明来弥补。

展研究中心研究员林家彬，全国人大环资委法案室副主任王凤春，黄山风景区管委会经济发展局副局长张阳志及旅游办张春梅，中景信旅游投资开发集团副总经理张树民，山东大学王亚民教授，国家海洋局第三研究所雷刚研究员，中国科学院植物研究所马克平研究员、任海保研究员，武汉大学秦天宝教授，北华航天工业学院何跃君副教授，浙江大学丁平教授，浙江工商大学张海霞副教授，浙江省委党校卢宁副教授，南海热带海洋研究所所长陈宏，深圳市宝安区水产科学研究所余忠明，云南省林业和草原科学院院长钟明川、中华环保基金会副秘书长房志等专家对本书进行了技术把关，贵州广播电视大学雷玉珍、贵州师范学院谢炳禄和环境保护杂志社罗敏、中国经济时报社王小霞等先后进行了文字校阅工作。全书的出版工作仍然像我们团队的其他工作一样，还得到以下管理机构官员的支持：住房和城乡建设部总工程师李如生，国家发改委社会司副司长彭福伟、副处长袁淏，国家林草局总经济师杨超，原国家林业局保护司司长张希武，国家林草局自然保护地司处长安丽丹、罗颖，国家文物局督察司司长陈培军，生态环境部自然生态保护司处长井欣，三江源国家公园管理局原局长（现任青海省林业和草原局局长兼祁连山国家公园青海省管理局局长）李晓南、副局长田俊量，南山国家公园管理局副局长苏海，浙江省林业局自然保护地管理处处长吾中良，贵州省林业局野生动物和森林植物管理站站长冉景丞，浙江开化县常务副县长余建华，钱江源国家公园管理局常务副局长汪长林，浙江开化县发改局局长余永建，浙江仙居县发改局局长潘智文，武夷山国家公园管理局局长林雅秋、常务副局长林贵民，神农架国家公园管理局常务副局长王文华，法国开发署驻华代表处高级项目经理金筱霆，美国国家公园管理局汪昌极（Carl Wang）等，在此并致谢意，也希望大家共同努力，能使今后五年连续出版的"国家公园蓝皮书"逐渐拓出国家公园蓝图的轮廓。

最后，在这本名有"国家"二字的书即将出版的时刻，和大家一起共祝国家生日快乐、国家公园"生日"早来。

苏杨　张玉钧
2019 年国庆节前夜于北京

主 题 报 告

第一章
中国国家公园体制建设的
最新进展及其重要意义

　　2017～2019年，中国国家公园体制试点和国家公园建设工作真正进入了新阶段：2017年发布《总体方案》、2018年的十九大报告提出"建立以国家公园为主体的自然保护地体系"、2018年印发的《三江源国家公园总体规划》中明确"2020年建成三江源国家公园"、2018年国家公园管理局成立、2019年发布《自然保护地意见》……这些事件在不到两年的时间内集中发生，是"厚积薄发"，还是"箭在弦上、不得不发"？因为，传统上局限于国家发展一隅的自然保护地事业，近几年来在若干重要场合"登堂入室"，成为国家大事①，这是中国发展走向生态文明阶段的重要体现。再放大时间尺度看，这也是中华文明伟大复兴的一个重要组成部分，是生态大国的复兴之路，"归心似箭"。

　　但这条路并非通衢大道，而是山重水复、道阻且长。可以把**这个历程分**

---

① 例如，直接以国家公园为主题的文件自2015年12月起三年多七上中央深改组或深改委会议决策。

为三个阶段：探路阶段、试点阶段、通衢阶段。这三个阶段基本与中国的生态文明建设同步，方向是明晰的、道路是曲折的。2019 年回顾并展望这条路，可以发现：①尽管这条路源远——从 2006 年云南省自行探索国家公园发端，但迟至党的十八届三中全会《中共中央关于全面深化改革若干重大问题的决定》（以下简称《决定》）中的 8 个字"建立国家公园体制"，才使这条路试探出了大方向；②使这条路有了施工图、进入试点阶段的是 2015 年 1 月国家发展改革委等 13 个部委联合发布的《建立国家公园体制试点方案》（以下简称《试点方案》）① 和 2015 年 9 月印发的《生态文明总体方案》，然后在《总体方案》中被明朗化和体系化，在十九大报告中被"政治化"，使得大部制下的国家公园体制建设成为生态文明的政治任务之一，试点阶段的路才因此真正探明了具体方向。这个任务完成得怎样？大的进度还是取决于国家生态文明体制建设及与其相关的机构改革——决定了这条路的"基础设施"和"领路人"。2018 年 3 月，经过党的十九大和十九届三中全会部署，中共中央出台了《深化党和国家机构改革方案》，第三部分深化国务院机构改革第一条，即组建自然资源部，其后又提出"组建国家林业和草原局，加挂国家公园管理局牌子，由自然资源部管理"②，新组建的国家林业和草原局（以下简称国家林草局）暨国家公园管理局将主要负责监督管理森林、草原、湿地、荒漠和陆生野生动植物资源开发利用和保护，组织生态保护和修复，开展造林绿化工作，管理国家公园等各类自然保护地，旨在加大生态系统保护力度，统筹森林、草原、湿地、荒漠监督管理，加快建立以国家公园为主体的自然保护地体系，保障国家生态安全。国家公园管理局的成立，与《国民经济

---

① 还包括国家发改委办公厅于 2015 年 3 月发布的《国家公园体制试点区试点实施方案大纲》（以下简称《实施方案大纲》），其给出了各试点区编制试点方案的详细指导。

② 根据《深化党和国家机构改革方案》（四十二）：组建国家林业和草原局。为加大生态系统保护力度，统筹森林、草原、湿地监督管理，加快建立以国家公园为主体的自然保护地体系，保障国家生态安全，将国家林业局的职责、农业部的草原监督管理职责，以及国土资源部、住房和城乡建设部、水利部、农业部、国家海洋局等部门的自然保护区、风景名胜区、自然遗产、地质公园等管理职责整合，组建国家林业和草原局，由自然资源部管理。国家林业和草原局加挂国家公园管理局牌子。主要职责是，监督管理森林、草原、湿地、荒漠和陆生野生动植物资源开发利用和保护，组织生态保护和修复，开展造林绿化工作，管理国家公园等各类自然保护地等。

和社会发展第十三个五年规划纲要（以下简称《"十三五"规划纲要》）中提出的"整合设立一批国家公园"和《三江源国家公园总体规划》中明确提出的"2020 年建成国家公园"一起，使得国家公园体制建设工作已有进入落地阶段之态。而《自然保护地意见》出台及青海省在全国率先开展"以国家公园为主体的自然保护地体系示范省"建设，则使国家公园体制建设工作覆盖到自然保护地全局，使占国土空间近 1/5 的自然保护地成为国家公园体制建设的对象。这样的变化，并不意味着国家公园和国家公园体制建设工作很快就能进入"通衢阶段"，到 2020 年甚至再推后两年，国家公园体制建设工作总体上还可能是试点阶段，毕竟这项工作从国家公园体制设计开始，要处理各种关系，要率先将《生态文明总体方案》的各项制度落地，**反复权衡、多种尝试甚至点到为止——这可能就是中国改革语境下的"试点"。**③**也许要到美丽中国目标基本实现之时，中国国家公园之路才称得上进入了通衢阶段。任重道远、前途光明，道阻且长，行者将至可能是中国国家公园之路的宿命**①。

1.1　国家公园体制设计思路的发端和变化

必须认识到，国家公园体制建设是问题导向和目标导向结合的工作：基于问题，不得不进行全面的体制改革和机制创新；考虑全局，则需要与各项宏观改革衔接，以能为各方接受以形成合力的方式来操作改革、确定目标。中国自然保护地体系的特征、问题及其制度成因是明晰的，体制改革却因为要进行全局性利益结构调整而难以从头开始就有规有矩、可丁可卯，国家公园体制试点的过程自然不会那么顺利：在顶层设计思路上就历经波折，实践中更是困难重重、进展不快。"国家公园体制"于 2013 年 11 月在党的十八届三中全会中被第一次提出，即要求"建立国家公园体制"，严格按照主体功能区定位推动

---

① 其实，这也是世界各主要国家国家公园发展之路的共同特征。例如，美国自 1872 年设立第一个国家公园，44 年后才成立了国家公园管理局。其国家公园的体系化、正规化管理，直到第二次世界大战后 30 多年才逐渐成形，相关法律法规体系、标准体系和管理机构才逐渐建立完整，即其国家公园之路变成今天的通衢大道，历经上百年。具体情况可参见本书附件第 5 部分：全球国家公园发展历程与体制特点。

发展。2014 年，将国家公园体制作为生态文明先行示范区的重要制度建设工作，开始在安徽省黄山市等 7 个首批先行示范区中探索建立国家公园体制。直到 2015 年 1 月，国家发改委等 13 个部委正式发布《试点方案》，提出**"建立统一、规范、高效的体制"**，以实现**"保护为主、全民公益性优先"**为**目标**，选定 9 个省份开始国家公园体制试点，并要求试点省份选定试点区进行《国家公园体制试点实施方案》编制。至此，中国国家公园体制试点工作正式开幕，迄今为止已有四年多的时间。图主 1-1 所列是这四年多和国家公园体制试点工作相关的一些重要时间和重要文件（具体的情况参见附件第 1 部分）。

图主 1-1　国家公园体制建设的进展

要全面、准确地理解国家公园体制试点工作，首先就要理解国家公园体制试点和生态文明体制改革之间的关系。从《生态文明总体方案》到十九大报告，大约两年的时间里，根据中国不断发展变化的新形势，中央在坚定生态文明发展大方向的同时，对生态文明体制的制度设计进行了细化和局部优化：第一，在《生态文明总体方案》中共提出 31 个"统一"，主要涉及确权登记系统和各类自然资源所有权、国土空间用途管制和空间规划、污染物排放许可和污染防治、环境保护监管和行政执法等方面，而十九大报告将这 31 个"统一"进一步整合和明确为三个方面，即"统一行使全民所有自然资源资产所有者职责；统一行使所有国土空间用途管制和生态保护修复职责；统一行使监管城乡各类污染排放和行政执法职责"①，强调了"统一管理"在生态文明建设中的重要性，并落实到具体的各个方面。第二，国家公园的定位也经历了从《生态文明总体方案》的"更严格保护"到《总体方案》的"最严格保护"；"从国家公园为代表的自然保护地体系"再到十九大报告中的"以国家公园为主体的自然保护地体系"的变化。这不仅体现了国家公园体制试点和建设在整个自然保护地事业中的地位（国家公园体制建设将成为生态文明领域全面深化改革的代表性制度，成为生态文明体制改革的突破点和重要抓手），也体现了中央通过国家公园体制加强和落实自然生态保护的决心和力度。

这些变化反映了中央对生态环境保护的重视和对国家公园体制试点的期待——形势比人强：在启动国家公园体制试点以前，在原有的自然保护地体系中，自然保护区是最为重要的自然资源保护方式，却没有形成能支撑其使命的体制机制。相当数量的自然保护区的管理存在显著问题，不仅没有起到保护生态环境的积极作用，甚至在多重利益驱动下导致了对自然资源进行不合理的开发利用，对生态环境造成严重破坏。这些问题以祁连山事件为代表，其违法案件的恶劣程度引起党中央的高度重视，使祁连山国家级自然保护区成为中央环

---

① 三个方面的"统一"分别对应着：第一，自然资源部所承担的原水利部、原农业部、原国家林业局的相应资源调查和确权登记管理职责，原国家海洋局的职责；国家林业和草原局和国家公园管理局所承担的原国家林业局的职责，原农业部的草原监督管理职责，以及原国土资源部、原住房和城乡建设部、原水利部、原农业部、原国家海洋局等部门的自然保护区、风景名胜区、自然遗产、地质公园等管理职责。第二，自然资源部所承担的原国土资源部的职责，原国家发展和改革委员会的组织编制主体功能区规划职责，原住房和城乡建设部的城乡规划管理职责；生态环境部所承担的原环境保护部的职责，原国家发展和改革委员会的应对气候变化和减排职责，原国家海洋局的海洋环境保护职责，原水利部的编制水功能区划、排污口设置管理、流域水环境保护职责，国务院原南水北调工程建设委员会办公室的南水北调工程项目区环境保护职责。第三，生态环境部所承担的原国土资源部的监督防止地下水污染职责，原农业部的监督指导农业面源污染治理职责。

保督察的工作重点，相关问题处理之快、典罚之重前所未有①。

中央全面问责、按反腐力度和方式来处理生态环境问题，这不仅说明生态保护红线真红了，更产生了全面的后续影响，除了先后出台若干文件②来加强环境监管，更是直接用建立国家公园体制的方式来统筹解决自然保护地内复杂的生态环境问题：中央深改组在第36次会议通过了《祁连山国家公园体制试点总体方案》，第37次会议通过了《总体方案》，相关措辞也出现了调整。2018年3月，《国务院机构改革方案》发布后，新的国家公园管理局正式挂牌成立。总之，祁连山事件不仅促成了自然保护地在生态文明建设中的受重视程度达到空前高度，甚至促进了中央环保督察工作的加强。

解读关于国家公园的中央文件可以发现，国家公园体制建设的路径应是《生态文明总体方案》中提出的"加强对国家公园试点的指导，在试点基础上研究制定建立国家公园体制总体方案"，即《试点方案》依托各试点区形成落地经验——根据试点经验提出体制建设的总体方案——各试点区按照《总体方案》形成完整的体制机制——体制机制进入《国家公园法》被固化。国家公园体制试点的终极目标是通过建立"统一、规范、高效"的国家公园体制，

①　关于祁连山自然保护区的违法开发问题，早在2015年，原环境保护部就会同国家林业局对甘肃省林业厅、张掖市政府等三部门进行了公开约谈并要求整改，然而甘肃省相关部门屡教不改，多处工矿用地规模仍在扩大。2016年底，中央环境保护督察组在对甘肃省的督察中，排查出祁连山保护区内违法违规项目近200个，近乎将保护区当作开发区来对待。这一做法造成严重的生态环境破坏，其恶劣程度引起了中央的高度重视。2017年4月以来，国家先后出台了《研究祁连山自然保护区生态环境问题督查和保护修复工作的会议纪要》（以下简称《国务院祁连山纪要》）和《祁连山国家公园体制试点区试点实施方案》（以下简称《祁连山方案》），先后有3名副省级、8名厅级和数十名处级干部及甘肃诸多官员被问责。

②　2017年7月发布的《最高人民法院关于审理矿业权纠纷案件适用法律若干问题的解释》第十八条规定："当事人约定在自然保护区、风景名胜区、重点生态功能区、生态环境敏感区和脆弱区等区域内勘查开采矿产资源，违反法律、行政法规的强制性规定或者损害环境公共利益的，人民法院应依法认定合同无效。"又如《甘肃省贯彻落实中央环境保护督察反馈意见整改方案》（《方案》全文62次提及"祁连山"）指出：对自然保护区内已设置的商业探采矿权，限期退出；对自然保护区设立之前已存在的合法探采矿权，以及自然保护区设立之后各项手续完备且已征得保护区主管部门同意设立的探采矿权，分类提出差别化的补偿和退出方案，并组织实施；对不符合自然保护区相关管理规定但在设立前已合法存在的其他历史遗留问题，制订方案，分步推动解决。

实现**"保护为主、全民公益性优先"**①。具体而言，可以总结出三个要点：**①保护为主，但不止于保护**。按照《实施方案大纲》，除了生态环境保护，"全民公益性优先"是另一项重要的试点目标。该目标的实现涉及多方既得利益结构调整和全民共享保护成果，相较于保护而言，具有更高的技术含量；**②体制比公园重要**。习近平总书记所说的"共抓大保护、不搞大开发"②的体制不可能是无根之木。如果国家公园所在区域整体的生态文明体制建设进展较快，国家公园体制落地就较容易，国家公园管理机构就易于处理与地方政府的关系。只有广域范围的生态文明体制得以构建，才可能真正形成共抓大保护的制度环境，才可能使国家公园管理机构真正有依据、有能力建好和管好国家公园；**③统一管理、整合设立是底线**。建立国家公园体制的初衷不仅是解决自然保护地破碎化管理所引发的问题，而且《"十三五"规划纲要》中提到的任务就是"整合设立一批国家公园"，**既要空间整合，也要体制整合**。换言之，不实现较全面、彻底的整合，就不可能成为国家公园（对"整合"的理解如图主1-2所示）。

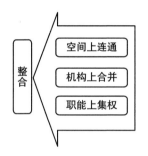

图主1-2　对国家公园体制试点中"整合"的理解

2019年1月，中央全面深化改革委员会第六次会议通过了《自然保护地意见》《关于统筹推进自然资源资产产权制度改革的指导意见》《关于建立国土空间规划体系并监督实施的若干意见》《国家生态文明试验区（海南）实施方案》《海南热带雨林国家公园体制试点方案》。这次会议从中央层面对当前生态文明体制改革集中推进。会议强调要构建以国家公园为主体、自然保

---

① 参见《实施方案大纲》。
② 习近平主持召开深入推动长江经济带发展座谈会并发表重要讲话，2018年4月26日。

护区为基础、各类自然公园为补充的自然保护地管理体系，并指出要创新自然保护地管理体制机制，对自然保护地进行统一设置、分级管理、分区管控，实行严格保护。《自然保护地意见》的出台，使国家公园体制建设的影响从先后 11 个国家公园体制试点区扩大到整个自然保护地体系，**国家公园体制将在近 200 万平方公里的自然保护地上成为主导性的国土空间管理体制。**

1.2 国家公园体制试点的进展情况

目前国家公园体制试点情况如下：截至 2019 年 1 月，青海三江源、湖北神农架、福建武夷山、浙江钱江源、湖南南山、北京长城、云南普达措、东北虎豹、大熊猫、海南热带雨林等 11 个国家公园体制试点区的实施方案或试点方案均得到国家批复①。但国家公园体制试点的进展并不尽如人意：由于地理区位、资源特色、权属关系和管理体制基础等的差异，各试点区在国家公园体制改革过程中面临着不同的问题和约束，导致进展各有不同，总体而言均相对较慢。首先，几乎所有试点区的实施方案文本均经过多次修改，最终形成的文本是修改过程中各方博弈的结果，反映了体制改革中的利益结构关系和相应调整；其次，在实施方案的操作和落实中，三江源国家公园体制试点区的进展较快，其他试点区的体制建设存在诸多困难和挑战，进展相对滞后（见表主 1－1）。具体看，在中央层面，三江源是试点方案首获通过且唯一在规划中明确"2020 年建成国家公园"的试点区；在地方层面，三江源国家公园试点是青海省举全省之力而为的重点工作，且管理机构已经实现"两个统

① 2018 年 4 月 13 日，在庆祝海南建省办经济特区 30 周年大会上，习近平总书记的相关发言如下："……党中央支持海南建设国家生态文明试验区，为全国生态文明建设探索经验。要实行最严格的生态环境保护制度，率先建立现代生态环境和资源保护监管体制，积极开展国家公园体制试点，建设热带雨林等国家公园。" 2019 年 1 月，中央全面深化改革委员会第六次会议上通过《海南热带雨林国家公园体制试点方案》。其后，由于种种原因，北京长城国家公园体制试点区退出了国家公园体制试点范畴，但 2019 年 7 月，中央深改委第九次会议审议通过了《长城、大运河、长征国家文化公园建设方案》，长城换了一种形式（国家文化公园）重新进入中央主导的保护地体制改革领域（其中首次提出要结合国土空间规划，对国家文化公园的各类文物本体及环境实施严格保护和管控，合理保存传统文化生态，适度发展文化旅游、特色生态产业，这些要求与《总体方案》中的要求类似）。

表主 1-1　各个国家公园体制试点区的工作进展情况和特色（截至 2019 年 6 月）

试点区	所在省份	资源特点和功能定位	创建的重点任务	国家形象代表性	生态系统重要性	相关体制改革进展	机构组建情况	当前体制试点中的主要矛盾
三江源	青海	中华水塔，长江、黄河、澜沧江等大江大河的发源地，国家重要生态安全屏障	突出生态保护并建立长效保护机制，实现自然资源持续利用；创新生态环境保护管理体制；建立资金保障长效机制，有效扩大社会参与；实现自然资源资产管理和国土空间用途管制"两个统一行使"	较高，但没有典型的形象代表物，其中的可可西里为世界自然遗产	极高	中央深改组会议批复试点方案，体制建设最快、最全面，"2020 年建成国家公园"	"三定方案"第一个得到批准，机构已成立，基本实现了"两个统一行使"管理目标实际管辖面积扩大到 20.6 万平方公里（试点区 12.31 万平方公里）。同时成立了三江源国有自然资源资产管理局，与三江源国家公园管理局一个机构、两块牌子	暂时只能主要靠"输血"方式，维持保护所需要的人地关系，绿色发展尚未体现明显效果。创新的《三江源国家公园条例》某些规定与现有政策法规不能衔接
神农架	湖北	中部地区的亚热带常绿阔叶林生态系统代表	强化生态保护，实现人与自然和谐共生；整合零碎片化区域，实现统一管理；合理设置神农架区管理机构和试点区管理区政府的管理职责，实现职责明确、权责对等	较高，但没有典型的形象代表物，人与生物圈保护区、世界地质公园，国际重要湿地和世界自然遗产地	很高	较快、较全面	机构成立	本质上没有脱开原有的神农架政府的管理模式，绿色发展模式尚未真正构建起来

试点区	所在省份	资源特点和功能定位	创建的重点任务	国家形象代表性	生态系统重要性	相关体制改革进展	机构组建情况	当前体制试点中的主要矛盾
武夷山	福建	南方集体林比重较大区域的生物多样性高地和中亚热带绿阔叶林生态系统代表	探索在我国东部集体林地特别是经济林比重较大的地区,通过国家公园试点实现生态系统保育修复和社区发展互促共赢新模式	很高,形象代表清晰(丹霞地貌和重要物种),是世界文化自然双遗产,人与生物圈保护区	很高	矛盾最全面,最典型,体制试点进度较慢,生态文明体制不全面	机构成立	机构难真正整合,原各保护地管理机构普遍缺少激励,省政府支持不够,但绿色发展基础较好
长城	北京	价值主体是文化遗产但面积主体是燕山生态系统和农牧交错带生态系统的代表	在特大城市周边,通过建立国家公园体制,对自然生态系统进行生态修复,探索文化遗产和自然生态系统保护相互促进的新模式	极高,是中国的第一批世界遗产	一般,但具有类型代表性	较慢,且没有和区域的生态文明体制构建结合	机构没有成立为各种原因退出试点	各管理方矛盾突出,目前所划范围过小,难以体现文化遗产和生态系统的完整性

续表

试点区	所在省份	资源特点和功能定位	创建的重点任务	国家形象代表性	生态系统重要性	相关体制改革进展	机构组建情况	当前体制试点中的主要矛盾
普达措	云南	云南是中国生物多样性最丰富的省，普达措不仅生物多样性丰富，且"山水林田湖草"生态系统较完整	探索生态保护多方治理模式：地方政府、管理机构、企业、当地社区共同参与的共建共管共享的新模式，贫困地区参与保护脱贫的新机制	较高，是世界遗产"三江并流"的一部分（面积占比约5%）	较高，但难以代表中国生物多样性最富集地区的情况	前期工作基础较好，但保护地整合的体制机制建设滞后	管理机构成立但没有形成权力清单，也没有明确获得财政的经常性专项资金支持	公园管理机构在属地实施生态和自然资源管理中存在的管理、执法、工作人员待遇与省级管理机构事业单位相关政策的矛盾未得到有效解决
东北虎豹	吉林、黑龙江	东北虎和东北豹是中温带、寒温带森林生态系统的旗舰物种，其栖息地保护需要跨省、跨国	恢复东北虎豹栖息地生态环境，创新管理体制机制，推动原住民生产生活方式转型，建立资金长效保障机制等。探索跨省的国家自然资源产的统一管理，推动森林工企业转型	一般	很高	中央深改组会议批复试点方案	全民所有自然资源产所有权由中央政府直接行使，具体由东北虎豹国家公园管理局代行，自然资源产的自然资源资产管理，依托国家森草局挂牌子，依托长春驻国家森草局监督专员办组建）	"上、下、左、右、里、外"的矛盾都很突出，利益结构调整缺少办法，且基本没有形成跨省统一管理的方案

续表

试点区	所在省份	资源特点和功能定位	创建的重点任务	国家形象代表性	生态系统重要性	相关体制改革进展	机构组建情况	当前体制试点中的主要矛盾
大熊猫	四川、陕西、甘肃	大熊猫是中国国家形象代表物和，其栖息地是生物多样性保护示范区域	加强以大熊猫为核心的生物多样性保护；创新生态保护管理体制；探索可持续社区发展机制；构建生态保护运行机制	极高，大熊猫栖息地是世界自然遗产，其中包括多个人与生物圈保护区	很高	中央深改组会议批复试点方案	国家林草局驻成都森林资源监督专员办事处加挂大熊猫国家公园管理局牌子，四川、陕西、甘肃（机构改革后为省林草局）分别加挂四川、陕西、甘肃大熊猫国家公园管理局牌子，接受大熊猫国家公园管理局业务指导	基本没有形成跨省统一管理的方案，利益调整缺少办法
钱江源	浙江	东部人口密集、集体林地比重较大的地区	建立重要自然生态系统保育修复、生态保护和可持续发展互促共赢的新模式，实现对试点区自然资源的"统一、规范、高效"管理，提供生态文明体制改革示范	一般，但跨省统一管理的意义重大	较高，是华东地区罕见的低海拔常绿阔叶原生林且科研基础最好	大体完整构建了生态文明体制	成立了直属浙江省林草局管理的机构，但这样的机构不一定适用于钱江源，更难以实现跨省统一管理	还没有建立跨行政区的完整生态系统管理模式；省里支持的主要是资金，而不是放权

续表

试点区	所在省份	资源特点和功能定位	创建的重点任务	国家形象代表性	生态系统重要性	相关体制改革进展	机构组建情况	当前体制试点中的主要矛盾
南山	湖南	中部集体林地比重较大的少数民族地区	对南方景观破碎化山地中有重要保护价值地的原生残余斑块进行保护修复，实现重要自然生态系统保育修复、生态保护和可持续发展互促共赢的新模式	一般，但具有重要意义的南岭和雪峰山区域唯一的试点（红军长征纪念地）文化价值兼备	较高，是重要的候鸟迁徙通道，且山水林田湖草要素俱全	一般，2017年后提速明显	机构已成立，基本实现统一管理，且发布了南山国家公园管理局行政权力清单和来源（参见附件第6部分）	获得的支持较少，尤其在处理历史遗留问题上缺少资金支持
祁连山	甘肃、青海	中国西部重要生态安全屏障，是黄河流域和黑河流域的重要水源产流地	解决交叉又重叠、多头管理的碎片化问题，形成自然生态系统保护新体制新模式	一般，但生态安全意义重大，也是雪豹等旗舰物种的栖息地	较高，西部重要生态安全屏障，生物多样性保护优先区域，有旗舰物种雪豹	2017年6月试点方案获中央深改组的批复	国家草原局驻西安专员办挂祁连山国家公园管理局牌子，青海省也成立了祁连山海南省青海国家公园青海省管理局	当地政府发展观念尚待扭转，外部支持不足，且还没有获得"两个统一行使"的权力
海南热带雨林	海南	中国最大的连片热带季雨林，海南岛三条大河水源地和热带物种栖息地	树立和全面践行"绿水青山就是金山银山"理念，在资源环境生态条件好的地方先行先试	一般，但生态安全意义重大，也是海南长臂猿等旗舰物种的栖息地	较高，发育并保存着中国最大面积的热带雨林，有旗舰物种海南长臂猿	中央深改委第六次会议通过	海南省林业局加挂热带雨林国家公园牌子，其后形成了《〈海南热带雨林国家公园体制试点方案〉任务清单及责任分工》，落地举措不多	监督执法碎片化，整合管理难度较大，且基本没有专项资金支持

一行使"①。同样是试点方案在中央深改组会议层面获得通过，从我们直接了解到的情况（与相关方面座谈）和一些课题调研的结果来看，东北虎豹和大熊猫国家公园体制试点区的进展目前暂不如三江源②：东北虎豹试点区出现了明显的"上下左右里外"的矛盾，即国家林业局驻长春专员办及吉林省林业厅和延边自治州之间、国有林场和地方政府之间的矛盾难以调和，而其人地关系又迥异于三江源，难以形成原住民生产生活与生态保护互促的局面；大熊猫试点区涉及三个省份及原有多个自然保护区管理部门，不同省份和部门的体制机制、保障程度以及人地关系等都差别很大，在实行统一管理上具有较高难度。另外，矛盾较突出、较典型的是武夷山试点区，其集中反映了目前中国东部、南部人口密度较高的森林生态系统保护和发展的共性问题。在现实约束方面，主要体现为空间管理碎片化、土地权属复杂化和人口密集化；而在体制障碍方面，不仅管理关系复杂、尚未构建可真正实现统一管理的管理单位体制，自然资源资产统一管理机制和新的资金机制也未构建起来。

从中央宏观管理层面来看，国家公园体制建设的主导者也经历了变化：2018 年 5 月，国家发改委将指导试点工作的职能移交国家林草局，国家林草局成立了临时机构国家公园管理办公室来具体负责这项工作。在《总体方案》附件确定的 10 项重点任务中，有 7 项由国家林草局牵头实施，3 项配合其他部门完成，其工作进展如表主 1 - 2 所示。

---

① 指国家公园范围内自然资源资产产权管理和国土空间用途管制由国家公园管理局统一行使，迄今为止只有三江源实现了"两个统一行使"。三江源试点工作要求的来源是：2016 年 3 月 10 日，习近平总书记在参加十二届全国人大四次会议青海代表团审议时强调："在超过 12 万平方公里的三江源地区开展全新体制的国家公园试点，努力为改变'九龙治水'，实现'两个统一行使'闯出一条路子，体现了改革和担当精神。要把这个试点启动好、实施好，保护好冰川雪山、江源河流、湖泊湿地、高寒草甸等源头地区的生态系统，积累可复制可推广的保护管理经验，努力促进人与自然和谐发展。"三江源试点工作开始四年来，青海省委、省政府把三江源国家公园体制试点改革作为"天字号"工程强力推进。

② 国家林业和草原局自 2019 年 7 月起，组织了对 10 个国家公园体制试点区的工作评估，但相关评估结果在本书截稿时并未公布。我们在本书中对 10 个试点区的相关分析，只是作者依据一些资料和自身的调研得出的研究成果，不代表作者所在机构的观点，也可能因为资料掌握不全面有偏颇之处，算是一家之言，仅供读者参考。

表主1-2　国家林草局对《总体方案》重点任务落实的情况（截至 2019 年 6 月）

措施	内容和进展
明确国家公园设立条件要求	出台《国家公园设立标准》,已经过评审论证,形成报批稿
国土空间用途管制	《全国国家公园空间布局方案》形成征求意见稿
制定国家公园法律法规	开展了国家公园立法研究,已形成《国家公园法(草案)》专家建议稿
实施差别化保护管理方式	编制《国家公园规划编制及功能分区技术规程》
优化完善自然保护地体系	通过《建立以国家公园为主体的自然保护地体系指导意见》
建立健全监管机制	《国家公园监测指标与技术体系》已通过专家评审
健全严格保护管理制度	起草了《国家公园生态保护和自然资源管理办法》(评审稿)
实施差别化保护管理方式	正在编制《国家公园规划编制及功能分区技术规程》
建立统一管理机构	配合中央编办制定国家公园管理机构组建方案
构建资金保障管理机制	配合财政部、国家发展改革委制定事权划分办法
建立自然资源资产离任审计制度	配合审计署制定《领导干部自然资源资产离任审计规定(试行)》

　　自然资源的确权是管理的基础。其中,三江源、祁连山、武夷山等试点区,完成了对国家公园区域内水流、森林、山岭、草原、荒地、滩涂等所有自然生态空间的统一确权登记,划清了全民所有和集体所有自然资源之间的边界,并通过了自然资源部组织的评审验收——尽管这个确权还未使大多数试点区管理机构真正成为国家公园的"业主"。

　　规划是各个试点区都在抓并且进展最快的工作,其中《三江源国家公园规划》经国务院同意印发,其中明确提出"2020 年建成国家公园",这是各国家公园体制试点区规划中唯一的。

　　日常管理方面,各个试点区陆续进行了自然资源本底调查和生态系统监测,三江源①、东北虎豹②等试点初步搭建了生态系统监测平台,并且通过生态廊道建设、外来物种清除、茶山专项整治、裸露山体生态治理等工作推进生态系统修复工作。特别是东北虎豹国家公园探索建立天地空一体化自然资源监测网络,安装了数百台野生动物、水文、气象、土壤等监测终端,实现了对自

---

①　三江源试点已完成了国有自然资源本底调查:自然资源确权登记成果的基础上,建立地理基础统一、资源边界清晰、资源状况明了的草地、地表水、林地和湿地自然资源的空间分布、数量、登记、状况的本底数据库,搭建了三江源国有自然资源基础信息平台和自然资源综合管理信息服务平台。

②　东北虎豹国家公园制定了国有自然资源资产管护、有偿使用、特许经营、调查监测、资产评估等管理制度。今后工作将在研究和编制自然资源资产负债表、自然资源进行核算等方面继续推进,以便掌握经济主体对自然资源资产的占有、利用、保值、增值等基本情况。

然生境下野生东北虎豹野外生存状况的全面跟踪以及对国有森林资源和生产经营活动的全面管理。

按照《总体方案》的要求，借鉴若干发达国家的管理经验，"一园一法"的单个国家公园管理条例应该是管理的直接依据。三江源、武夷山、神农架3个国家公园的条例已印发实施。其中，三江源国家公园还制定了科研科普、生态公益岗位、特许经营等11个管理办法，并颁布了《三江源国家公园管理规范和技术标准指南》。

资金是管理的物质基础，《总体方案》提出要探索构建以财政投入为主、社会投入为辅的资金保障机制。国家公园试点期间，中央以及各部门通过中央预算内投资渠道和中央财政专项转移支付投入资金超过90亿元，主要用于对国家公园基础设施建设、生态公益林补偿、野生动植物保护等。地方政府的配套资金近40亿元。另外，国家公园也积极吸纳了不同渠道的社会资金，比如三江源生态保护基金会为代表的非政府组织、广汽传祺为代表的企业都参与到国家公园试点建设中，初步形成了资金机制中的社会渠道和市场渠道。

以过去近五年的体制试点经验看，中国已经全面进行了各项国家公园体制试点的落地工作，但问题不少，比如不同类型的国家公园的管理基础、资源权属等各方面有所差别，政策落地困难。特别是体制改革初期，"权、钱"相关的体制机制并没有真正建立起来，连统一管理都困难重重（如一些试点区还难以真正解决自然保护地、风景名胜区等不同部门管理交叉重叠的问题）。对于跨行政区管理、利益相关方构建符合"保护为主、全民公益性优先"的新利益结构等问题，还缺少成熟的模式可供推广。尽管《总体方案》中明确了要合理划分中央和地方的事权，构建主体明确、责任清晰、相互配合的国家公园的中央和地方协同管理机制，但阻力大、障碍多：各地都有不同类型的历史遗留问题、机构改革后各部门的调整和融合问题，自然资源管理的技术手段也跟不上，相关体制改革还要与中央的宏观体制改革相衔接①。

总体而言，中国国家公园体制建设是一项长期、艰深的任务，因其最终要

---

① 例如，2018年开始，中央推动的生态环保综合执法改革和行业公安体制改革，都对国家公园体制试点工作产生了影响，衔接这样的宏观体制改革也成了国家公园体制试点中的新工作。具体情况可参看主题报告第五章5.1.3节中的分析。

建成一套"统一、规范、高效"兼顾生态保护和社会发展的管理体制机制，必须从空间和体制两个方面进行深入整合，这就涉及对复杂人地关系的深刻理解和对既有利益结构的全面调整（包括"钱""权"两个方面的体制机制），具有较大的难度。就国家公园体制试点工作已经发现的问题，可简单列举：例如，在涉及"钱"的制度方面，如资金机制的调整上，由于各级政府财力有限，要使国家公园的运行管理制度不折不扣地朝着预定目标（即"保护为主、全民公益性优先"）迈进，除了充分高效地利用财政渠道的资金外，还需要积极拓展市场渠道和社会渠道。但在这个过程中，如何平衡市场资金的逐利性和国家公园的公益性，是国家公园体制改革面临的现实问题。在涉及"权"的制度方面，中国的国家公园体制试点是在各种类型保护地一地多牌、一地多主且保护地划界不合理、保护地范围交叉重叠等的基础上推行的，各类保护地管理机构和地方政府权责不清的问题较为突出。要符合中央提出的"统一、规范、高效"的体制改革要求，各方的权责边界如何界定？监督机制如何建立？新老机构之间如何对接和协调？根据调整后的事权划分，也需要为相关部门和管理机构匹配相应的支出责任和收入结构，保障其员工的合理收入，在土地权属的调整上，则需要明确对原住民的补偿标准和机制。这些问题涉及各个利益相关方的关系调整，如何协调各方不同的利益需求，并实现改革期间的平稳过渡？这也是国家公园体制试点的难题。这些都在本书的相关章节中有深入分析。

1.3　国家公园管理局成立后的工作格局

《生态文明总体方案》提出，按照"山水林田湖是一个生命共同体"的理念，对生态系统进行"整体保护"；"按照所有者和监管者分开和一件事情由一个部门负责的原则，整合分散的全民所有自然资源资产所有者职责，组建对全民所有的矿藏、水流、森林、山岭、草原、荒地、海域、滩涂等各类自然资源统一行使所有权的机构，负责全民所有自然资源的出让等"，在具体的制度和机构设计中，明确提出"建立国家公园体制"以及组建自然资源统一管理机构的需求。2017 年，为加快推进和落实国家公园建设，中央出台了推动国家公园体制改革的纲领性文件《总体方案》，明确了国家公园体制建设的总体要求、基本原则、管理体制机制等，解释了我国国家公园体制的目标、定位、路径等，提出"建

立统一管理机构"，由其"统一行使国家公园自然保护地管理职责"，并最终
"构建以国家公园为代表的自然保护地体系"。至此，《生态文明总体方案》中关
于机构改革的设想率先在国家公园领域有了实质性的举措。2017年10月，党的
十九大报告提出，"深化机构改革和行政体制改革……，设立国有自然资源资产
管理和自然生态监管机构……，建立以国家公园为主体的自然保护地体系"。十
九届三中全会提出，"深化党和国家机构改革是推进国家治理体系和治理能力现
代化的一场深刻变革"。落实到生态环境领域，为解决自然资源资产管理的现实
问题，着眼于转变政府职能，十九届三中全会批准通过了《深化党和国家机构
改革方案》，其中深化国务院机构改革的第一项就是"组建自然资源部"，其下
整合设立国家林业和草原局，加挂国家公园管理局牌子。自此国家公园体制改革后
的工作格局基本形成，自然资源管理领域的央地关系得以重构，如图主1-3所示。

　　另外，除去政府部门，非政府组织、媒体等利益相关方也是这一格局的重
要组成部分。

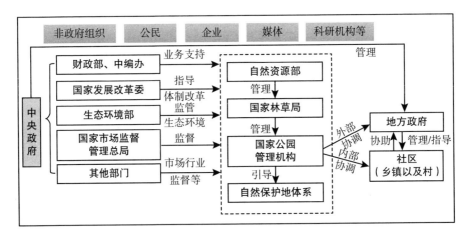

图主1-3　大部制改革后国家公园管理工作格局

1.3.1　政府职能部门分工的调整

　　一般而言，机构改革遵循决策—执行—监督的三权协调的原则，以强化并明
晰政府（各层级、各部门）的经济调节、市场监管、社会管理、公共服务等基本
职能。国家公园的日常管理，虽然在机构改革方案中明确由自然资源部管理的国家

林草局（国家公园管理局）来承担①。但其他部门也有不可或缺的功能。

1.3.1.1　行业改革指导部门——中央改革办和国家发改委

尽管国家公园体制建设的日常工作已经由国家公园管理局承担，但是中央全面深化改革委员会办公室（简称中央改革办，现任常务副主任为国家发改委副主任穆虹）和国家发改委依然发挥重要作用，这体现在以下两个方面：第一，到2020年底以前，国家公园体制建设仍然处于试点期，相关工作仍然要由中央改革办和国家发改委指导，仍然有必要建立畅通的部际联席机制（但参与配合协作的部委将根据新出台的《深化党和国家机构改革方案》发生调整）；第二，国家公园管理局负责国家公园日常管理工作（具体责权见"三定方案"），但未来体制改革方面的新任务仍有可能由中央全面深化改革委员会交给中央改革办或国家发改委来牵头，即国家公园管理局只负责日常管理工作，可能出现的较大的国家公园体制调整仍需综合部门牵头。

1.3.1.2　业务监管部门②③④⑤

对于不同权属的自然资源的监管，主体和客体是有所差别的（如图主1-4所

---

① 《总体方案》明确指出：国家公园设立后，整合组建统一的管理机构，履行国家公园范围内的生态保护、自然资源资产管理、特许经营管理、社会参与管理、宣传推介等职责，负责协调与当地政府及周边社区关系。可根据实际需要，授权国家公园管理机构履行国家公园范围内必要的资源环境综合执法职责。

② 自然资源资产的两重性（经济属性也具有社会属性）决定了有必要将其分为经营性资源资产与公益性资源资产并采取不同的管理和利用方式。经营性资源资产要探索成立专门的资源性资产运营公司（设置现代企业制度），其独立于资源管理部门以外，构建资产监管体系，探索国家所有权、经营权与监督权的分离。公益性资源资产则主要以生态环境功能为核心，国家级的公益性资产由中央直接管理，而其他类型的可以由对应的主体代理。国家公园的资产就属于这一类型。自然资源部代替国家对自然资源进行管理，相应的资产也是需要有专门的部门监管，比如类似国务院国有资产监督管理委员会（简称"国资委"）。但是改革方案中没有明确指出，而是采取了另外一种方式：充分考虑了这一实际，没有将自然资源资产管理与自然资源监管完全分开，而是设立国家林业和草原局，由其负责国家公园等自然保护地管理，国家林业和草原局由自然资源部管理。这样一种内部分工制衡机制，既有利于解决自然资源所有者不到位的问题，又可较好地处理统一管理与专业管理的关系（董祚继：《从机构改革看国土空间治理能力的提升》，《中国土地》2018年第11期）。监管不能过分强调行政手段，也要借助市场机制，在监管过程中通过市场作用实现自然资源资产的优化配置，提高资源的使用效率。政府部门要有正确的市场配置自然资源的观念，当前生态资源环境管理引发的问题（比如生态破坏、环境污染等）根本需要考虑分配的问题，充分发挥国有自然资源使用权配置的流转，借助市场对资源的行政配置进行优化调整。具体操作上，要以确权和登记为基础，在产权明晰的前提下，培育自然资源资产的交易市场，完善交易机制，构建国有自然资源资产统一监管体制。

示）。具体操作上，一方面，监管要按照"源头严防、过程严管、后果严惩"的思路，做到事前加强规划审批、事中注重监控评估、事后强化审计问责，实现对国家公园生态环境保护的全过程监管；另一方面，为了防止部门权责交叉、边界不清或者监管空缺的情况出现，必须明确监管的内容和范围。

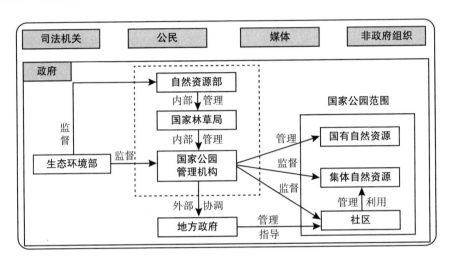

图主1-4 国家公园范围内的监管关系示意图

宏观层面，国家林草局（国家公园管理局执行机构）负责国家公园的设立、规划、建设和特许经营等工作；生态环境部（监管机构）制定生态环境监管制度，并依此对国家公园管理开展行政监督及执法活动。

---

③《生态文明总体方案》提出："构建以改善环境质量为导向，监管统一、执法严明、多方参与的环境治理体系"，"健全国家自然资源资产管理体制。按照所有者和监管者分开和一件事情由一个部门负责的原则。《总体方案》提出：建立统一管理机构。"整合相关自然保护地管理职能，结合生态环境保护管理体制、自然资源资产管理体制、自然资源监管体制改革，由一个部门统一行使国家公园自然保护地管理职责。""建立健全监管机制。相关部门依法对国家公园进行指导和管理。健全国家公园监管制度，加强国家公园空间用途管制，强化对国家公园生态保护等工作情况的监管。"

④ 生态系统是一个整体，自然资源与生态环境是一体两面的关系。自然资源部门（主要是国家林草局）与生态环境部：在处理自然资源和生态环境保护方面存在潜在冲突。两部门的职能定位分别为自然资源和生态环境保护的执行者和监管者，但是在具体落实时，其工作可能会有一定程度的重叠，有必要厘清国家公园生态环境保护管理部门和监管部门的职责边界。

⑤ 从《深化党和国家机构改革方案》和相关部门"三定方案"的内容看，这些方案以原则性指导意见等为主。

　　微观层面，每个国家公园管理机构是该国家公园范围内自然生态系统保护的责任主体，履行包括生态环境监测、资源环境综合执法在内的日常管理职责；生态环境部门则按照国家公园的隶属关系（中央和省政府分级行使所有权），由生态环境部或省级生态环境厅（局）对相应层级的国家公园管理机构进行行政监督。生态环境监管工作中，生态环境部门的内设机构也需要根据其各自职责进行分工配合。

　　下面结合《深化党和国家机构改革方案》《总体方案》，以和国家公园管理最为紧密的自然资源和生态环境方面讨论核心部门的定位（如表主1－3所示）。生态环境部对国家公园管理部门以及有关地方政府国家公园生态环境保护管理工作进行的监管是一种行政监管①②，区别于民事监管和司法监管，是行政机关（生态环境保护主管部门）基于行政权，依据法律法规和部门规章等，借助行政、经济等手段，对生态环境保护、修复等事务实施的监督。

　　生态环境部③承担国家公园在生态环境相关的业务领域内的监管职责，一定

---

①　监督和监管在不同的文件中，经常容易被混淆。本章节中选用监督，而非监管（管理可以理解为上级部门对下级部门的行政行为）。"监管"对应的英文为"regulation"，可以理解为政府行政机构为保护社会公众利益，根据国家的宪法和相关法律，制定相应的规章制度、标准规范，并依此对特定的组织或个人及其开展的相关活动进行监督、检查、控制与指导。概言之，"监管"是指政府行政机构根据法律，制定并执行规章的行为，监管主体是政府行政机关，监管对象多元。"监督"对应英文中的"supervision"，察看并督促，《中华法学大辞典·法理学卷》中的定义是"依法享有监督权的主体（包括机关、团体、组织和个人），按照法律规定，对国家机关及其工作人员在国家管理活动中，是否正确执行国家的方针、政策和法律所进行的监察、督促、纠正的行为"。监督主体多元，监督对象则指国家机关及其工作人员。根据监督主体的不同，监督可以分为行政监督、司法监督、社会监督、舆论监督等。二者既有交叉，又有所区别。从执行过程来看，"监管"的范畴略大于"监督"，包括相关政策法规的制定以及依此开展的查看督促、执法行为；而"监督"主要是依据法律规定所开展的查看并督促的行为。

②　监管不能过分强调行政手段，也要借助市场机制，在监管过程中通过市场作用实现自然资源资产的优化配置，提高资源的使用效率。政府部门要有正确的市场配置自然资源的观念，当前生态资源环境管理引发的问题（比如生态破坏、环境污染等）根本需要考虑分配的问题，充分发挥国有自然资源使用权配置的流转，借助市场对资源的行政配置进行优化调整。具体操作上，要以确权和登记为基础，在产权明晰的前提下，培育自然资源资产的交易市场，完善交易机制，构建国有自然资源资产统一监管体制。

③　大部制改革后，生态环境部整合了国家发展和改革委员会的应对气候变化和减排职责，国土资源部的监督防止地下水污染职责，水利部的编制水功能区划、排污口设置管理、流域水环境保护职责，农业部的监督指导农业面源污染治理职责，国家海洋局的海洋环境　（转下页注）

程度上避免了管理机构既是运动员又是裁判员的情况。从内容上看，国家公园的生态环境监管主要涉及四方面工作内容：监管制度的制定；规划监测的程序合规性检查；生态环境保护状况（生态系统服务功能、生物多样性保护、环境质量）评估以及重大生态环境破坏事件督查执法[1]，其中后两者是监管的重点。细化到具体的一个国家公园来说，部门的基本定位类似，只是还有待不同的部门之间将相关权、责、利的边界细化。

表主1-3　大部制改革以后相关部门的定位

部门	定位	具体解释
自然资源部	全民所有自然资源资产所有者	对自然资源开发利用和保护进行监管，建立空间规划体系并监督实施，统一调查和确权登记，建立自然资源有偿使用制度，统一行使所有国土空间用途管制和生态保护修复职责
生态环境部	生态环境的监督者	指导协调和监督生态保护修复，负责生态环境监管工作，制定并组织实施生态环境政策、规划和标准，统一负责生态环境监测和执法工作，统一行使生态和城乡各类污染排放监管与行政执法职责，监督管理污染防治、核与辐射安全，组织开展中央环境保护督察等
国家林业和草原局	森林、草原、湿地等生态系统的监督管理者，加挂国家公园管理局牌子	建立以国家公园为主体的自然保护地体系，推进国家公园体制改革，整合碎片化的保护地，将自然生态空间、自然资源和自然资产统一管理。监督管理森林等开发利用和保护，组织生态保护和修复，开展造林绿化工作，管理国家公园等各类自然保护地等

（接上页注③）保护职责等职责，组织制定各类自然保护地生态环境监管制度并监督执法。而生态环境部已经开始部门内部监督执法改革（参见《关于深化生态环境保护综合行政执法改革的指导意见》）。

[1] 与国家公园生态环境监管相关的职责主要包括：①负责建立健全生态环境基本制度，组织拟订生态环境标准，制定生态环境基准和技术规范；②负责重大生态环境问题的统筹协调和监督管理，牵头协调重特大环境污染事故和生态破坏事件的调查处理；③指导协调和监督生态保护修复工作，组织编制生态保护规划，监督对生态环境有影响的自然资源开发利用活动、重要生态环境建设和生态破坏恢复工作。组织制定各类自然保护地生态环境监管制度并监督执法。组织协调生物多样性保护工作，参与生态保护补偿工作；④负责生态环境监测工作。制定生态环境监测制度和规范、拟订相关标准并监督实施。组织对生态环境质量状况进行调查评价、预警预测，组织建设和管理国家生态环境监测网和全国生态环境信息网；⑤统一负责生态环境监督执法。组织开展全国生态环境保护执法检查活动。查处重大生态环境违法问题。由自然生态保护司组织起草生态保护规划，开展全国生态状况评估，指导生态示范创建。承担自然保护地、生态保护红线相关监管工作。组织开展生物多样性保护、生物遗传资源保护、生物安全管理工作。

续表

部门	定位	具体解释
国家公园管理局（微观层面单独的机构）	日常事务的管理者	履行国家公园范围内的生态保护、自然资源资产管理、特许经营管理、社会教育管理和宣传推介等职责，负责协调当地政府与周边社区关系。可根据实际需要，授权国家公园管理机构履行国家公园范围内必要的资源环境综合执法职责（分为两类：中央政府直接行使所有权的国家公园；委托省级政府代理行使所有权的国家公园）

1.3.2　社会参与

《总体方案》明确"完善社会参与机制。在国家公园设立、建设、运行、管理、监督等各环节，以及生态保护、自然教育、科学研究等各领域，引导当地居民、专家学者、企业、社会组织等积极参与。鼓励当地居民或其举办的企业参与国家公园内特许经营项目。建立健全志愿服务机制和社会监督机制。依托高等学校和企事业单位等建立一批国家公园人才教育培训基地"。国家公园管理局成立后，国家公园体制试点的社会参与形式将更丰富且将走入正轨。

以代表社会力量的非政府组织为例，其在国家公园体制试点的政策形成、方案落地中也发挥了积极作用。从研究、调查、培训、整合营利性社会力量到一线的扶贫和社区教育、人员培训、世界自然基金会（WWF）①、世界自然保护联盟（IUCN）、保尔森基金会、SEE 基金会、桃花源生态保护基金会、全球环境研究所等非政府组织都有参与。在 10 个国家公园试点区中，参与三江源国家公园建设的非政府组织最为活跃。例如，三江源国家公园管理局、世界自然基金会、广汽传祺三方于 2016 年签署了三年战略合作框架协议②，共同开展中国首个社会力量支持国家公园试点区建设的创行者计划，首创了营利性社会力量

---

① 世界自然基金会是第一个进入中国开展自然保护地工作的国际非政府组织。1980 年，世界自然基金会派遣美国科学家乔治·夏勒博士来到四川卧龙国家级自然保护区（后来全部被划入大熊猫国家公园体制试点区）开展大熊猫行为学调查，从此开启了世界自然基金会与中国的合作之路。1981 年，世界自然基金会与保护区管理局在卧龙合作建立了"中国保护大熊猫研究中心"，并将五一棚野外观察站作为中外合作进行大熊猫生态观察的研究基地。

② 三江源国家公园管理局、世界自然基金会和广汽传祺合作的特点在于明确了合作主题是国家公园创建，其余的非政府组织参与的且迄今已经落地的工作只是泛泛的生态保护或自然保护区。

以非营利方式参与中国国家公园生态保护项目和机构建设的先河：三方联合进行"黄河源环境解说体系规划""黄河源雪豹保护""湿地使者—护源有我大学生志愿者活动""黄河源园区水鸟生态监测和保护行动"等多个项目，合作内容包括连续三年的高原湿地水鸟调查、雪豹及其栖息地调查与研究、支持国际交流活动和国际论坛举办、志愿者征集和管理、环境解说深化设计及环境教育能力建设等。另外，山水自然保护中心在三江源核心的澜沧江源园区通过对原住藏民进行培训、实行协议保护、开展社区监测、社区保护基金小额赠款、野生动物保护赔偿、乡村绿色领袖培训计划、乡村之眼参与式影像制作等方式，鼓励社区参与雪豹、金钱豹等多种青藏高原特有和濒危物种的栖息地保护。山水自然保护中心还在三江源促成了中国国家公园第一个特许经营项目（昂赛的雪豹观察特许经营项目）。非政府组织还丰富了基金管理形式，尝试了"绿水青山"向"金山银山"的转化。例如，桃花源生态保护基金会在划入大熊猫国家公园的老河沟进行的协议保护取得了较好的效果，其用协议加强保护的同时发展生态产业，协助社区成立养蜂合作社，订单销售近万斤，蜂农户均增收 3000~4000 元，村集体分红达到 10 万元。这些非政府组织还准备"抱团"形成合力：多家非政府组织联合成立了社会公益自然保护地联盟，目标是在 2030 年前推动和支持民间力量协助政府管理占国土面积 1%的公益保护地，国家公园是其开展业务的优先领域，并且其公益目标和国家公园公益目标基本一致。这些工作有了国家公园管理局的统筹，将会向体系化、标准化、国际化方向发展。

1.4 国家公园体制改革引领自然保护地体系建设

未来，国家公园体制改革必将引领中国自然保护地体系的建设，这主要体现在以下两个方面。

第一，国家公园体制设计提供的是共性化问题的系统化解决方案。《总体方案》确定的国家公园体制以及技术标准等应对的是自然保护地的共性问题①，国家公园又是自然保护地的主体，自然保护区和自然公园两类保护地的

---

① 仅以钱方面的问题为例。《总体方案》中提出并已经在若干试点区实践了健全生态保护补偿制度，加大重点生态功能区转移支付力度，提高生态补偿标准，鼓励受益地区与国家公园所在地区通过资金补偿等方式建立横向补偿关系。显然这些都是自然保护区、自然公园这两大类自然保护地迫切需要的。

体制将会根据需要向国家公园体制不同程度地靠拢，即国家公园体制将引领自然保护地体制，使自然保护地体系在"权、钱"相关制度上获得保障。目前的试点工作已经进展到各项体制机制初步经历了地方实践的考验，即将用《国家公园法》巩固改革成果①，相关工作还包括研究建立国家公园管理的各项技术标准规程（比如国家公园监测指标与技术体系）。这些工作，都是通过建立自然保护地体系解决自然保护地问题急需的。

第二，国家公园体制试点工作为自然保护地的体系建设、体制落地探了路、啃了骨头、初步形成了个性化落地方案。国家公园体制试点工作中的范围划清划定、自然资源资产确权、基于规划的国土空间用途管制等基础性工作将使目前多类自然保护地较杂乱的日常管理有前例可援，地方政府在填补其他类自然保护地的管理漏洞、处理其他类自然保护地的历史遗留问题和形成新的管理办法时，能明白哪些方向可行、哪些工作先行、哪些办法可用、哪些雷区不可踩。这不仅使重新构建自然保护地体系的工作有标准可循，也使过河的艰途有石头可摸，每个国家公园试点区在既往近五年的实践中，都是石头。

正因为如此，《自然保护地意见》中明确指出：到 2025 年，健全国家公园体制，初步建成以国家公园为主体的自然保护地体系；到 2035 年，全面建成中国特色自然保护地体系。

然而，中国自然保护地涉及面大、问题长期积累，尽管国家公园体制试点可望发挥引领作用，但必须明晰自然保护地的共性问题、制度成因，才能真正理解《总体方案》《自然保护地意见》等文件的内涵，才能对中国国家公园体制及其背后的生态文明体制建设工作有全局和细节兼顾、历史和未来统筹的把握。

（本章初稿执笔：苏杨、胡艺馨、陈吉虎、王蕾、孔大鹏、魏钰）

---

① 2018 年，《国家公园法》被列入十三届全国人大立法计划中的二类立法项目。

第二章
中国自然保护地体系的特征

新中国成立以来，国家结合国情建立了一套虽不完善但"聊胜于无"的自然保护地管理体制。这种体制的特点是属地管理为主，各部门既有分工又有协作。其基本发展脉络是：1956年建立了第一个自然保护区之后，各部门根据自身的业务分工和行业特点，从1982年开始陆续建立了风景名胜区、森林公园、地质公园、湿地公园、海洋公园以及水利风景区、沙漠公园等不同类型的自然保护地，其中多数还区分了国家级和省级（有的还包括市县级）。这些自然保护地在一定程度上代表了相应的生态系统类型及其特征，但管理薄弱：从宏观层面看，此前的工作表明中国已初步形成具有一定规模和本土特色的自然保护地体系，但体系化程度不高且没有真正地国家化、制度化①。中国自然保护地体系的突出特征可以从资源和体制两方面进行总结。从资源方面看，中国自然保护地体系具有多种类型、多层级别、多重价值以及地区差异分布的基本特征；从体制方面看，则主要表现为多部门条块结合的属地化管理模式以及以部门规章为主的管理依据和相对较弱的体制保障。

2.1 自然保护地体系的资源特征

中国拥有丰富的生物多样性和各类典型独特的自然文化景观，因此在资源特征和体系结构方面呈现明显的复杂性，主要体现在资源类型、体系结构、资源价值、功能定位及空间分布等方面。

---

① 尽管各类自然保护地都冠以国家抬头，国家级自然保护区和国家级风景名胜区由国务院颁布，本质上这些自然保护地管理体系只是由中央政府的某个部门牵头管理（甚至谈不上对"权、钱"相关制度的实质控制），管理体制局限于这个部门的职能范围内，从设立到运行和监督都只是某个部门来操作，也没有在中央财政中专列一个类别的资金予以保障。正因为此，《总体方案》中专门强调："（七）优化完善自然保护地体系。改革分头设置自然保护区、风景名胜区、文化自然遗产、地质公园、森林公园等的体制"。

2.1.1　多种类型

2.1.1.1　自然保护地体系包括多种类型的自然保护地

中国的自然保护地类型多样，依据管理对象的不同，有自然保护区、风景名胜区、森林公园、湿地公园、城市湿地公园、地质公园、水利风景区、海洋特别保护区（含海洋公园）、矿山公园、种质资源保护区、天然林保护区、沙化土地封禁保护区、沙漠公园等多种类型。其中的很多类型并没有形成系统的管理体系。为概括中国自然保护地体系的资源特征，需对所有的自然保护地进行大致筛选，依据主要有三个方面：①首要管理目标为保护生态价值较高的自然资源；②形成了包含资源评价、资格甄别、机构设置、资金安排、管理规章等在内的管理体系；③不依附于其他类型可独立存在。大体据此并考虑数据来源，确定自然保护区、风景名胜区、森林公园、湿地公园、地质公园、水利风景区、海洋特别保护区（含海洋公园）和沙漠公园共计8种类型为中国自然保护地管理体系在本书中的分析单元。截至2017年，上述8类自然保护地共计9445处，总面积约202万$km^2$①，占国土陆地及海洋总面积的16%以上（见表主2-1、图主2-1）。其中国家级自然保护地总数为3728个，总面积约135.67万$km^2$②，约占国土陆地及海洋总面积的10.77%（见表主2-2、图主2-2）。

表主2-1　2017年全国自然保护地数量和面积统计

单位：处，万 km^2

		自然保护区	风景名胜区	森林公园	湿地公园	地质公园	水利风景区	海洋特别保护区（含海洋公园）	沙漠公园	合计
国家级	数量	463	244	881	898	240	832	67	103	3728
	面积	97.45	10.70	14.41	—	11.99	—	0.73	0.39	135.67
省级	数量	855	807	1447	—		2000			5109
	面积	36.95	10.74	4.48	—					52.17

---

①　湿地公园、地质公园、水利风景区、海洋特别保护区（含海洋公园）及沙漠公园自然保护地的省级和市县级面积数据缺失，未纳入统计。

②　国家级湿地公园和国家级水利风景区面积数据缺失，未纳入统计。

续表

		自然保护区	风景名胜区	森林公园	湿地公园	地质公园	水利风景区	海洋特别保护区（含海洋公园）	沙漠公园	合计
市县级	数量	1432	—	1176	—	—	—	—	—	2608
	面积	12.77	—	1.39	—	—	—	—	—	14.16
合计	数量	2750	1051	3504	898	240	832	67	103	9445
	面积	147.17	21.44	20.28	—	11.99	—	0.73	0.39	202.00

注：省级水利风景区的手续不完备，相关数据缺失，所以不计入统计。

资料来源：自然保护区数据来源于《中国环境状况公报》，风景名胜区数据来源于住房和城乡建设部《中国风景名胜区事业发展公报》，森林公园数据来源于中国森林公园网，湿地公园数据来源于湿地中国官网，地质公园数据来源于原国土资源部官网，国家级水利风景区数据来源于水利部官网，国家级海洋特别保护区（含海洋公园）数据来源于原国家海洋局官网，沙漠公园数据来源于国家林业和草原局官网。

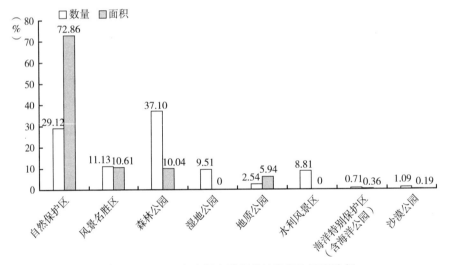

图主2-1　2017年全国自然保护地数量和面积比例

表主2-2　2017年国家级自然保护地数量和面积统计

类型	数量		面积	
	数量（处）	占总数比例（%）	面积（万 km²）	占总面积比例（%）
国家级自然保护区	463	12.42	97.45	71.83
国家级风景名胜区	244	6.54	10.70	7.89
国家级森林公园	881	23.63	14.41	10.62

续表

类型	数量		面积	
	数量 （处）	占总数比例 （%）	面积 （万 km²）	占总面积比例 （%）
国家湿地公园	898	24.09	—	—
国家地质公园	240	6.44	11.99	8.83
国家级水利风景区	832	22.32	—	—
国家级海洋特别保护区（含海洋公园）	67	1.80	0.73	0.54
国家沙漠公园	103	2.76	0.39	0.29
合　计	3728	100.00	135.67	100.00

资料来源：国家级自然保护区数据来源于《中国环境状况公报》，国家级风景名胜区2012年前数据来源于中国环境科学研究院2012年10月《国家级风景名胜区与国家森林公园生态环境质量评估报告》，之后数据来源于各风景名胜区所在地政府官网，国家级森林公园数据来源于中国森林公园网国家级森林公园附件，国家湿地公园数据来源于湿地中国官网国家级湿地公园名录，国家地质公园数据来源于原国土资源部官网，国家级水利风景区数据来源于水利部官网，国家级海洋特别保护区（含海洋公园）数据来源于原国家海洋局官网，国家沙漠公园数据来源于国家林业和草原局官网。

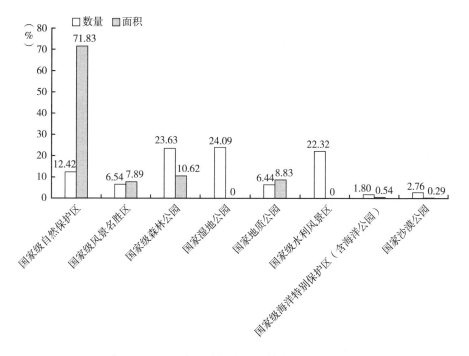

图主 2－2　2017 年国家级自然保护地数量和面积比例

2.1.1.2　每类自然保护地拥有多个主体自然资源的保护对象

自然保护地类型多样，而每一类自然保护地又拥有多个主体自然资源的保护对象。以自然保护区为例，其依据保护对象可细分为三个类别、九个类型（见表主2-3、图主2-3）。其中数量最多的前三种类型为森林生态系统类型、野生动物类型及内陆湿地和水域生态系统类型，分别占我国自然保护区总数量的52.15%、19.13%和13.85%；面积最大的前三种类型为荒漠生态系统类型、野生动物类型和森林生态系统类型，分别占自然保护区总面积的27.22%、26.29%、21.60%。

表主2-3　2017年全国各类型自然保护区数量和面积统计

类　　型	数量		面积	
	总个数（处）	占总数比例（%）	总面积（km²）	面积占比（%）
自然生态系统类	1955	71.09	10520.32	71.49
森林生态系统类型	1434	52.15	3179.34	21.60
草原与草甸生态系统类型	41	1.49	165.17	1.12
荒漠生态系统类型	31	1.13	4005.43	27.22
内陆湿地和水域生态系统类型	381	13.85	3098.70	21.06
海洋和海岸生态系统类型	68	2.47	71.68	0.49
野生生物类	677	24.62	4044.41	27.48
野生动物类型	526	19.13	3869.39	26.29
野生植物类型	151	5.49	175.02	1.19
自然遗迹类	118	4.29	152.00	1.03
地质遗迹类型	85	3.09	97.04	0.66
古生物遗迹类型	33	1.20	54.96	0.37
合　　计	2750	100	14716.73	100

资料来源：环境保护部，2018年《中国环境状况公报》。

国家级风景名胜区按照其主体资源分为14类，包括历史圣地类、山岳类、岩洞类、江河类、湖泊类、海滨海岛类、特殊地貌类、城市风景类、生物景观类、壁画石窟类、纪念地类、陵寝类、民俗风情类[①]（见表主2-4、图主2-

---

①　参考文献：风景名胜区分类标准（CJJ/T 121—2008）。

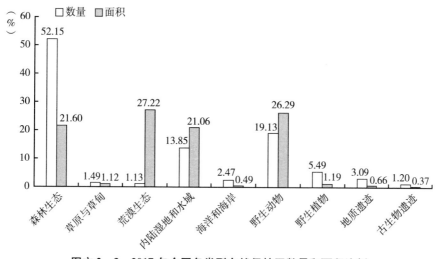

图主 2 - 3　2017 年全国各类型自然保护区数量和面积比例

4）。因为中国自古就有山岳崇拜，山与宗教、风俗结合形成了中国山岳文化，因此山岳类国家级风景名胜区的数量最多。

表主 2 - 4　2012 年全国各类型国家级风景名胜区数量

单位：处，%

类　型	数量	比例	类　型	数量	比例
历史圣地类	15	4.82	城市风景类	8	2.57
山岳类	103	33.12	生物景观类	2	0.64
岩洞类	19	6.11	壁画石窟类	4	1.29
江河类	37	11.90	纪念地类	47	15.11
湖泊类	31	9.97	陵寝类	5	1.61
海滨海岛类	10	3.22	民俗风情类	12	3.86
特殊地貌类	18	5.79			

资料来源：吴佳雨《国家级风景名胜区空间分布特征研究》，《地理研究》2014 年第 9 期。以此为依据，很多风景名胜区为多种类型的混合，故按照类型计算的总数比当时的国家级风景名胜区总数 225 处要多。

国家湿地公园也可依据湿地资源的特征分为 5 个类别，包括近海与海岸湿地、河流湿地、湖泊湿地、沼泽湿地、人工湿地。从数量来看，河流湿地类和人工湿地类的国家湿地公园数量最多，各占到 30% 以上；从面积来看，湖泊

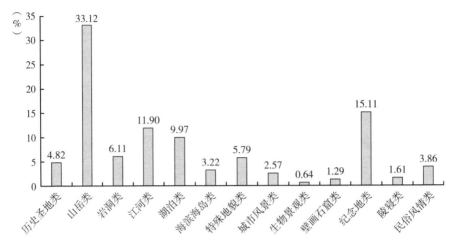

图主2-4　2012年全国各类型国家级风景名胜区数量比例

湿地类国家湿地公园占湿地总面积比例最大，达到约35.1%，这与我国湿地资源的特征是基本一致的（见表主2-5、图主2-5）。

表主2-5　2013年全国各类型国家湿地公园数量和面积统计

单位：个，%

类型	湿地类面积比例	国家湿地公园数量	占湿地总数量比例	占湿地总面积比例
近海与海岸湿地	10.80	12	2.8	1.3
河流湿地	19.80	145	33.8	23.7
湖泊湿地	16.10	75	17.4	35.1
沼泽湿地	40.70	59	13.8	18.0
人工湿地	12.60	138	32.2	21.9
合　计	100	429	100	100

　　资料来源：吴后建、但新球、舒勇等《中国国家湿地公园：现状、挑战和对策》，《湿地科学》2015年第13期。

　　此外，国家级水利风景区依据资源特征分为水库型、湿地型、自然河湖型、城市河湖型、灌区型和水土保持型六类（见表主2-6、图主2-6）。截至2017年，我国832处国家级水利风景区中，近一半为水库型水利风景区，其所占比例最大，达到43.51%。灌区型水利风景区所占比例最小，达到3.61%。这与我国水利建设侧重防洪、蓄水有一定关系。

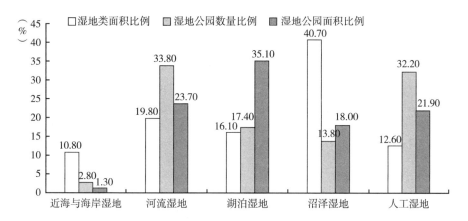

图主 2 - 5　2013 年全国各类湿地面积及相应各类国家湿地公园数量和面积比例

表主 2 - 6　2017 年各类型国家级水利风景区数量统计

单位：处，%

类型	数量	比例	类型	数量	比例
水库型	362	43.51	湿地型	47	5.65
自然河湖型	182	21.88	灌区型	30	3.61
城市河湖型	175	21.03	合　计	832	100.00
水土保持型	36	4.33			

资料来源：中华人民共和国水利部景区办。

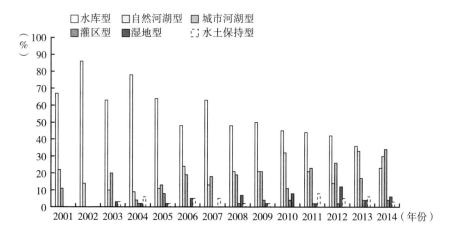

图主 2 - 6　不同批次设立的各类型国家级水利风景区数量比例

2.1.1.3　同一空间区域被多种类型的自然保护地覆盖

上述自然保护地的类型大体涵盖了我国自然资源的类型，因此通常情况下，每一处的自然保护地常常包括多种自然资源类型。在现实中，就形成了同一空间区域被多个不同管理部门同时设立为相应保护地的情况。例如，安徽省现有森林公园 52 处，与其他单位重叠设置的有 20 处，重叠面积达 39%，其中与自然保护区重叠 6 处，与风景名胜区重叠 15 处，与地质公园重叠 9 处，与自然保护区、风景名胜区双重叠 1 处，与风景名胜区、地质公园双重叠 5 处，与自然保护区、风景名胜区、地质公园三重叠的 2 处①。

除自然保护区和风景名胜区外，其他类似森林公园、地质公园等这种以单类自然资源来命名的自然保护地，往往只意味着该资源类型在这个自然保护地中是价值主体，而不一定是面积主体。以神农架林区为例，北亚热带原始森林是该区域的面积主体资源，林地占到全区面积 85% 以上，因此该区域设有以保护森林生态系统为主的神农架国家级自然保护区（704.67km²）和神农架国家森林公园（133.33km²）；但同时由于该区域记载着 16 亿年来地球沧海桑田变迁历史的地质地貌珍迹，因此也被设立为神农架国家地质公园（1022.72km²），其范围与自然保护区和森林公园均有重叠，其中与自然保护区重叠面积达到 360.75km²。另外，该区域还拥有面积不大但价值极高的泥炭藓湿地生态系统，因此设立有神农架大九湖国家湿地公园（50.83km²），其范围又与大九湖省级自然保护区（93.2km²）全部重叠。同时，该区域还设有神农架省级风景名胜区（704.67km²），其范围与神农架国家级自然保护区全部重叠。这种以单类自然资源命名管理的方式，造成了我国自然保护地一地多牌、重复设置还往往一地多主的管理乱象。

2.1.2　多层级别

总体来看，我国自然保护地体系呈现国家级、省级和市县级等多层级的基本结构特征（见表主 2 - 7）。例如，自然保护区分为国家级、省（自治区、直辖市）级、市（自治州）级和县（自治县、旗、县级市）级四级；风景名胜区分为国家级风景名胜区和省级风景名胜区两级；水利风景区分为国家级水利

---

① 国务院发展研究中心：《国家公园管理体制研究》，2011。

风景区和省级水利风景区两个级别。

比较特殊的是地质公园和湿地公园：地质公园除国家级、省区级和市县级外还有世界级。截至 2017 年底，我国共有世界级地质公园 35 处，面积 4.67 万 km^2，在数量上占联合国教科文组织世界地质公园网络（GGN）总数的1/4；湿地公园在国家级和省级的分类基础上，还包括试点国家湿地公园，即通过验收的试点才能成为正式的国家湿地公园，2017 年全国湿地公园试点总数 898 处，通过验收的 258 处[①]。

表主 2 - 7　2017 年主要的自然保护地各级别数量和面积统计

类别	内容	国家级	省级	市县级	合计
自然保护区	数量（处）	463	855	1432	2750
	占比（%）	16.84	31.09	52.07	—
	面积（万 km^2）	97.45	36.95	12.77	147.17
	占比（%）	66.22	25.10	8.68	—
风景名胜区	数量（处）	244	807	—	1051
	占比（%）	23.22	76.78	—	—
	面积（万 km^2）	10.70	10.74	—	21.44
	占比（%）	49.91	50.09	—	—
森林公园	数量（处）	881	1447	1176	3504[①]
	占比（%）	25.14	41.30	33.56	—
	面积（万 km^2）	14.41	4.48	1.39	20.28
	占比（%）	71.05	22.10	6.85	—

注：①不含广东镇级森林公园、重庆社区森林公园和宁夏市民休闲公园。

可见，我国多数自然保护地的设置都实行依据资源重要性和价值高低而划分的多层级模式，且以国家级—省级—市县级的三层级模式为主。这种三层级的体系结构不但有利于不同级别资源的区别管理，也为后续自然保护地体系的整合重构奠定了结构基础。

2.1.3　多重价值

我国的自然保护地体系有多类型和多层级别的特征，同时在价值上也呈现多元化的鲜明特征。为明晰我国自然保护地体系所呈现的具体价值，根据各类

---

①　中国林业网，http：//www.forestry.gov.cn/2017，湿地保护发展换挡加速。

自然保护地管理依据中的描述,将其中带有"价值""性"等名词以及描述各类资源特征的形容词进行提取并归类①,如表主2-8所示。

表主2-8　各类自然保护地所保护资源的特征

类型	自然保护区	风景名胜区	森林公园	地质公园	湿地公园	水利风景区	海洋特别保护区(含海洋公园)
代表性	1	1	1	0	0	0	0
完整性	1	0	0	0	0	0	0
典型性	1	1	0	1	1	0	0
生态价值	1	1	0	0	1	1	1
科学价值	1	1	1	1	1	1	0
观赏价值	0	1	1	1	1	1	1
文化价值	0	1	0	1	1	0	1
开发价值	0	0	0	0	0	0	1

注:有表述的用"1"表示,没有表述的用"0"表示;国家有关沙漠公园的规章条例中没有明确表述特征的词,故不计入统计。

首先,可以看出我国多数自然保护地的一些共性价值特征。除水利风景区和海洋特别保护区(含海洋公园)外,其他类别的自然保护地都在代表性、完整性和典型性这三方面有所体现。其中,只有自然保护区特别强调了"生态系统完整性"的资源特征要求,可以看出,目前对国土完整生态系统的保护工作,应是以自然保护区这一类型的保护地为主体进行。另外,在资源"代表性"方面,只有自然保护区和风景名胜区做出详细的要求和严格的规定②,这也充分说明,在具有国家代表性的自然生态系统和景观资源保护方面,自然保护区和风景名胜区承担着主要的功能。

其次,在资源价值方面,各类自然保护地均集中体现在生态价值、科学价值、观赏价值和文化价值四个方面。其中的"科学价值"是几乎所有自然保护地都具有的资源特征,因此可以推断,科研监测活动也是每个自然保护地都应承担的功能之一③;在"观赏价值"方面,除自然保护区外,其余的自然保

① 代表性、完整性和典型性合并为典型性。
② 森林公园虽然也有"代表性"的描述,但仅有这一个词出现,没有做出进一步要求和说明,可以看出代表性不是森林公园资源的主要特征。
③ 科学价值虽然在海洋特别保护区(含海洋公园)的管理条例中没有明确表述,但海洋特别保护区(含海洋公园)明确提出其有科学研究监测的功能。

护地都强调资源的景观性；生态价值和文化价值这两种资源特征持平，其中不强调资源生态价值的自然保护地是森林公园和地质公园；不强调资源文化价值，但明确了相关文化遗产和文化保护的自然保护地是自然保护区和湿地公园。

综上可以看出，我国的各类自然保护地都具备基本的生态系统服务功能。即便是主要依托水利生产设施发展起来的水利风景区，其他服务价值也同时兼备。而其中以生态系统完整性和代表性为主体资源特征及价值的是自然保护区；以代表性景观资源及观赏价值为主要特征的是风景名胜；其余各类保护地则是以各单类资源要素为主体。总体上看，几乎所有的自然保护地都强调资源的"典型性"，同时所有的自然保护地都强调科学价值、大部分自然保护地都强调观赏价值和文化价值。通过这些资源特征和资源价值的分析可以看出，我国自然保护地体系在功能定位、资源特征及资源价值等方面的划分并不是十分清晰准确，存在多方面的交叉或重复。

2.1.4 地区差异

通过上述分析判断，现有的自然保护地体系基本覆盖了我国国土范围内需要保护的大部分自然生态区域和典型的景观区域，代表了我国主要的植被类型、湿地类型、野生动植物栖息地类型、自然遗迹、地质地貌和自然人文景观。为进一步直观了解这些自然保护地的空间分布特征，下面将依据自然地理条件，分别对东北、华北、华东、华中、华南、西南和西北七大地理片区进行逐一分析。

首先，从数量这一指标来看（见表主2-9、图主2-7），截至2017年，各类国家级自然保护地在华东地区数量最多，华南地区数量最少。其中，国家级自然保护区和国家地质公园在我国各区域的分布基本均衡，其他类型的自然保护地则呈现较为明显的地域分布差异，具体来看：国家级风景名胜区分布在华东和西南地区数量明显较多；国家湿地公园集中分布于华东和华中；国家级森林公园、国家级水利风景区和国家级海洋特别保护区（含海洋公园）则都是以华东最为突出，其中国家级森林公园共计228处，基本占到全国国家森林公园总数量的近26%；国家级水利风景区共计316处，占全国国家级水利风景区总数量的近38%，是华东地区各类保护地中数量最多的；国家级海洋特别保护区（含海洋公园）45处，占全国国家海洋特别保护区（含海洋公园）总数的67%以上；此外，国家沙漠公园则主要分布在西北地区。

表主2-9　2017年各地理区域各类型国家级自然保护地数量统计

单位：处

	自然保护区	风景名胜区	森林公园	湿地公园	地质公园	水利风景区	海洋特别保护区（含海洋公园）	沙漠公园	合计
东北	85	17	132	104	19	70	10	3	440
华北	54	21	99	100	35	75	2	24	410
华东	64	78	228	184	52	316	45	0	967
华中	57	38	131	171	37	117	0	9	560
华南	49	12	58	58	20	31	10	2	240
西南	77	60	139	136	45	108	0	2	567
西北	77	18	94	145	34	115	0	63	546
合计	463	244	881	898	242[①]	832	67	103	3730

注：①地质公园中有两处是跨省级行政区的，分别是长江三峡国家地质公园（2004年）跨越重庆、湖北两省市；黄河壶口瀑布国家地质公园（2002年）跨越陕西、山西两省。为了方便统计且数量为整数，将重庆、湖北、陕西、山西各算一处，故最后国家地质公园的总数为242处，比国家地质公园实际数量（240处）多了2处，最后合计的国家级自然保护地总数3730也比实际国家级自然保护地总数3728多了2处。表主2-11同理。

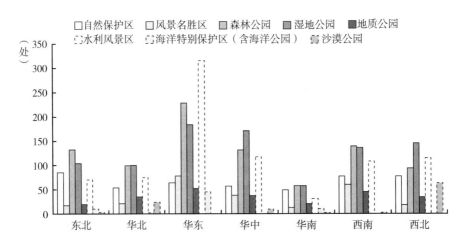

图主2-7　2017年各地理区域各类国家级自然保护地数量

其次，从面积指标来看（见表主2-10、图主2-8），呈现与数量分布完全不同的结果，截至2017年，我国各类国家级自然保护地面积在西南和西北地区最大，华南地区的自然保护地面积最少。其中面积分布差异性最明显的是自然保护区，第一，自然保护区是所有自然保护地中面积最大的一种保护地类型，第二，我国国家级自然保护区在西南和西北两个区域呈现明显的大面积空间特征，这两个区域的国家级自然保护区数量只有154处，但面积却达到831173.62km²，占整个国家级自然保护区面积的85%以上，占西南、西北各类国家级自然保护地总面积的近83%，占全国所有国家级自然保护地总面积的61%以上。这充分说明我国现阶段大面积的生态系统的主体保护单位是自然保护区，且西南和西北两大区域承担着全国一半以上的严格保护自然资源和生态环境的重任。

表主2-10　2017年各地理区域各类型国家级自然保护地面积统计*

单位：km²

	自然保护区	风景名胜区	森林公园	地质公园	海洋特别保护区（含海洋公园）	沙漠公园	合计
东北	55704.19	5643.04	44515.76	10491.10	1422.07	21.34	117797.50
华北	47159.29	7608.14	18556.78	9609.30①	136.15	687.67	83757.33
华东	14419.65	11659.86	11249.84	25452.50	5442.50	0	68224.35
华中	15416.51	5918.89	7968.97	26562.30②	0	158.3	56024.97
华南	8829.44	6859.55	5564.40	4299.20	251.56	166.34	25970.49
西南	423218.01	56247.92	33788.10	30199.90③	0	13.29	543467.22
西北	407955.61	13072.96	22461.18	13268.90④	0	2898.61	459657.26
合计	972702.70⑤	107010.36	144105.03	119883.20	7252.28	3945.55	1354899.12

注：*湿地公园和水利风景区面积缺乏数据，未计入统计。
①黄河壶口瀑布国家地质公园共30km²，为方便统计，山西计15km²。
②长江三峡国家地质公园共25000km²，为方便统计，湖北计12500km²。
③长江三峡国家地质公园共25000km²，为方便统计，重庆计12500km²。
④黄河壶口瀑布国家地质公园，共30km²，为方便统计，陕西计15km²。
⑤该数据由《国家级自然保护区名录》（来源：中华人民共和国环境保护部）各省数据相加而得，与《2018年中国环境状况公报》中公布的总面积（97.45万km²）存在0.18万km²的误差。

由此可见，我国国家级自然保护地的空间分布总体上呈现如下特征：数量分布以华东地区最为突出，占总数比例为25.92%；面积明显集中于西南及西北地区，两者之和占到我国自然保护地总面积的61%以上，且明显以自然保

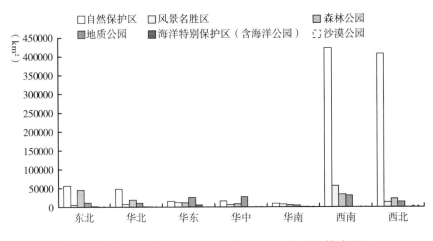

图主2－8 2017年各地理区域各类型国家级自然保护地面积

护区为主体；华南地区的国家级自然保护地数量及面积都是最少（见表主2－11、图主2－9~图主2－12）。值得注意的是，国家级自然保护地的空间分布规律与著名的"胡焕庸线"（瑷珲—腾冲线）不谋而合，线左侧区域的自然保护地数量少、面积大，大面积区域基本都是自然保护区，且主要为自然生态系统类（森林生态系统、草原与草甸生态系统、荒漠生态系统、内陆湿地生态系统）和野生动物类的自然保护区；线右侧的保护地数量多、面积小，且类型主要为森林公园和水利风景区。

表主2－11 2017年各地理区域国家级自然保护地数量和面积统计

	东北	华北	华东	华中	华南	西南	西北	合计
数量（处）	440	410	967	560	240	567	546	3730
占总数比例（%）	11.80	10.99	25.92	15.01	6.43	15.20	14.64	100.00
面积（km²）	117797.50	83757.33	68224.35	56024.97	25970.49	543467.22	459657.26	1354899.12
占总面积比例（%）	8.69	6.18	5.04	4.13	1.92	40.11	33.93	100.00
占区域面积比例（%）	7.75	9.99	8.55	10.00	4.24	23.12	14.92	—

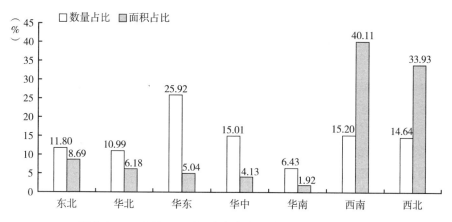

图主2-9　各地理区域国家级自然保护地数量和面积比例

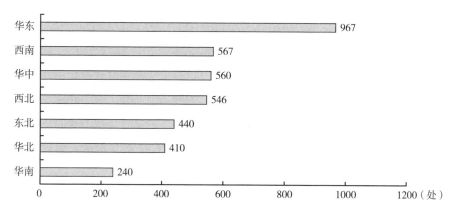

图主2-10　各地理区域的国家级自然保护地数量

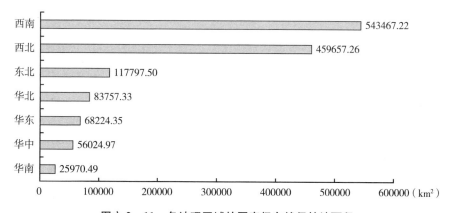

图主2-11　各地理区域的国家级自然保护地面积

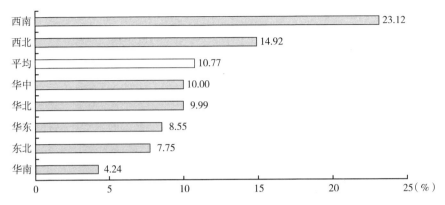

图主 2 - 12　各地理区域的国家级自然保护地面积占区域面积比例

通过上述分析可以基本看出，我国自然保护地体系的资源特征包括：多种类型多样资源的横向体系；多层级别金字塔式的纵向体系；依据价值高低和重要程度的多重价值模式与多层级结构相呼应，同时在主流价值基础上各自有所侧重与多种类型结构相呼应；并在空间分布上呈现与"胡焕庸线"极度吻合的东西差异特征。

2.2　自然保护地体系的体制特征

资源特征复杂的中国自然保护地体系，有着共性的管理约束，即普遍存在"人、地"关系的约束，难以实现封闭、隔离式的管理，必须在已有较多生产活动且权属关系复杂的土地上开展保护工作，但中央政府给予的"权、钱"方面的支持远远不能满足自然保护工作的实际需要。因此，与我国经济发展速度基本同步的自然保护地的快速发展，逐渐形成了多部门条块结合的属地化管理模式和较弱的"权、钱"保障体制特征。

2.2.1　多部门条块结合的属地化管理模式

回顾我国自然保护地的发展史，各类自然保护地是由各职能分管部门分类别逐渐建立的，因此形成了多部门分类别的管理形式（见图主 2 - 13）。资源分别由相对应的职能部门管理，如环保、住建、国土资源、农业、水利、国家林业、海洋等单位，各自依法律和部门政策对各类资源进行管理，形成了

"条"的组织格局。同时，由于自然保护地具有独特的区域性特点，因此各自然保护地普遍实施属地管理原则、国家级—省级—市县级三级政府的管理模式。自然保护地所在地方政府充当着资源保护责任主体及财政支持的角色，在人权、财权、保护、建设、规划、报批、实施等各方面由地方政府综合管理，这使保护地管理机构在隶属关系上又与地方政府联系在一起，形成了横向"块"的序列。在具体的管理过程中，自然保护地设立管理机构代表国家对所划定保护范围内的资源进行管理，包括资源的保护、游憩资源的利用，甚至自然保护地范围内的社区事务等各项工作。这些自然保护地的管理机构在专业上接受行业主管部门的管理，同时在人事、财政及相关社会经济事务上接受地方政府管理。

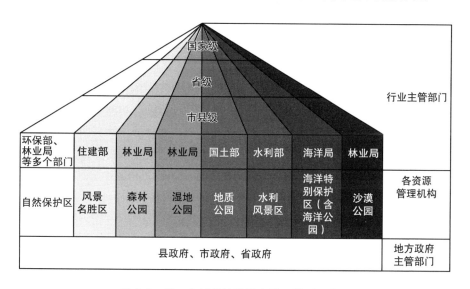

图主 2 – 13　自然保护地原有管理体系示意图

这种条块分割的管理模式，使得自然保护地在具体的管理过程中，常出现管理责权的交叉重叠（见图主 2 – 14）。其中，多部门交叉管理形式最为明显的是自然保护区。我国自然保护区由环保部门统一综合管理、各部门行政主管部门在各自的职责范围内主管相关的自然保护区，属于综合管理与分部门管理相结合的管理体制。

2018 年 3 月，中共中央印发的《深化党和国家机构改革方案》明确提出，"将国家林业局的职责，农业部的草原监督管理职责，以及国土资源部、住房

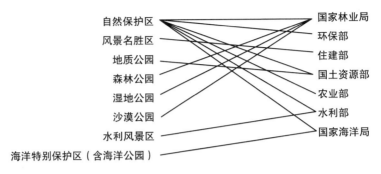

图主 2 – 14　自然保护地体系的多部门交叉管理示意图

和城乡建设部、水利部、农业部、国家海洋局等部门的自然保护区、风景名胜区、自然遗产、地质公园等管理职责整合，组建国家林业和草原局，由自然资源部管理"。《深化党和国家机构改革方案》将我国自然资源管理部门和相关机构进行了重组，由自然资源部对国土空间的自然资源实行统一管理。其下属国家林业和草原局对自然保护区、风景名胜区、自然遗产、地质公园等实行统一管理，并加挂国家公园管理局牌子。如此一来，从顶层设计层面解决了原有自然资源空间规划重叠、管理职能交叉等实际问题，实现了自然资源的整体保护、系统修复和综合治理（见表主 2 – 12）。

表主 2 – 12　自然保护地管理体制分类

保护地类型	原管理部门	改革后管理部门	管理机构设置
自然保护区	综合管理与分部门管理相结合	国家林业和草原局	自然资源部下属国家林业和草原局负责全国自然保护区的综合管理； 县级以上地方人民政府负责自然保护区管理部门的设置和职责,由省、自治区、直辖市人民政府根据当地具体情况确定
风景名胜区	住建部	国家林业和草原局	自然资源部国家林业和草原局负责全国风景名胜区的监督管理工作； 省、自治区、直辖市人民政府风景名胜区建设主管部门,负责本行政区域内风景名胜区的监督管理工作； 省、自治区、直辖市人民政府其他有关部门按照规定的职责分工,负责风景名胜区的其他有关监督管理工作

保护地类型	原管理部门	改革后 管理部门	管理机构设置
森林公园	国家林业局	国家林业和 草原局	自然资源部国家林业和草原局主管全国森林公园的工作; 县级以上地方人民政府林业主管部门主管本行政区域内 的森林公园工作;省级以上森林公园实行国家级、省级、县 级建设单位三级政府管理,主要依托地方政府进行具体管 理。森林公园经营管理机构负责森林公园的规划、建设、 经营和管理
湿地公园	国家林业局	国家林业和 草原局	自然资源部国家林业和草原局部门负责国家湿地公园的 审批; 省级以上林业主管部门负责国家湿地公园建设管理的指 导和监督工作
地质公园	国土资源部	国家林业和 草原局	自然资源部国家林业和草原局对地质公园进行业务指导 和监督管理工作; 地质公园所在地的政府或政府主管机构负责对地质公园 的日常管理工作
海洋特别保 护区(含海 洋公园)	国家海洋局	国家林业和 草原局	自然资源部国家林业和草原局负责对海洋特别保护区 (含海洋公园)的监督管理、业务指导、建设工作等; 省(区、市)自然资源行政主管部门负责监督管理本行政 区域内的海洋特别保护区(含海洋公园)选划、建设和管 理工作;各行业管理机构负责管理本行业在海洋特别保护 区(含海洋公园)内的活动
沙漠公园	国家林业局	国家林业和 草原局	自然资源部国家林业和草原局对国家沙漠公园进行业务 指导和监督管理工作; 县级以上地方人民政府林业主管部门负责本辖区内国家 沙漠公园的指导和监督;跨县级行政区域的应由相应的上 级人民政府和主管部门负责指导和监督

注:机构改革后,水利风景区管理机构认为自身属于限制开发区范围,与中央界定的自然保护
地概念不同,因此没有加入自然保护地体系改革,本表因此未将其列入。

2.2.2　以部门规章为主的管理依据和弱体制保障

2.2.2.1　管理依据

目前,中国自然保护地管理正处于由粗放管理向制度化、法制化和科学化管理的转型期。在法律法规上,基本形成了"国际公约—国家政策法规—地方政策法规"的三级框架。其中的国家政策法规主要由国务院行政法规和各行业主管部门的规章、规范性文件构成,是各类自然保护地进行日常管理的主要依

据，如表主 2－13 所示。其中，此前只有自然保护区和风景名胜区是法定保护地，其管理体制中涉及的部分内容拥有国家政策法规的保障。根据《自然保护区条例》规定，国家级自然保护区的建立，由自然保护区所在的省、自治区、直辖市人民政府或者国务院有关自然保护区行政主管部门提出申请，经国家级自然保护区评审委员会①评审后，由国务院环境保护行政主管部门进行协调并提出审批建议，报国务院批准。国家级风景名胜区由省、自治区、直辖市人民政府提出申请，国务院建设主管部门会同国务院环境保护主管部门、林业主管部门、文物主管部门等有关部门组织论证，提出审查意见，报国务院批准公布。其他类的自然保护地，则是根据部门规章甚至规范性文件设立的。但这样的**自然保护地体系，有两方面共性特征：①体系基本不排他，体系的特征不鲜明，一个自然保护地可以一地多牌、一地多主；②有体系但体制不全、保障不足，多数自然保护地自身得不到"权、钱"相关制度的"保护"**，自然保护区自身难保的事情常有发生。

表主 2－13　自然保护地管理依据分类（举例）

自然保护地类型	法规条例	级别
自然保护区	《自然保护区条例》	行政法规
风景名胜区	《风景名胜区条例》	行政法规
森林公园	《森林公园管理办法》	部门规章
地质公园	《建立地质自然保护区的规定》《地质遗迹保护管理规定》	部门规章
湿地公园	《国家湿地公园管理办法（试行）》	部门规章
海洋特别保护区（含海洋公园）	《海洋特别保护区管理办法》	部门规章
沙漠公园	《国家沙漠公园试点建设管理办法》	部门规章

2.2.2.2　经营模式和机制

各类自然保护地具体的经营模式各不相同。以自然保护区为例，其经营模式主要以旅游活动的开展来实现，主要有以下三种经营方式②。一是自然保护

---

① 《国家级自然保护区评审委员会组织和工作制度》规定评审委员会成员应由担任相关行政主管部门领导职务或具有高级技术职称的不同学科的专家组成。
② 此处引自国家林业局野生动植物保护司、国家林业局政策法规司《中国自然保护区立法研究》，中国林业出版社，2007。但我国的自然保护区数量多、面积大、形态复杂，在自然保护区内存在的经营活动，从矿业、水电、风电到农牧业、房地产业，业态极多但都较低级，生态旅游、绿色种植等保护地友好产业反而基本没有。为便于分析，我们只以旅游（其实主要是大众观光旅游这种业态）产业为例进行分析。

区管理机构独自经营开发。自然保护区管理机构开发旅游资源，经营和管理旅游活动，收取入区门票，提供住宿、交通等旅游服务。如吉林长白山自然保护区管理局成立了自己的旅游局和旅游公司，收取门票，提供登天池的交通服务等，旅游收入是该自然保护区维持运转的主要来源。这种经营方式在我国的自然保护区旅游业的开发中占主体地位。二是股份制经营形式。自然保护区与旅游部门及地方社区共同成立了股份制企业，统一经营管理。如九寨沟自然保护区与旅游部门及地方社区共同成立股份制企业——九寨沟旅游总公司，该公司统一管理和经营九寨沟的旅游开发。该经营模式成功解决了自然保护区自身以及周边社区发展问题，是值得推广的资源利用方式。三是外部部门为主的经营形式。由于历史原因或土地使用权的限制，有些自然保护区自己没有旅游开发的主导权，而由外部的旅游公司经营，自然保护区从门票中提取少量的资源保护费：如广州鼎湖山自然保护区的旅游一直由肇庆市旅游局经营开发；江西井冈山自然保护区同样如此，当地政府的旅游公司获取了全部旅游收益，而自然保护区只有保护资源的义务，而无利益分配的权利。

我国风景名胜区市场化经营主要涉及景区部分项目或设施市场化经营、景区上市经营、拍卖景区经营权等三种形式。其中，风景名胜区部分项目或设施市场化经营指的是景区将部分旅游项目或设施，如门票、餐饮、购物、游乐场等按照市场价值规律运营；风景名胜区上市经营是将国有风景名胜区与特定的旅游企业结合起来，以上市公司方式捆绑经营[1]；风景名胜区拍卖经营权是指在确保景区所有权属于国家的前提下，公开拍卖景区在一定时期的经营权，获得经营权的企业享有对景区的独家经营权[2]。在实际经营过程中，为了筹措资金，许多风景名胜区都采取市场化转让的方式经营。有些风景名胜区转让多种服务经营点，有的风景名胜区将景区（景点）土地及风景资源进行出让、转

---

[1] 1996 年，张家界旅游开发股份公司在深圳证券交易所挂牌交易，这是我国第一家景区类上市公司。截至目前，在深沪证券交易所上市的景区公司共有五家，它们分别是张家界、黄山旅游、泰山旅游、峨眉山、桂林旅游。

[2] 早在 1997 年，湖南省就分别以委托经营和租赁经营的方式出让了张家界黄龙洞和宝峰湖的经营权。签订委托经营合约的北京某公司获得了黄龙洞 50 年的经营权，签订租赁合约的马来西亚某公司获得了宝峰湖 60 年的经营权。2001 年，四川省旅游部门向海内外宣布出让包括九寨沟、三星堆遗址、四姑娘山、稻城亚丁、青城山磁悬浮旅游列车工程等在内的十大景区经营权。如此大规模出让名胜风景区的经营权，引起社会普遍关注。

让经营，有的风景名胜区出现将门票收费转让的情况，有些风景名胜区甚至将风景名胜区全部转让经营。这种情况下，国家级风景名胜区管理机构的牟利倾向明显，甚至将大量财政投资用于产业发展，造成国家级风景名胜区管理机构资金支出结构不合理，保护性支出所占比例过低。2010～2013年对国家级风景名胜区经费支出的统计可以明显看出，基本建设、人员工资、办公事业费占的比例较大，资源保护方面的支出仅占10.5%（四年平均值）（见表主2-14）。

表主2-14 2010～2013年国家级风景名胜区经费支出统计

单位：亿元，%

类别	支出金额							
	2010年	比例	2011年	比例	2012年	比例	2013年	比例
基础设施专项支出	53.6	40.06	61.84	37.68	83.54	43.61	128.22	51.16
风景资源保护支出	13.88	10.37	23.55	14.35	16.64	8.69	21.24	8.47
日常维护管理支出	18.67	13.95	22.77	13.88	23.34	12.18	23.38	9.33
人员工资支出	24.06	17.98	29.68	18.09	32.65	17.04	34.46	13.75
上缴地方财税	10.32	7.71	11.7	7.13	19.93	10.40	15.09	6.02
市场营销及其他	13.26	9.91	14.56	8.87	15.47	8.08	28.23	11.26

资料来源：中国城市科学研究会、国务院发展研究中心、中国城市规划研究院、城乡规划管理中心、住建部城市建设司世界遗产和风景名胜管理处《国家级风景名胜区资金机制研究报告》，2014。

虽然各类自然保护地的经营方式各有不同，但总体来看，自然保护地经营模式可以按照经营权与管理权是否分离进行分类。其一，管理权与经营权分离的模式，包括将经营权转让给民营企业与国有企业两种；其二，管理权与经营权统一的模式，包括由政府部门全权管理经营以及由企业全权管理经营两种，如表主2-15所示。

表主2-15 自然保护地经营模式分类

类型	内容	机制	特征
管理权与经营权分离	政府管理，民营企业经营	自然保护地由政府管理，经营主体是企业； 地方政府设立保护管理机构，作为政府的派出机构，负责自然保护地统一管理； 自然保护地管理机构通过收缴专营权费的方式将经营权直接委托给企业； 自然保护管理机构负责资源保护，公司负责资源开发利用	保护地的所有权与经营权、开发权与保护权完全分离

类型	内容	机制	特征
管理权与经营权分离	隶属政府的国有企业管理经营	自然保护地由企业管理经营，其经营主体是国有企业，且直接隶属于当地政府或地方政府某个部门； 自然保护地的所有权代表是政府，经营由国有的经营企业掌管； 经营企业既负责资源的开发，又负责资源的保护	保护地的所有权与经营权分离，开发权与保护权统一
管理权与经营权统一	政府部门全权管理经营	自然保护地管理机构既是管理主体又是经营主体； 既负责自然保护地资源开发，又负责资源与环境保护	保护地的所有权与经营权、开发权与保护权相对统一
	企业全权管理经营	自然保护地由企业管理经营，其经营主体是民营企业或民营资本占绝对主导的股份制企业； 自然保护地的所有权代表是当地政府，民营企业以整体租赁的形式获得景区一定年限的独家经营权； 自然保护地经营企业在其租赁经营期内，既负责景区资源开发和管理，又对景区资源与环境的保护负有绝对责任	保护地的所有权与经营权分离，开发权与保护权统一

2.2.2.3　资金渠道

自然保护地的资金来源按大类来分，可以总结为三条渠道：财政渠道、市场渠道、社会渠道。其中，中央和地方财政拨款是自然保护地一项重要的资金来源，但由于各自然保护地所处地区的经济发展水平、保护对象重要性及规模等存在较大差异，所接收的中央财政及地方财政拨款额度也各有不同，使得自然保护地所接收的政府资金投入在东西部呈现明显的差异。

从发展历史看，此前自然保护区的财政资金主要由地方政府拨付，这就造成了同样是国家级自然保护区，获得的财政资金却有天上地下的差别，尤其在20世纪中央财力匮乏、自然文化遗产领域专项资金聊近于无之时①。与此类似的还有国家级风景名胜区，尽管国家级风景名胜区设立时需要国务院进行批

---

① 例如，2000年时广东内伶仃岛福田国家级自然保护区的拨款为290万元，而同属林业系统的贵州茂兰国家级自然保护区拨款仅为28万元。这种情况从2001年才开始改观，如文物系统获得的中央财政专项资金，从2001年的1亿元左右，只用了10余年就增加到100亿元以上。

准，但日常管理上绝大多数仍交由地方代管，财政渠道的经费也主要来自地方政府财政资金，每年只有部分国家级风景名胜区能申请到少量由中央政府行业主管部门提供的基础设施建设费用补助及专项经费。由此机制产生的一个实际问题就是，许多资源条件较好但地处偏远贫困地区的风景名胜区将面临更少的地方资金支持，这种情况在对比东西部风景名胜区资金结构时显得更为突出（见表主2－16）。西部国家级风景名胜区每年得到各级政府的总投入仅10亿元左右，折合1.62万元/km²；中部21亿元左右，折合12.9万元/km²，东部约22.2亿元，折合15万元/km²①。西部以最低的收入和最低的国家财政拨款，担负着最多面积的国家级风景名胜区的保护和管理，实现最大的生态效益。

表主2－16　国家级风景名胜区东中西部收入情况统计

单位：亿元，%

地区	收入							
	国家拨款	比例	其他经营收入	比例	门票收入	比例	景区总收入	比例
东部	22.19	41.05	73.98	43.46	74.69	38.74	185.64	37.32
中部	21.28	39.37	41.57	24.42	61.01	31.65	182.28	36.64
西部	10.58	19.57	54.66	32.11	57.09	29.61	129.56	26.04

资料来源：徐海根《中国自然保护区经费政策探讨》，《生态与农村环境学报》2001年第1期。

经营收入是多数自然保护地资金来源中比例最大的部分。以风景名胜区和森林公园为例，统计2010～2013年国家级风景名胜区的资金来源，呈现如下特征（见表主2－17、图主2－15）：①风景名胜区总收入呈上升趋势，其中门票收入和其他经营收入所占比重最大，门票收入基本每年持平，其他经营收入和融资有所增长；②地方财政和中央财政每年都有投入，其中地方财政投资比例较大，地方财政和中央财政的比例约为3∶1；③对比2010～2013年的国家级风景名胜区资金来源途径，发现国家风景名胜区的资金结构基本稳定，其中

---

① 2012年城乡建设统计年鉴国家级风景名胜区统计数据。"东部"是指最早实行沿海开放政策并且经济发展水平较高的省份，包括北京、天津、河北、辽宁、上海、江苏、浙江、福建、山东、广东和海南11个省（市）；"中部"是指经济次发达地区，包括山西、吉林、黑龙江、安徽、江西、河南、湖北、湖南8个省；"西部"是指经济欠发达的地区，包括四川、重庆、贵州、云南、西藏、陕西、甘肃、青海、宁夏、新疆、广西、内蒙古12个省（区、市）。

中央财政比例约为 4% ~ 7%，地方财政比例为 11% ~ 20%，门票收入和其他经营收入始终是资金最主要的来源，分别占到总金额的 35% ~ 43% 和 28% ~ 43%，风景区资源有偿使用费约为 1%，社会捐赠仅占不到 0.1%。

表主 2 – 17 2010 ~ 2013 年国家级风景名胜区资金来源统计

单位：亿元，%

类别		资金来源							
		2010 年	比例	2011 年	比例	2012 年	比例	2013 年	比例
门票收入		66.09	42.88	80.92	41.65	87.08	37.53	87.27	35.34
财政渠道	合计	42.31	27.45	32.13	16.54	44.47	19.16	50.58	20.48
	中央财政	10.85	7.04	10.75	5.53	11.91	5.13	10.67	4.32
	地方财政	31.46	20.41	21.38	11.01	32.56	14.03	39.91	16.16
风景区资源有偿使用费		1.53	0.99	1.96	1.01	2.28	0.98	2.13	0.86
其他经营收入(包括融资)		44.14	28.64	79.20	40.77	98.01	42.24	106.84	43.26
捐赠		0.065	0.04	0.07	0.04	0.21	0.09	0.15	0.06
总收入		154.14		194.28		232.05		246.97	
财政投资总额占 GDP 比重		0.011		0.007		0.009		0.009	

资料来源：中国城市科学研究会、国务院发展研究中心、中国城市规划研究院、城乡规划管理中心、住建部城市建设司世界遗产和风景名胜管理处《国家级风景名胜区资金机制研究报告》，2014。对 225 处国家级风景名胜区进行问卷调研，选择有效反馈调研问卷 149 份，占国家级风景名胜区总数的 66.2%，东、中、西部分别有 44 处、48 处、57 处国家级风景名胜区纳入统计分析。

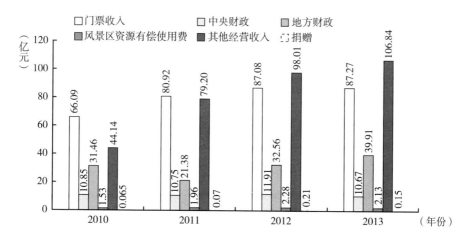

图主 2 – 15 2010 ~ 2013 年国家级风景名胜区资金来源统计

森林公园的资金来源主要包括政府财政投入、森林公园自筹资金、社会资金三方面（见表主2－18）。近年来，财政投入呈逐步减少的趋势，自筹资金波动较小，社会资金①投入增加。2013年，全国森林公园共投入建设资金约486.69亿元，比2012年增加54.62亿元，同比增长12.64%。其中政府财政投入约为79.95亿元，占投入资金总数的16.43%，与2012年相比，比重减少4.38个百分点；自筹资金131.44亿元，占投入资金总数的27.01%，与2012年相比，同比比重减少0.89个百分点；社会资金275.30亿元，占投入资金总数的56.57%，与2012年相比，比重增加5.27个百分点（见图主2－16）。

表主2－18 2003~2013年森林公园资金来源结构

单位：万元，%

年份	资金投入总额	政府财政投入		自筹资金		社会资金	
		资金	比重	资金	比重	资金	比重
2003	548176.49	93066.41	16.98	173180.73	31.59	282292.75	51.50
2004	737342.79	211112.20	28.63	235331.99	31.92	291044.00	39.47
2005	780903.16	165031.45	21.13	279303.32	35.77	328006.39	42.00
2006	829137.97	151757.92	18.30	271404.90	32.73	405975.15	48.96
2007	1153449.21	195514.80	16.95	474543.01	41.14	483391.40	41.91
2008	1367510.69	232392.22	16.99	576461.30	42.15	558657.17	40.85
2009	1911597.91	387721.78	20.28	630786.16	33.00	893089.97	46.72
2010	2249860.26	508420.95	22.60	780853.86	34.71	960585.45	42.70
2011	3131329.16	1034786.75	33.05	980140.55	31.30	1116401.86	35.65
2012	4320740.54	898961.53	20.81	1205433.07	27.90	2216345.94	51.30
2013	4866946.55	799482.77	16.43	1314441.35	27.01	2753022.43	56.57

资料来源：国家林业局《中国林业统计年鉴2013》，中国林业出版社，2013。

由此可见，我国自然保护地目前的资金来源总体为社会资金投入比重最大，其次为地方政府出资、保护地门票收入、中央政府专项资金，以及少量的社会捐赠（见表主2－19）。

---

① 此处的社会资金属于本书中的市场渠道资金来源，主要通过股份制经营、合作开发、经营性项目经营权转让经营和旅游资源经营权整体转让经营等形式获得。

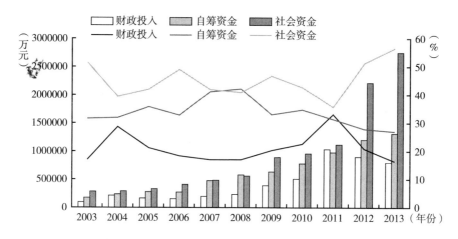

图主 2 - 16　2003～2013 年森林公园资金来源结构分析

表主 2 - 19　自然保护地资金来源分类

保护地类型	资金渠道(依照大致的资金比重从大到小依次排列)
自然保护区	地方政府出资为主,中央专项资金补助,保护区自筹,社会捐赠
风景名胜区	门票和景区经营是最主要的收入渠道,地方政府出资,极少中央专项资金,风景区资源有偿使用费,社会捐赠
森林公园	社会资金注入,公园自筹,地方政府出资,中央专项资金
湿地公园	地方政府出资,国家湿地补助基金,公园自筹
地质公园	社会资金注入,地方政府出资,中央专项资金(但不属于财政经常性预算),公园自筹
海洋特别保护区 (含海洋公园)	地方财政出资为主,少量中央专项资金,社会资金注入
沙漠公园	社会资金注入,地方财政出资,中央专项资金,公园自筹

2.2.3　自然保护地体系的问题首先是体制的问题

从上述对自然保护地体系的资源和体制特征的分析中不难看出,我国自然保护地体系的规模已经能够满足维持国土生态安全和保护生物多样性的需要(尽管其分布不尽合理),更大的问题在结构和体制方面,如各类保护地交叉重叠但边界和权属不清、管理机构职权和能力不足、财政资金投入不够不均、管理法规漏洞多且执行不到位、经营机制不规范等。这些问题的源头不仅有规

范的自然保护地体系尚未建立，更重要的是我国自然保护地现行管理体制难以满足保护需要、难以协调发展矛盾，**不解决体制问题，什么样的体系都无法实现统一、规范、高效**①**的管理，都难以保护好、发展好。也就是说，自然保护地体系的问题首先是其体制的问题。自然保护地体系的改革，首先是体制的改革**。就是要从解决现有自然保护地重叠设置、多头管理、边界不清、权责不明、保护与发展矛盾突出等问题入手，构建符合保护需要的"权、钱"相关制度，这样才能实现自然生态系统和自然资源整体性高效保护的目标。

建立以国家公园为主体的自然保护地体系是一个系统工程，这个工程的基础和重点仍然在体制。从2015年开始国家公园体制试点以来，这个工作虽然千头万绪、千辛万苦，仍然是生态文明体制改革领域进展最系统、最深入也最快的领域。当然，发展到这一步，不是一蹴而就的。这个领域也曾经让人觉得积重难返，过去的体系让人觉得不堪重负。要想明确自然保护地的发展出路，就需要先深入分析梳理中国自然保护地体系的特征和体制特点，系统总结自然保护地管理中存在的问题，然后才能看清问题导向下的国家公园体制试点是如何形成的，发展方向和路径是什么，有哪些共性困难，个性化解决方案在哪里，这些都是全面推动自然保护地体制改革的必经之路。

（本章初稿执笔：张玉钧、张婧雅、贾倩、郑月宁、赵静、魏钰、李月）

---

① 这是在2005年1月《试点方案》中首先提出的国家公园体制试点的目标。

第三章
中国自然保护地管理存在的
问题及其制度成因

中国建立以国家公园为主体的自然保护地体系，其核心约束条件是"人、地"关系，由此产生的主要管理问题大多源自人地关系的处理，包括自然资源与生态系统的长效保育、与保护地相关的人类社会的平衡发展与合理利用、协调人类社会与自然环境关系的运行机制等多个方面。截至目前，自然保护地的发展普遍存在空间划界不合理、功能定位失调以及与社区矛盾突出等共性问题。建立以国家公园为主体的自然保护地体系，必须从体制机制层面统筹解决这些问题。

3.1 管理问题

对自然保护地来说，其管理问题意味着自然保护地的功能没有发挥好、没有发挥完全，实际表现形式即其空间划分不合理、功能定位不平衡、社区关系不协调等。

3.1.1 自然保护地的划界、分区不合理与覆盖有空缺并存

3.1.1.1 大多没有实现对完整生态系统的管理

我国自然保护地体系在构建之初并未对全国生态系统或自然资源本底及其服务功能进行充分的通盘考虑，以至于大多数自然保护地并没有把完整的生态系统划进来。综合考虑区域陆生脊椎动物物种、土地覆盖类型及土地所有权和保护状况等方面信息，采用空缺分析方法（GAP）的一系列研究表明，尽管中国自然保护地在名义上已占到陆地国土空间的近20%，但仍存在覆盖不足、地域分布不平衡的问题[1]。例如，天山、晋冀山地、青海省东部边界地区、云贵高原东南部、黄土

---

① 李迪强、宋延龄：《热点地区与 GAP 分析研究进展》，《生物多样性》2000 年第 2 期。

高原和广西北部、淮河和黄河下游等地，一些物种未受到（或未很好地受到）保护地覆盖，例如仅考虑哺乳动物（560 种）、爬行动物（391 种）和两栖类动物（287 种），就有 100 种没有得到任何国家级自然保护区保护，有 48 个物种没有被任何自然保护区覆盖；部分生物地理单元没有自然保护地覆盖；部分具有重要生物多样性的生物地理单元保护力度不够[1]。另外在地域分布上也呈现极大的差异性，高密度人口地区的自然保护地覆盖率低，西南、西北地区的国家级自然保护地覆盖率约为 23.12% 和 14.92%，但人口密度较高的华东和华北地区，国家级自然保护地覆盖率仅为 8.55% 和 9.99%[2]。

与此同时，在对各类自然保护地划界时，地方政府又常常抱有多争取政府生态补助的私心，加之土地确权工作基础薄弱、划界和分区前缺乏扎实的田野工作基础，所以导致多数自然保护地在边界范围划定时出现了划得破碎和划得过"大"并存的问题，甚至把城镇建设用地和既有生产用地都划了进来，以致许多自然保护地（尤以自然保护区突出）的划界分区既不符合生态系统和自然资源完整性及典型性的地理分布特征，同时造成依法管理不可行的实际问题，进而使典型生态系统和珍贵自然资源无法得到真正的高效保护。

3.1.1.2 一地多牌，多类自然保护地在空间和管理上交叉

我国的自然保护地有多个类型，实行的是各部门分头设置自然保护区、风景名胜区、自然文化遗产、地质公园、森林公园等的建制办法。这种情况下，很容易形成一地多牌乃至一地多主现象。这种现象在全国所有省份都存在（台湾地区除外），且从 20 世纪 80 年代多类保护地开始设置时就这样。近 10 年，在新设保护地上略有好转[3]，但既设保护地这方面的问题基本没有得到解

---

① 夏友照、解焱、Mackinnon John：《保护地管理类别和功能分区结合体系》，《应用与环境生物学报》2011 年第 6 期。

② 以 2017 年全国国家级自然保护地数据统计而得，湿地公园与水利风景区面积数据缺失，未计入。详见第二章中的 2.1.4 节。

③ 最近出台的规范性文件对这方面提出了明确要求。如国家林业局 2011 年 5 月发布的《国家级森林公园管理办法》中要求："已建国家级森林公园的范围与国家级自然保护区重合或者交叉的，国家级森林公园总体规划应当与国家级自然保护区总体规划相互协调；对重合或者交叉区域，应当按照自然保护区有关法律法规管理。"其后，国家林业局于 2017 年 12 月发布的《国家湿地公园管理办法》明文规定："国家湿地公园范围与自然保护区、森林公园不得重叠或者交叉。"

决。例如，2010 年，安徽省有森林公园 52 处，与其他类保护地重叠设置的有 20 处，重叠面积达 39%，其中与自然保护区重叠 6 处，与风景名胜区重叠 15 处，与地质公园重叠 9 处，与自然保护区、风景名胜区双重叠 1 处，与风景名胜区、地质公园双重叠 5 处，与自然保护区、风景名胜区、地质公园三重叠 2 处①。到 2019 年，安徽省森林公园数量显著增多（总数增加到近 80 处，其中国家级 35 处），但这种类型重叠和空间交叉现象基本没有改变。

自然保护地一地多牌的现象，直接导致一处保护地的管理标准不一、体制机制混乱，造成管理的目标、手段、力度等多方面存在实际冲突；同时，空间上的重叠和管理上的交叉，往往又意味着一处资源涉及多个部门的管理，进而导致相关政策冲突，权责划分不清，甚至出现责任真空的问题。权力的交叉渗透不仅降低了管理效能、增加了各类成本，无形中还增加了管理漏洞和利益冲突点。这类问题在跨行政区界或大尺度的自然保护地中更为显著。

3.1.2 功能定位不平衡

按照联合国《保护生物多样性公约》的基本宗旨，自然保护地的三项根本目标"保护""可持续利用""公平分享惠益"应相辅相成。但是，我国的自然保护地的功能定位失调，**政策法规角度和中央政府层面"偏左"，现实管理角度和基层地方政府层面"偏右"**，寓利用于保护、将保护成果惠及全民还只是个别现象。

3.1.2.1 曲解保护并单一强调保护，忽视可持续性、教育、科研等公益性功能

"保护"这一目标在我国各类自然保护地的功能定位及管理目标中基本都位于首位，但何谓保护？中国大陆政策语境下的保护，在英语里其实有两个对应的单词：protection 和 conservation。在英英词典中，前者的简释是 no use，后者的简释是 wise use。在中国台湾地区，为了区别，将后者翻译为保育。**从中国的自然保护地来看，绝大多数区域都有原住民，不少区域甚至形成了"山水林田湖草人"的生命共同体（人已经成为生态系统的要素），因此中国自然保护地的保护，只能是 conservation。**但既有的政策法规在有的地方似乎曲解了"保护"，甚至有些盲目地将 protection 的思路普遍贯彻。例如，《自然保护

---

① 数据来源：国务院发展研究中心内部研究报告《国家公园管理体制研究》，2011。

区条例》第十八条规定"自然保护区可以划分为核心区、缓冲区和实验区……核心区……禁止任何单位和个人进入"。照此推定，核心区的原住民必须进行移民。这种强制割裂人地关系的法规与保护地"保护人与自然和谐关系"的原则是相违背的。再如，森林公园的管理目标是"在保护森林资源的同时，合理利用森林风景资源，发展森林旅游"，这其中并未体现"可持续"的理念，而且其中"利用"的理念也过于单一。自然保护地的可持续利用除大众旅游外，更应强调环境教育，即对公众尤其是对儿童及青少年自然意识、环境伦理的培养。然而目前挂牌"全国科普教育基地""全国青少年科技教育基地"的风景名胜区共107个，各级爱国主义教育基地共286个①，相较目前风景名胜区962处来看，数量偏少。

"公平分享惠益"展开来看就是全民共享、世代传承的理念。保护不是建设自然保护地体系的唯一目的，全民共享也是目的。对从保护角度允许开展大众旅游及其他公共活动的自然保护地来说，"公平分享惠益"最直接的体现就是自然保护地的门票价格。2018年，对比美国国家公园，我国的风景名胜区、森林公园、地质公园等自然保护地（其中的多数往往还挂了自然保护区的牌子）的门票价格明显偏高（见表主3-1）。在地方政府"以经济建设为中心、优质优价"的政绩导向下，我国价值较高、国人喜闻乐见的景区门票价格上涨不停。总体来看，我国公园门票的相对价格位居世界前列②。而拥有多个国家级标签的自然保护地门票价格更是持续高涨，部分自然保护地（如森林公园、地质公园）甚至不出售学生票，与照顾弱势群体、提高国民凝聚力和推进国民教育的原则完全相悖③。

3.1.2.2　趋利性影响保护，商业经营不规范，超容量和违规错位开发现象严重

我国自然保护地采用属地管理的基本模式，中央地方权责分配不清晰容

---

① 中华人民共和国住房和城乡建设部：《中国风景名胜区事业发展公报（1982~2012）》，2012。
② 按照《旅游景区质量等级的划分与评定》（GB/T17775—2003），符合其中定义的旅游景区达2万多个，列入该标准所确定的A级景区共有5000余家。在200多个5A级景区中，按核心资源属性划分，以重要自然资源为主体的保护地占绝大多数。这些价值较高的景区门票大多超过200元，占城镇居民月可支配收入的3%左右，相对表主3-1中2008年的数据已经有所下降，但这个比例远远高于绝大多数发达国家和发展中国家。
③ 张海霞、汪宇明：《基于旅游发展价值取向转移的旅游规制创新刍议》，《旅游学刊》2009年第4期。

表主 3 - 1 我国部分风景名胜区与美国国家公园门票价格对比（2008 年）

国家	代表景区	门票价格（元/人次）	人均可支配收入（万元）	占月人均可支配收入的比例(%)
中国	武夷山风景名胜区	140	1.58	10.7
	武陵源风景名胜区	248	—	18.9
	黄山风景名胜区	202	—	15.4
	黄龙寺 - 九寨沟风景名胜区	420	—	31.9
美国	约塞米蒂国家公园（Yosemite National Park）	69	24.30	0.3
	黄石国家公园（Yellowstone National Park）	69	—	0.3
	大峡谷国家公园（Grand Canyon National Park）	69	—	0.3
	拱门国家公园（Arches National Park）	34	—	0.2

资料来源：刘鹏飞、梁留科、刘英《中美国家风景名胜区门票价格比较研究》，《地域研究与开发》2011 年第 5 期。

易导致地方经济发展的"大局"凌驾于资源保护之上。地方的资源管理机构把工作重点集中于吸引游客、提高门票收入等经营性项目上，将不可再生的自然和文化资源等同于一般的经济资源，以经济开发特别是密集式旅游开发的方式破坏资源的保护与可持续利用。为了吸引游客和提高资金收入，很多自然保护地不惜花费巨资修建索道、观光电梯、大型的人造景观和游憩设施。这不仅破坏了生态系统的完整性与景观环境的和谐性，还导致了自然保护地城市化、社区化的倾向。例如，按规划游客容量 6000 人的九寨沟景区，国庆期间日进沟人数超过 4 万人（2013 年）[1]。这种趋利性的经营模式既不利于自然保护地资源的高效保护，也大大降低了公众体验自然和环境教育的质量。

进一步来看，这些自然保护地获取的经营收入大部分未用于资源保护，而是被当作地方政府的"金字招牌"和开发商的"摇钱树"。地方政府将当地的自然保护地管理机构等同于企业，下达产值任务、限定上缴款项、摊派各种费用、征收各种税费或从门票款中设定收费项目分成。自然保护地的收益大部分上缴，留在管理机构的收益往往只够管理工作人员的人头费，能够用于资源保

---

[1] 《国庆每日 4 万人次挤爆九寨沟：反思假日及旅游制度》，网易新闻网，http://news.163.com/13/1005/14/9AE7V6IE00014AEE.html. 2013 - 10 - 05。

护和管理的经费并不多，资源的科学监测和研究就更无从谈起。自然保护地的管理在事实上变质为商业经营，完全背离了自然保护地体制设立的初衷，导致珍贵的自然资源遭受损失甚至破坏。

3.1.3 社区关系不协调

我国自然保护地多数位于边远的贫困地区，这些地区经济发展相对落后，一方面当地政府和居民发展经济、脱贫致富的愿望十分强烈；另一方面由于基础条件较差、交通不便、信息不灵等因素，当地经济发展对资源的依赖十分强烈，居民生产生活与自然资源的联系非常密切，这极大地增加了自然保护地管理的难度①。一些既有的自然保护区政策，一定程度上产生了"画地为牢"的效果，忽视了自然保护地的建立给社区带来的社会经济影响，致使保护与发展的冲突不断②。因此，在没有国家足够补偿的情况下，自然保护地的保护要求往往引起资源使用者（即保护区内及周边社区）的抵触。因此在很多的自然保护地（尤其是面积大或人口压力大的自然保护地），出现了保护管理和当地社区发展之间的冲突，导致自然保护地难以开展严格彻底的保护。

具体来说，我国自然保护地建设给社区带来的影响主要体现在四个方面。

---

① 这方面缺少最新统计数据，但既往的研究已经比较系统地反映了我国自然保护区的人口压力及其带来的居民生产与保护间的冲突。如 2000 年对 85 处自然保护区的调查（韩念勇：《中国自然保护区可持续管理政策研究》，《自然资源学报》2000 年第 3 期），区内定居人口 1227935 人，平均每处自然保护区 1.44 万人，人口较多的自然保护区，例如湖北省东洞庭湖国家级自然保护区和甘肃省祁连山国家级自然保护区，区内定居人口达到 20 万人。85 处自然保护区周边社区人口 5019063 人，平均每处保护区 5.9 万人，其中，农业人口 3589328 人，占 71.5%；自然保护区周边社区人口较多的有江苏省盐城国家级珍禽自然保护区和广西南宁大明山水源林自然保护区，受自然保护区影响的人口分别为 200 万人和 60 万人。全国自然保护区内平均人口密度为 5.75 人/km²，已超过加拿大和澳大利亚的平均人口密度 1.8 人/km² 和 2.4 人/km²。可见我国保护地面临的人口压力和强烈的经济发展需求是极为特殊的。（以上数据来源：苗鸿、欧阳志云、王效科、宋敏《自然保护区的社区管理：问题与对策》，《第四届全国生物多样性保护与持续利用研讨会论文集》，北京，2000。）

② 问题在于：①在保护地管理目标的设定上仅强调保护，忽视了促进经济发展的重要作用，这与当今自然保护地所面临的问题，尤其是与我国自然保护地的特殊处境不相符合；②在管理过程中没有抓住利益引导这个杠杆；虽然许多自然保护地建立了与当地政府社区联合保护的机构，但是这些机构偏重保护责任而忽视群众利益，实际成效不大。

一是发展旅游业给社区带来的包括就业、平等经营权、收入分配等方面的影响①。二是外来游客对社区文化的冲击，引起地域文化的变迁。三是资源保护与社区居民利用资源间的平衡关系，自然保护地社区传统上以自然资源作为生产生活材料的主要来源和途径。由于忽略生物多样性对当地居民的经济和社会价值，我国大多数自然保护地在进行区域综合保护和发展规划的制定时，并没有真正考虑社区对资源保护可能带来的积极影响，一定程度上使自然保护地社区的经济发展与自然保护地生态环境的保护被割裂。四是自然保护地的设立及后续采用的管理模式会给社区带来土地管理成本、机会成本、健康成本、社会及文化成本。反之，社区对自然保护地也会产生一系列的影响：①自然保护地的土地权属不清，从而导致一系列土地使用上的冲突②；②社区居民生产生活活动对野生生物生境及栖息地的影响；③社区居民对自然保护地本身及其他相关方面的认知，包括居民对自然保护地功能、政府管理政策、非政府组织等的态度③。

专栏 3 - 1：松山国家级自然保护区的社区参与

松山国家级自然保护区地处北京市境内，主要保护对象是以天然油松林为主的温带森林生态系统。大庄科村是自然保护区内唯一的一个自然村，位于自然保护区中部集体林内，隶属于延庆区张山营镇，不归自然保护区管辖。自然保护区内集体林即归大庄科村所有。大庄科村从明代开始建立村庄，当地居民于 500 年前迁徙此地定居。村子所有土地总面积 5000 多公顷，中心地带面积

---

① 例如，自然保护区所属企业受到的经营项目、地点限制比社区少；自然保护区内部职工或家属对某些经营项目的承包有优先权；相同的经营项目，自然保护区下属企业享有较多的优惠；等等。而社区往往在这样的竞争中处于弱势，经营权利的不平等也是产生社区与保护区矛盾的一个焦点（苗鸿、欧阳志云、王效科、宋敏：《自然保护区的社区管理：问题与对策》，《第四届全国生物多样性保护与持续利用研讨会论文集》，北京，2000）。

② 据 2000 年对 85 处自然保护区的调查，44 处自然保护区内有集体所有土地，超过调查总数的 50%，16 处自然保护区的核心区内还有集体土地，占调查总数的 18.8%。例如，广西贺州市滑水冲自然保护区，缓冲区与实验区山林权属于各居民组所有，社区居民在区内进行种植、开矿、砍伐等活动，与自然保护区管理目标背道而驰，但在目前情况下保护区又无力制止。锡林郭勒国家级草原自然保护区同样因为没有土地使用权证，而无法建立足够面积的核心区，自然保护区实际管理面积仅占自然保护区总面积的 1.7%。（数据来源：苗鸿、欧阳志云、王效科、宋敏《自然保护区的社区管理：问题与对策》，《第四届全国生物多样性保护与持续利用研讨会论文集》，北京，2000。）

③ 王丽丽：《国外国家公园社区问题研究综述》，《云南地理环境研究》2009 年第 1 期。

913 公顷。大庄科村现共有居民 25 户，总人口 75 人，其中劳动力 45 人。

自然保护区自设立以来，便禁止村民放牧牛羊。20 世纪 80 年代后期自然保护区开展生态旅游后，其门票等旅游活动的收入开始增多，但村民的利益却没有得到保障。2002 年是大庄科村的一个转折点。该村于当年以专项拨款和自筹形式修建了一条由保护区大门通向村口的柏油马路，改善了村庄的交通条件，村民开始为游客提供民俗接待服务，村民的经济收入有了提高。但是，进行问卷等实地调研后发现①，松山自然保护区的社区参与内容还仅仅停留在提供旅游服务的层面，以经济参与为主，最重要的社区参与自然保护并未得到很好的体现。另外，自然保护区对当地社区基本没有实质性的沟通方式，其发展决策等信息基本都是以公告形式传达给村民，在一定程度上剥夺了村民的知情权和参与权，从而造成大庄科村民几乎无法参与到松山的自然保护、生态旅游等的管理、决策和规划中，自然保护区的旅游收入也分配不到村子里。

3.2　制度成因

3.2.1　条块分割、一地多牌的管理体制

2018 年国务院机构改革之前，我国自然保护地采取的是条块分割的属地管理模式，自然保护地虽然名义上属于国家所有，但实际上中央、省、市、县、乡级政府及其部门都与自然保护地有不同程度的关联。自然保护地的日常管理均由各自然保护地管理机构进行，而管理机构一方面接受如环保、住建、林业、农业、国土、水利、海洋等职能部门的行业指导和监管，另一方面又接受地方政府的直接管理。职能部门从中央政府到省政府、市县级政府形成三个层级的垂直序列，形成纵向"条"的组织格局，负责全国性的行业管理、监督、审查等专业职能；地方政府则在其所辖范围内对自然保护地的人权、财权、保护、建设、规划、报批、实施等方面进行综合管理，并提供财政资金支持，是当地资源保护的责任主体，形成横向"块"的序列（见图主 3 - 1）。

---

① 张玉钧、曹韧、张英云：《自然保护区生态旅游利益主体研究——以北京松山自然保护区为例》，《中南林业科技大学学报》（社会科学版）2012 年第 3 期。

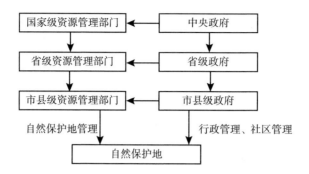

图主3-1　自然保护地管理模式示意图

　　这种条块分割的管理格局，一方面导致地方政府在事实上成为保护地资源的管理主体，另一方面导致自然保护地成为地方所有、主要接受地方行政管理的国土空间和资源。例如，《风景名胜区条例》第3条有关风景名胜区的级别规定，第4条、第5条有关其管理机构的规定，第7条有关其规划的规定则使地方政府的权力、责任与义务更多样、更完全①。即便是国家级风景名胜区，地方政府虽然没有对其进行审定公布和规划的审批权，但全权负责日常管理。在"以经济建设为中心"的政绩导向和中央政府对风景名胜区几乎没有专项资金支持的情况下，《风景名胜区条例》强调的"科学规划、统一管理、严格保护、永续利用的原则"无从体现，一些地方政府把风景名胜区甚至自然保护区当作产业资源来对待，对其所辖的自然保护地进行了大量不科学、低水平的建设开发活动，既不利于保护也没有体现全民公益性。

　　自然资源管理所涉及的原环保部、国土资源部、住建部、林业部等部门和文物部、水利部、农业部、旅游部等各个部门纷纷建立各类自然保护地的管理体制和制定相关管理条例②，划定各自的管辖范围。这种按自然要素分类的自然保护地体系，在一定程度上违背了生态系统的完整性特征，导致实际管

---

① 汤静：《世界遗产管理与保护中的政府角色定位》，《四川理工学院学报》（社会科学版）2006年第5期。

② 各部门建立自然保护地管理体系的方式主要有：根据国家法律和行政法规设立但主要由管理部门操作（风景名胜区、自然保护区、文物保护单位）、管理部门制定规章和规范性文件（国家森林公园、国家地质公园、国家湿地公园、国家级水利风景区、国家城市湿地公园、旅游A级景区等）等。

理出现权责交错甚至冲突的问题，进而使自然保护地体系呈现逻辑自洽性差、各类型发展失衡、个体之间缺乏连通性的状态。更重要的是，条块分割的管理体制还导致自然保护地管理体系重复设置和管理混乱，自然资源在某种程度上成为一个争夺权力和利益的战场。在自然资源的保护和利用上，各管理部门有利大家争、无利没人管，形成了管理责任的真空。更为严重的是，往往在同一自然保护地内，多个管理部门交叉管理。各管理部门分别从各自不同的角度对自然保护地实施管理。各管理部门之间的利益之争，常常导致政策冲突、互相推诿扯皮的问题发生，使自然保护地的管理难以实现理想化的管理总目标，而成为各种管理目标相互妥协的产物①。同时，"一地多牌"的现象在实践中也给有些自然保护地故意混淆管理界限、无序开发留下了口子。

总体而言，我国自然保护地的所有权虽隶属于国家，但国家在自然保护地真正的管理中却是一个"虚位"的主体，缺少一个专门的、稳定的权威机构代表国家行使所有权职能。参与自然保护地管理的多个部门由于工作角度和部门利益的不同，在一些问题的认识和处理上常有分歧，最终倾向于各自为政、圈地保护，造成不同自然保护地在空间上交叉重叠、管理碎片化的问题。由于自然保护地尤其是国家级自然保护地的资源具有与一般经济性资源不同的资源特殊性②，这种条块分割的属地化管理体制不利于自然保护地尤其是国家级自然保护地的保护和管理，导致如下一系列问题。

- 目标——低级别的市县级政府更多考虑地方经济发展，将自然保护地作为地方经济来源，使自然保护地的管理目标偏离保护的根本；
- 管理——由于专业性、知识性、技术性的限制，低级别政府应对自然保

---

① 比如，作为世界遗产地的庐山，竟然出现了海拔 800 米以下归庐山市政府管理、海拔 800 米以上归庐山市旅游管理局管理的尴尬局面。
② 这种特殊性表现在：第一，它们是保护性资源而非开发性资源，这一特殊性源于其在全世界和全国范围内资源和景观的真实性、完整性、独特性、不可替代性、非人工再造性，以及不可恢复或恢复成本很高；第二，它们是典型的公共资源，应该为全体人民共同享有；第三，自然保护地资源应该在不受损的前提下进行保护，保存应是第一位的，利用应是可持续的（资料来源：张晓《世界遗产和国家重点风景名胜区分权化（属地）管理体制的制度缺陷》，《中国园林》2005 年第 7 期）。

护地复杂的综合管理，常出现无目标、不系统、不高效的管理状态①；

·经营——经济的驱使导致低级别政府在吸纳经营企业的招标过程中，以及企业自身运营的过程中，出现忽视环境的影响、设施建设的规范、企业定期的环境审计、第三方的知情权和监督权等现象；

·权属——地方政府及其部门往往集保护地管理权、资源保护权、旅游服务经营权于一身，甚至将所有权、行政管理权、经营权和监督权四权混淆；

·门票——缺少中央监督制度和财政制度的属地管理模式，是导致自然保护地公益性无法保证、门票居高不下的根源。

因此，我国自然保护地的管理体制亟须改革。首先，自然保护地应实行分级管理，国家级自然保护地须由高级别政府部门统一管理，省级及市县级自然保护地分别由相应级别政府管理，各级分别制定相应管理目标，明确清晰地划定各级政府的管理权责、惩罚原则、财政经费。其次，自然保护地的经营制度亟须明确。自然保护地资源的所有权、管理权与经营权应分离，在严格的经营制度范围内，采用公开、严格的程序对自然保护地的经营者进行遴选，将自然保护地的部分经营权以合作或委托的形式转让给适宜的经营企业，并对其经营行为进行严格的监督。

3.2.2　结构单一、保障不足的资金机制

3.2.2.1　缺乏稳定充足的财政资金保障

自然保护地的建设和管理属于公益性事业，政府的财力支持是保障其公益性发挥的重要因素。如前所述，我国自然保护地资源虽然为国家所有，但是地方政府才是自然保护地事实上的资源管理主体。然而，中央在委以地方政府管理事项的同时，并未给予相应的保护经费支持。发展中国家设立自然保护地基本是一种外生行为，对外来资金的依赖程度较高②。我国自然保护地获得的财政经费多为基建、人头费和专项补助。针对生态系统日常维护和基本运转的资

---

① 自然保护地是一个复杂的"自然—社会复合生态系统"。自然保护地的管理绝非现在大多数低级别的县乡政府所认为的收门票、建宾馆、修索道、安排餐饮售卖这样简单粗暴的管理行为，而是一项非常复杂、非常专业的综合管理，需要制定系统、科学的管理制度，在专业管理人员和专业技术人员的共同实践下，不断平衡资源保护与全民平等共享的关系，并高效、合理地应对各种突发问题。

② 李周、包晓斌：《世界自然保护区发展概述》，《世界林业研究》1997 年第 6 期。

金申请十分困难，致使许多自然保护地步履维艰①。据统计，2005～2010 年，自然保护区平均每年的中央财政专项资金投入为 2.79 亿元，风景名胜区 1984～2012 年中央财政累计投入仅 3.62 亿元②，大部分景区管理机构的管理人员没有公务员身份，有些管理机构没有拨款、自收自支，甚至有少数景区管理机构被上市公司、旅游公司等取代，在真正意义上形成了以经营代替或挤压管理的局面③。总体来看，尽管我国自然保护地面积已经占到国土面积的近 20%，但是从投入来看，每平方公里仍不足 100 美元，而对比发达国家的投入（每平方公里超过 1000 美元），还有非常大的差距④。正如大自然保护协会保护科学与策略专家梅根·克拉姆（Megan Kram）所说："在美国，每年用于自然保护地的资金约占当年美国 GDP 的 0.02%。"而在中国，用于自然保护地的资金在 2010 年时只有 0.003%，即便后来大幅提高，也与美国差距明显。可以看出，自然保护地的大部分人头费、办公费、资源保护费、科研费和基础设施建设费基本上没有稳定的政府投入渠道，完全或主要依赖景区管理机构的创收，造成自然保护地保护不力、依靠资源吃资源等结果。

3.2.2.2 尚未建立多元化的投融资模式

在财政渠道之外，自然保护地尚未建立多元化的融资渠道和经营机制。如前文所述，在中国自然保护地体系中数量最多、面积最大的两类自然保护地——自然保护区和风景名胜区，其主要资金来源分别为地方政府出资和景区经营收入（包括门票），而社会捐赠等其他渠道资金来源所占比重均较低。此外，从其资金结构来看，也是多以财政或市场渠道中的某一类为主，结构较为单一，自然保护区仅依靠有限的财政拨款，缺乏自主创收的能力，一些资源管

---

① 截至 2018 年底，尽管以自然保护区、风景名胜区、地质公园和森林公园等为主体的各种保护区域面积约占我国陆地国土面积的 20%（其中自然保护区约占陆地国土面积的 15%，风景名胜区约占 2%），但是从投入来看，每平方公里的保护投入不到 2000 元人民币，而发达国家高达 1 万元以上人民币。

② 数据来源：中国城市科学研究会、国务院发展研究中心、中国城市规划研究院、城乡规划管理中心、住建部城市建设司世界遗产和风景名胜管理处《国家级风景名胜区资金机制研究报告》，2011。

③ 张晓：《世界遗产和国家重点风景名胜区分权化（属地）管理体制的制度缺陷》，《中国园林》2005 年第 7 期。

④ 数据来源：国务院发展研究中心内部研究报告《国家公园管理体制研究》，2011。

理维护工作难以有效推行和落实；风景名胜区则多依靠门票和其他经营收入来维持运营，导致资源被过度开发利用，丧失了公益性。

针对这两方面的制度成因，《总体方案》提出"建立财政投入为主的多元化资金保障机制"的要求。以国家公园为主体的自然保护地体系建设，涉及重要自然资源、文化资源的保护与可持续利用。只有在中央政府的带领下，才能保障这项事业的公益性质，因此在资金方面，首先必须坚持财政投入为主，其次应积极拓展多元化的资金渠道（包括市场渠道、社会渠道等），但要保障其他渠道的投融资行为符合国家公园的公益性要求。结构合理、供应充足的资金将是国家公园实现资源高效保护、可持续利用和全民共享的基本保障。

3.2.3　模糊不清、关系复杂的资源权属制度

自然资源资产的核心是土地所有权。我国自然保护地的土地所有权为国家所有，并且不可以转让。此外，资源所有权与土地所有权是相对分离的，不同的资源所有权有不同的规定。比如林权，与土地所有权类似，分国家所有和集体所有；矿产资源和水资源一律归国家所有；动植物资源归国家所有；景观资源至今没有明确的法律规定[1]。在自然保护地的实际管理中，管理权由地方政府代表国家行驶。这就导致自然保护地作为一种全民所有的公共资源，极容易失去其公益性和代际性。

首先，由于历史原因[2]，我国自然保护地土地的所有权形式为国家所有、集体所有、国家和集体混合所有三种所有制并存，且在很多自然保护地中，集体所有的土地占绝大部分[3]。例如，国家土地管理局、国家环保局 1995 年联

---

[1]　李文华：《当代生物资源保护的特点及面临的挑战》，《自然资源学报》1998 年第 12 期。

[2]　1978 年，中国农村开始探索家庭联产承包责任制，土地自此开始逐渐承包到户。1984 年，中央提出土地承包期 15 年不变，1993 年又提出再延长承包 30 年。2002 年颁布的《农村土地承包法》和 2007 年颁布的《物权法》也都明确：耕地的承包期为 30 年。但 1982 年后正是自然保护区、风景名胜区及森林公园等保护地建设的快速发展阶段，当时普遍采用"早划多划、先划后建、抢救为主、逐步完善"的工作方针，划定的自然保护地的土地不仅权属不清，很多连边界也不清。这样就造成了很多历史遗留问题，在农民的土地承包权被逐渐合法化后，对非国有土地按照《自然保护区条例》《风景名胜区条例》来管理，必然产生普遍、严重的冲突，即出现法律"打架"现象。

[3]　据 2000 年对 85 处自然保护区的调查，44 处自然保护区内有集体所有土地，超过调查总数的 50%，16 处自然保护区的核心区内还有集体土地，占调查总数的 18.8%。没有土地使用权的为 21 处，占总数的 25%（数据来源：苗鸿、欧阳志云、王效科、宋敏《自然保护区的社区管理：问题与对策》，《第四届全国生物多样性保护与持续利用研讨会论文集》，北京，2000）。

合发布的《自然保护区土地管理办法》中明文规定，"依法确定的土地所有权和使用权，不因自然保护区的划定而改变"。1998 年，国土资源部发出《国土资源部关于认真做好国家级自然保护区划界立标和土地确权等工作的通知》，要求对发生土地纠纷的保护区"优先调处，及时解决"。这一通知仍然延续原有规定，没有明确土地权归属问题，使保护区内土地产权众多，用途复杂，埋下冲突的隐患①。另外，我国土地确权的自然保护地，大多没有明显的围栏或标志。因此，当任何相邻土地使用权拥有者不肯承认现有的边界，或者想收回曾经放弃的权利时，就会与自然保护地发生冲突②。

其次，自然保护地资源的经营权是可以转让的，且经营权转让存在不规范性，造成自然保护地在日常管理及资金机制方面的缺陷。虽然《风景名胜区条例》第三十九条规定"风景名胜区管理机构不得从事以营利为目的的经营活动，不得将规划、管理和监督等行政管理职能委托给企业或者个人行使"，但现实中，风景名胜景区为了追求经济利益而开展营利性经营活动的情况非常普遍。部分自然保护地管理机构同时拥有管理权和经营权，在利益的驱动下，一般都会垄断保护地的经营权。同样，由于利益相关者地位的不平等，自然保护地内及周边的居民作为资源的真正所有者，在被禁止不合理利用资源后，没有形成可代替的发展途径，从而导致资源保护与社区产生矛盾。

新组建的自然资源部，其主要职责就是对自然资源的开发利用和保护进行监管，履行全民所有各类自然资源资产所有者职责，统一调查和确权登记，建立自然资源有偿使用制度。这将对我国国土内自然资源资产的确权、规划管理和监督产生积极影响。

---

① 苗鸿、欧阳志云、王效科、宋敏：《自然保护区的社区管理：问题与对策》，《第四届全国生物多样性保护与持续利用研讨会论文集》，北京，2000。

② 例如，江苏盐城自然保护区内部有一条防洪河道，在建区前归县水利部门管理。自然保护区建立后，于 1990 年获得盐城市颁发的土地证，该河道包括在内。1994 年，县水利部门为了自身的利益，通过县土地管理局获得了该河道周围的土地权证，迫使自然保护区走上了长达 5 年之久的诉讼之路，牵扯了自然保护区主要管理人员 90% 的精力，影响了自然保护区的正常工作。广西猫儿山自然保护区内的群众对过去无偿划拨给自然保护区森林和土地的做法意见很大，认为减少了他们的经济收入，影响了社区的生活，因此不断与自然保护区发生矛盾（苗鸿、欧阳志云、王效科、宋敏：《自然保护区的社区管理：问题与对策》，《第四届全国生物多样性保护与持续利用研讨会论文集》，北京，2000）。

3.2.4　介入少门、监督无据的社会参与机制

各种社会力量的加入对自然保护地的资源保护、科研监测、环境教育、资金使用以及志愿者服务等方面都有十分重要的作用。

第三方的参与可以弥补自然保护地监督方的缺失，加强自然保护地监督的公正性和有效性。虽然近年我国可以参与到自然保护地建设管理过程中的NGO（非政府组织）越来越多①，但与国际相比，我国在第三方参与自然保护地建设的制度建设方面还处于空白，参与渠道非常狭窄，NGO 的专业化和执行力也远远不够。此外，相比于美国国家公园体系志愿者队伍的建设情况②，我国自然保护地志愿者服务机制几乎处于空白阶段。

第三方参与自然保护地建设最主要的作用就是拓宽保护渠道、为社区提供技能支持、完善公众参与机制、提高公众自然意识、促进公众环保行为的改善。第三方可以与政府机构、社区组织、经营企业及游客进行不同层面的合作。在未来的自然保护地管理制度中，应逐步建立常态的、强制式的自然保护地监督机制，扩大第三方的知情权和参与渠道，以保证自然保护地的保护和利用从规划到实施，都能置于社会、公众强有力的监督之下。

3.2.5　保护地相关法律法规缺乏系统性、适应性和精准性

自然保护地的资源特殊性决定了相应管理的专业性和知识性。这不仅要求管理人员具有较高的综合专业技术水平，更要求日常管理所遵循的法律法规体系达到系统性、适应性与可操作性兼备，以应对复杂资源的综合管理。然而，目前我国自然保护地法律法规体系还不足以为资源保护提供稳固的支撑和保障，其所存在的问题主要有以下几点。

---

① 截至 2012 年，民政部登记注册的生态环境类社会组织（包括社会团体、民办非企业和基金会三种形式）共计 7928 家，其中以环境保护为唯一的"最主要的活动领域"的核心型环保 NGO 约 3000 家（数据来源：黄浩明《中国 NGO 参与环境保护的现状、挑战和机遇》，中国国际民间组织合作促进会，http://www.doc88.com/p－6753972942811.html，2016－4－23）。

② 截至 2016 年，美国国家公园体系已累计拥有近 20 万名志愿者，这些志愿者累计贡献了 800 万小时的志愿服务，节约了近 1 亿美元的开支（数据来源：美国国家公园官网，https://www.nps.gov/index.htm）。

其一，我国始终没有统一的自然保护地基本法，缺乏宏观的、高级别的顶层制度设计。当前，我国自然保护地采用类型化分部门立法的形式，即由各类型自然保护地的主管部门制定单行法规，形成一种由单行法集合而成的法群形态①，如主要由林业系统牵头起草的《自然保护区条例》《森林公园管理办法》、主要由国土资源系统起草的《地质遗迹保护管理规定》等。单项立法的针对性虽强，但缺乏整体的统一性和协调性。首先表现在立法内容的冲突上，例如，《自然保护区条例》规定，申报国家级自然保护区，必须"经国家级自然保护区评审委员会评审后，由国务院环境保护行政主管部门进行协调并提出审批意见，报国务院批准"。但是《水生动植物自然保护区管理办法》规定："经评审委员会评审后，由国务院渔业行政主管部门按规定报国务院批准"，这一程序中则没有涉及国务院环境保护行政主管部门。因此，不同效力等级的法律法规之间产生了冲突，极大地影响了法律的权威性和法制的统一性②。其次，法律条例的不明确性还体现在单个条例内部。例如，在自然保护区的变更和撤销方面，《自然保护区条例》第15条第一款规定："自然保护区的撤销及其性质、范围、界线的调整或者改变，应当经原批准建立自然保护区的人民政府批准。"但是该条例没有具体规定因何种原因、在何种条件下才可以为之。该条例将自由裁量的权力交给了地方政府，也为地方行政部门出于经济增长需要而"合理"调整自然保护区提供了方便③。

其二，在法律法规级别方面，目前有关我国八类自然保护地的规章制度中，只有《自然保护区条例》与《风景名胜区条例》属国务院行政法规，其余均为部门规章，这些法律法规的级别普遍较低。由于上位基本法的缺失，中央政府对于保护地的管理工作仅仅具有"指导"意义，相对于地方政府的行政管理（主要通过对保护地主要领导的任命权）显得十分微弱，使得相关保护工作由于妨碍到地方经济绩效的提升而难以得到顺利开展和落实。部门规章

---

① 黄锡生、徐本鑫：《中国自然保护地法律保护的立法模式分析》，《中国园林》2010年第11期。

② 黄锡生、徐本鑫：《中国自然保护地法律保护的立法模式分析》，《中国园林》2010年第11期。

③ 黄锡生、徐本鑫：《中国自然保护地法律保护的立法模式分析》，《中国园林》2010年第11期。

形式的行政法规受其自身能效的限制，给地方保护主义留下了可乘之机①。

其三，已确立的自然保护地法律法规缺乏具体的后续管理制度支持。例如，对于仅有的两个相对高级别的管理法规（《自然保护区条例》和《风景名胜区条例》）而言，没有相应的管理制度、管理计划、管理手册等后续管理系统支持，更没有形成动态的反馈调整机制，从而导致自然保护地在日常管理中出现管理目标不清晰、管理措施不具体、缺乏冲突协调机制等现实问题。我国自然保护地是三层级的管理模式，但管理依据上除各部门统一的规章制度外，大多数省、市、县级别的管理机构并没有制定相应的自然保护地管理政策，少数省市虽制定了省级或市级的管理政策②，但也多是完全依照国家制度，缺少管理措施等具体政策，保护目标也较为单一，更没有根据省域或市域的具体情况制定具有针对性的管理依据。我国自然保护地的日常管理在实际中基本归市、县级的管理机构，可以说，市、县级的管理机构是目前我国保护地管理中最直接、最主要的实际操作者。然而，大多数管理机构没有形成常态化的年度管理计划，更未对管理目标进行分类。因此，我国的自然保护地管理制度在管理系统性上是严重缺乏的。

其四，法规制定粗放，现行的法规内容很多地方过于笼统，指向性极不明确，管理措施缺乏针对性和可操作性，导致日常管理效能低下。例如，《湿地公园管理办法》有关国家湿地公园准入标准的前两条为，"①湿地生态系统在全国或者区域范围内具有典型性；或者区域地位重要，湿地主体功能具有示范性；或者湿地生物多样性丰富；或者生物物种独特。②自然景观优美和（或者）具有较高历史文化价值"。其中的"典型性""示范性""自然景观优美"

---

① 例如，关于自然保护地的变更和撤销，《自然保护区条例》第十五条第一款规定："自然保护区的撤销及其性质、范围、界线的调整或者改变，应当经原批准建立自然保护区的人民政府批准。"但是，条款中没有具体规定因何种原因、有何种情形、在何种条件下才可以为之。该条款将撤销或变更自然保护区的权力交给了地方政府，这样，地方政府以地方经济建设需要为由即可"合法"地"裁剪"自然保护区（资料来源：徐本鑫《中国自然保护地立法模式探析》，《旅游科学》2010年第5期）。

② 例如，2012年以来，山西、重庆、甘肃等省份制定了森林公园条例或办法，北京、河北、山东、贵州、云南、青海制定了湿地保护条例或办法，内蒙古出台了自然保护区相关条例（资料来源：国家林业局《2013中国森林等自然资源旅游发展报告》，中国林业出版社，2013）。

等关键词的确定模糊，没有明确的、可操作的标准体系。这种问题在其他类型自然保护地的管理法规中也普遍存在。

其五，我国自然保护地的管理及规划政策的制定多采用自上而下的模式，缺乏反馈和学习过程，从而导致很多看似合理的规章条例，由于缺乏实践反馈，在自然保护地的日常管理中很难真正实施。一方面，各类型自然保护地法在制定时多从单一的自然资源保护角度出发，缺乏对自然保护地周边社区的考虑，进而产生自然资源保护与社区发展的矛盾，同时也严重影响法律法规本有的权威性[1]。另一方面，自然保护地管理缺乏常态的监测评估和汇报环节反馈，以及缺乏日常操作对指导原则的反馈，导致国家政策和远景规划等宏观制度与实施计划之间缺乏清楚的联结，进而出现管理措施缺乏实操性、动态性和适应性。

综上所述，我国现行的自然保护地法规并不是针对整个国土自然资源本身及其与周围社会经济环境构成的复合生态系统的综合基本法，而是将自然资源保护规则和污染控制规则简单组合，是经济优先思想指导下的被简化的特殊区域保护法[2]，其正面临保护与利用综合管理、国家与地方权责划分、自然保护地体系构建等各种问题。要实现全国范围内自然资源的有效保护和可持续利用，需要制定一部自然保护地基本法，一部所有自然保护地都要严格遵从的高

---

① 例如，《自然保护区条例》规定所有的自然保护区都应按照其严格管理。该条例第十八条将自然保护区划分为核心区、缓冲区和实验区。其中核心区禁止任何单位和个人进入。所以，在实际管理中就会出现核心区的原居民不得不移民，从而发生不可逆转的地域文化断层现象和冲突。再比如，《森林公园管理办法》中明确规定，禁止个人私自伐木，但我国诸多的少数民族地区需要靠烧柴火做饭、取暖，每天要砍伐很多树木。由于当地的生产生活条件有限，所以禁止这种砍伐行为是不现实的，因为在某种意义上说等于剥夺了他们的生存权。因此，林业部门本着可持续发展而执行的办法不得不进行相应的调整（资料来源：吴云《西部开发中少数民族地区可持续发展的法律环境问题思考》，《经济问题探索》2002 年第10 期）。

② 各层级法规之间不统一，例如，2005 年浙江省人民政府颁布的《浙江省普陀山风景名胜区保护管理办法》（以下简称《办法》）以及浙江省舟山市人民政府审议通过的《浙江省普陀山风景名胜区保护管理办法实施细则》与 2006 年国务院颁布的《风景名胜区条例》（以下简称《条例》）就有诸多不协调的地方。《办法》对在自然风景区内采石、采沙，在建筑、树木上刻、划、涂、写等行为，对不符合规划要求在自然风景区内设置大型户外广告以及张贴各类宣传品等违法行为规定的罚款数额与《条例》明显不符（资料来源：徐本鑫《中国自然保护地立法模式探析》，《旅游科学》2010 年第 5 期）。

层级法律，通过制定统一的管理目标和有针对性的管理措施，为各个自然保护地管理制定准入标准、管理目标、资金机制、监督机制和评估体系，从而保障国家和公民的基本权益，实现保护与可持续利用的共赢。

专栏 3-2：适应性管理（adaptive management）

霍林（Holling）是形成"适应性环境管理"这一概念的主要贡献者。他认为适应性管理的核心要义是：无论收集的数据如何密集和丰富，也无论我们对系统功能的了解如何深入，对于特定生态和社会系统，我们的已知总是少于我们的无知。因此，涉及和评估政策的一个关键问题是如何处理不确定性、意外和无知[1]。首先，适应性管理关注的焦点是生态系统而不是管辖权。也就是说，适应性管理的边界是生态系统的边界而非人为的行政边界。其次，适应性管理的对象是生态系统或种群，而非个体项目。最后，适应性管理的时间尺度是生物学世代（biological generation）。

综上可见，我国自然保护地的管理体制存在条块分割、一地多牌的根本性问题，且资金结构单一、未形成多元化的融资保障体系，且自然资源权属复杂模糊、缺乏上下互动的社会参与共建机制和系统性的法律法规保障体系。如何全面精准地改革自然保护地管理问题，实现自然保护地体系的全面重构和生态文明战略的有效推进，可以从近年出台的一系列相关政策中找到答案。

从 2015 年国务院发布的《建立国家公园体制试点方案》，到 2017 年 9 月的《总体方案》，再到 2019 年 6 月公布的《关于建立以国家公园为主体的自然保护地体系的指导意见》，可以清晰地看出，中央的思路很明确：以国家公园为抓手，全面推动自然保护地体制改革。我们不妨回头再来看一下这三个重要文件的总体目标。

《试点方案》中明确试点的目标，通过试点使"交叉重叠、多头管理的碎片化问题得到基本解决，形成统一、规范、高效的管理体制和资金保障机制……形成可复制、可推广的保护管理模式"。可以看出这其实非常清晰地对

---

[1]　布鲁斯·米切尔：《资源与环境管理》，蔡运龙等译，商务印书馆，2004。

标了自然保护地的管理问题。

《总体方案》的主要目标是"建成统一规范高效的中国特色国家公园体制,交叉重叠、多头管理的碎片化问题得到有效解决……形成自然生态系统保护的新体制新模式,促进生态环境治理体系和治理能力现代化"。这也直接对应了自然保护地的管理体制问题。

《自然保护地意见》明确了"建成中国特色的以国家公园为主体的自然保护地体系,推动各类自然保护地科学设置"。

上述分析清晰表明,从建立国家公园体制到建立以国家公园为主体的自然保护地体系,是从单类型自然保护地分散管理到多类型自然保护地体系统一管理质的飞跃,而这一飞跃,必然也只能依靠国家公园体制建设来带动。

(本章初稿执笔:张玉钧、张婧雅、程源、杜彦君、刘辉)

第四章
自然保护地的发展出路
——以国家公园体制为支撑的保护地体系

我国的自然保护地占据陆地国土面积近20%，作为中国天然的生态屏障，发挥着水源涵养、生物多样性保持等多种重要的生态功能，对中国的生态安全至关重要。保护和管理好自然保护地成为中国生态文明进程中的一项重要任务。针对自然保护地管理中的各类沉疴痼疾，同时借鉴国际先进经验（专题报告第二章和附件第5部分中有详细介绍），中国开始了建立国家公园体制的探索。通过国家公园体制建设，希望带动整个自然保护地体系的发展和完善，提升生态环境保护和治理能力，同时体现全民公益性。

在落地阶段，国家公园体制建设自然是按图施工——按照《总体方案》的要求全面推进。例如，国家发改委《建立国家公园体制试点2018年工作要点》基本与《总体方案》的要求和步调一致[1]。这项工作后来虽然主要由国家林草局接手推进，但总体工作部署仍是相似的。针对国家公园体制试点中的"权""钱"等难题，《总体方案》明确了国家公园体制建设的主要目标和相应的体制机制保障，包括"建立统一事权、分级管理体制""建立资金保障制度"等，其整体框架设计是合理的，是问题导向和目标导向的结合，但在落地中还存在诸多困难。

4.1 中国国家公园体制建设路径

中国国家公园体制试点不是凭空产生的，而是在新的发展阶段为解决自然

---

[1] 国家发改委的《建立国家公园体制试点2018年工作要点》指出，认真贯彻落实《总体方案》的相关要求，结合工作实际，提出建立国家公园体制试点的2018年重点工作。工作要点涉及"对各类自然资源进行统一确权登记""推动建立协同管理机制""建立矿业权退出机制"等内容，均与《总体方案》内容相对应。

保护地管理问题（客观因素）、响应生态文明改革要求（主观因素）而产生的。中国国家公园体制试点是客观因素和主观因素相结合的产物。

客观因素：在中国国家公园体制建设以前，已经广泛建立各类自然保护地，但是相当数量的自然保护地存在交叉重叠、条块分割、碎片化多头管理、商业化过度经营、公益性不足等问题，中国政府希望通过国家公园体制建设有针对性地解决这些问题，提高自然保护地管理成效，在加强保护的同时全面发挥自然保护地的功能。

主观因素：国家公园体制试点既响应了生态文明建设的号召，也顺应了与自然保护地管理相关的财税体制改革、事业单位体制改革和大部制改革等要求。通过国家公园体制改革机遇，可重构符合中央改革要求的自然保护地体系，实现人与自然全面协调和可持续发展。

中国国家公园体制建设的主观因素和客观因素背景，决定了这项事业必须是**目标导向和问题导向的**（第三章已经论述）。即在进一步探讨中国国家公园体制建设框架以前，首先需梳理与国家公园体制建设有关的政策文件和中央改革要求，明确国家公园体制建设的主要目标和方向；其次需针对第三章所归纳总结的自然保护地主要问题及制度成因，通过国家公园体制机制设计确定对应的解决思路，以保障中国国家公园事业的推进始终符合中央的科学部署及合理要求，以切实解决实际问题，最终在保障民生的同时保护好重要生态环境资源。

1. 生态文明体制建设要求

建设国家公园体制是党的十八届三中全会提出的重点改革任务，是我国生态文明制度建设的重要内容。"国家公园体制"一词最早出现于2013年，十八届三中全会《中共中央关于全面深化改革若干重大问题的决定》第十四节"加快生态文明制度建设"部分从诞生之时，就成为中国生态文明制度建设的重要环节。2015年《生态文明总体方案》对国家公园体制建设任务进行了更详细的描述，包括"合理界定国家公园范围""保护自然文化遗产原真性、完整性""加强试点指导""构建保护珍稀野生动植物的长效机制"等，为国家公园体制机制设计提供了上位依据和制度基础。到2017年，按照《生态文明总体方案》的要求，在总结试点经验的基础上，《总体方案》正式出台，明确了国家公园体制建设的总体要求，即"构建统一规范高效的中国特色国家公园体制"。国家公园体制建设是中国生态文明体制改革在自然保护地领域的落地实践。国家公园是生态文明建设的重要物质基础和先试先行区，因此它的建设必须与《生态文明总体方案》《总体方案》等中央顶层设计相结合。只有紧密围绕中央体制改革要求，才能保障国家公园体制建设路径和方向的正确性和有序性。

具体而言，《生态文明总体方案》确立了自然资源资产产权制度、国土空间开发保护制度、空间规划体系、资源总量管理和全面节约制度、资源有偿使用和生态补偿制度、环境治理体系、环境治理和生态保护市场体系、生态文明绩效评价考核和责任追究制度等八项制度构成的产权清晰、多元参与、激励约束并重、系统完整的生态文明制度体系。因此，在国家公园体制机制的具体设计上，应当密切围绕这八项基础制度，切实落实生态文明制度体系要求，以确保国家公园成为生态文明体制建设的创新示范区。图主4－1介绍了生态文明八项基础制度在国家公园的具体体现。

此外，《总体方案》提出要"实行最严格的保护"，这是一种特殊时期的特别提法，采用这种提法有利于凸显国家公园体制的独特作用。在明确国家公园"实行最严格的保护"的同时，《总体方案》开篇也明确提出"推进自然资源科学保护和合理利用"。这与《自然保护区条例》几乎不近情理地打造禁区相比，是时代的进步、科学的体现。所以，对这种提法，应理解为"最严格地按照科学来保护"，不应理解为"建禁区"。如果最严格地按照科学来保护，不仅能真正建立起体现"保护为主、全民公益性优先"的国家公园体制，且能对《自然保护区条例》等规则真正匡正纠偏，从而引领"建立分类科学、保护有力的自然保护地体系"。

另外，完善自然资源资产管理体制是建立系统完备的生态文明制度体系的内在要求。过去我国对自然资源的管理侧重其使用价值，突出自然资源作为基本生产资料的作用，更多地使用行政手段对资源进行配置。随着市场经济的发展，我国政府已经逐渐意识到自然资源的资产属性以及市场配置的作用[1]。《中共中央关于全面深化改革若干重大问题的决定》提出，"健全自然资源资产产权制度和用途管制制度。健全国家自然资源资产管理体制，统一行使全民所有自然资源资产所有者职责。完善自然资源监管体制，统一行使所有国土空

---

[1]　经济学角度更强调自然资源资产价值，关注其稀缺性，区别于资源的社会属性，比如生态系统服务价值。即使是国有资源，也有必要区分公益性资产和经营性资产。

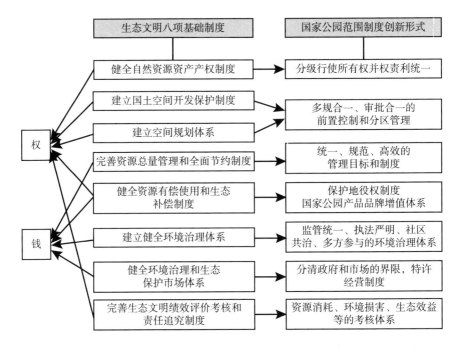

生态文明八项基础制度	国家公园范围制度创新形式
健全自然资源资产产权制度	分级行使所有权并权责利统一
建立国土空间开发保护制度	多规合一、审批合一的前置控制和分区管理
建立空间规划体系	
完善资源总量管理和全面节约制度	统一、规范、高效的管理目标和制度
健全资源有偿使用和生态补偿制度	保护地役权制度 国家公园产品品牌增值体系
建立健全环境治理体系	监管统一、执法严明、社区共治、多方参与的环境治理体系
健全环境治理和生态保护市场体系	分清政府和市场的界限，特许经营制度
完善生态文明绩效评价考核和责任追究制度	资源消耗、环境损害、生态效益等的考核体系

图主4-1　生态文明八项基础制度及其在国家公园范围内的制度创新形式

间用途管制职责"。《生态文明总体方案》中也提出构建归属清晰、权责明确、监管有效的自然资源资产产权制度。结合十九大报告①、《关于健全国家自然资源资产管理体制试点方案》② 以及自然资源部"三定方案"③，**可以看出自然资源资产管理的一个重要的发展趋势：制度引导自然资源资产化、价值化，进一步体现自然资源的资产属性，特别是国有自然资源的资产属性。**这种公共资产管理的新思路将撬动更多隐藏的国有公共财富，有助于促进经济增长、提

---

① 十九大报告提出，"加强对生态文明建设的总体设计和组织领导，设立国有自然资源资产管理和自然生态监管机构，完善生态环境管理制度，统一行使全民所有自然资源资产所有者职责，统一行使所有国土空间用途管制和生态保护修复职责，统一行使监管城乡各类污染排放和行政执法职责"。

② 文件指出"健全国家自然资源资产管理体制，要按照所有者和管理者分开和一件事由一个部门管理的原则，将所有者职责从自然资源管理部门分离出来，集中统一行使，负责各类全民所有自然资源资产的管理和保护。重点在整合全民所有自然资源资产所有者职责，探索中央、地方分级代理行使资产所有权"。

③ 统一行使全民所有自然资源资产所有者职责，统一行使所有国土空间用途管制和生态保护修复职责（自然资源部的"两个统一行使"）。

高公民福利①。这种思路是对可持续发展方式和路径的探索，是对我国制度优势的挖掘。国家公园是我国自然生态文明体制改革领域的排头兵，其体制改革需要充分体现我国自然资源资产管理的发展趋势，进而体现生态文明体制改革的价值导向和目标要求。国家公园在自然资源资产管理方面的经验，同样将对我国自然资源管理体制的构建和发展有积极的借鉴和引导意义。这就要求：借助国家公园的探索，使自然资源可持续地利用、发展和保护的同时，也能实现自然资源性资产的经济效益。

（1）重视自然资源的资产价值——确权、登记、评估、保值和增值

自然资源部已经明确了"两个统一行使"，并且设立自然资源所有者权益司和自然资源开发利用司落实资产管理相关工作②，体现了对自然资源资产化的重视。具体思路如图主4-2所示。操作层面上，国家公园也是探索自然资源资产管理的先行先试区。东北虎豹国家公园和三江源国家公园都是健全国家自然资源资产管理体制的试点区③。

实际上，自然资源资产的两重性（经济属性、社会属性）决定了有必要将其分为经营性资源资产与公益性资源资产并采取不同的管理和利用方式。经营性资源资产要探索成立专门的资源性资产运营公司（设置现代企业制度），其独立于资源管理部门，构建资产监管体系，探索国家所有权、经营权与监督权的分离。公益性资源资产则主要以生态环境功能为核心，国家级的公益性资产由中央直接管理，而其他类型的可以由对应的主体代理。国家公园的资产就属于这一类型。自然资源部代替国家对自然资源进行管理，相应的资产监管工

---

① 参见〔瑞典〕邓达德、斯蒂芬·福斯特《新国富论》，叶毓蔚、郑玺译，上海远东出版社，2016。

② 自然资源所有者权益司职能包括"拟订全民所有自然资源资产管理政策，建立全民所有自然资源资产统计制度，承担自然资源资产价值评估和资产核算工作。编制全民所有自然资源资产负债表，拟订相关考核标准。拟订全民所有自然资源资产划拨、出让、租赁、作价出资和土地储备政策"。自然资源开发利用司职能包括"拟订自然资源资产有偿使用制度并监督实施，建立自然资源市场交易规则和交易平台，组织开展自然资源市场调控。负责自然资源市场监督管理和动态监测，建立自然资源市场信用体系。建立政府公示自然资源价格体系，组织开展自然资源分等定级价格评估。拟订自然资源开发利用标准，开展评价考核，指导节约集约利用"。

③ 中央编办将国家生态文明试验区（福建、江西、贵州）、三江源国家公园、东北虎豹国家公园列为健全国家自然资源资产管理体制的试点区。

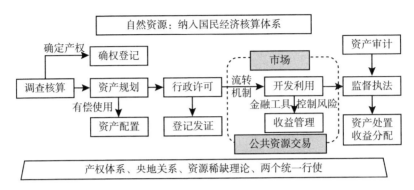

图主4-2　自然资源资产化管理的流程

作需要在今后的试点探索中得以加强。

（2）实现自然资源的价值——构建生态产品实现机制

自然资源资产化和价值化与习近平总书记生态文明思想中"绿水青山就是金山银山"（以下简称"两山论"）传达的理念是一致的①②。其中一个重要的方面是要构建市场化的生态产品价值实现机制③，使自然资源与土地、技术等要素一样，也能够成为现代化经济体系高质量发展的生产要素，让自然资源可计量、能获得、有产出、可交易、参与金融活动，最终实现其价值，把生态产品作为核心竞争力，将生态优势转化为经济优势，释放改革红利。生态产品包括两类，分别是公共生态产品和私人生态产品。两者的价值实现路径在具体操作上有所差别。公共生态产品价值的实现途径是构建纵向/横向生态补偿机制、生态产品交易市场机制（碳权交易、水权交易等）和文化功能价值实现机制（生态文化产业、生态旅游业等）。在国内不少区域已经有相应的探索和

---

① 2005年，习近平总书记在《浙江日报》发表的评论文章《绿水青山也是金山银山》指出："如果能把生态环境优势转化为生态农业、生态工业、生态旅游等生态经济的优势，那么绿水青山也就变成了金山银山。"

② 从不同角度分析理解，更能反映出人们对生态产品认识的深化过程。从狭义角度分析理解，生态产品指拥有重点生态功能区提供的水源涵养、固碳释氧、气候调节、水质净化、保持水土等调节功能的产品。生态产品的特征之一为提供生态系统调节服务，以区别于服务产品、农产品、工业品（参见《全国主体功能区规划》）。从广义角度分析理解，生态产品是对自然生态系统友好的生态有机产品、生态系统调节服务、生态系统文化服务。

③ 《关于完善主体功能区战略和制度的若干意见》明确提出，"科学评估生态产品价值，培育生态产品交易市场，创新绿色金融工具，吸引社会资本发展绿色生态经济"。

案例，比如新安江的水权交易、全国统一碳市场交易、林权交易等。私人生态产品可以通过实施生态产品品牌打造和提升工程、整合三产实现①，比如浙江丽水山耕区域公共品牌等。

国家公园生态产品价值的实现，建立在山水林田湖统一保护和恢复的基础上，对自然资源的利用有更加严格的要求。在"保护为主、全民公益性优先"的目标下考虑可持续发展，意味着对自然资源生态保护有特殊要求，同时要考虑减缓贫困、增加原住民收入、提高社区福利、缓解社区保护和发展的矛盾，让社区积极参与保护并从中受益。单一的来自财政的生态补偿不能解决原住民的发展问题，这就要求在多元化的融资和生态补偿的基础上，探索生态产业发展机制和生态产品市场化机制。当然，国家公园的国家代表性、顶级资源优势等为生态产品奠定了良好的产业基础。从操作上看，要构建产业的准入体系，在确权基础上，建立市场定价、交易机制，构建生态产品的市场体系和金融体系②。

从表面上看，国家公园体制改革得到关注和聚焦是由于它是生态文明体制改革的先行先试区，改革力度较大。从本质上看，它的背后反映的是对央地关系的一种调整，是对自然资源所有者、使用者以及经营者利益关系的重构，是对中央和地方自然资源收益和分配关系的调整，也是对中央政府和资源型企业自然资源资产收益分配关系的调整。从长期看，改革已经逐渐反映出资源型财富向公共财富转化的趋势，以确保国家所有权的收益不会受到损

---

① 《生态文明体制改革总体方案》中提出："建立统一的绿色产品体系。将目前分头设立的环保、节能、节水、循环、低碳、再生、有机等产品统一整合为绿色产品，建立统一的绿色产品标准、认证、标识等体系。完善对绿色产品研发生产、运输配送、购买使用的财税金融支持和政府采购等政策。"2018年，习近平总书记在全国生态环境保护大会上提出，以生态价值观念为准则，以产业生态化和生态产业化为主体……建立健全生态文化体系、生态经济体系、目标责任体系、生态文明制度体系、生态安全体系。

② 钱江源所在地浙江省开化县成立了生态产品价值实现机制研究中心。其生态产品价值核算报告显示，2017年，开化县生态产品价值（GEP）为645.5亿元，2010~2017年，生态产品价值增加了208.2亿元，增幅为32%。这与开化县自身积极挖掘国家公园周边的生态环境优势、建立生态产业体系是分不开的：以钱江源头优质水环境为依托的齐溪龙顶茶和乡村旅游产业、以古田山生态油茶林为基础的油茶产业等。另外，也得益于开化县将自然资源产权确定、多规合一、领导干部政绩考核制度转换等系统调整与国家公园体制试点结合。浙江省是习近平总书记"两山论"的发源地，其在"绿水青山"转化为"金山银山"方面的探索，将为其他的国家公园和自然保护地提供有益借鉴。

害。另外，生态补偿和生态产品价值实现等机制，从分配角度看，反映的是对社区以及其他利益相关方关系的调整，最终实现的是自然资源资产的代际公平。

2. 其他宏观体制改革要求

除构成国家公园体制上位制度的生态文明基础制度以外，其他领域与国家公园相关的体制改革（诸如中国财税体制、大部制和事业单位体制等）也对国家公园体制提出要求。"国家公园体制"这一概念被初次提出的2013年，是中国全面深化改革元年。党的十八届三中全会对全面深化改革进行了总部署和总动员。2013年至今，全面深化改革走过了六年历程，共推出1500多项改革举措，改革涉及范围之广、出台方案之多、触及利益之深、推进力度之大前所未有，其中多项与国家公园体制建设紧密相关。中国国家公园体制建设正是在这种改革新形势下逐步推进的，因此它的发展必须顺应相关领域的改革步调、方向和要求，从而在各个方面保持制度上的先进性。

首先，在国家公园体制建设的总体思想上，要紧密围绕中央"五位一体"总体布局和"四个全面"战略布局，即在国家公园内部及周边区域，合理利用体制改革机遇及相关政策法规等治理工具，实现经济、政治、文化、社会与生态文明协调发展。其次，在具体的制度设计中，国家公园体制是一系列系统的体制机制的集合，而其中管理单位体制又是构成其他一切体制机制的基础，包括统一管理机构的设立、不同管理主体事权的划分，等等，都必须与当前正在进行的财税体制改革、大部制改革和事业单位体制改革等紧密联系，并体现其具体要求（见表主4-1）[①]。例如，根据财税体制改革要求，要合理确定中央政府与各层级地方政府之间在国家公园相关事务上的事权划分，并以此确定双方的支出责任和比例。至于国家公园管理机构的具体职能、编制等，则要依据事业单位改革和国家机构改革要求，理顺与各方利益集体的关系，推进管办分离、管经分离，确定具体职能和编制，并在未来接受新成立的国家公园管理局的垂直监管。

---

① 具体的体现方式将在4.2节予以详细分析。

表主4－1 与国家公园有关的体制改革要求

体制改革	相关文件	与国家公园有关的改革内容或要求
财税体制改革	2016年，国务院发布《关于推进中央与地方财政事权和支出责任划分改革的指导意见》	明确中央与地方事权划分原则；体现基本公共服务受益范围；兼顾政府职能和行政效率；实现权、责、利相统一；激励地方政府主动作为；做到支出责任与财政事权相适应
事业单位体制改革	2011年，中共中央、国务院出台《关于分类推进事业单位改革的指导意见》	区分情况实施公益类事业单位改革，理顺面向社会提供公益服务的事业单位同主管部门的关系，逐步推进管办分离，强化公益属性，破除逐利机制
大部制改革（机构改革）	2018年，中共十九届三中全会审议通过《中共中央关于深化党和国家机构改革的决定》	优化政府机构设置和职能配置：组建自然资源部……组建国家林业和草原局，由自然资源部管理。国家林业和草原局加挂国家公园管理局牌子 赋予省级及以下机构更多自主权，构建简约高效的基层管理体制，规范垂直管理与地方分级管理体制 推进机构编制法定化，不得超职数配备领导干部，强化机构编制管理刚性约束

3. 国家公园体制建设的主要目标

根据上述两方面的中央改革要求，可以确定中国国家公园体制建设的目标导向。首先，从2015年《生态文明总体方案》到2017年《总体方案》，可以看出，中国国家公园体制建设的主要目标是"建成统一规范高效的中国特色国家公园体制，交叉重叠、多头管理的碎片化问题得到有效解决，国家重要自然生态系统原真性、完整性得到有效保护，形成自然生态系统保护的新体制新模式，促进生态环境治理体系和治理能力现代化，保障国家生态安全，实现人与自然和谐共生"。实现这一目标的主要路径是选取典型区域开展广泛而积极的国家公园体制试点工作，通过总结试点经验研究制定一套科学合理的国家公园体制建设方案。根据《总体方案》，国家公园体制建设的目标分为两个阶段：一是到2020年的近期目标，即"建立国家公园体制试点基本完成，整合设立一批国家公园，分级统一的管理体制基本建立，国家公园总体布局初步形成"；二是到2030年的远期目标，即"国家公园体制更加健全，分级统一的管理体制更加完善，保护管理效能明显提高"。

概括起来，在国家公园体制建设的主要目标中，"统一"是最重要、最基本的改革目标，应当是改革初期的首要任务。"统一"是指通过国家公园体制建设，中国重要自然保护地要实现空间整合和体制整合，即对同一自然生态系统的保护与管理，在空间上是连接贯通的，在体制上则是纵向衔接有序、横向协调配合的。空间整合涉及试点区选址、范围、空间区划的确定，体制整合涉及统一机构、统一规划和统一制度的建立，具体包括明确权、责、利的划分，上、下、左、右的管理关系、资金关系的衔接，等等。通过统一整合，才能将对国家公园的管理无论在空间、形式还是内容上都统一起来。先形成"统一管理"模式，在此基础上，才可能进一步推动实现"规范管理""高效管理"模式。"规范管理"是指通过形成法律法规、政策文件、标准体系等方式将先前形成的"统一管理"模式予以确定和落实，使国家公园各项工作有法可依。"高效管理"是指通过协调各利益相关方、拓展资金渠道、鼓励社会参与、创新经营模式、搭建信息化管理平台等手段，调动一切可利用的人力、物力资源和高新技术，服务于国家公园管理，形成相对应的体制机制，最终提升保护管理效率和环境治理能力。根据这三个目标和《总体方案》的要求，国家公园体制建设可以分阶段构建，逐步实现"统一""规范""高效"管理的目标（见图主4-3）。

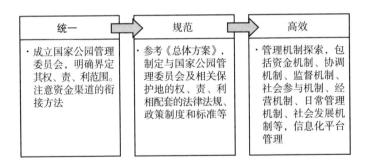

图主4-3　国家公园体制建设阶段和三个目标

此外，如前所述，国家公园体制建设还需要服从和衔接中国其他领域的体制改革要求，尤其在管理单位体制的设计上，需要与中国大部制改革、财税体制改革和事业单位改革等的进展相适应。只有这样，才能保障国家公园体制建设朝正确的方向和谐地推进。国家公园体制建设是中国生态文明建设的一部分甚至是先行者，因此必须与中央"五位一体""四个全面"的战略布局紧密联系，即在加强资源保护的同时，注重国家公园内部及周边区域社会、经济、文化等的全面协调，以在国家公园周边率先形成生态文明的发展方式。概括起来，就是以"保护为主、全民公益性优先"为国家公园建设的终极目标，实现人与自然的和谐共荣。可以说，国家公园的目标导向，既与中央生态文明改革等要求相呼应，也是为了结合中国实际、形成自然生态领域的全球治理新模式。

国家公园体制试点以问题为导向，尝试通过体制配套改革，系统解决保护地管理中的不同类型的问题。在第三章中，我们分析了具体的管理问题和制度成因，最终得到如图主4-4所示的国家公园体制建设路径。总体而言，国家公园体制建设需要以《生态文明总体方案》《总体方案》等中央文件为指导，衔接国家大部制、财税体制等相关改革，形成具有中国特色的统一、规范、高效的国家公园体制，从制度层面根本地、统筹地解决当前保护地体系中的各种问题，提高保护管理效能并实现人与自然的和谐共生。

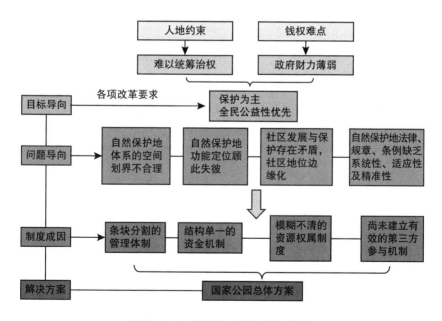

图主4-4　国家公园体制建设路径

4.2　国家公园体制机制总体框架

国家公园体制机制的重点领域，即直接决定"权、钱"的管理单位体制、资源管理体制和资金机制，以及致力于"保护""公益"目标的具体操作机制，包括自然生态系统保护制度和社区协调发展机制。下面结合《总体方案》，分析该体制框架中各部分可以设立的主要内容。本小节以北京长城国家公园试点区[①]和湖南南山国家公园试点区为例来说明体制机制的具体呈现形式。

4.2.1　管理体制

根据《总体方案》，国家公园要"建立统一事权、分级管理体制"，包括建立统一管理机构、分级行使所有权、构建协同管理机制、建立健全监管机制四个方面。

4.2.1.1　管理单位体制

管理单位体制是国家公园管理的基础，它包括管理机构的设置方式（机构的形式、级别、人员待遇等）和权责范围（重点指权力划分）。首先，要结合国家公园试点区的特点和现实约束，经过分类、比选后确定具体管理机构的设置方式（包括机构级别等）；其次，要基于国家公园试点区的阶段性建设目标和所确定的管理单位体制特点，明确管理机构与地方政府之间的权责划分，并在法律、规范、规划层面予以落实；最后，制定出能够保障管理单位体制长效运行的涉及人员工资、待遇和晋升渠道等的激励机制，包括干部流转机制、干部遴选机制等。国家公园体制机制的构建是一个动态的、发展的过程，分为试点期和建成期，具体到管理单位体制，应当根据"统一、规范、高效"的不同阶段性目标和试点区的空间发展特征对其进行适应性调整。

1. 机构的设置方式

管理单位体制的核心在于明确单位的性质并配套相应的"权"（责、利）

---

① 虽然北京长城国家公园体制试点区暂时退出了国家公园体制试点，但其体制机制改革的设计较系统，与其问题的对应性较强，以其为例能较好地呈现国家公园体制机制总体框架。

和"钱"机制。管理机构由哪级政府设立、什么性质、得到什么权力、承担什么责任,对国家公园体制试点来说非常重要。很多国家公园试点区在这方面力图尝试设计出符合地方实情和主要问题的体制。例如,钱江源国家公园管理局就经历了以县为主向省垂直管理的机构设置变化:2016 年 6 月,《钱江源国家公园体制试点区试点实施方案》获国家发改委批复;2017 年 3 月,浙江省编办批复设立钱江源国家公园党工委、管委会。但中央层面的国家公园管理局成立后,要求浙江省严格按《总体方案》的要求设置机构。因此浙江省编办又发布了《关于调整钱江源国家公园管理体制的通知》,设立由省垂直管理的钱江源国家公园管理局。这样的变化是否合理还需拭目以待,但其他试点区在现有框架下摸索出的另一种管理单位体制,即省级林业部门同时挂国家公园管理局牌子,利于集中各部门的力量。如大熊猫国家公园、海南省热带雨林国家公园均是如此,海南省林业局即海南省热带雨林国家公园管理局。管理单位这样设置后,带来的首要问题就是权责划分。

2. 不同的管理机构之间的权责划分

国家公园管理机构的权责,是其体制建设框架和管理机制改革得到落实的重要保障①。在管理体制机制的特点确定后,有必要确定改革方案中管理机构的权责,**明确中央政府的国家公园管理部门、基层国家公园管理机构和国家公园所在地的地方政府之间的关系**,特别是权力和职责在三者之间的分配。只有这样,才能保证相关的制度改革有对应的主体推动和执行。管理单位体制权责的划分,需要结合《生态文明总体方案》《总体方案》进行细化②。

试点期间,考虑到权力关系的调整难度,上述权力很难在短时间内实现统

① 通常这样的内容在该管理机构的"三定方案"中明确。
② 《总体方案》明确提出,国家公园设立后整合组建统一的管理机构,履行国家公园范围内的生态保护、自然资源资产管理、特许经营管理、社会参与管理和宣传推介等职责,负责协调与当地政府及周边社区关系。可根据实际需要,授权国家公园管理机构履行国家公园范围内必要的资源环境综合执法职责。……构建协同管理机制。合理划分中央和地方事权,构建主体明确、责任清晰、相互配合的国家公园中央和地方协同管理机制。中央政府直接行使全民所有自然资源资产所有权的,地方政府根据需要配合国家公园管理机构做好生态保护工作。省级政府代理行使全民所有自然资源资产所有权的,中央政府要履行应有事权,加大指导和支持力度。国家公园所在地方政府行使辖区(包括国家公园)经济社会发展综合协调、公共服务、社会管理、市场监管等职责。

一，并且不同管理模式对应不同的权力要求。依然以北京长城国家公园试点区为例，该试点区基于自身管理情况适宜采取前置审批型的管理模式，此时国家公园管理中心所拥有的规划权是不完整的，它只具备前置审批权，最后的审批权仍在地方政府或北京市政府手里。管理机构与地方政府之间的权责划分，不仅取决于国家公园的管理要求，也取决于国家公园试点区管理的现实情况，在试点过渡期间，为减小改革阻力，相关权力调整是包括国家管理机构与地方政府在内的多方力量相互协调、制衡的结果（见表主4-2）。

表主4-2　国家公园管理机构与地方政府的权力清单

	试点期	建成期
地方政府	国家公园所涉及区域的社会管理、公共服务、市场监管、公共参与、社区协同保护、执法权和最后的审批权	国家公园所涉及区域的社会管理、公共服务、市场监管、公共参与、社区协同保护和公安执法等权力
国家公园管理机构	国家公园资源管理权、规划权、前置审批权、人事权、资金权和经营监管权	国家公园资源管理权、规划权、审批权、资源环境综合执法权、人事权、资金权和经营监管权

注：建成期国家公园管理机构与地方政府的具体权责划分有待根据中央安排进行调整。

其他国家公园也展开了相应的权力划转。《湖南南山国家公园管理局行政权力清单（试行）》对外颁布，充分反映出基本原则分级授权实施。该清单采取省、市、县三级分别授权的方式，授予湖南南山国家公园管理局统一行使（见表主4-3，具体细节见附件第6部分）。湖南省各行业主管部门主要是将行政审批权下放，将权力赋予了国家公园管理局。具体包括水利、道路、桥梁、电网等项目行政许可，基本农田划定审核、风景名胜区重大建设项目选址方案核准，采集、采伐国家重点保护天然种质资源审批等行政权力，涉及省发改委、自然资源、交通、水利、林业、文物等部门一系列权力，实施主体从省直相关部门变为湖南南山国家公园管理局。

表主4-3　湖南南山国家公园管理局行政权力清单

省发展改革委	行政许可:权限内重大和限制类企业投资项目核准(12项)
	权限内省预算内基建投资及专项资金安排
	权限内政府投资项目核准

续表

省自然资源厅	行政许可:中小型地质环境治理项目立项审批
	建设项目使用四公顷以上国有未利用土地审批
	城乡建设用地增减挂钩试点项目实施方案审批
	基本农田划定审核
	建设用地耕地占补平衡指标挂钩审查
	土地复垦方案审查
	永久性测量标志拆迁审批
	农用地转用、征收土地审查(含城市批次、乡镇批次、单独选址项目用地)
	建设项目用地预审(省级预审项目)
省生态环境厅	行政许可:环评审批权限内相应的噪声、固废污染防治设施验收
省住房和城乡建设厅	城镇排水与污水处理规划备案
省交通运输厅	行政许可:设置非公路标志审批
	行政许可:更新砍伐公路护路树木审批
	省立项的水运建设项目初步设计文件审批
省水利厅	取水许可审批
	生产建设项目水土保持方案审批和验收
	水资源费征收
	县域内总投资500万元以下水土流失治理项目的实施方案审批
	县域内省级审批且不跨行政区域的生产建设项目的水土保持补偿费征收使用和管理
	水资源费补助项目申报审批
省农业农村厅	行政许可:国家二级保护水生野生动物特许猎捕证和省重点保护水生野生动植物特许猎采许可
	行政许可:驯养繁殖国家二级保护和省重点保护水生野生动物审批
省林业局	行政许可:驯养繁殖国家二级保护和省重点保护野生动物审批
	行政许可:进入林业部门管理的自然保护区核心区从事科学研究观测、调查活动审批
	风景名胜区重大建设项目选址方案核准
	造林作业设计审批
	采集、采伐国家重点保护天然种质资源审批
	省级权限内建设工程征占用林地审批
	省级权限内森林资源流转项目审批
	森林生态效益补偿基金公共管护支出项目审批
	非国家重点保护野生动物狩猎种类及年度猎捕限额计划审批
	林木采伐指标计划审批
	林地定额计划审批
	县级林地保护利用规划审核

续表

省文化和旅游厅	行政许可:旅行社设立分社、服务网点备案
省文物局	在省级文物保护单位的保护范围内进行其他建设工程、爆破、钻探、挖掘等作业审批
	权限内不可移动文物的原址重建、迁移、拆除及改变用途审批
	省级文物保护单位修缮、实施原址保护措施审批
	拍摄省级文物保护单位,制作考古发掘现场专题类、直播类节目,为制作出版物、音像制品拍摄馆藏文物,境外机构和团体拍摄考古发掘现场等审批
	省级文物保护单位(含省级水下文物保护单位、水下文物保护区)的认定及撤销
	全国重点文物保护单位、省级文物保护单位的开发利用情况综合评估

执法权的统一通常也难以一步到位,《总体方案》要求"根据实际需要,授权国家公园管理机构履行国家公园范围内必要的资源环境综合执法职责",实际上并没有对综合执法权做出硬性要求。然而,综合执法权一旦缺失,管理机构就无法对违法行为做出任何实质性的处罚,其管理效力就难以体现。目前在试点期间,多数国家公园试点区的综合执法权仍在地方政府手里,由地方政府配合国家公园试点区管理机构开展环境执法工作。这是现行条件下改革力度最小的一条过渡性政策。但到建成期,要实现最高效的统筹管理,仍需为国家公园管理机构匹配相应的资源环境综合执法权。只有将资源所有权、管理权与执法权相匹配,才能做到违法必究,使管理工作具备相应的法律效力,保障管护才有成效。对于黄山风景名胜区、北京长城国家公园体制试点区这类游客和商家众多的自然保护地,除资源环境综合执法权之外,治安和市场监管方面的执法权的统一也是必要的。除此之外,三江源国家公园试点,也在体制机制改革方面将青海省的相关权力划转到三江源国家公园(主题报告第五章有详细介绍)。

总之,需要将国土空间用途管制权集中到国家公园管理机构,具体体现在规划权、审批权、执法权等的统一上。

(1) 管理机构的分阶段机构设置及运行方式

首先,遵循"统一管理"原则,在中央和地方层级均设立统一的国家公园管理机构。在中央层面,按照《国务院机构改革方案》要求,2018年5月,国家公园管理局挂牌成立,享有对基层国家公园管理局和对自然资源的统一管理权、监管权等。在管理关系上，重新调整组建的国家林业和草原局加挂国家公园管理局的牌子，接受自然资源部管理，**相应的机构设置与人员编制也通过其"三定方案"明确。**

在地方层面，应设置基层国家公园管理机构，负责对国家公园范围内所有自然资源进行统一规划、管理和监督。其机构设置和运行模式，结合国内外相关经验，适应国家公园不同发展阶段的目标和现实，采用不同的管理模式，即试点期间以及正式建成后的管理模式有所差别。

以北京长城国家公园为例，根据北京长城国家公园的"三定方案"研究稿，计划将北京长城国家公园试点区所涉及的八达岭林场、特区办事处等机构职责和北京延庆世界地质公园管理处、八达岭旅游总公司等相关管理职责进行整合，设立北京长城国家公园管理中心。该中心为北京市人民政府垂直管理的公益一类事业单位，统筹负责长城国家公园的日常管理和运行。中心规格相当于正局级，为市一级财政预算单位，内设9个处室，包括办公室、政策法规处、规划发展处、自然资源资产管理处、生态修复保护处、文化遗产保护处、协调发展处、科教宣传处和人力资源处，设立5个下属事业单位，包括北京长城国家公园八达岭景区管理处（承接原八达岭特区办事处职责）、信息中心、林木保护站（承接原八达岭林场职责）、综合执法大队（受委托承担国家公园内相关行政执法工作）和中国长城博物馆。

其次，关于运行方式，在改革初期，管理单位体制改革涉及较多既得利益结构的调整，是国家公园体制中建立难度最大且类别差别最大的体制，难以在短期内达到较为完善的地步。因此，在试点期间，应当结合试点区的实际情况，尽可能采取阻力最小、路径最短的体制改革方案。结合目前的自然保护地管理经验，国家公园的管理体制类型主要有三种：前置审批型、统一管理事业单位型和行政特区型（参见附件第2部分）。它们的管理单位体制在功能和运行效率方面均存在显著区别，所以要结合国内外国家公园体制建设的经验、改革的目标和实际情况，进行方案比选、利弊比较，确定最适合各试点区的管理体制机制。

中央层面大部制改革以后，各地机构改革落实的速度有所差别，试点期间的管理处于动态调整期。考虑到北京长城国家公园试点区复杂的土地权属、既得利益结构等因素，实现统筹管理的难度较高，前期工作主要在现有八达岭特

区办事处和八达岭林场的基础上进行整改，成立北京长城国家公园管理中心，由其对试点区进行统一规划和运营，但实际上相关审批权（如土地、林权和产业项目等）还在地方政府职能部门。北京长城国家公园试点区内的项目，涉及这些权力，均要先报批管理中心，由管理中心进行前置审批（见图主4－5）。这种模式不需要公检法、保护、经营等方面职权的全部或部分高度统一，只是在履行其常规职能外，有权对所有涉及该国家公园的行为活动进行一轮初审。只有管理中心认可和批准的，才能进入国土、水利、农业、林业等相关实权部门的审批。前置审批型管理单位体制构建方案的改革力度最小，既赋予试点区管理中心在国家公园相关活动上的优先决策地位，也保留地方政府在其辖区内完整的规划、审批权，在降低改革阻力的同时达到国家公园在"统一、规范"管理上的最低要求，是北京长城国家公园试点区基于问题和目标导向的最优管理体制改革方案，易于操作并能快速产生效果。大部制改革以后，试点区业务主管部门等已经发生了变化。尽管《总体方案》中明确了改革的方向，但是在过渡期间各试点改革速度不同。目前看，以北京长城国家公园为例，只是单纯地将前置审批权归给管理机构还不足以更有效地管理，比较有利于保护的是将国土空间用途统一管制的权力归于北京长城国家公园管理中心。从实践角度看，具体的管理模式还有待国家林草局制订相关的工作计划，明晰管理原则。

而随着国家公园改革的逐步推进，到建成期时，结合中央对国家公园的统一部署和改革方案，有必要调整管理机构的机构设置和运行方式，设计满足目标导向和问题导向双重需求的"愿景模式"（见图主4－6）。在国家公园建成期，园内所有自然资源由国家公园管理中心统一管理，不再设立八达岭景区管理处、林木保护站等多块牌子，而是归由文化遗产保护处、自然资源资产管理处管理，同时加强管理中心的综合执法能力，综合执法大队将升级为独立的处室。在运行方式上，由于建成期的北京长城国家公园在空间上将由原八达岭长城段拓展至周边区域①，因此要实现更广区域（跨行政区）的统筹管理，继续采用前置审批模式会遭遇很多瓶颈，例如难以协调多地区的参与等。而特别行政区和统一管理模式各有优缺点，结合两者的优势，可描绘出未来国家公园管理单位体制的"愿景模式"：垂直并整合各种管理机构权限的事业单位模式。

---

① 包括昌平区居庸关长城、怀柔区黄花城水长城、慕田峪长城等长城资源及周边保护地。

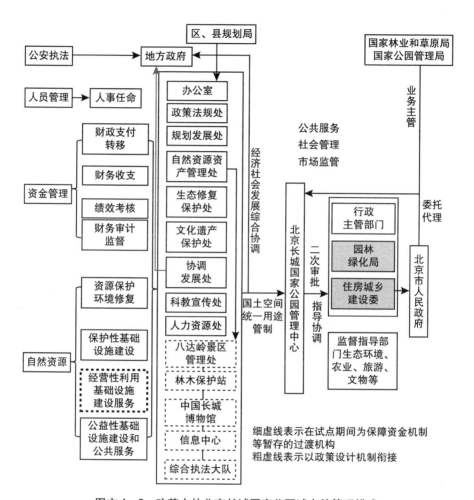

图主4-5 改革中的北京长城国家公园试点的管理模式

在这样的管理模式下，北京长城国家公园管理中心将由自然资源部管理下的国家公园管理局直接管辖，依靠中央力量解决"全民公益性"问题，地方政府充分利用自身优势，发挥社区参与的力量，起到公共服务和市场监管的作用。

（2）明确中央与地方的事权划分

在明确管理机构与地方政府权责划分的基础上，可以进一步落实中央与地方的事权划分。国家公园管理是一项公共事务，根据公共物品理论，中央与地方之间的事权划分应遵循三个原则：第一，外部性范围原则，即如果国家公园事务的主要影响范围超越了地方管辖范围，则应当由高层级政府管理，反之，

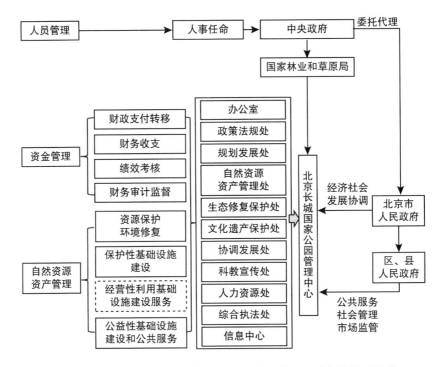

图主4-6 对应《总体方案》的北京长城国家公园试点的管理模式

如果其主要影响仅限于地方，则应当由地方管辖；第二，信息对称原则，是指如果国家公园事务涉及的信息多样、具体、不易识别或时效性强，可能造成沟通双方的信息不对称，则应当尽量由地方负责，发挥其熟悉基层事务，能够迅速掌握信息的特点，反之，则可以由上级机构进行管理；第三，激励相容原则，是指如果国家公园事务符合地方政府利益，则由地方政府管理，反之，则由中央政府管理。中央与地方的事权具体包括以下三类。

其一，中央事权涉及规划编制、重要资源的修复和保护，相关内容包括：资源修复，重点物种的原地和迁地保护，地质地貌和水体保护，传统农业景观和历史文化遗迹保护，环境监测，国家公园总体规划及专项规划编制，界桩设立，基本的公共卫生、供水和供电，游客安全防护和周边环境整治。

其二，地方事权涉及区域性的公共产品和服务，相关内容包括：自然保护地的日常巡护，国家公园管理机构基础设施建设，科普人员、社区人员和产业能力建设等相关工作，旅游基础设施和配套基础设施建设，以及公共治安、科普教育、医疗卫生、社会保障等区域性社会事务管理。

其三，中央与地方共同事权涉及跨区域的公共产品和项目，需要中央政府和地方政府共同参与建设，相关内容包括：灾害防治，外来物种防治，涉及自然保护地功能实现的征地、居民搬迁和设施撤离，各类标识和功能区划设立，资源保护相关基础设施建设，科普宣教建设，基本展览展示设施建设，以及基于资源巡查和环境监测的科研数据分析等事务。

参照中央与地方的事权划分，可以进一步确定与事权划分相适应的中央与地方在国家公园建设与管理中所应承担的支出责任比例①，以此建立国家公园资金机制中的财政渠道，这部分内容在 4.2.2 节资金机制部分进行详细分析。

目前，除去由中央政府直管的东北虎豹国家公园、祁连山国家公园，其余试点区均为省（市）级地方政府代管。对于前者，地方政府在配合国家公园管理上通常具有较高的积极性；而对于后者，大多数结合自身情况将类似前置审批的模式作为试点期间的管理过渡模式。在这些试点区，一些地方政府不仅是部分土地所有者，也是地方社会经济管理的实权部门，在试点区的日常管理中扮演重要角色。但是由于经济或制度因素，有些地方政府参与试点改革的积极性较低。例如在北京长城国家公园试点区，一方面，在经济层面，八达岭镇政府依靠发展长城旅游创造了不菲的税收收入，而且政策监管上的漏洞导致大量违法占地建设或经营活动，给八达岭镇政府带来了不少的寻租收入。然而试点改革后，出于严格保护的需求，这两部分收入都会大幅减少。另一方面，在制度层面，试点区管理机构由北京市政府代管，与八达岭镇政府之间没有业务和人员上的直接联系，因此，八达岭镇政府缺乏动力去配合试点区管理机构的相关工作。

所以，需要通过机制创新激发地方政府参与的积极性。可从经济和政治激励两个角度进行设计。首先，经济激励。国家公园体制试点改革后，相较之前而言，地方政府需要承担更多的资源保护、文化传承和绿色发展等方面的职能。上级政府不仅应加大对其的转移支付，以支持其公益性职能的充分发挥，还需要加强对国家公园内绿色产业、文创产业等的引导和扶持。国家公园管理机构要与地方政府紧密合作，促进当地产业结构的绿色转型和升级，降低地方财政对传统旅游业的过度依赖，提升其在新经济模式下的创收能力。其次，政

---

① 十八届三中全会《决定》明确提出，要建立事权和支出责任相适应的制度。

治激励。通过适当的机构层级设置（如将管理机构层级定为略高于乡镇政府部门层级），促进地方政府与管理机构之间的干部流转，拓宽乡镇干部的晋升渠道和机会。例如，建立乡镇干部参与国家公园管理的优先遴选机制，允许乡镇干部通过兼职、借调等方式被优先选拔任命管理机构相应岗位。如果在任职期间工作表现突出，可被优先考虑正式任命或进一步提拔。在地方政府配合度较差的试点区，依靠自上而下的政策指导，通过行政命令的方式推动相关体制机制的建立和运行。例如，北京长城国家公园试点区由于一些历史遗留问题，以传统旅游业为主形成了非常稳定的既得利益格局，不只地方政府，八达岭特区办事处、林场等现有管理机构的改革动力也非常弱，诸如职位晋升等依靠政治或权力激励不如经济激励直接有效，而过度依靠经济激励又会给中央和地方财政带来巨大的压力，因此只能依靠自上而下的方式推动改革。

4.2.1.2 自然资源管理体制

在明确管理单位体制的基础上，自然资源管理体制也是国家公园管理的重要方面。自然资源管理体制在《总体方案》中主要指自然资源资产产权管理制度①②，至于与自然资源管理相关的规划建设管控、功能分区等内容则体现在具体的保护管理制度中（详见4.2.2.3）。

（1）明确自然资源产权归属

首先，国家公园范围内的自然资源资产管理应以明晰的产权为保障，即通过统一确权登记，"划清全民所有和集体所有之间的边界，划清不同集体所有者的边界"，以实现归属清晰、权责明确。理论上，国家公园是一类具有重要生态功能价值和国家代表性的自然资源，根据《总体方案》要求，"国家公园

---

① 《总体方案》提出："（九）分级行使所有权。……国家公园内全民所有自然资源资产所有权由中央政府和省级政府分级行使。其中，部分国家公园的全民所有自然资源资产所有权由中央政府直接行使，其他的委托省级政府代理行使。条件成熟时，逐步过渡到国家公园内全民所有自然资源资产所有权由中央政府直接行使。按照自然资源统一确权登记办法，国家公园可作为独立自然资源登记单元，依法对区域内水流、森林、山岭、草原、荒地、滩涂等所有自然生态空间统一进行确权登记。划清全民所有和集体所有之间的边界，划清不同集体所有者的边界，实现归属清晰、权责明确。"
② 自然资源管理制度包括两个核心制度，分别是自然资源产权制度和空间规划（包括用途管制度）。《生态文明体制改革总体方案》明确要求"构建归属清晰、权责明确、监管有效的自然资源资产产权制度"和"构建以空间规划为基础、以用途管制为主要手段的国土空间开发保护制度"。

以国家利益为主导，坚持国家所有，具有国家象征，代表国家形象，彰显中华文明"。因此，要体现"全民公益性"，国家公园内的自然资源资产管理应实现全民所有。但是，当前阶段大多数国家公园体制试点区（除三江源试点区以外）内的自然资源所有权既有国家所有，也有集体所有，在不同比例上呈现二元制结构的特点（见表主4－4）。而且，集体土地比例越高，通常也伴随越高的人口密度，意味着国家公园管理的人地约束越强，自然资源全面国有化过程中土地征收、补偿等带来的资金压力越大，管理难度也越大。因此，在实际操作中，对于多数试点区，尤其是资金实力较弱、中央支持力度较低、集体土地占比较高的试点区而言，自然资源全面国有化的难度较大，同时也是不现实的，可以综合考虑国家公园自然资源管理保护、社区发展、资金安排情况以及与当前工作的衔接等因素，合理设定国有自然资源目标比例，明确归入国家所有的自然资源，按照法定程序实施逐步征收，以降低政府压力和改革难度。

表主4－4　部分国家公园体制试点区土地权属和人口情况

国家公园试点区	总面积（km²）	国有土地面积（km²）	占比（%）	集体土地面积（km²）	占比（%）	人口（人）	人口密度（人/km²）
三江源	123100.00	123100.00	100.0	0	0	61588	0.50
东北虎豹	14926.00	13644.00	91.4	1282.00	8.6	90107	6.04
神农架	1170.00	1003.80	85.8	166.20	14.2	21072	18.01
普达措	602.10	463.60	77.0	138.50	23.0	4165	6.92
北京长城	59.91	30.32	50.6	29.59	49.4	2243	37.44
南山	635.94	263.99	41.5	371.95	58.5	23581	37.08
武夷山	982.59	282.36	28.7	700.23	71.3	22969	23.38
钱江源	252.16	51.44	20.4	200.72	79.6	9744	38.64

（2）全民所有的自然资源管理体制

在明晰产权之后，针对不同产权归属的自然资源应采取不同的管理办法。首先，对于全民所有的自然资源，可参照中央相关文件的要求设计相应管理体制。2016年，中央深改组第三十次会议审议通过的《关于健全国家自然资源资产管理体制试点方案》提出，自然资源的管理重点在于整合全民所有自然资源资产所有者职责，探索中央、地方分级代理行使资产所有权。其中，三江源国家公园和东北虎豹国家公园被列入试点区。据此，在明确统一管理的基础

上，《总体方案》进一步提出要"分级行使全民所有自然资源的所有权"，即"部分国家公园的全民所有自然资源资产所有权由中央政府直接行使，其他的委托省级政府代理行使"。关于国家公园全民所有自然资源的所有权行使问题，也应当参照公共品理论的外部性范围、信息对称和激励相容原则。如果某个国家公园在空间上涉及多个省级行政区，或生态系统效应外溢性显著，或地方上存在较强资源开发动机，则该国家公园适合由中央政府直接行使所有权，而如果其范围仅限单一区域且其管理需要克服复杂的属地矛盾，借助丰富的地方管理经验和资源，则由地方政府代行所有权是更为有效的方式。简言之，自然资源所有权分级行使的主要划分依据为生态系统功能重要程度、生态系统效应外溢性、是否跨省级行政区和管理效率等。

按照这样的原则，目前所有国家公园体制试点区，只有东北虎豹和祁连山两个国家公园的自然资源确定由中央政府直接行使所有权，其余均由所在省级地方政府代行。首先，东北虎豹国家公园位于吉林、黑龙江两省的交界区域，该区域生态环境对东北虎豹种群恢复和栖息极为关键，其范围内国有土地占比超过90%，资源权属也较为简单，易于中央管理。因此，按照外部性范围原则和信息对称原则，中央深改组第三十七次会议审议通过了《东北虎豹国家公园体制试点方案》《关于健全国家自然资源资产管理体制试点方案》，明确东北虎豹国家公园试点区域全民所有自然资源资产所有权由国务院直接行使，试点期间，具体委托国家林业局代行。其次，关于祁连山国家公园，其范围涉及青海省、甘肃省多个省级区域，也是我国西部重要的生态安全屏障、黄河流域重要水源产流地和生物多样性保护的优先区域。更重要的是，生态环境保护（实际上也包括国家公园体制建设）不符合祁连山区域的发展诉求。长期以来，甘肃省各级地方政府在"重开发、轻保护"的传统发展惯性思维下"不担当、乱作为"，违规审批通过数十宗采矿权、探矿权，导致地表植被消失、水土流失加剧、物种栖息地破坏等突出环境问题，引起中央层面的高度重视。按照外部性范围原则和激励相容原则，《祁连山国家公园体制试点（青海片区）实施方案》明确提出"祁连山国家公园全民所有的自然资源资产所有权由中央政府直接行使，试点期间具体由国家林业和草原局代行"。最后，其他国家公园，结合表主4－2和表主4－4，可以看出，其所有权由地方政府代理行使，有以下两点原因：①一些国家公园试点区（如武夷山、钱江源、北京长城等）内人口密度较高，人地矛盾突出，地方管理经验和自然资源在国家公园管理中或能发挥较大作用；②一些试点区（如南山、普达措等）不存在像祁连山那样紧急的生态环境问题，或其生态功能价值不具备广泛的外溢性。然而，地方政府代行所有权只是试点区阶段的过渡措施。《总体方案》指出，待条件成熟时，这些国家公园都将逐步过渡到全民所有自然资源资产所有权由中央政府直接行使。"条件成熟"是指，随着试点期结束，各个试点区的人地矛盾趋于缓和，管理关系得到理顺，其他相关体制机制也逐步完善并趋于统一，易于实现中央层面的体制衔接。此时，为实现"全民公益性"的终极目标，将全民所有自然资源所有权收归至中央政府直接行使。

（3）集体所有自然资源管理体制

对于国家公园范围内的集体所有自然资源的管理，要处理好人、地两方面的问题，亦即产权流转和经济补偿。首先，国家公园可通过以下三种产权流转和管理方式实现对集体所有自然资源的有效管理：①通过征收获得集体所有自然资源的所有权；②通过租赁获得集体所有自然资源的经营权；③与集体所有自然资源的所有者、承包者或经营者签订地役权合同。征收和租赁是两种较为彻底的产权流转方式，时常伴随原住民的搬迁政策，可以保障较高的管理力度和强度，但所需的资金总额较高，对于集体所有自然资源占比较高的试点区而言，将带来较大的资金压力。因此，这两种方式适用于集体所有自然资源占比较低、人口密度较低、资源保护要求较严、资金实力较强的区域，如三江源、东北虎豹、神农架等试点区，或者南方集体林比例较高的钱江源①、武夷山试点区中的特别保护区、严格控制区等。第三种方式即地役权模式（专题报告第二章第2节详细介绍），是指在所有权、经营权不变的条件下，通过与土地权利人签订地役权合同的方式，基于自然资源的细化保护需求，限制其对资源的经营利用方式，从而达到资源保护的目的。在这个过程中，供役地人（即自然资源的所有者或经营者）仅需让渡其部分权益，仍然能够进行适度的资源利用活动，但被限定在不损害或有利于国家公园生态环境的行为清单之内，

---

① 钱江源等地开展了地役权的制度探索，在不改变集体土地权属和生态移民的前提下，通过协议保护的形式，加大了补偿力度，具体参见《开化县人民政府钱江源国家公园管理委员会关于印发钱江源国家公园集体林地地役权改革实施方案的通知》，http://www.kaihua.gov.cn/art/2018/4/4/art_1387096_1544.html。

接受地役权人的监管（即国家公园管理机构取得对自然资源的管理权），并获得相应的补偿。

相比较而言，地役权模式具有如下优势。一是充分考虑了保护对象的保护需求。特定的生境类型或者物种，需要适度的人为干预。土地征收、租赁之后，要满足保护需求，需要额外投入人力、物力进行维护。地役权制度则是根据保护对象的保护需求，明确鼓励和限制行为清单，土地权利人可以继续限制清单之外的土地利用，特定情况下还可以参与对保护有促进作用的活动。二是可以调动社会力量参与生态环境保护的积极主动性。当前我国生态环境保护的管理制度，主要是政府部门通过行政法规规定强制性的义务，如禁止乱砍滥伐、超载放牧等。这类制度缺乏激励作用，很难调动土地权利人保护资源的积极性。而保护地役权，则是通过限制供役地人的部分行为，并对其承担的保护行为及由此产生的损失给予补偿，达到保护的功效。另外，地役权人可以是政府部门，也可以是社会组织或者企业。这为社会力量参与生态环境保护提供了一个很好的途径。三是可以减轻财政负担、防止资源闲置。地役权是非占有性权利，可以供役地人与地役权人共用，以实现自然资源生态、社会和经济效益的最大化。总体而言，地役权模式在处理人地关系中展现出较大的灵活性，所需金额相对较少，并且有利于维持和促进人与自然的共生关系①，具有较高的可操作性，可适用于更广泛、更复杂的情形。

在上述三种产权流转和管理模式下，需要制定相应的经济补偿方案，保障所涉权利人的基本权益。一是货币补偿。对于征收的土地，按照当地相关法律法规确定补偿范围和补偿参照标准；对于租赁流转的土地，则按照市场和地块本身的条件来决定租赁价格；对于实施地役权管理的土地，应根据居民所受到的损失进行补偿，同时给予居民技术上的指导。二是非货币补偿。对于失地农民，一方面，积极为他们创造就业机会，将其优先推荐给试点区内的经营单

---

① 地役权模式有利于维持长期发展形成稳定的人与自然的共生关系，因为有的生境类型或者物种必须在适度的人为干预下才能够更好地存在和发展。例如，三江源拥有独特的天人合一的高寒草甸生态系统，人与自然的长期共生共存使这里的生态系统依赖于人类一定程度内的放牧等生存方式；此外，朱鹮是一种独特的与人伴生的珍稀物种，依赖于人类生存的农田生态系统。对于这样的保护对象而言，割断与人类的关系反而会导致其生存环境的恶化。

位，免费为他们提供就业培训；另一方面，鼓励失地农民开展创业活动，给予创业辅导和技术帮助。此外，也可通过土地置换的方式，推动试点区内原住民的工厂和居住地搬迁。对于居民的生态搬迁，可给予享受市民待遇的政策补偿。三是通过扶持国家公园相关产业，打造国家公园品牌产品增值体系，指导社区能力建设（包括人员培训、制度建设等），鼓励当地居民优先参与国家公园经营建设活动，使其参与到国家公园产业红利的分配中来，提高其生活水平。

4.2.1.3 协同管理机制

党的十九大报告指出，构建政府为主导、企业为主体、社会组织和公众共同参与的环境治理体系。对应国家公园管理，是要构建协同管理的机制。另外，中共十八届五中全会提出"创新、协调、绿色、开放、共享"五大发展理念。这五大发展理念是我国建设社会主义现代化的基本原则，也是国家公园建设的指导思想。生态自然保护地跨界协同管理体现了五大发展理念。生态文明建设中的"政府失灵""市场失灵"，要求社会力量的介入。通过非政府组织，以社区公众参与等非行政、非市场的方式推进生态文明建设。社会组织通过它们自身的专业性、公益性、志愿性和自治性等优势，在自然生态环境保护工作中发挥着政府和市场所不具有的作用，可以克服政府和市场在生态环境保护工作中的不足，是对政府和市场在自然生态环境保护领域的有益补充。国家公园是生态文明建设的重要物质基础，不仅在保护生态系统完整性和生物多样性方面具有重要作用，还是人们宣传生态文明建设重要性、梳理生态价值观的天然教材，是生态文明理论传播的示范地、生态文明制度探索的试验田。

国家公园建设必然需要协同管理。国家公园范围的协同管理有两个方面的表现：多中心治理①和跨界统一管理。

首先，就多中心治理而言，指社会中多元的行为主体（政府组织、企业组织、社会组织、利益团体、政党组织、个人）基于一定的集体行动规则，通过相互博弈、相互调适、共同参与和合作等互动关系，形成协作式的公共事务组织模式，以有效地进行公共事务管理和提供优质的公共服务，实现持续发

---

① 治理（government）外延比管理大，协同管理是多中心治理的一个组成部分。

展的绩效目标。这是埃莉诺·奥斯特罗姆①（Elinor Ostrom）为代表的制度学派提出的一个治理领域的核心概念。多中心治理模式的特点包括几个方面。①强调供给主体的多元化。通过在公共产品供给中引入多元竞争机制，使公私部门和社会组织都成为公共产品的供给主体，从而有效提供公共服务，并满足社会需求。②强调自主治理。自主治理，是指在公共治理活动中，存在多个权力中心，它们同时参与治理活动，并力争取得持久的共同利益。③强调治理主体的互动性和整体性。既强调各个权力中心独立发挥作用，又强调它们之间形成相互依赖的网络关系，从而可以在不同的公共治理目标中，逐步实现各个参与主体利益的共赢。④强调分担公共责任的治理机制。通过建立在多个组织共同行动规制上的多中心治理机制，尤其强调各个治理主体都要承担最优化的公共职责，以实现多中心治理模式的有效运转。在国家公园范围的自然生态环境治理实践中，多中心主体要想实现协调以及自然生态环境可持续发展，必须坚持以下四个原则：①全民公益性优先原则；②协同性原则；③可持续性原则；④动态性原则。

《总体方案》提出，建立健全政府、企业、社会组织和公众共同参与国家公园保护管理的长效机制，探索社会力量参与自然资源管理和生态保护的新模式。这实际上是多元参与的模式。特别是在国家公园和社区的和谐共处上，这种治理模式的构建尤为重要，可以通过探索协议保护的方式实现共同保护。

其次，跨界统一管理，是生物多样性保护的常态需要，却是行政管理的非常态需要：不仅要从生态系统的完整性方面考虑，同时还涉及环境、政治、经济、社会等多个领域。就国家公园试点来说，情况不一（主题报告第五章有详细介绍）。跨界区域的协同管理是跨界统一管理的一种实现形式，强调协同合作的运行方式，弱化了对边界的要求，即小至行政区划内的村与村之间，大至国家或区域之间的合作，都可以称为协同，最终达到对区域内生态系统与自然相关的文化资源保护的目标，比如开展共同巡逻、监测和管理活动，有利于防火、控制偷砍偷猎、非法贸易和走私等；共同开拓生态旅游市场和文化教育的交流，有利于繁荣地方经济和提高人们的生活水平等。

---

① 美国政治经济学家，2009 年诺贝尔经济学奖获得者，也是迄今唯一的女性诺贝尔经济学奖获得者。

　　跨界统一管理问题要注意以下三个原则：①生态完整性原则，协同保育区的划分应以生态效应为导向，目的是补充体现保护区内的生态系统完整，因此对协同保育区的划分应将生态完整性原则放在首位；②空间连续性原则，指协同保育区在地理空间上要与保护区（单一主体保护区）毗连或接壤；③主体区别性原则，合作的行政主体不同是协同管理的前提和必要条件。协同保育区强调的是不同主体之间的合作保护，对区域内的生态资源价值并无统一标准。

　　借鉴法国国家公园体制改革的相关经验，未来的国家公园可以采用"主体区＋加盟区"的空间管理模式，主体区即试点方案批复的国家公园区域，加盟区即国家公园周边与国家公园处于同一个生态系统且有意愿服从国家公园统一管理的区域（可以乡镇或行政村为单位，以方便统一管理）。在该模式下，加盟区要遵循"保护生态系统完整性和文化遗产原真性，促进地方实现绿色发展转型"的基本原则，加盟区范围的基层地方政府要同国家公园管理机构签订相关协议，并且在协议中明确国家公园与加盟区之间的权力清单范围和加盟区基层地方政府和社区的责权利。

　　从空间管理的角度来讲，加盟区须与国家公园处于同一个生态系统或者是国家公园要保护的完整的自然文化遗产中的一部分；从行政管理的角度来讲，原则上，加盟区的行政区划不做调整，并且采取自愿加入的方式，但是必须边界四至清晰、保护地范围适宜。

　　表主4-5是加盟区针对重点领域的具体的权力清单。加盟区享有和国家公园主体区同样的项目设计、执行、社区参与等权力，并且可以分享国家公园产品品牌增值体系的红利，其规模化经营活动一般须采取特许经营形式（由国家公园管理局授权并监督）。具体的操作，要根据人地关系、土地权属、地方政府财力、行政编制情况以及当地经济发展状况等进行调整，即每一个国家公园都可以和其加盟区签订有自身特色、双方同意的协议。中央层面的国家公园管理机构对协议具有最后的批复权。

表主4-5　加盟区的权责及其与国家公园主体区的关系

体制机制	加盟区的权责	与国家公园主体区的关系
管理单位体制	原则上行政区划和管理模式不做调整，可以设立专岗或者专门的科室，负责和国家公园主体区的工作衔接	设立和国家公园主体区衔接的管理办法、中长期计划，部分岗位可以实行兼职

续表

体制机制	加盟区的权责	与国家公园主体区的关系
资源管理体制（以土地权属为例）	在自然资源确权的基础上，对集体土地借助地役权的方式使社区居民获得不同形式的生态补偿	同类型的土地权属，实行统一生态补偿标准（以生态价值为区分）
资金机制	特许经营，在签订协议时，明确和国家公园主体区之间的利益分配方式（比如，因为国家公园而获得收益的行业需向国家公园缴纳部分收益）	采用统一的准入标准
社区发展机制（以国家公园产品品牌增值体系为例）	按照加盟区自愿设立的原则，如果编制允许，可以设立专岗或专门的品牌部门，如不允许，则参照国家公园所在地方政府的品牌管理模式（即为国家公园品牌提供服务）；从资金角度来看，需要向国家公园管理机构缴纳一定的由国家公园品牌产生的效益，或者提供相关的公益性服务或资金等	与国家公园主体区的品牌管理一致：采用统一的 logo、管理模式和标准等
其他	加盟区的社区居民可享有优先参与国家公园建设的权利	加盟区居民有权接受与国家公园主体区居民相同的培训等

4.2.1.4 监管机制

大部制改革以后，形成了国家层面的国家公园管理体制格局，其中涉及生态环境部的监管机制①。国家公园监管机制渗透在其管理的方方面面，不仅包括空间用途管制、生态环境监测、资源监测、管护工作执行监督、生态文明制度执行监督、资金审计监管等，也包括公众参与和社会监督。这些内容将分别在本书对应的章节进行详细介绍（如国土空间用途管制对应本书 4.2.3.1 节规划协调部分内容，资源监测对应本书 4.2.3.2 节资源监测机制部分，资金审计监督对应本书 4.2.2.2 节用资机制部分内容，社会监督对应本书 4.2.4.7 节社会监督机制等），此处不再赘述。此外，国家公园监管机制的各个部分应由相对应的部门负责，并注重加强部门间合作。例如，地方财政部门负责办理和监督试点区财政专项、政策性补贴拨款，制定和实施试点区财税政策；地方国土资源部门负责监督检查试点区国土利用开发中各类国土资源规划的执行情况，地方水利部门负责协调、监督、指导试点区水资源的保护、确权登记、开发利

---

① 此处监管不包括生态环境部对自然资源部的行政监管。

用等①。除了地方行业主管部门对相应资源保护利用的监管外，其他相关部门也需要予以积极的协调配合。例如，地方住建部门需要配合相关部门做好试点区生物多样性保护，负责试点区内风景名胜区规划、保护等有关监督管理工作。

4.2.2　资金机制

资金机制是解决国家公园"钱"相关问题的重要保障，主要包括筹资机制和用资机制，下面分别分析这两方面机制的建立方案。

4.2.2.1　筹资机制

《总体方案》对筹资机制的要求是"建立财政投入为主的多元化资金保障机制"。财政为主，是为了推动国家公园回归其公益属性，既包括中央财政，也包括地方财政。首先，对于由中央政府直接行使所有权的国家公园，其支出全部由中央政府出资保障。然而，这些国家公园只是少数，对于其他大部分委托省级政府代理行使所有权的国家公园而言，其支出则应由中央和地方政府根据事权划分分别出资保障。本书4.2.1.1节已经详细介绍了中央与地方在国家公园建设和管理上的事权划分（见表主4-2），进而为国家公园筹资机制的财政渠道提供了设计依据。对于事权与支出责任的划分，十八届三中全会《决定》提出总体性的指导，"中央和地方按照事权划分相应承担和分担支出责任。中央可通过安排转移支付将部分事权支出责任委托地方承担。对于跨区域且对其他地区影响较大的公共服务，中央通过转移支付承担一部分地方事权支出责任"。也就是说，属于中央事权的由中央承担支出责任，属于地方事权的由地方承担支出责任，属于中央和地方共同事权的，则由中央和地方按照一定比例②分摊支出责任，由此测算中央和地方在国家公园事务上所应分别承担的最终资金总额，以确保国家公园管理机构的财力与事权相匹配。

此外，用于支付人员工资所需的资金也主要来自财政渠道，因为国家公园管理机构属于公益性事业单位，人员工资作为其中一项重要的管理开支，应当由

---

① 此处只讨论地方层面的监管，因为在中央层面，随着大部制改革的推进，试点区各类资源将统一由新成立的国家林业和草原局监督和管理。

② 比例取决于国家公园所在区域的地方财政状况，例如，位于经济较发达区域的国家公园，其在共同事权上可设定为中央与地方财政投入比例为1∶3，国家级贫困县为3∶1，经济中等地区为2∶2。

政府承担。在分级行使所有权的基础上，中央直接行使所有权的国家公园的人员工资由中央财政出资，省级政府管理的国家公园的人员工资由省级财政出资。

除了"财政为主"，《总体方案》也提出"多元化"的要求，即"在确保国家公园生态保护和公益属性的前提下，探索多渠道多元化的投融资模式"。除了财政渠道，国家公园的筹资渠道还包括市场渠道和社会渠道（见表主4-6）。

表主4-6　国家公园的筹资渠道

筹资渠道		具体内容
财政渠道	中央财政	中央政府财政投资(如林业系统国家级自然保护区补助资金)
	地方财政	地方政府财政投资(如省财政资源管护资金)
	其他补助	贷款贴息
市场渠道	门票收入	收取游客的游览费用(如风景名胜区门票)
	其他经营(不包括门票)	营利性社会力量通过特许或承包经营等方式直接或与自然保护地共同开展经营创收活动
	融资	银行贷款等
	自然资源有偿使用费	管理机构对试点区内的资源使用和经营者收费，包括土地出让金收入(集体土地有偿使用费)、景区交通或其他服务项目经营权有偿出让取得的收入等
	国家公园产品品牌增值体系	国家公园管理机构对使用国家公园品牌的企业征收品牌使用费
社会渠道	国外政策性贷款	如世界银行、法国开发署等
	基金会捐赠	设立相应的国家公园基金或协议开展达成共识的保护活动，接受保尔森基金会、WWF(世界自然基金会)、GEF(全球环境基金)等的捐赠
	企业捐赠或自然保护地捐资共管	企业以国家公园保护工作需要的设施设备实物捐赠或技术配套的方式:广汽传祺乘用车集团为三江源国家公园捐赠巡护专用越野车;海康威视集团通过世界自然基金会开展智慧巡护科技助力项目，为大熊猫国家公园和东北虎豹国家公园提供红外检测所需的设备，并为其量身打造专业的野生动物数据识别系统;社会企业(如桃花源基金会等)对试点区进行捐赠以支持自然文化遗产的保护与利用，或通过捐款的方式参与试点区的多方共同治理
	其他形式的捐赠	如个人通过微信、支付宝等平台捐助试点区特定筹资项目

　　首先，市场渠道包括门票收入、特许经营权使用费收入、自然资源有偿使用费收入、国家公园品牌使用费收入等。门票收入是目前大多数试点区的主要收入来源，属于市场渠道的收入，但是与一般的经营性收入有很大不同。从本质上看，门票收入具有资源有偿使用收入的性质，因为是利用自然生态资源、旅游资源取得的收入。在国家公园体制中，为充分体现公益性，门票价格应尽可能低，甚至免费。这对国家公园试点区的运行会造成较大的资金压力。因此，应由中央财政承担，全面覆盖国家公园自然资源保护、管理机构日常运营的总体资金需求①。后三项收入，分别是指国家公园通过出售经营性资产的特许经营权、自然资源的有偿使用权和国家公园品牌的使用权而获取的收入。国家公园品牌使用费收入是一项创新型的市场筹资渠道，来源于国家公园产品品牌增值体系的构建。按照"管经分离"的原则，国家公园试点区管理机构需要主动剥离其原有的经营职能，将相应资源资产的经营权、使用权赋予符合国家公园建设理念的社会企业，由其负责开展园区内的经营活动。管理机构按照其经营收入的一定比例收取费用，并进行指导和监管。

　　其次，社会渠道包括国外政策性贷款、基金会捐赠、企业捐赠或自然保护地捐资共管、其他形式的捐赠等。相对于财政渠道和市场渠道，社会渠道的资金规模目前十分有限，相关志愿者组织也相对落后。例如，武夷山国家级自然保护区目前没有任何社会捐赠数据，风景名胜区曾接受过联合国教科文组织驻华代表处的捐赠，并且每年有组织志愿者活动。但是，社会捐赠还远远没有形成常态机制。在国家公园筹资机制的多元化发展方面，社会渠道是亟待加强的一个重点。国家公园应加强与国内外 NGO、政府机构等的交流合作，积极争取从中获得更多的捐助和贷款，开通接受社会捐赠的移动互联网渠道（如支付宝、微信等），针对特定资源保护项目开展众筹活动，从而提高国家公园知名度，广泛吸引社会资金参与国家公园建设，并在资金使用上接受社会监督。

　　国家林业和草原局"三定方案"虽正式发布，但其并未就资金机制做出明确规定。随着今后部门分工的进一步明确，针对国家公园的资金机制有待自

---

① 这也符合事权划分的结果，国家公园自然资源保护属于中央事权，而国家公园管理机构属于公益性事业单位，享受财政全额拨款。

然资源部和财政部等根据事权划分联合颁布资金管理办法。

4.2.2.2 用资机制

关于资金用途，国家公园体制试点区的资金需用于国家公园的维护管理、生态保护工作、环境教育、游客管理等专项，根据预算安排使用，并由监督机构全面监督。具体而言，资金主要用于日常运行经费，包括人员工资和公用支出经费；资源保护费，包括自然资源保护费、文化资源保护费和试点区宣传、科研、教育经费；基础设施建设费，包括试点区新增配套路、水、电等基础设施建设费用；经常性补偿费，主要为集体土地流转费。

首先，日常运行费用的重点是人员工资，主要包括试点区管理机构编制内员工和临时聘用人员的工资、津贴、补贴、奖金以及社保福利等开支。国家公园作为一项公益性事业，其管理机构人员工资应由相应的财政拨款覆盖，中央直管的国家公园由中央财政负担其人员工资支出，省级政府代管的国家公园则由省级财政支出。该项支出应参照国家及本省事业单位人员工资及福利待遇标准，结合国家公园管理机构的"三定方案"，明确具体的人员编制数量、机构级别、单位类型等，进而确定具体的人员工资安排。

其次，自然资源保护费和基础设施建设费涵盖了试点区进行资源管护所需用的各项开支。各试点区应按照当地相关保护规定，根据不同功能区划的保护管理要求和不同资源类别属性，开展分区分类的差别化管护活动，组织进行多样化的自然宣教和科研活动，完成规定的基础设施建设，配备相应的管理设备，保护好试点区内的自然文化资源，并在法律法规允许范围内进行适度利用。

最后，经常性补偿费，主要是依据土地所有权和自然资源经营状况对保护地内部和周边地区受到管理需求影响的居民进行补偿而产生的支出费用。对于试点区而言，这主要表现为集体土地征收、租赁流转和地役权合同签订所产生的费用，相关标准主要参照当地集体土地征收补偿标准、土地流转市场行情或交易双方自行磋商决定。

关于资金使用管理，《总体方案》给出明确的要求，"实行收支两条线管理"，即"各项收入上缴财政，各项支出由财政统筹安排"。一是加强财务核算。试点区管理机构下设财务管理部门对管理范围内的资金单独核算、规范管理。财务管理应严格遵守预算法、税收征收管理法、会计法、政府采购法等财税法律法规，依法行使行政决策权和财政管理权。二是加强预算管理。严格按照规范的程序和要求编报预决算，按规定的用途拨付和使用财政资金。扩大管委会预决算公开范围，财政性资金安排和捐赠资金安排应主动公开，自觉接受人大工作监督、法律监督和政协民主监督以及社会各界的监督。三是加强监督检查。健全覆盖所有政府性资金和捐赠资金全过程的监督机制，建立和完善政府决算审计制度，进一步加强审计监督。建立财政、审计、税务、监察等部门联动机制。强化责任追究，对虚报、冒领、挪用、滞留财政资金等涉及违法违纪的行为，要按照预算法等法律法规的规定严肃处理。四是加强绩效评价。对国家公园资金加强绩效评价管理，综合评价资金使用的经济效益和社会效益。扩大事前评估范围，做好重大政策、项目事前评估工作。将生态治理、文物保护、大额专项资金使用情况等作为绩效评价重点，并将评价结果作为安排下一年度预算的重要依据。

4.2.3　日常管护制度

在明确管理模式和资金保障，理顺"权""钱"关系后，接下来方能对国家公园资源保护管理做出合理的制度安排。这部分内容主要体现在《总体方案》的第五节，涉及国家公园规划协调、资源保护利用、资源监测、旅游管理等方面，是国家公园管理机构日常开展资源管护工作的主要依据。

4.2.3.1　规划协调机制

规划是管理的基础，是各类开发建设活动的基本依据，也是地区可持续发展的重要蓝图。《生态文明总体方案》提出要"建立空间规划体系"，解决"空间性规划重叠冲突、部门职责交叉重复、地方规划朝令夕改等问题"，且各项规划之间要"相互衔接"。这要求国家公园在规划的制定和执行过程中，对土地利用、资源环境管理、城乡建设等活动建立协调机制，即实现"多规合一"。《总体方案》第十五条"实施差别化保护管理方式"首先提到规划的编制，即通过国家公园总体规划和专项规划的编制，合理划定功能分区，做好与相关规划的衔接。这是实行差别化保护管理的必要前提和主要依据。

同样以北京长城国家公园试点区为例，首先需要结合风景名胜区、林场等边界测定的情况，确定自然保护区域建设区的范围，并根据地形情况明确界

碑、界桩，限制数量。

围绕生态文明八项基础制度，参照厦门市、开化县等"多规合一"试点区和福建武夷山国家公园的相关经验，在前置审批的基础上建立以"多规合一"暨审批、上报、考核合一平台为核心的规划协调机制。借助国家公园总体规划和详细规划的编制，形成编前管理、批前审查、批后管理的编制协调机制，形成具有实操性、长效性的工作机制，深化"多规合一"，创新行政管理体制，建立统一的空间规划体系和统一归口的审批、上报、考核合一平台，推动"一张蓝图干到底"。

所谓审批、上报和考核合一平台是指：①力争将本地生态建设和环境保护方面的权限下放到国家公园管理中心，由其对涉及生态建设、环境保护、文物保护和国家公园内部及周边城市规划、项目用地、建设等方面的事项并联审批；②将涉及国家公园规划、项目用地、建设、消防等的报件全部归口到该平台上并上报相关省级管理机构；③首先考核国家公园及其周边乡（镇）遵守城市开发边界、永久基本农田红线和生态保护红线的情况，再根据"多规合一"政策分区对国家公园及其周边各乡（镇）进行分类考核，即将国家公园内部作为生态空间重点考核环境保护、文化遗产保护和生态旅游产业，而在周边乡镇对作为城镇空间的部分重点考核城镇功能配套，对作为农业空间的部分重点考核传统农业转型升级能力。

具体而言，规划协调机制的构建可从以下六个方面入手：

（1）统一规划目标，依托生态文明基础制度，构建空间规划体系的顶层规划，要求不同的利益相关方达成高度共识，并且对国家公园范围内的经济、社会、环境等发展有全局性、长期性和决定性的指导作用。在此目标下，建构全域覆盖的空间发展格局，并为专项规划编制提供原则性指导。

（2）明确协调的主体，明确由国家公园管理中心负责统筹"多规合一"暨"审批合一"的实施和推进，指导政策制定和编制技术规范，定期监督和检查进展，协调不同的部门（国家公园管理中心各部门之间以及和地方政府之间）和"多规合一信息化平台"结合，构建成熟的工作机制。

（3）基于"多规合一"协调机构的制度设计，完善"一张图"规划与专项规划之间、各专项规划之间的协调机制，规范各专项规划编制之间的联动行为。明确报审模式，启动编制、上报审批及启动修编之前统一归口管理，各专项规划由"多规合一"协调机构统筹把关，经审查（备案）通过后，再按照相关程序报送。对专项规划的编制进行全过程跟踪把控，界定规划编制的各个管理环节，严格把关各阶段规划编制成果。从专项规划编制管理的全流程来看，主要分为编制管理和审批管理两个方面，从时序上可分编前、批前、批后三个阶段进行细化。

（4）建立一个基础数据共享、监督管理同步、审批流程协同的"多规合一"信息化平台。该平台是一套利用互联网信息技术的国家公园规划综合管理平台（见图主4-7），同时具备空间信息共享和业务协同管理两大功能。首先，在数据共享方面，建立基础数据库，包括自然状况、社会经济、资源能源、大气环境、水环境、土壤环境、生态敏感区和环保能力建设等方面的基础数据，集成规划的所有数据资料，通过浏览器端实现对数据、文本、图集的查询检索功能，并实现数据的动态化管理。其次，在现有国家公园及其周边乡（镇）各种地图和规划图的基础上，设计面向管理部门、当地居民或企业等不

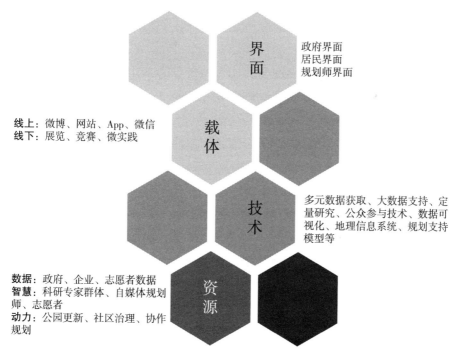

图主4-7　国家公园"多规合一"信息化平台

同用户的信息展示界面，实现在 PC 端和移动端将规划信息进行直观、精准、规范、便捷、高效的展示，从静态蓝图扩展到动态实施，注重引导实施的动态过程。再次，通过统一的空间坐标体系和数据标准，保障国家公园范围内不同类型的自然文化资源信息、规划信息和项目建设信息等在不同部门之间实现共享。而在业务协同方面，"多规合一"信息化平台借助统一的接口标准，不仅支持不同部门之间信息共享，也能和不同部门进行业务协同（地方政府和国家公园管理机构），做到审批、上报和考核等的合一。根据上述功能需求，平台的结构设计可划分为 7 个模块，分别是管理员模块、数据图表展示模块、专题专项规划模块、规划图集模块、基础数据库模块、上报审批模块和业务考核评价模块。最后，建立信息平台的联动修改机制和动态维护机制，推动法定规划落实，促进"多规合一"信息化平台长效运行。

（5）实现动态管理。首先，在不同阶段，一些国家公园可能需要向周边相关区域拓展或周边区域主动加盟，在平台中事先留出接入窗口，借此突破行政区藩篱，实现对国家公园跨区加盟的统一管理。在多规合一综合管理平台上，将国家公园的数据和相关文件专门做成模块，并在开放式的接口中导入其他加盟区、县的相关规划数据和管制文件要求。其次，明确各类规划图件和相关政策文件的开放级别，设置针对国家公园核心区、加盟区等不同权限的接口，对不同区域的图件和文件实现分类分级管理，并且这个窗口还可为公众参与服务。

（6）探索规划协调机制在国家公园范围内的具体落地方式，针对不同区域采用不同的管理标准和方式，将国家公园规划和试点区周边区域规划充分结合。周边区、县相关规划的制定需要充分听取国家公园管理机构的意见，周边相关基础设施建设也要符合国家公园的规划要求。

4.2.3.2　资源保护机制

本节与下一节均对应《总体方案》第十四条"健全严格保护管理制度"。国家公园的保护管理包括资源保护和利用两个方面。

在资源保护方面，不同的国家公园面临不同的保护需求，例如三江源国家公园的重点保护对象是黄河源、长江源和澜沧江源头典型代表区域，属于自然资源范畴；而北京长城国家公园的主要保护对象是北京长城段及其周边自然生态系统，主要以长城文化遗产为其特色。因此，对于各个国家公园而言，资源保护的首要任务是做好区域内各类自然文化资源的本底调查，明确具体保护需求和保护目标。具体而言，围绕试点区各类自然文化资源的类型、数量、品级、分布与利用情况进行本底调查；根据资源普查结果，建设资源保护动态数据库与信息管理系统；在明确资源保护对象的基础上，按照**分区、分类、分级**的原则，采取差异化措施推进保护工作，从而最大限度地保护好试点区内的自然生态系统和文化遗产。其中，**分区保护**是指对试点区的资源，结合所编制的《国家公园总体规划》和其他相关法规、规划的具体要求，划定区域进行分区保护。**分类保护**是指根据各类资源的特点，制定专项保护措施或专项保护规划，拟定自然文化遗产的保护和传承机制，保护自然生态系统和文化遗产的原真性和完整性，保护动植物的多样性，保护耕地资源。针对人文资源、自然资源、地质遗迹等制定专项规划，采取综合保护措施，规范利用和管理。**分级保护**是指根据资源的重要性，采取不同级别的保护措施，实行分级保护。

在功能分区基础上进行差异化管理，强化严格保护区和重要保护区的保护，对限制利用区和利用区资源进行合理的保护和利用。①在国家公园范围内适宜地点设置资源管护站，并在交通要道、人员进出频繁地段设置哨卡，竖立醒目的检查标志牌等；②新建林火视频监控、重点保护野生动物视频监控系统等；③建立保护管理人员责任制，以及巡护、科研监测、森林防火、外来物种控制、旅游影响监测与控制、游客量控制等制度；④建立社区共管机制，与社区签订管护协议等，并列入村规民约，引导社区居民共同对自然资源进行有效保护、合理利用，并按协议定期检查执行情况；⑤开展资源保护相关的宣传、教育、培训等，增强管护人员、社区居民的资源保护意识。

在体制机制的创新上，可以从以下几个方面入手：

（1）创新土地、森林等自然资源管理。首先，要基于国家公园内各个行政村的特点，以分类保护为基本思想，制定差异化的自然资源管理办法。结合相关村落的土地权属、人口密度、功能分区情况，实行差异化的管理方式。例如，对于被划入严格保护区的行政村落，要求对其内的所有土地进行严格保护（对土地利用方式进行严格限制），对农作物种植方式提出有机种植等改进方式；对被划入游憩展示区的地方，要求其土地利用方式符合国家公园发展的目标，产业布局更多地考虑发挥全民公益性的功能；对被划入传统利用区的地方，对其土地利用方式的要求可相对宽松，符合国家公园发展的目标即可。

而对于集体土地占比较高的区域，可建立保护地役权制度（具体参见主题报告第四章 4.2.1.2 节）。对居民生产生活集中区域的集体土地实行协同管理，通过国家公园管理机构与当地居民签订地役权协议的方式取得集体土地的地役权，实现国家公园各类自然资源的保护目标。

一般而言，国家公园范围内的企业包括原住民自主经营的企业、租用社区土地资源开展各类经营的私营企业、现有管理机构所属的各类企业三大类。为实现统一管理，需要对所有企业进行清产核资，梳理其资源资产及相关权属问题，评估其所经营的项目与国家公园建设目标的一致性①。对于建设目标与国家公园一致的企业（属于正面清单），在其租用土地合同的期限内，可以特许经营的形式继续由其经营，但是要求其改进以符合国家公园品牌体系的标准；合同到期之后，应当开放竞争。所经营项目在国家公园负面清单的企业，应当逐步进行清退。

（2）为应对周边基建、生态旅游等所带来的保护压力，积极鼓励和引导社会力量广泛参与保护，推动形成有利于传承和发展国家公园理念的体制机制和社会环境。国家公园的规划、保护、管理、运行等要积极吸收社区居民和社会公众参与。社区干部和群众是保护管理的重要力量，要充分调动国家公园内外社区群众进行协助管理，鼓励社会组织和志愿者等参与国家公园保护和管理，通过科研机构、依靠环保组织及其他非官方组织机构，为国家公园治理提供技术支撑，依靠社会力量广泛共推共建。

4.2.3.3 资源利用机制

发展是为了更好地保护。各个国家公园应充分挖掘本地资源优势，整合人文、自然资源，以点连线、以线带面，形成国家公园和社区联动发展的资源利用机制。通过国家公园品牌增值体系、特许经营、旅游利用等手段推动资源价值的实现，明确国家公园内部及周边社区发展方式与措施，形成资源利用定期通报制度，监测并跟踪资源利用现状，定期向社会公开。

1. 国家公园旅游

生态旅游是国家公园资源利用的最主要方式。与世界大多数国家将国家公

---

① 由具体的国家公园管理机构，以功能分区为基础，建立国家公园内经营项目的正面清单和负面清单，并形成正面清单中各类项目的准入标准。

园作为最重要自然保护地的同时，作为国民游憩地的惯例一样，《总体方案》也明确国家公园可以在保护生态的前提下开展自然观光、旅游。国家公园的旅游是一种大旅游，这个"大"包括大综合、大学科、大投入。

大旅游不是大规模地搞景区旅游，而是指涵盖六要素、带动一大片、重点在转化（"绿水青山"向"金山银山"转化并增值）的特色农牧渔业及其加工品制造业和与生态资源相关的高端服务业，而非靠简单的门票、索道收入就坐享其成的"词义弱化的旅游"。大学科是普通的旅游从业者从未考虑也难以企及的。仅就一般人心目中的旅游业态而言，国家公园的旅游应与国家公园的使命相对应，其科普教育、爱国主义教育的要求使得科技维度、人文历史维度的环境教育必然是多学科交叉且具有创新性的。例如，国家公园的旅游业态和发展机制与普通的大众旅游存在显著差异，内容方面不仅包括观鸟、观星及其他科普活动，也包括经过生态化改造的远足、滑雪、骑行、垂钓等传统旅游活动。不仅如此，国家公园的旅游还涉及相关产业，是以旅游为龙头带动当地相关产业发展的产业集成。如武夷山国家公园试点区的面积主体——自然保护区在保护好生态的前提下，以茶产业为核心连带发展了观光、茶产业体验和民宿等，最终呈现了旅游是龙头、茶产业是基础的局面。在生态保护的前提下发展这么全、科技含量这么高的产业，不仅需要资金上的大力投入（要求高、见效慢，与本书4.2.2节资金机制相结合），也需要建立与非政府组织、学校、志愿者等的合作机制，这样才能确保其通过多方参与保证专业水平、体现全民公益性。当然，大旅游的"大"也包括能直接与小集团（相对全民公益而言的"小"）经济利益挂钩的小旅游产业，这样的产业能直接给基层地方政府和社区居民带来经济收益。

关于国家公园旅游的管理，主要涉及以下几点：

（1）游憩管理机制

加强试点区服务质量管理。对试点区工作人员进行培训，提高工作人员的服务意识。建立游客服务中心，为游客提供问询、解说等服务。开发运用基于移动通信终端的旅游应用软件，提供无缝化、即时化、精确化、互动化的旅游信息服务。成立游客投诉受理机构，建立完善的投诉受理系统，形成统一受理、分级处理的旅游投诉平台，及时处理游客投诉意见。加强对游客的安全管理。一是提高游客安全意识，加强对游客安全意识的宣传；二是完善旅游安全

设施，保障旅游设施安全；三是建立游客安全事故处理机制。

（2）门票预约制度与价格机制

试点区门票既是管理机构的一项重要收入来源，也是社会公众普遍关心的问题。门票的价格应当充分体现国家公园"全民公益性"的理念，即按照准公共品的性质合理定价。公共品是由供给主体提供的，以满足社会公共需求为目的，为全体社会成员所消费的商品和劳务的总称，具有非竞争性和非排他性，即一部分人对产品的消费和收益不影响他人对这一产品的消费和收益，同时，消费中的收益不会为某个人或某些人所专有。国家公园属于准公共品的范畴，只具有非竞争性而不具备非排他性，因为游客量超载会造成拥挤现象，进而影响整体的游赏体验。对这类准公共品而言，外部性是其执行定价的主要依据。通过提供休闲游憩服务，国家公园的正外部性体现在生态环境改善、自然文化遗产传承、国民素质提高等方面。对于具有正外部性的产品，单纯依靠市场提供会产生供给不足等市场失灵问题，不利于保持公共品的公益性。这就需要政府的直接社会控制或干预，其中也包括对价格机制的优化。根据科斯定理，在明晰公共品产权的前提下，最有效的定价应是在供给成本的基础上加上合理的利润。因此，考虑公益性的要求，国家公园应当按照"成本＋合理利润"这一模式建立合理的价格机制，门票的收入应当能够部分覆盖公园的行政管理、资源保护、设施维护和改善等费用，以保证公园在科研、教育、游憩等公益性功能上的正常发挥。

因此，出于国家公园的公益性，国家公园的门票价格应**在可能的条件下**适当调低甚至免费。但是门票价格和游客数量是一对矛盾，门票价格的降低会引起游客数量的增加，从而造成拥挤。因此，应当依托互联网信息系统建立门票预约制度（包括网络预约、电话预约等多种预约方式），实行门票预约制游览和实名制购票，并配套制定相应限流措施，加强对核心景区游客流量的控制和管理。通过公众广播、电视媒体、手机软件和大型旅行社等信息发布与共享渠道，全面及时地向社会发布门票预售信息，在有效控制游客量的同时减少由于票务信息不对称而产生的矛盾纠纷。

在实际的价格执行过程中，除了针对老年人、残疾人、学生等特殊人群，也可以对相关领域的志愿者提供门票价格优惠或奖励，不仅能更好地体现公益性，而且能激励更多的社会力量参与保护。在门票的使用方式上，可以借鉴美国国家公园的模式，购买门票的游客能够在不损害原真性和完整性的条件下自由参观欣赏国家公园的主要或特色资源、遗产，并且允许其在连续数天内多次游览国家公园而不需要再次购买门票。这样的门票使用方式给予游客更多的自由度，使其能够更合理地分配游玩时间，增强游憩体验。国家公园任何收费项目的变动，都需要事先召开面向公众的听证会，获得通过后才可以上报相关部门并提出正式的申请，体现对公众意见的尊重。

（3）游客容量控制和行为引导机制

在一些国家公园，如北京长城、武夷山等，每年激增的游客量给国家公园资源环境保护带来巨大的压力，也激发了相关利益群体之间的矛盾纠纷。因此游客量控制和正确行为引导（包括消费模式的转变）对于国家公园资源的可持续利用至关重要。在相关机制设计上，可采用20世纪80年代在游憩环境容量的基础上发展出的LAC（Limits of Acceptable Change）理论，即"可接受的变化的限度"（见专栏4-1）。首先，在国家公园人文自然资源调查的基础上，结合功能分区，设置与试点目标相一致的景点，设计适合青少年、普通游客、徒步爱好者等不同类型游客的游览路线，并加强宣传。具体而言，将严格自然保护区设为一级控制区，严格控制区域内的游客流量；将游憩展示区设为二级控制区，适当控制区域内游客量；将其他功能区设为三级控制区，对其周边的景点大力宣传，在环境承载力范围内，积极引导游客去这几大区域参观游览。其次，由国家公园管理机构统一对各景点进行环境容量评估，制定严格的环境容量指标，确定游客的最大承载量。最后，针对国家公园旅游发展分布不均的现象，通过合理的功能分区，制定和实施游客流量调控方案（包括针对重大节假日和游客高峰期的调控方案），开发"智慧公园"电子信息系统进行流量实时监控，实行超载上报、疏导分流等一系列措施，以实现对试点区游客容量的动态化管理。

国家公园针对不同类型的游客、不同入口实施错峰游览，加强游客分流引导，协调解决游客容量与重要景区、景点游客容量的关系，并通过建立规章制度、加强宣传教育引导游客行为，缓解资源环境与游客安全压力，提高游览质量。

游客流量的控制也可通过门票预约制度和价格机制来实现。一是开放网上门票预约系统，设置分时段的园区游客流量上限，通过门票预售来实现对游客量的提前控制；二是针对不同需求的游客制定差异化的价格方案，对于只有休息游憩、亲近自然等简单需求的游客收取较低的公园门票费用，而对于具有深度体验自然文化遗产需求的游客收取额外的项目体验费，运用价格杠杆有效调节游客流量，并引导游客自然分流。

专栏 4 - 1：LAC 理论——"可接受的变化的限度"

LAC 理论是一个系统框架，目的在于确定可以接受的资源使用方式，强调该地区所需要的条件，而不在于该地区可以承受多少具体数量。它的确定需要对什么是"可接受的"有一个政治决策，并可能需要建立在（管理者、使用者、专家等）对什么是不能超越的"使用极限"达成一致意见的基础上。然后，定义出符合上述目标的保护/使用的一致标准，并对此进行长期监测。

作为全球通用的保护地工具，LAC 理论是国家公园适应性管理的基础之一，要和功能分区结合。LAC 理论在实施过程中分为 9 个步骤：

（1）确定关注点。这其中包括确定资源特征与质量，确定规划中应该解决哪些管理问题，确定哪些是公众关注的管理问题，确定规划在区域层次和国家层次扮演的角色。

（2）界定并描述旅游机会种类。每一个规划地区内部的不同区域，都存在不同的生物物理特征、不同的利用程度、不同的旅游和其他人类活动的痕迹。因此，管理也应该根据不同区域的资源特征、现状和游客体验需求而有所变化，用来描述规划范围内的不同区域所要维持的不同的资源状况、社会状况和管理状况。

（3）选择有关资源状况和社会状况的监测指标。指标应该反映某一区域的总体"健康"状况，且应该是容易测量的。

（4）调查现状资源状况和社会状况。现状调查是规划中一项费时的工作。LAC 框架中的现状调查，主要是对步骤 3 所选择的监测指标进行调查。当然也包括对其他一些物质规划必要因素的调查，如桥梁、观景点等。调查的数据将被标示在地图上。

（5）确定每一旅游机会类别的资源状况标准和社会状况标准。标准是指管理者"可以接受的"每一旅游机会类别的每一项指标的极限值。符合这一标准，则表示这一地区的资源状况和社会状况（主要是游客体验状况）是可以接受的，是"健康的"。一旦超过标准，则应启动应急措施，使指标重新回到标准以内。

（6）根据步骤1所确定的关注点和步骤4所确定的现状制订旅游机会类别替选方案，可以采取不同的空间分布而不违背国家公园或保护区的性质。第6个步骤就是规划者和管理者根据步骤1和步骤4所获得的信息，来探索旅游机会类别的不同空间分布。不同的方案满足不同的课题、关注点和价值观。

（7）为每一个替选方案制订管理行动计划。

（8）评价替选方案并选出一个最佳方案。经过以上7个步骤后，规划者和管理者就可以坐下来评价各个方案的代价和优势，管理机构可以根据评价的结果选出一个最佳方案。评价应该尽可能多地考虑各种因素，其中步骤1所确定的课题、关注点和步骤7的行动代价，是必须考虑的因素。

（9）实施行动计划并监测资源与社会状况。一旦最佳方案选定，则管理行动计划开始启动，监测计划也必须提到议事日程上来。主要是对步骤3确定的指标进行监测，以确定它们是否符合步骤5所确定的标准。如果资源和社会状况没有得到改进，甚至在恶化，则应该采取进一步的或新的管理行动，以制止这种不良的趋势。

参考文献：

杨锐：《LAC理论：解决风景区资源保护与旅游利用矛盾的新思路》，《中国园林》2003年第3期。

Hendee，John C.，Dustin，Daniel，Stankey，Gorge H.，Lucas，Robert C.，*Wilderness Management*，2ded.（Golden，Co：Fulcrum Publishing，1990），p. 465.

（4）游客教育机制

编制国家公园范围内解说规划，引入"智慧旅游"的理念，把二维码应用到解说系统中，并与省内外知名自然教育机构合作，推出面向不同受众的多样化的自然教育活动。

充分体现全民公益性，加大对试点区环境教育的资金投入，完善科普解说与标识系统。

大力发展讲解员队伍，积极招募志愿者加入讲解队伍，建设多元化的向导式解说系统，增强环境保护意识。

开展专业的科普实践活动，与中小学校合作成为科普教育基地，与大专院校合作成为文化遗产、动植物等专业课程实习基地。

加强生态教育机制的研究，既包括采取有效措施对国家公园管理人员、投资者、旅游从业人员进行相关教育与培训，使其知识和能力满足生态旅游有效管理的需要，同时也要针对生态旅游者和社区居民进行生态教育，通过教育和引导游客行为，提高其保护意识，使其行为满足自然保护和生态旅游的要求。

2. 国家公园特色小镇建设

旅游产业基地如何在"实行最严格的保护"的国家公园立足？答案是基于空间功能分区的特色小镇。《总体方案》提出："周边社区建设要与国家公园整体保护目标相协调，鼓励通过签订合作保护协议等方式，共同保护国家公园周边自然资源。引导当地政府在国家公园周边合理规划建设入口社区和特色小镇。"

特色小镇体现了国家公园新的发展方式。2015年12月底，习近平总书记对浙江省"特色小镇"建设做出重要批示："抓特色小镇、小城镇建设大有可为，对经济转型升级、新型城镇化建设，都大有重要意义。浙江着眼供给侧培育小镇经济的思路，对做好新常态下的经济工作也有启发。"但与这些特色小镇不同，国家公园的特色在小镇上如何体现？按照已有的《国家特色小镇认定标准》，小城镇的特色可简单概括为产业特色、风貌特色、文化特色、体制活力等；按照住建部《开展特色小镇培育工作的通知》，特色小镇要有特色鲜明的产业形态、和谐宜居的美丽环境、彰显特色的传统文化、便捷完善的设施服务和灵活的体制机制。在此基础上，构建五大核心特色指标。显然，只从发展角度泛泛而谈的特色小镇，还是一种有产业和风貌特色的建成区的概念，与国家公园特色小镇应该承担的保护前提下的大旅游产业基地的功能相比，大相径庭。

明晰国家公园特色小镇的特色，需要先梳理国家公园特色小镇与国家公园旅游的关系。许多人往往只想到后勤基地与旅游目的地，但从生态文明制度建设和绿色发展来看，二者关系远不止"区内游、区外住"的升级版，更是生态文明制度综合改革的试验区和国家公园产品品牌增值体系的基地：经过筛选的第一产业产品按照品牌体系的要求被生产出来，在第二产业被深加工，部分产品被当地第三产业消纳、其他在外部市场销售，产品可包括农副产品、民宿、工艺品等，跨越一、二、三次产业，且可以在综合的旅游产业中整合，即三次产业通过旅游串联起来。在这个过程中，资源环境的优势转化为产品品质的优势，并通过品牌平台固化推广体现为价格优势和销量优势的增值得以实现。当然，这个增值本身是复杂的，过程是漫长的，模式也并非普适的。而且，从市场规律来看，为保证增值的可持续性、避免恶性市场竞争，还需要依托产业联动、会员定制等手段，进行供给侧改革。例如，钱江源国家公园范围内的齐溪镇是开化龙顶茶的源头产地，但目前效益不佳，城镇发展也与保护需求存在差异。如果按与国际接轨的标准来规范茶树种植、采摘和茶叶加工，并以会员制将茶山产品（包括茶叶、相关生态体验和旅游度假）销售出去，就可以完成资源—产品—商品的组合升级，其中包含茶山产品的会员认购、茶加工中的私人口味定制和用户生产过程体验、茶山边的以独特风景和茶文化体验为特色的民宿分时度假产品等，最终呈现"此山此水才合我心"的独家消费体验。然后，通过国家公园产品品牌平台对这些相关产业进行整体管理和销售，将与茶相关的产业打造为齐溪镇特色产业，并在这个特色小镇上发展培训、生态旅游等产业，使国家公园特色小镇产业形态特色鲜明，并使这种产业造福于周边利益相关者。一旦周边居民认识到绿水青山可以用这样的大旅游形式持续地变现，就会意识到保护环境就是保护他们的"传家宝""金饭碗"。当年加拿大班夫国家公园世界顶级滑雪场的集体产权所有者坚决反对将滑雪场作为冬奥会场地，原因就在于：已经形成可持续盈利模式后，为了冬奥会进行的大规模基建必然破坏当地环境，使冬季滑雪、其他季节观光的优质资源被破坏，不能为了两周的冬奥会毁了世代相传的"饭碗"。

　　钱江源的特色小镇刚开始起步，这样的大旅游产业基地的目标能否实现还有待实践。但武夷山的实践为这种大旅游提供了一个预期：2016年，武夷山市涉茶总产值年均增长6%以上（产值16.28多亿元），农村居民人均可支配收入1.46万元，增长8.9%；并计划到2020年全市涉茶总产值达40亿元。2016年，武夷山旅游接待总人数1077.27万人次，旅游总收入171.41亿元。

　　因此，这样广义的旅游才真正能使"绿水青山"可持续地转化为"金山银山"，才能在国家公园内外形成共抓大保护的合力。目前各个国家公园试点区在规划中，常常将人口密度较高、土地权属较复杂的区域划为传统利用区，但传统利用方式是不可能真正实现这种转化的，这样的区域要依赖三次产业贯

通、技术路线更新的大旅游才可能共抓大保护。因此，将其命名为绿色发展区更准确。而且，按照十九大报告中提出的新发展思路，在这种发展方式下，乡村自然也获得了振兴：保护前提下的绿色有序发展，实际上是在日益空心化的自然保护地所在乡村真正实现产业兴旺、生态宜居、乡风文明、治理有效、生活富裕的基础。如果操作得当，国家公园的旅游同时具有振兴乡村的功能。这并非臆想，因为法国大区公园就是这样的目的和模式：与其他国家公园不同，法国大区公园将实现乡村区域的特色发展作为首要目标，将保护作为手段，通过基于保护的特色发展，使各个乡镇都有自己的特色产业链（如樱桃酒相关产业、乳制品相关产业及以此为基础的旅游业）。这样不仅使乡村留住了原住民，延续了自身的文化，还多了保护的动力。换言之，搞好国家公园的大旅游，也是在直接落实十九大报告中提出的乡村振兴战略。

4.2.3.4　责任追究制度

在落实国家公园资源保护和利用机制之后，还需要明确针对执行主体的责任追究制度。只有这样，才能确保相关机构、政府按照中央目标切实履行其职责。这一制度的确立也与生态文明制度要求相符合。建立党政领导干部生态环境保护问责制，是我国生态文明建设的重要制度。十八届三中全会明确指出，"必须建立系统完整的生态文明制度体系，实行最严格的源头保护制度、损害赔偿制度、责任追究制度，完善环境治理和生态修复制度，用制度保护生态环境"，并提出要"建立生态环境损害责任终身追究制"。

国家公园的管理要按照"党政同责、一岗双责、失职追责、问责到位"的原则完善和落实责任追究制度。对于违法违规开发矿产资源或其他项目、偷排偷放污染物、偷捕盗猎野生动物等显性责任即时惩戒、严厉打击；对于给生态系统和资源环境造成持续性破坏或永久性影响的隐性责任，则要记录在案、终身追责。问责的方式可以多种多样，不必拘泥于具体的追责指标，可以创新追责制度。例如，针对基层国家公园管理机构、市县级地方政府、省级以上较高层级政府领导干部或官员等，对其在国家公园相关决策、执行、监督和利用过程中所造成的多种环境破坏情形进行追责；针对对国家公园生态环境负面影响大、社会反响强烈的领导干部履职行为设定追责情形，实行"行为追责""后果追责"相结合的方式，追责形式包括诫勉谈话、责令公开道歉、组织处理、党政纪处分等。这些多样化的问责形式均与领导干部的政治前途直接挂钩，从而对其不当行为产生较强约束，倒逼国家公园生态系统和资源环境保护目标的实现。

4.2.4　社区协调发展制度

社区协调发展制度是体现国家公园"公益性"的重要制度，按照《总体方案》要求，包括社区共管机制、生态保护补偿机制和社会参与机制三个部分。

4.2.4.1　社区共管机制

社区是国家公园实现"多方共治"的重要群体之一。社区共管制度是国家公园保障当地社区居民权利的重要制度。社区共管机制建设要以"保护为主、全民公益性优先"的国家公园管理目标为宗旨，采取"自下而上"的方式，充分考虑当地居民的利益诉求，合理平衡社区发展与资源保护的关系，促进公园与社区的互利共赢。

（1）社区发展机制

保障社区的良性发展是社区参与国家公园治理的前提。只有社区发展好了，其居民才有动力和能力参与国家公园资源保护、环境治理等公益事务。并且社区发展涉及国家公园内的资源利用方式，既要符合国家公园"更严格保护"的要求，也要充分体现"全民公益性"的建设理念。根据《总体方案》要求，国家公园周边重点村落可以探索入口社区或者特色小镇模式（详见4.2.3.3节）。

首先，对于国家公园内部及周边的集体村落，要基于分类发展的原则，根据不同村落特点制订差异化的发展方案。对于被划入游憩展示区的村落，允许其内开展游憩利用活动。村内建筑，既可以由村民自营（民宿、餐饮），也可以统一出租给正规的旅游公司经营。自营的部分，可以建立国家公园品牌标准，在其达到标准的前提下，允许继续经营并使用国家公园品牌。统一出租的部分，需要梳理并妥善处理与国家公园管理机构的责任界限、旅游公司租房期限等相关问题。在此基础上，相关村落还可以通过特许经营的形式开展民俗体验项目、发展国家公园品牌体系中的第三产业产品等。

对于被划入严格自然保护区的村落，出于资源保护的需要，应加强对这部分区域游客的管理，进行合理限流。对于村民自营的旅游产业产品，鼓励其加

入国家公园品牌产品增值体系并获取品牌收益，但前提是要努力整改以达到国家公园品牌标准。在实施游客限流、限制土地资源出租之后，村民的收入必然会有所降低，容易引发矛盾。因此，有必要结合该村的资源特点和村民意愿，开发适合村落发展的产业，并借助国家公园品牌实现产品增值和居民增收。另外，当人口较少（不到300人）时，搬迁成本较低，为实现资源的严格保护，必要时可以实施整体搬迁，但要做好村民的安置工作，提供生态补偿和就业技能培训，维持其现有生活水平并保障长久生计。而对于产业基础薄弱、不适宜发展国家公园品牌的村落，则可以考虑增加政策性就业岗位，同时在农业种植方面加强对生态农业的探索。

其次，对于国家公园周边的村落，可采取类似城市社区管理的模式；外围村落，则按照农村一般村落进行发展探索。《总体方案》提出，"引导当地政府在国家公园周边合理规划建设入口社区和特色小镇"，这个特色小镇的特色凸显工作包括城镇、产业、管理三个方面。

"城镇"体现在国家公园元素上，围绕产业升级、接待中心、科普基地、全国窗口等方面充分挖掘土地利用空间。在建成区内，点、线、面结合地体现国家公园元素，包括空间上布置访客中心、科普馆、培训基地、国家公园特色农产品加工体验基地等较大体量的建筑，用绿道串联，布置观星点、观鸟点、有机产品加工品尝体验点等，并和国家公园特色民宿结合起来。

"产业"聚焦于国家公园品牌体系整体打造，突出农产品升级和第一、二、三产业贯通，并在全国优先发展国家公园品牌产品相关人才培训产业，包括登山、露营、观鸟、观星专业向导，以及农产品品牌、民宿品牌管理人才。

"管理"依托"多规合一"平台，重点是发展借鉴法国模式、可为全国示范的国家公园产品品牌体系，建立以精品民宿为主的国家公园品牌增值体系下的三次产业贯通增值模式，开展会员定制等多种形式的抗市场波动和对应于个性化需求的供给侧改革，包括国家公园民宿标准认定、定制服务、分时度假产品的组合等，且与国际标准衔接。

（2）社区参与方式

在明确资源边界和产权的基础上，结合国家公园当地社区的实际情况，制定《国家公园社区参与技术操作手册》，具体内容包括社区参与机制的适用准则、参与对象的选取办法、参与方案的制定、组织方的具体权责、机制的运转模型等。

建立和完善社区居民的参与渠道有以下四种方式：一是信息反馈，即国家公园管理机构通过集会、电话和网络等渠道搜集当地居民关于某项管理决策的反馈意见；二是咨询，即当地居民享有平等的知情权和公平的对话平台，国家公园管理中心定期开展听证会、咨询会、问卷访谈、开放论坛等，鼓励当地居民对国家公园的决策与规划编制过程进行意见的表达和有效的参与；三是协议，即构建由国家公园管理中心、社区居委会和相关社会组织所组成的三方模式，签署社区保护协议，并建立反哺社区发展的激励机制；四是合作，即国家公园管理中心和当地居民共同分享某项目的权益并承担责任，主要针对国家公园试点区集体土地的管理，政府采取流转、租赁、协议等方式与土地所有者进行合作。对于严格自然保护区的集体土地，采用流转的方式，由管理机构统一进行保护和保育；对于游憩展示区和传统利用区的集体土地，采取租赁或协议的方式，在满足功能分区要求的基础上，由管理机构或租赁企业进行合理的开发利用。

其中，对于社区保护协议，建议采用基于细化保护需求的地役权方式，即科学分析国家公园的生态自然和文化遗产保护需求，以此为基础制定针对社区和原住民的正负行为清单，通过地役权合同的形式，给予社区直接或间接的生态补偿，并借助政策设计给予相应的绿色发展引导，即借助品牌增值体系引导地方绿色发展（见专题）。

（3）体现民主协商的社区共管机制

党的十八大、十八届三中全会提出，要健全社会主义协商民主制度，推进协商民主广泛多层制度化发展。落实到国家公园治理上，就是要在积极协商与有效沟通的基础上，由国家公园管理机构统筹建立国家公园社区共管机制。第一，**明确协商主体**。由国家公园管理机构组织成立国家公园社区共管协会（以下简称共管协会）。该协会由国家公园管理机构代表、地方政府代表、当地企业代表和社区代表等共同组成，社区代表由当地社区居民通过公开投票选举产生。不同代表分别代表不同的利益群体，体现不同的利益要求。共管协会通过协商，共同执行管理职能。第二，**建立完善的权力制约机制**。在共管协会中，要在规章制度层面确保和落实各类代表成员具有平等的权利地位，即每人具有相同的投票表决权，各权利主体不能随意放弃行使自己的权利，从而形成

相互之间的权力制衡，不让单个主体有足够的权力做出任何决定。第三，**培育协商文化，健全民主协商机制**。共管协会每月召开一次讨论会，就国家公园的日常管理、资源保护利用、社区产业发展等问题进行协商和决策。如遇到关系社区与公园发展的重大问题，需另召开特别听证会，在充分了解当地居民的意愿后再做决定。在各类会议（讨论会、听证会等）上，努力营造平等、自由、公正、宽松的协商氛围，鼓励不同利益群体或其代表积极参与、直抒己见，营造良好的协商环境，培育协商文化，提高协商解决问题的效率。加强党员以及基层党组织在生态保护当中的带头作用。第四，**加强对共管协会的监督管理**。监督管理机制是一种对共同管理实行外部管理的机制，即由上级主管部门、社会其他组织、公众、媒体、司法机构等对国家公园共同管理行为进行监督。这要求在法律上，规定和保障社会其他组织和公众的监督权利和依法行使权利的效力。第五，为了更好地促进保护，有必要探索多中心治理的参与模式，研究国家公园内部及周边社区在国家公园管理中的作用。

（4）开展社区能力建设

为提高社区参与治理的能力，国家公园管理机构组织社区学习小组，定期开设培训课程，对社区居民进行必要的知识教育和技能培训。在知识教育方面，主要介绍与国家公园有关的知识，包括国家公园建设理念与管理模式、自然文化遗产的价值与意义、生态系统的组成及相关概念等；在技能培训方面，包括国际语言学习、资源保护、游客接待等技能。管理机构设置课程考核与评估办法，对于积极参与培训课程并成绩优异的社区居民，给予"国家公园达人"等荣誉称号，鼓励和支持其参加共管协会社区代表的选举。

（5）建立社区参与的保障体系

社区协商与共管机制能够高效运转的关键是要建立完备的保障体系，包括透明化的信息公开平台、及时准确的信息反馈渠道，以及包括政府与当地居民在内的培训体系等。最重要的是要有相关的专项法律法规作为支持，从立法的层面明确社区共管的重要性、合理性甚至强制性。

4.2.4.2 生态保护补偿机制

生态保护补偿机制作为生态文明体制的重要方面，主要遵循《国务院办公厅关于健全生态保护补偿机制的意见》。十九大提出的积极推进市场化、多元化生态保护补偿机制建设，以及《建立市场化、多元化生态保护补偿机制行动计划》，是社区生态保护补偿机制的重要参考根据。

社区居民长期依托当地生态资源与环境繁衍生息。考虑到外部力量主导的国家公园相关开发和经营活动容易导致居民传统的自然资源利用权利受到剥夺、生产生活方式受到限制等损失性境遇①，将社区居民视为生态补偿重要对象并通过相应补偿手段保障其合理生态权益、拓展其参与国家公园发展的渠道和方式等，既可协调社区居民与外来开发和经营者之间的利益矛盾，又可增强其与国家公园产业（尤其是旅游业）融合发展的自身机能。

社区居民的生态补偿方面，有关生态补偿责任的主体②应结合开发和经营范围内的社区经济社会发展现状及需求特征，考虑社区居民拥有所有权或使用权、管理权的生活、生产要素（如集体土地、林地等）的分布情况，以及开发和经营活动对社区居民造成的各种损失性境遇，尤其是社区居民在开发和经营影响下的原有资源利用权利和方式所受到限制和约束的程度，有针对性地实施直接"输血式"或间接"造血式"补偿方式。

（1）"输血式"补偿方式

以直接发放资金或实物的形式，对社区居民因自然资源保护或相关开发和经营活动而遭受损失的生态权益进行经济补偿，是较为常见的一种生态补偿手段，也称为"输血式"补偿。主要体现为开发和经营者及其相关管理部门按照所确定的补偿标准或协议内容，将来自经营收入（益）的生态补偿资金安排用于对社区居民发放基本生活保障金、贫困救助金（老弱病残者）或社区福利基金等形式的经济补助，或将补偿资金用于购买一定数量的生活资料并定期向社区分发，以弥补社区居民以当地生态资源利用为内容的权益被国家公园

---

① 生态补偿所涉及的损失性境遇主要可以归纳为三个基本方面：一是在开发经营过程中所利用或依赖的国家公园相关生态资源和环境损耗及破坏；二是生态资源所有权人或使用权人相关权利的行使被限制、剥夺而产生的损失；三是社区为国家公园生态保护和环境建设所付出的成本或损失的利益。

② 开发和经营者、旅游者、地方政府及其相关管理部门等利益相关者应成为国家公园社区生态补偿的主要责任主体。此外，一些自愿承担国家公园生态保护责任的社会团体，如环境保护单位（环保组织、慈善基金会等）或个人（包括环保主义者、社区居民等），通过非公益性的宣传、捐赠、劳动、培训等活动形式参与生态资源保护、生态环境建设、社区扶贫发展等，其体现自身生态和社会责任的行为会对国家公园的生态系统产生正外部性，因此，也可视为国家公园社区生态补偿的主体之一。

产业发展所限制而产生的损失。一方面可以解决开发和经营及生态环境保护所引致的社区居民基本生计来源问题，保障受偿社区基本生存权益，并有效降低居民对生态资源的依赖程度；另一方面为社区居民提供相对稳定的经济收入和生活资料来源，可有效减缓或消除社区与外来开发和经营者及其管理部门之间的矛盾冲突。

但"输血式"补偿方式存在一些不可忽视的弊端。其一，对于社区居民自身发展能力的培育作用有限，有时甚至会促使当地居民对外部支持系统提供的生活保障形成路径依赖。其二，经济补偿更多地被一些管理部门和开发者视为协调其与社区居民利益冲突的必要甚至唯一手段，而部分居民利益至上的态度则导致经济补偿政策（补偿内容和标准）的形成往往成为其与相关主体之间缺乏理性的利益博弈的过程，"输血"的可持续性也因此常常受到挑战。因此应当创新社区生态补偿模式，加强社区居民自身"造血"机能的培育。

（2）"造血式"补偿方式

针对社区居民的"造血式"补偿方式，是指国家公园开发和经营者及其相关管理部门等补偿主体，借助开发和经营管理形成的相关要素及发展环境，以促进社区自身发展条件建设和自我发展能力塑造为目的而采取的直接发放资金或实物之外的补偿形式。"造血式"补偿方式主要包括以下三个方面：一是通过设立社区发展项目基金等，对社区生产生活条件建设进行支持，如水电、交通、医疗、环卫等公共设施建设、村容村貌改造等；二是促进社区就业、教育等社会和文化事业的发展，如安置就业、捐资助学、生产和服务技能培训等；三是引导和扶持社区参与产业经营与管理（发展国家公园品牌），包括居民在国家公园开展的导游、餐饮、住宿、交通、民俗文化展演、土特产品经营等特许经营的旅游项目，以及将资金、土地等资源折合为股份，参与其他旅游项目的经营等。

"造血式"补偿方式的实施主要是从促进产业与地方社区的协调互动、带动社区经济社会整体发展的角度考虑，也是对协同发展背景下社区居民角色的多重性和动态性等进行客观定位的外在体现，即并非简单地将生态利益受损的当地居民视为相关产业发展系统之外的被动经济受偿者，而是将其看作国家公园发展环境的重要构成部分、具有内在发展潜力和多维发展需求的利益主体。这种补偿方式能够促进社区生产生活环境的改善，推动社区公共事业的发展；

也能帮助居民在传统生计受到限制的状况下更新发展观念并进行相关替代产业开发；亦能激发居民的主动参与意识并挖掘其学习、经营、管理、决策等多方面潜能，从而在经济、技术、制度、心理等不同层面推动居民整体素质和社区自我发展机能的提升。

另外，通过旅游项目特许经营这一方式，引导受偿社区居民有序参与旅游经营服务和管理，不仅可以帮助社区发展替代产业，促进社区传统产业结构的调整和优化，还可通过本土居民这一活态载体更好地向游客展示旅游地民俗文化，提升当地旅游业的市场吸引力。同时，通过这一方式实现对旅游业的公平和有序参与，能充分调动社区居民参与旅游发展的积极性和能动性，进一步缓解其与外来旅游开发和经营者之间的矛盾纠纷，并使居民在合理分享旅游发展利益的过程中，不断催生其与旅游地资源和环境的和谐共生意识，增强其旅游生态保护的内生动力。

4.2.4.3　社会参与机制

社会参与是调动公众积极性和主动性的有效途径。根据《总体方案》要求，"在国家公园设立、建设、运行、管理、监督等各环节，以及生态保护、自然教育、科学研究等各领域，引导当地居民、专家学者、企业、社会组织等积极参与"。这其中包括当地居民和企业参与的特许经营机制（参见4.2.2节资金机制）、全球化的志愿服务平台、社会监督机制，以及科研教育平台等。可见，国家公园的社会参与主体主要由非政府组织、居民、企业、志愿者、学校等组成。社会参与机制的细化要从各个参与主体的特点和利益诉求入手，拓宽参与渠道，创新参与方式。其中，社区居民的参与机制在4.2.4.1节已有详细介绍。国家公园社会参与机制的设计要充分体现国际化和多元化参与的可能性，搭建双向互动信息平台，推动形成本体保护、周边控制、适当开发的保护利用模式，并针对不同的利益相关方（营利和非营利目的）分别制定对应的社会参与办法。

1. 社会捐赠机制

按照国务院《基金会管理条例》的规定，在中央层面由国家公园管理局统一成立中国国家公园基金会（以下简称基金会），在各国家公园设立分会，全面领导、协调和管理各国家公园接受社会捐赠工作。成立由国家公园管理机构和捐赠者共同组成的理事会，作为基金会的决策机构，决定基金会的有关事

宜；理事会下设管理机构，具体负责日常事务的管理，落实理事会的决定；与理事会并列设立监事会，对理事会和管理机构负有监督检查责任。

首先，基金会的资金来源主要为社会捐赠，筹集方式为自愿捐助。以北京长城国家公园为例。在资金的使用上，除基金捐赠者对保护目标有明确要求的，捐赠基金用途由基金理事会围绕长城的保护和发展讨论决定，根据试点区内不同的保护对象和目标，主要用于文化遗产保护、生态环境保护和国家公园品牌发展等。除了规定的公益用途，基金会可以自留部分资金用于投资，以实现资金增值。

其次，基金会利用互联网信息技术，搭建集资金募集、信息管理和社会监督等功能于一体的国家公园社会捐赠信息化平台。借助该平台，基金会可以建立社会资源信息档案，发起和宣传公园募捐项目，实现信息归集、整理和传播；捐赠者可以查看基金会及其募捐项目的资质和财务报告，实时掌握资金募集进度和使用情况，并参与国家公园的重要决策。秉承公开透明的原则，通过该平台定期进行信息披露，制作并发布基金会和基金项目的年检报告、审计报告等，说明公益资产保值增值情况，公开项目招标情况，出具相关证书，增强基金会的公信度。该平台还应具备连接其他公益平台、新闻媒介等的功能。除了线上宣传，也可采取诸如国家公园开放日、主题论坛或周边拍卖会等线下方式进行推广，并加强与企事业单位和其他公益组织的合作、交流，拓宽资金募集渠道，创新募捐的内容和形式，吸引更多的社会资源参与公园建设。

再次，结合《慈善法》等相关法律法规，制定《国家公园接受社会捐赠管理办法》，对管理机构及其职责、捐赠流程、社会捐赠财产的管理和使用、感谢和纪念方式等予以明确。根据《基金会管理条例》《基金会信息公布办法》《国家公园基金会章程》及其他相关法律法规的有关规定，结合基金会实际情况，制定《国家公园基金会信息公开管理办法》，规范管理信息公开活动。根据基金项目实际情况，制定有关捐赠与管理办法，明确基金来源、管理机构和用途等。

由基金会向捐赠单位或个人颁发捐赠证书，所有捐资单位及捐资人的捐赠信息均备案存档，并定期发布在官方网站及相关出版物上。基金会视情况以命名、铭记、颁发奖项等各种方式向捐赠单位或个人表示鸣谢。对于连续捐赠满五年的单位或个人，颁发国家公园"爱心奖"。基金会一方面与地方政府积极开展合作，为捐赠单位或个人争取税收优惠、落户积分兑换、国家公园免费门票等政策；另一方面通过官方网站公示、新闻媒体宣传等方式，加强基金会的社会影响，塑造捐赠单位及个人热心公益的社会形象。

最后，拓展特许保护机制，鼓励社会组织、企业或个人投资保护国家公园所涉土地。采用海外普遍使用的土地信托和保护地役权等模式，将国家公园内的特定土地委托给专业的公益保护基金会负责运营管理并加以保护。根据国家公园的生态本底状况，设计相应的保护行动，并开展生态保护监测和成效评估。在国家公园附近但没有划入国家公园的区域内，可以由社会组织或个人出资，购买地役权。该地区的土地管理方式采用国家公园范围内的管控方式，相当于扩大了国家公园的保护范围，可更好地保证资源的原真性和完整性。

2. 志愿者参与机制

国家公园的建设仅仅依靠政府的力量远远不够，还需要充分挖掘和利用其他社会资源，形成多元化的治理格局。其中，志愿服务作为政府行政体制和市场经济体制的重要补充，是实现公众参与的重要途径。中国作为世界大国之一，应在国际环保领域发挥活跃的功能，充分利用自身丰富的国际资源，搭建一个全球志愿者参与的多功能管理平台，实现全国层面上的志愿者资源流通和共享。

国家公园管理局作为国家公园最高的管理机构，按照"多方参与、共同治理"的原则，成立专门的国家公园志愿服务平台管理委员会，履行国家公园志愿服务工作的总体统筹、统一指挥和综合协调职责，同时在各国家公园设立志愿服务基层管理办公室，配合中央层面国家公园管理委员会，组织开展各项国家公园志愿服务活动。

国家公园以保护自然生态系统、文化遗产为重点，兼顾区域经济社会的可持续发展和自然文化资源的可持续利用。围绕这一管理要求，志愿服务可以分为自然遗产保护、文化遗产保护、生态修复、生态旅游、环境教育、社区发展和能力建设七个领域。可根据各个领域的志愿服务需求，设计具体的志愿服务项目。

国家公园志愿服务平台的整体框架如图主4-8所示。专栏4-2以北京长城国家公园环境解说志愿服务项目为例，介绍了国家公园志愿服务项目的具体设计方案。

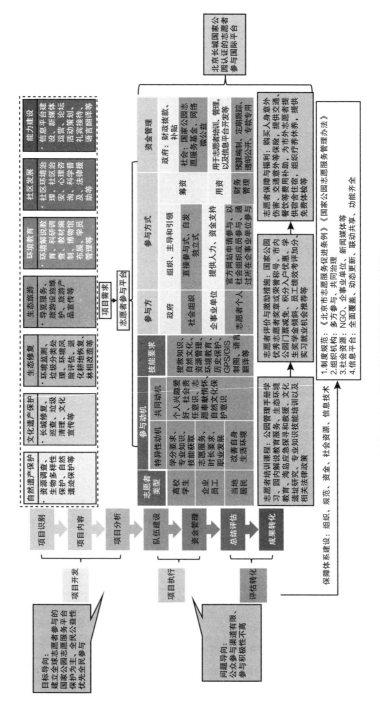

图主 4-8 国家公园志愿服务平台框架

专栏 4 - 2：北京长城国家公园环境解说志愿服务项目

（1）项目背景

建立国家公园，要以保护具有国家或国际意义的自然资源和人文资源及其景观为目的，兼有科研、教育、游憩和社区发展等功能，是实现资源有效保护和合理利用的特定区域。环境解说作为国家公园的重要职责和功能，以及国家公园管理的重要环节，是实现环境教育的重要途径和手段。在国家公园内开展环境解说，能够唤起民众的归属感，使国家公园成为人们探索自然科学的生动课堂。通过环境解说，能让旅游者认识到保护地的自然、文化和生态价值，提高旅游者的生态保护意识，有利于自然保护地内各项资源的可持续利用。

在旅游旺季，随着游客人数的增加，北京长城国家公园的导游和讲解员无法为所有游客提供环境解说服务，因此需要组建环境解说志愿者队伍来填补环境解说服务的需求缺口。

（2）项目目标

为北京长城国家公园的游客提供专业的环境解说服务，引起游客的兴趣，帮助游客了解长城国家公园的历史文化、自然生态等相关知识，进而培养人们对遗产、资源及环境保护的正确价值观。

（3）项目服务对象

北京长城国家公园游客。

（4）项目内容和要求

志愿者必须充分了解北京长城国家公园的相关知识，包括公园内的自然文化资源状况、生物多样性情况、环境生态背景等；必须具备一定的环境生态科学知识、自然保护知识和环境伦理等；必须具备热忱服务和志愿奉献精神，能遵守国家公园志愿服务的行为准则，向游客讲解所处环境区域的相关背景和知识，耐心解答游客的问题，认真负责地完成所分配的任务。

（5）项目实施

首先，在国家公园的主要景点，即八达岭长城景区，为游客讲解长城的历史文化、资源利用等情况。

其次，在国家公园的重点保护区域，向游客介绍当地的自然资源价值、生物多样性状况、生态环境背景和已采取的保护措施，激发游客对自然的热爱和自觉保护意识。

（6）资源需求

经测算，项目初期需要：项目经理 1 人，大学生志愿者 50 人，社会志愿者 50 人，专家志愿者 3 人，环境解说手册和语音导览设备，活动资金 20 万元/年。

（7）志愿者反馈

志愿者可以通过该项目对北京长城国家公园的相关知识有更深入和全面的了解，锻炼与人沟通交往的能力，获得中英文义务参与社会活动证明。表现优秀的志愿者可以获得全年国家公园门票减免优惠。

在团队建设方面，建立国家公园志愿服务团队，包括专家团队、项目团队和志愿者团队三个部分。专家团队为志愿服务体系建设提供专业或技术指导，结合国家公园的实际，涉及领域包括自然文化遗产保护与利用、森林生态系统保护、国家公园日常管理、信息平台搭建及运营等。项目团队则负责设计、领导、执行、组织和监督具体项目。在专家团队和项目团队的建设上，要加强与国际姐妹国家公园的人员交流，聘请相关领域的专家或专业人员，指导中国国家公园志愿服务体系的建设工作。志愿者团队由志愿者组成，志愿者的招募应充分运用各种国际资源，联合国际 NGO 共同发起"中国国家公园国际志愿者招募计划"，利用中国具有丰富的自然文化遗产的优势，针对志愿者的不同需求和兴趣设计独具特色的志愿服务岗位，吸引世界各国志愿者踊跃参与。

在监管方面，采取信息化手段，借助统一的国家公园志愿服务信息管理与共享平台，实现对志愿者、志愿服务项目的全程管理和实时监督。其一，建立多样化的注册认证体系，志愿者可通过微信、微博、手机 App 或网站等多种渠道获取国家公园志愿服务活动信息，按照系统提示填写内容，提交注册申请。其二，实行积分管理模式，以志愿者的有效身份证件（如身份证、护照等）为标识，对国家公园志愿服务活动实行刷卡记录并进行志愿服务积分，将志愿者和志愿服务信息实现信息化动态管理，对活动次数、时间进行科学充分的记录，并将其作为个人评先评优等的参考依据。其三，借助志愿服务信息管理与共享平台，对志愿者进行管理，包括对志愿者进行登记编队，对志愿者身份信息、服务专长进行核对、修改和完善，对志愿者刷卡记录进行查询和更改，以及对不再适宜参加志愿服务的人员进行清退等。其四，借助信息管理与共享平台，对国家公园志愿服务项目进行重点项目信息①的多维度查询和展示，提供项目关联的信息标绘和标签式收藏。各个层级的管理人员可以利用该平台进行项目申请、立项、审批和公示等操作，对项目信息进行分类统计，对项目的实施进展、财务状况和完成质量进行监督、评估、审核和反馈，制作项目分析报表，并实现信息共享。

国家公园志愿服务平台应设计外部衔接体系：一是衔接政府考核体系，参照《领导干部考核奖惩办法》对考核指标进行有效记录；二是衔接国家公园产品管理体系，将志愿服务与国家公园品牌建设相结合，加大对参与志愿服务的产品经营者的宣传力度；三是衔接社会信用体系，与银行、公安及社会组织等不同维度的信息归集渠道合作，完善企业和个人信用记录，率先实现社会信用体系的共享和运用；四是在国内各国家公园之间设置链接，实现志愿服务资源的共享和流通。

此外，为了保证志愿服务项目可持续运行，建立一套良好的评价、认证和激励机制。激励措施必须以了解志愿者诉求为前提。由于国家公园志愿服务的特殊性，大多数人加入志愿者队伍不是为了经济回报，而是希望对自然生态环境有所贡献，或者是希望在志愿工作过程中获得自我认同或社会认同。具体包括：①建立一套科学的志愿服务评价体系，对志愿者工作进行评价，以书面等较为正式的形式呈现，使志愿者明白自身工作中存在的问题，找出需要改进和完善的地方，实现个人发展；②建立一套国内外公认的国家公园志愿服务认证体系，对于表现优异的志愿者颁发国家公园优秀志愿服务奖章或荣誉称号，并借助与国际NGO、国际姐妹国家公园等的合作，开展联合认证，颁发国际认证证书，至少保证国内各个国家公园之间的互认，并提高平台的全球知名度和影响力；③制定直接关系到志愿者切身利益的激励措施，通过与政府部门、高校和企事业单位的合作，为表现优秀的志愿者争取省、市内公园门票减免、积分入户优惠、学生奖学金倾斜、员工绩效考评加分、实习就业机会推荐、芝麻信用积分等多种形式的激励措施。针对国际志愿者，除上述奖励外，也可通过加强国际合作，争取提供国际姐妹国家公园的门票、交通或住宿等优惠，以及

----

① 生物多样性保护、环境教育、生态旅游、文化遗产保护、社区发展等志愿服务项目。

中国签证、留学和工作等的优待，以增强志愿者项目对国际志愿者的吸引力。此外，将国家公园志愿服务平台与省级社会信用评价体系挂钩，采取"信用积分"等措施，使志愿者服务得到社会的认可。

最后，除了遵守我国现有的针对所有志愿者群体的法律法规，还需要制定国家公园内部的志愿者福利保障措施，包括为志愿者购买人身意外伤害、交通意外等保险，提供交通、餐饮等费用补助，为外地及国际志愿者提供宿舍，组织疗养、休养，提供免费体检等。针对志愿者的福利与保障措施要在遵循现有法律法规的基础上结合志愿者的切实需求进行创新，以体现国家公园对志愿者的重视，吸引更多的志愿者加入志愿者队伍。

3. 科研教育机制

（1）建立科研平台

首先，成立国家公园科学研究机构，积极创建国家级、市级实验室或研究基地，以常规性科研为主，配备仪器、野外调查设备等，引进先进的科研技术，包括遥感技术、地理信息系统技术和自然文化遗产无损监测技术等，搭建科研信息综合管理和科研成果共享双平台。一方面满足科研交流、人员双通道管理、成果特征挖掘及数字化、科研分组组合、一站式管理等特色需求和基本需求；另一方面通过与国际姐妹国家公园的合作，实现国内外科研成果在不同国家公园之间的交流和共享，使中国国家公园的管理和技术达到世界领先水平。

其次，为提高国家公园科学管理水平，加强与科研单位、高等院校的合作交流，依托大专院校和科研院所进行专题研究。建立专家信息库，定期召开专家会议、主题研讨会等活动，邀请大专院校与科研机构的知名专家研讨试点区发展。专家库中的专家可优先参与国家公园的建设项目。另外，也要加强与国外其他保护区、国家公园的科研合作交流，从国际化的视角来提高自身科研能力。在国家公园人员培训上，有计划地选派科研人员到高等院校和科研单位进修学习，聘请有关专家到自然保护区讲学和从事科研工作，采用传、帮、带等方式，提高国家公园科研人员的业务水平和科研能力，建立鼓励其发展的多元化创收机制。

再次，根据各个国家公园的现实需求，开展种类多样的国家公园课题研究，包括国家公园治理体系研究、生态环境动态监测研究、自然文化遗产保护利用研究、游憩研究、特许经营机制研究、环境教育和能力建设研究等。每年对各项研究成果按照专题分类汇总，整理成系列专题报告出版发行。积极引入国内外优秀科研成果，用于资源保护和开发利用。这些课题可以通过服务外包等形式由专门的研究机构、企业或者非政府组织执行。

最后，为使国家公园科研平台持续、稳定、良好地运转，建立严格的管理制度，健全科研经费专项使用制度，研究监测仪器、设备及用品使用制度，监测安全与资料管理制度，成果鉴定、评审和验收制度，以及科研成果共享使用制度等。制定国家公园科研平台管理人员工作条例、工作守则等，规范科研平台的使用和管理。

（2）开展环境教育活动

健全国家公园环境教育体系，是实现游憩和教育等公益性功能的重要途径。国家公园，除了具有生态保护、遗迹保存、教育科研、游憩休闲等功能外，还具有国家意识培养的重要功能，如国家形象强化、国家历史认知等。目前已批准的 11 个国家公园体制试点区，包含长城、武夷山、三江源、大熊猫等众多颇具国家形象代表性的自然文化遗产和物种资源。围绕它们开展丰富多样的环境教育活动，有利于培养公众的共同国家意识，体现国家公园公益性。国家公园环境教育活动的对象包括中小学、高校、游客、国家公园管理者和员工、当地居民和特许经营企业。完善将国家公园纳入国民教育体系的长效机制，实现资源的社会共享。以国家公园博物馆、其他小型展览馆、户外解说与体验设施（如自导式解说和自然游乐场）等为基础，以灵活、移动性的印刷品和电子解说系统为支撑，以自然学校建设带动国家公园自然体验活动和环境教育课程体系构建为手段，编制教材和科普读物，开展环境解说人才培训，从而形成完善的环境教育产品体系（见图主 4 - 9）。通过生态环境、自然文化遗产、社会文化环境和环境管理等方面的主题教育，提高公众对国家公园资源保护工作的理解和认识，引导科学合理的环境观念和行为，鼓励公众主动参与国家公园的管护。

专栏 4 - 3：国家公园解说与教育服务——美国经验

解说与教育服务是美国国家公园与游客之间的重要沟通方式，是美国国家公园管理内容的重要组成部分。美国国家公园管理局将"有助于人民形成共同国家意识"作为建立国家公园的核心目标。美国国家公园解说与教育服务

图主4-9 国家公园环境教育体系

以教育功能为前提，为游客提供深刻且有意义的学习和娱乐体验，倡导大众保护国家公园资源。首先，是美国国家公园通过建立公共对话，为游客提供了一个自身认知与公园内所有资源产生共鸣的机会；其次，解说与教育是美国对国家公园及其资源进行保护的有力措施。在这个平台上，解说与教育使游客对公园及其资源有了深刻理解，从而主动保护公园及其资源。

美国国家公园的解说与教育规划设计由国家公园管理局下设的哈波斯·费里规划中心（Harpers Ferry Center）全权负责。哈波斯·费里规划中心为国家公园提供各种解说和游客体验等综合规划，如每个国家公园的综合性解说规划、专门为残障人士提供的解说与教育规划、为青少年规划的各种课堂解说和教育项目等。在具体实施解说与教育服务时，哈波斯·费里规划中心往往要与其他部门合作，如在公园安装解释性媒体设施时，需要与规划设计中心、建筑和工程公司以及公园管理者合作和协商如何成功地安装设施。哈波斯·费里规划中心会定期在公园内让现场的工作人员或游客提出有关解说与教育服务的建议和评价，以此来完善国家公园解说与教育规划。

美国国家公园根据季节性，将主要的解说与教育方式分为人员服务、非人员服务和教育项目。人员服务是指公园员工参与的解说服务，主要形式有游客中心服务、正式解说、非正式解说及艺术表演等。游客中心服务，是指主要为游客提供一系列关于公园的基本信息、基础服务设施、收费等信息。正式解说，是指为一个特定的团队或游客提前根据其需求制定的解说，例如演讲会、幻灯片与研讨会、会谈等。非正式解说，是指解说员为游客提供的即时现场解说，不需要事先准备解说计划。艺术表演指公园员工参与的舞蹈、诗朗诵、讲故事等活动。非人员服务，是指没有员工参与的媒体性设施，主要有展览和展品、路边展示、路标、印刷物、视频、网站等。教育项目，是指主要针对青少年开展的公园课堂，旨在让青少年在公园里学习自然科学和人文历史知识。公园旺季时，人员服务起主导作用，非人员服务起辅助作用；淡季时，非人员服务占主导地位，个别人员服务可能依具体情况（天气、节日等）取消，一些夏季的教育项目也会在冬季停止。

美国国家公园对解说与教育服务的人员具有严格的要求。如西奥多·罗斯福国家公园解说与教育服务的人员设置有以下几种：首席解说员、各个景区的解说员、季节性的解说员、志愿者及专家学者等。这些人员都要达到国家公园管理局专业规定标准：在编工作人员要获得人员与非人员解说服务的资格认证；季节性的解说员要进行专业培训；景区的解说员要通过特定平台的高级证书；志愿者和专家学者也需要接受公园的专业培训。按照国家公园管理局的标准，每个景点都要有一位工作人员。与游客接触的一线工作人员（包括非专业解说员），都需要掌握公园所有的场地、主题、娱乐活动以及相关操作的专业知识。

国家公园管理局重视公园的各项评估，对解说与教育的评估旨在为设计和完善这一服务提供科学的支撑材料。评估分为 3 个阶段，即前期评估（front end evaluation）、过程评估（formative evaluation）及结果评估（summative evaluation）。前期评估主要是对潜在游客以及游客需求、公园解说与教育的主题和内容进行分析。在这一阶段，公园投入大量人力和财力研究公园现有可供游客认知的资源及游客需求，从而推测出公园可能会接待哪些前来参观的群体，根据游客需求将现有的资源通过解说与教育服务让游客获取高质量的体验。过程评估旨在得到潜在游客对解说与教育服务适用与否的反馈，如用抽样法搜集公园里使用 GPS 游客的使用信息。结果评估旨在得到解说与教育项目

在投入使用后需要改进和完善的地方，如用问卷调查法调查游客满意度。

4. 社会监督机制

社会监督和行政监督以及司法监督一样，都是国家公园监督体系的重要环节（本书4.2.1节监管机制中有所介绍）。结合生态文明体制基础制度，在自然资源确权评价基础上，建立全社会参与的监督机制，并与国家公园干部考核制度相衔接。具体包括：

（1）成立监督委员会

建立国家公园监督委员会，聘请社会组织、人大代表、政协委员、公众代表等作为社会监督员。加强与社会监督员的联系，每年定期组织召开监督委员会座谈会，听取社会各界对国家公园建设的意见。加强司法监督，通过对资源环境法治文化的大力宣传，激励社会公众积极参与，强化企业对资源环境和文化遗产保护的社会责任意识。建立受理公民对行政行为申诉的机制，实行政府问责制。

（2）加强社会监督

充分发挥新闻媒介的舆论监督和导向作用，提高广大公众积极参与生态文明建设的积极性和责任感，监督有关部门依法行政。建立诸如网站、信箱、电话等的公开监督渠道，并通过新闻媒体等渠道向社会公开监督方式。

（3）信息公开和透明化

通过国家公园官方网站，定期发布《国家公园建设发展年度报告》，及时向社会公开国家公园试点区人员编制、公园运行等情况，让社会公众充分了解国家公园试点区动态，接受社会监督。神农架国家公园和三江源国家公园都以类似的形式对外发布了建设和管理动态，分别颁布了《神农架国家公园体制试点建设2017年（白皮书）》《三江源国家公园公报（2018）》等。

4.3　国家公园体制建设的内在逻辑

在确定国家公园的目标和问题导向后，设计有针对性的国家公园体制机制。《总体方案》就是在此基础上制定出来的，下面主要介绍国家公园体制建设的内在逻辑。

2017年9月，中共中央办公厅、国务院办公厅印发《总体方案》，标志着中国国家公园体制建设，已经进入顶层设计出台、操作亟待落地的阶段。十九大报告也有两处提到国家公园，即"国家公园体制试点积极推进""建立以国家公园为主体的自然保护地体系"。本书4.1节提到，中国自然保护地管理普遍存在"人、地约束"（即内部有大量原住民，土地权属大多不归政府）和"钱、权难点"，而如果按照目前的保护地管理体制机制，这些约束和难点还难以被突破，管理机构无法实现中央要求的"两个统一行使"（自然资源资产产权和国土空间用途管制），也难以充分体现全民公益性。针对这些问题及依照"统一管理"目标，《总体方案》分四节明确了国家公园体制机制的主要内容，即建立统一事权、分级管理体制，建立资金保障制度，完善自然生态系统保护制度，构建社区协调发展制度。其中，管理体制和资金保障机制是直接与"权、钱"有关的基础性制度保障，而生态保护制度和社区协调发展制度相当于为国家公园实现其"保护""公益"目标提供了具体的操作准则。只有在统筹解决"权、钱"难点之后，才可能畅通无阻地去实现国家公园的各项目标。因此，必须先阐明国家公园管理体制和资金机制，继而才能对国家公园的其他方面做出高效的制度安排。

4.3.1　与"权、钱"有关的基础性制度保障

国家公园要实现最严格地按照科学来保护，不能是无根之木——要有体制保障。《总体方案》用两节专门给出系统的体制机制保障。如果没有这样的保障，再多的目标都是空话。以祁连山自然保护区为例，早有很多文件和规划要求对这个区域加强保护，但大多无法落地。如《祁连山生态保护与建设综合治理规划》于2012年底由国家发改委正式批复，建设期为2012~2020年，总投资79.4亿元，其中在甘肃投资44.73亿元。这个规划批复4年多，仍停在纸上。这是因为该规划没有明确资金筹措和投资渠道，也没有安排专项资金，没有明确责任部门，即"权、钱"模糊，因此就只能有展示功能了。在国家公园体制试点过程中，各地也主要在为"权、钱"发愁。因为没有"权、钱"相关的体制，不可能实现"两个统一行使"。"两个统一行使"。再加上资金，才可能使加强保护有心也有力。《总体方案》的第三节"建立统一事权、分级管理体制"和第四节"建立资金保障制度"，直接针对的是国家公园体制试点中的"权、钱"难题。管理机构凭什么实现统一且体现公益性的

管理？没有资金支持如何体现公益性？这实际也是中国自然保护地管理的共性难题。既往，由于发布时条件有限、缺少经验，《建立国家公园体制试点方案》（以下简称《试点方案》）对关键问题只能语焉不详、让地方探索。《总体方案》的这两节内容对许多在试点工作中已经焦头烂额但有心无力和百思未解只好虚与委蛇的地方政府或管理部门来说，大体回答了"权、钱"难题，尤其是回答了"权、钱"难题的现实细化版：国家公园哪些是国家的？哪些是地方的？哪些归国家管？国家能管好吗？地方舍得吗？地方舍的是什么、得的是什么？

要找这些问题的答案，可以先看《总体方案》第三节"建立统一事权、分级管理体制"四个方面的内容：建立统一管理机构、分级行使所有权、构建协同管理机制、建立健全监管机制；其背后的支撑是第四节"建立资金保障制度"，主要内容是："建立财政投入为主的多元化资金保障机制、构建高效的资金使用管理机制"。本节从以下四个方面对《总体方案》中"权、钱"相关问题的解决方案进行解析。

4.3.1.1 统一管理机构并赋权

国家公园体制建设的起点是管理机构的统一。《总体方案》第三节的内容聚焦"统一"。这在国家公园体制"统一、规范、高效"的改革方向中居于首位，在《总体方案》的具体工作部署中也排在第一，原因就是统一是国家公园体制的基础。《总体方案》第三节明确了在国家公园体制建设中上下、左右、里外的关系——不同层级政府间、地方政府相关职能部门间、要合并的几个自然保护地管理机构内部及统一后的管理机构和地方政府的关系。国家公园体制建设要实现"保护为主、全民公益性优先"的目标，就必须抓住碎片化、多头管理和管理机构权责不清这一基础性问题，打破部门和地域的限制，强调以生态系统完整性的视角来整合各类自然保护地管理机构并赋权，使日常管理、综合执法、经营监管等都政出一门且管理机构"有心有力"。

《总体方案》中不仅明确了"整合设立国家公园，由一个部门统一行使国家公园自然保护地管理职责"，还明确了这个机构有六大项权力："履行国家公园范围内的生态保护、自然资源资产管理、特许经营管理、社会参与管理和宣传推介等职责，负责协调与当地政府及周边社区关系。可根据实际需要，授权国家公园管理机构履行国家公园范围内必要的资源环境综合执法职责。"甚至也给出禁令："国家公园建立后，在相关区域内一律不再保留或设立其他自然保护地类型。"这样的统一管理机构，在 2018 年 3 月《国务院机构改革方案》出台后，被明确为新成立的国家公园管理局，归自然资源部管理。如果不能在一个完整的生态系统内实现"一地一牌"[①]"一地一主"且整体公益性的体制保障，国家公园就只是在原有自然保护地管理机构基础上再挂一块牌子。2017 年祁连山自然保护区事件和中央环保督察中在各省（区市）自然保护区普遍发现的有法不依问题，已经充分说明，即便有世界上要求最严格的《自然保护区条例》，管理机构没有责权相当的管理权也不可能依法行政[②]，且机构的管理权还需要以自然资源资产所有权为基础。

4.3.1.2 分级行使所有权

"统一"涉及既有利益结构调整，直接影响到"权、钱"，所以也是建立国家公园体制的难点所在。统一的管理机构是否真有权统？这必须先明晰所有权，且在目前国情下，还只能分级行使。

2015 年中共中央、国务院发布的《生态文明总体方案》明确指出，中央政府主要对石油天然气、贵重稀有矿产资源、重点国有林区、大江大河大湖和跨境河流、生态功能重要的湿地草原、海域滩涂、珍稀野生动植物种和部分国家公园等直接行使所有权。《总体方案》指出，"国家公园内全民所有自然资源资产所有权由中央政府和省级政府分级行使。其中，部分国家公园的全民所有自然资源资产所有权由中央政府直接行使，其他的委托省级政府代理行使。条件成熟时，逐步过渡到国家公园内全民所有自然资源资产所有权由中央政府直接行使"。其目的就是"归属清晰、权责明确"，使这个统一的管理机构有"权"统，有"责"管。

我国自然保护地的通病是产权主体虚置、产权管理不到位、资产化管理与资源化管理边界模糊。《总体方案》顺承了《关于健全国家自然资源资产管理体制试点方案》（中央深改组第 30 次会议通过）的相关提法，并明确了管理机构的资格："国家公园可作为独立自然资源登记单元，依法对区域内水流、

---

① 这个"牌"并非指世界自然遗产那样的价值品牌，而是指有独立管理规则和约束力并实际涵盖日常管理任务的管理体系。

② 例如，《自然保护区条例》规定，"核心区严禁任何人进入"，但在祁连山等多个自然保护区的核心区存在大量采矿点，贺兰山国家级自然保护区核心区的采矿点甚至超过 20 处。

森林、山岭、草原、荒地、滩涂等所有自然生态空间统一进行确权登记。"国家公园管理机构只有能在资源上"做主",才可能在管理上"当家":对于由中央直接行使所有权的国家公园而言,其管理机构当仁不让地是全部资源的主人;对于部分资源所有权由省级政府代理行使的国家公园而言,其管理机构实际上也回收了过去常常由县级地方政府行使的所有权,且与六大项权力结合后,同样能够对归集体所有的资源进行有效的监管。即管理机构有权、有资格来统一管理。统一管理以后,不同层级政府间、管理机构与地方政府间的权责关系就易于分清,地方政府相关职能部门只能对国家公园实施自然资源监管,而非过去先到先得、占山为王式的交叉管理。概括起来,就是中央和地方以自然资源资产所有权为基础进行权力划分,在资源管理上谁是产权所有者谁就有相应的权责,在保护上以国家公园管理机构为基础进行统一且唯一的管理,在其他政府事务中以地方政府为主。至此,划进国家公园后,哪些是国家的、哪些是地方的、哪些归国家管,这些问题都有了明晰的答案。

当然,从地方政府角度来看,这就是实实在在的"交权"。因此,《总体方案》在关键地方也留了"圆角",以免"伤人",包括只是部分国家公园由中央行使所有权、有过渡期、根据实际需要整合资源环境方面的执法权等。另外,行使所有权也有多种实现方式。例如,是否通过保护地役权等多种方式,在不改变土地权属的情况下实现资源统一管理?这在南方集体林比例较高的试点区已经成为落地任务,钱江源、南山等国家公园体制试点区在试点工作中都提出地役权应用目标,希望在土地权属方面也实现"最严格地按照科学来保护"而非"一刀切"地赎买、包租加对人的生态移民。例如,钱江源国家公园范围内的集体林,若被严格限定了土地利用方式和强度(原来的茶山只能种有机茶,且种植范围不能扩大,其他集体林地上不得从事狩猎、砍伐、抚育、林下养殖等活动),那么,即便在功能分区中的生态保育区范围内,也不必都进行土地赎买和移民。

4.3.1.3 建立协同管理机制和财政投入为主的多元化资金保障机制

从试点经验来看,不仅单靠一个县建不了国家公园体制(在现阶段10个国家公园体制试点区中,有6个范围全部在一个县级行政区中,即除中央批复实施方案的4个试点区以外,其他均在以县为主体操作试点实施方案),单靠中央也不行,还必须建立中央与地方的协同管理机制和财政投入为主的多元化资金保障机制。只有这样，才能使国家公园体制落地生根。

在自然资源权属方面，可以明晰不同层级政府的权责和相互配合的方式，即"中央政府直接行使全民所有自然资源资产所有权的，地方政府根据需要配合国家公园管理机构做好生态保护工作。省级政府代理行使全民所有自然资源资产所有权的，中央政府要履行应有事权，加大指导和支持力度"。但是，国家公园的管理不仅涉及产权管理、资源监管，还涉及对国家公园范围内居民的管理和服务。在《总体方案》中，这属于地方政府的职责，即"国家公园所在地方政府行使辖区经济社会发展综合协调、公共服务、社会管理和市场监管等职责"。

中央政府的"支持"主要体现在资金机制方面。《总体方案》的第四节进行了详细说明，即中央政府直接行使全民所有自然资源资产所有权的国家公园支出由中央政府出资保障，委托省级政府代理行使全民所有自然资源资产所有权的国家公园支出由中央和省级政府根据事权划分分别出资保障。加大政府投入力度，推动国家公园回归公益属性。也就是，国家公园，中央出钱。各地反正要划生态红线，对于被划进去的地方，地方政府就不能把这块地方"当牛做马"。但如果有幸被划进国家公园，则中央出钱或补钱。分级行使所有权的后面是真金白银，有"建立财政投入为主的多元化资金保障机制"当靠山。且这种保障对地方实际产生的效果也明确为"加大政府投入，推动国家公园回归公益属性"。即钱肯定能多拿，但条件是公益性也要多体现。这就使原来的各类保护地管理机构和地方政府的"舍得"清楚了："舍去乱挣的钱、得到规范的饷、达成公益的实。"

4.3.1.4　建立健全监管机制

有权、有钱之后，地方政府不会蓄意乱来，但仍然存在管不好的可能。这与机构能力、队伍素质、政策理解、历史问题等方面都有关。因此，要加强自然资源资产管理和自然资源监管，这是两方面的管理。十九大报告也提出，设立专门机构分别进行自然资源资产管理和自然生态监管。前者严格来说可划归"私权"，即作为所有者的管理；后者则只能是公权，即避免所有者行使私权出现违背公权、不利公益的情况。在新出台的《国务院机构改革方案》中，国家公园管理局代表中央政府行使国家公园范围内自然资源所有权，进行自然资源资产管理，同时接受自然资源部的监管。自然资源监管权是国土空间用途

管制的重要内容，在《总体方案》中体现为生态监测、环境监测和生态文明制度执行等，也包括公众参与和社会监督。通过多方面的监管，国家公园的产权单位——国家公园管理局，更易于把握产权管理和治权公益的平衡。这一点是美国国家公园体制的重要经验，如 NPS（美国国家公园管理局）作为业主进行国家公园的产权管理，而 EPA（美国环保署）对 NPS 进行环保法规履行方面的监管，以确保其日常管理和项目实施都符合环保方面的法规要求。

总结起来，有了基于产权归属的事权统一和相应的资金保障，各利益相关者的责、权、利才能真正相当，在这个基础上的监管也才可能真正有效，不再会防不胜防。中央不仅出钱，《总体方案》还指导各地区、各部门国家公园体制继续试点和国家公园的体制建设，十九大报告在此基础上继续提升了国家公园体制建设的高度，从而让参与国家公园体制建设的各方在"看齐意识"中获得"道路自信"，走好国家公园体制建设的全民公益大道。希望"以国家公园为代表的自然保护地体系"（《总体方案》中的要求）能按此"方"下药，一并解决"权、钱"难题，最终建成十九大报告所要求的"以国家公园为主体的自然保护地体系"。

4.3.2 与"保护""公益"目标有关的具体操作机制

在明确了"权"的统一和"钱"的保障后，国家公园真正的目标才能得以顺畅实现。上文提到，国家公园体制的终极目标是"保护为主、全民公益性优先"，"保护"是指生态环境资源的保护，"全民公益性"则体现为以国家公园建设惠及广大社会公众。因此，在明确管理体制和资金保障机制后，《总体方案》用两节内容阐述了国家公园的自然生态系统保护制度和社区协调发展制度。这两部分内容为国家公园实现严格管护、落实责任追究、鼓励社会参与、实施生态补偿等方面提供了具体的操作方案。

4.3.2.1 健全严格保护管理制度和实施差别化保护管理方式

国家公园建设的一个重要目标是加强自然生态系统的保护，根据《总体方案》，即"实行最严格保护"。在实行保护之前，首先需要"做好自然资源本底情况调查和生态系统监测，统筹制定各类资源的保护管理目标"。只有明确了具体的保护需求，才能设计出有针对性的管护方案和配套制度，优化配置资源，降低管护成本。其次，"严格保护"的另一个条件是"严格规划建设管控"，即明确国家公园内可允许的开发建设活动。依据国家公园的保护和公益性目标，相关活动应以不损害生态系统为原则，允许适度的体现公益性的活动，如原住民生产生活设施改造和自然观光、科研、教育、旅游等。最后，《总体方案》也针对国家公园内已有的不合规设施或企业，尤其是已设矿业权问题，给出解决办法。矿业开发问题是自然保护区的一大顽疾，特别是在祁连山自然保护区事件被揭发后，这一问题显得尤为突出。中央环保督察中所发现的一目了然的破坏，大多是采矿所致。矿业问题不仅是历史遗留问题和制度缺陷，也是在特定发展阶段"重开发、轻保护"的发展动机使然。从划定自然保护区的过程、自然保护区目前的管理体制和发达国家的经验都可以看出，自然保护区的"矿课"不好补，不通过全面的制度建设把短板补上，光唱高调、喊口号，还会继续有地方官阳奉阴违、欺上瞒下的情况发生。正因如此，《总体方案》理性了许多，明确提出"建立已设矿业权逐步退出机制"。有关部门给出的说法是，需要以多部门联合开展自然保护区内矿产资源开发情况调查工作为基础，从通过规划统筹安排自然保护区内矿业权有序退出、研究完善矿业权退出分类补偿机制、做好矿业权退出后的生态恢复治理等方面入手，逐步解决自然保护区内矿业权退出问题。

在厘清上述三点，即针对国家公园内过去已有设施、现有资源状况和未来建设活动的管理原则后，可以进而确定具体的保护管理方式，并且落实到国家公园规划上。规划编制是国家公园日常保护管理的基础和重点，可为相关工作的开展提供依据和准绳。应通过国家公园总体规划及专项规划，合理确定国家公园的空间布局，明确发展目标和任务。此外，也要做好与相关规划的衔接，即完善国家公园的规划协调机制，树立"多规合一"理念。国家公园不仅要满足自身发展的多重目标，体现在总体规划与各专项规划之中，也要注意与所在区域发展相融合，即要与区域的国民经济和社会发展规划、土地利用规划、城乡规划、生态环境保护规划等相互协调配合，避免冲突，从而提高管理和执行效率。在落实规划的基础上，根据不同的功能分区实行差别化的保护管理，即"重点保护区域内居民要逐步实施生态移民搬迁，集体土地在充分征求其所有权人、承包权人意见基础上，优先通过租赁、置换等方式规范流转，由国家公园管理机构统一管理。其他区域内居民根据实际情况，实施生态移民搬迁或实行相对集中居住，集体土地可通过合作协议等方式实现统一有效管理"。总体而言，在具体的保护管理方式上，首先要解决的还是"人、地"问题：一方面，在居民

安置与合作上，采取的方式包括移民搬迁、集中居住等；另一方面，在土地处理上，可采取整体征收、租赁、置换等方式。此外，也应当探索协议保护、地役权等创新型、多元化的保护模式，根据集体与国有土地之间的比例，比较各方案的成本收益后，确定最优的组合管理措施。例如，在集体林占比较高的钱江源国家公园体制试点区，根据其实际情况和试点经验，地役权被证明是一套能够兼顾保护和发展、控制移民数量、节省管理成本的行之有效的操作方案。

4.3.2.2 完善责任追究制度

为保障保护管理工作落实到位，还需要建立完善的责任追究制度，通过奖惩分明的考核评估制度，调动国家公园管理人员的工作积极性。首先，需要明确各管理主体（包括国家公园管理机构、地方政府相关部门等）人员的责任。这部分内容体现在管理体制的"权、责、利"划分中。其次，根据权、责、利划分，明确各部门人员的考核指标和内容，构建科学合理的绩效考核评价体系，并将考核结果作为各级领导干部奖惩和提拔使用的重要依据。参照《总体方案》，即要"严格落实考核问责制度，建立国家公园管理机构自然生态系统保护成效考核评估制度，全面实行环境保护'党政同责、一岗双责'，对领导干部实行自然资源资产离任审计和生态环境损害责任追究制"。最后，《总体方案》强调，"对违背国家公园保护管理要求、造成生态系统和资源环境严重破坏的要记录在案，依法依规严肃问责、终身追责"。一方面，以"终身追责"倒逼科学决策。只有相关领导干部树立起强烈的责任意识、生态意识，才能保护好国家公园、谋划长远。过去相当长一段时间，少数领导干部盲目追求短期政绩，杀鸡取卵、涸泽而渔，要"金山银山"不要"绿水青山"，违背科学发展要求盲目决策，导致国家公园内部及周边生态环境问题多发。这些问题隐蔽而且潜伏期长，可能在领导干部离任多年后才显现。"终身追责"在决策层面敦促领导干部牢固树立国家公园"保护为主"的理念，让他们深刻认识到在生态环境保护问题上，不能越雷池一步，否则就要受到惩罚。另一方面，以"终身追责"倒逼尽心履职。国家公园保护能否落到实处，关键在于领导干部。国家公园管理机构及所在区域地方政府相关部门领导是国家公园生态环境保护的第一责任人，是属地重大事项决策者，对国家公园生态环境负有不可推卸的责任。"终身追责"在制度层面明确国家公园生态环境保护的责任主体，给相关领导干部扎紧环境保护的"紧箍咒"，让试图透支子孙生态环境利益来为自己政绩加分的做法行不通。

4.3.2.3 构建社区协调发展制度

按照《总体方案》，国家公园有最严格保护的说法，还有责、权、利相当的管法。但这样就能管住各种损害生态环境的行为吗？国家公园管理毕竟人数有限，但待处理的利益关系纷繁复杂，稍不注意就容易被各种不当牟利的冲动钻空子。即使实行最严格管控，禁止搞大开发建设，相关环境问题也会防不胜防。因此，就可操作性而言，要想形成国家公园生命共同体，必须先形成利益共同体。

说到利益，无外乎"要钱"和"挣钱"两种方式。在"要钱"方面，是指建立健全生态保护补偿机制，加大各级财政对重点生态功能区的转移支付力度。但单靠这种方式"要钱"，终究只能要来谋生的钱，要不来发展的势，国家公园内及周边社区的居民，仍然不会和管理机构形成利益共同体。

一味地强调严格保护和依靠政府财政补贴，最多只能满足原住民的基本生存需求。原住民日益增长的发展需求和严苛的自然保护要求仍然是互相对立的关系，其中的矛盾只是被强行掩盖了。要形成人与自然和谐相处的关系，关键还在于形成有效的绿色"挣钱"模式，即按照生态文明体制改革的要求，将"绿水青山"可持续地转化为"金山银山"。这方面的国内外案例不胜枚举，因为绿色"挣钱"必须依托当地资源、主要依托当地市场，因此"各家有各家的高招"，甚至还有一些保护对象主动介入后促成这种绿色"挣钱"的案例。例如，法国东北部孚日大区公园内一座历史悠久的铜矿停采后（非保护原因，只是资源枯竭），多种珍稀蝙蝠[1]"趁虚而入"，将其作为巢穴。大区公园管理机构在科研基础上，与企业合作，将其打造为工业旅游胜地。这种接替产业，不仅效益不错，也为当地人提供了更多的就业机会，且在旅游中兼顾了保护（在此栖息的蝙蝠的数量一直在增多）。另外，法国《国家公园法》在核心区的管理上只是限死了矿业和大型基建，对原住民的符合保护要求的产业活动（如种植业、酿酒业及多种形式的生态旅游）并未严防死守，给居民的绿色发展留出通道：在城镇区域之外，不许进行任何大型工程和建设（除了维护类工程），除非科学专家委员会给出意见并经国家公园管委会批准的工程。

---

[1] 均列入了《华盛顿公约》附件2。

一切工业和矿业活动都禁止；对这个区域农业、牧业、林业活动的开展方式做了规定；在核心区内从事农牧林业的常住居民（无论是自然人还是法人、常年居住还是季节性居住），经国家公园管委会批准，可以享受一定的特殊待遇，以能够继续生活并充分拥有发展权利。

从法国的情况可以看出，有了绿色发展且全民参与的替代产业，才可能建立健全《总体方案》提出的"政府、企业、社会组织和公众共同参与国家公园保护管理的长效机制"。而且，《总体方案》不再提"十项全不能"，而是理性提出"除不损害生态系统的原住民生产生活设施改造和自然观光、科研、教育、旅游外"，使其具备了更好的逻辑自洽：禁区如何体现国家代表性和全民公益性？要给地方出路，不让饮鸩止渴了，放水养鱼的水在哪儿呢？《总体方案》专门提出，"引导当地政府在国家公园周边合理规划建设入口社区和特色小镇"，未来还有专项资金支持。即疏堵结合，另开源放水，使各利益相关方都有事可干、有钱可赚。这样才能形成国家公园保护与发展的利益共同体，形成共抓大保护的长效机制。

当然，搞好国家公园内部及周边的协调、绿色发展，是在"最严格的保护"情况下实现相关事业或产业的升级换代，是有技术含量的。根据《总体方案》，国家公园社区协调发展制度包括三个方面。①建立社区共管机制。一是周边社区建设要与国家公园整体保护目标相协调；二是鼓励通过签订合作保护协议等方式，共同保护国家公园周边资源；三是引导当地政府在国家公园周边合理规划建设入口社区和特色小镇。②健全生态保护补偿制度。这属于"要钱"的内容，除了基本的一般性财政转移支付以外，还包括完善生态保护成效与资金分配挂钩的激励约束机制（例如以保护地役权制度形式体现的生态补偿制度①）、鼓励设立生态管护公益岗位等。③完善社会参与机制，不仅建立健全志愿者服务机制、社会监督机制、人才教育培训基地等，而且鼓励当地居民或其举办的企业参与国家公园内特许经营项目，打造生态农业、生态工业、生态旅游等新产业或新业态。

（本章初稿执笔：王蕾、何思源、胡艺馨、陈吉虎、肖周燕、刘洁）

---

① 具体参见本书主题报告第五章 5.2.2 节。

第五章
国家公园体制试点
是自然保护地体系建设的先导

《试点方案》使国家公园体制试点工作有据可依。以试点工作为基础，《总体方案》为今后国家公园体制建设和国家公园设立奠定了基础、明确了方向、细化了路径。《自然保护地意见》则明确了国家公园体制建设和自然保护地体系建设的关系。再加上 2018 年的机构改革，这一系列的改革使中国的自然保护地第一次在空间上明确是一个整体，管理上明确是一个机构，功能上明确是国家生态安全依托和美丽中国象征。但在国家公园体制试点过程中，在土地权属、原住民生计、管理关系（权、责、利等）调整等方面，仍然存在诸多困难，导致多数试点区的工作进展较为缓慢①。这些困难，一些是自然保护地管理固有的樊篱带来的，也有一些是宏观体制改革带来的，还有一些与《总体方案》、各国家公园体制试点区的试点实施方案设计较粗或针对性不强有关。各国家公园体制试点区在解决一些共性困难上形成了个性化方案，这些方案实际上也具有一定的可复制性。有了这些已经落地的试点工作及其形成的体制机制，自然保护地的管理在某些方面已经显出业绩，甚至带动了相关区域的生态文明建设。国家公园体制试点带动整个自然保护地体系建设有了希望。系统分析这些困难，总结若干国家公园体制试点区在克服这些困难上的经验，可以对国家公园体制和国家公园建设乃至以国家公园为主体的自然保护地体系建设起到先导作用，涉及面更广的《自然保护地意见》落地也才可能顺利。

5.1 国家公园体制试点区面临的共性困难

2015 年初《试点方案》《试点方案实施大纲》等发布后，最初的 9 个试点

---

① 这也是我国生态文明建设的共性问题：顶层设计目标明确、制度配套，但发展基础不同、矛盾结构不同，生态文明体制落地差异较大且总体进展不快，发展的"绿色"程度不尽如人意。毕竟生态文明体制建设意味着发展方式转型，需要过程，不可能一蹴而就。

省和试点区即以此为据开展了相关工作。随后，在中央深改组直接介入国家公园体制试点工作后，前后共有12个试点省11个试点区，先后制定了试点方案或试点实施方案，落地的工作也分别依据这些文件开展。国家公园体制试点政策也体现出中国政治体制中的韧性和适应性，呈现运动式治理的特征。在具体操作中，原来自然保护地存在的问题需要解决，《试点方案》的改革任务需要完成，与相关宏观改革的衔接还需要完成，但中央在权、钱方面的支持并没有全面、及时到位。这种情况下，各试点区的工作存在共性困难，且这些困难在试点区实施方案中没有给出足够具体、足够有力的对策。

5.1.1 国家公园体制试点实施方案存在的问题

每个试点区的试点方案（或试点实施方案）相当于其整个试点工作的规划图，在改革的某些方面甚至接近施工图。

截至目前，除了《大熊猫国家公园体制试点方案》《东北虎豹国家公园体制试点方案》《海南热带雨林国家公园体制试点方案》外，其余试点均为《实施方案》，均基本按照《试点方案实施大纲》进行编制，涵盖试点区选择依据、管理体制构建、运行机制构建、试点实施保障和年度实施计划。两个野生动物国家公园体制试点方案均涉及试点意义、指导思想、范围和目标定位、试点主要任务和事实保障，在内容上除了缺少年度实施计划以外，均将国家公园体制改革任务纳入。

总体而言，各个试点区实施方案对试点区的生态系统类型和生物多样性状况都有一定的认识，对试点区现有保护地类型和管理体制运行历史沿革、运行现状和典型问题认识较为清晰，对试点区周边和内部社区的社会、经济和文化状况有清楚的梳理和总结，能够理解和把握**"国家公园"在实现管理目标上的体制整合原则和在保护对象上的空间整合原则**。

在实施方案中，各个试点区能够意识到国家公园作为社会—生态系统在管理上的综合性，从法律法规形成、体制机制构建和实施工具形成等三方面统筹规划试点区工作，并能够以管理单位体制的形成（即机构设置及对其赋权）为基础，以资金机制的完善为支柱，将管理体制和运行机制的具体内容相衔接。实施方案在提出试点区自然保护地管理面临的主要困境时，有针对性地在体制设计和机制创新里提出相应对策（见表主5-1）。但是，试点区提出的管理难点的数量和内容并不完全反映当地进行国家公园体制所需解决的历史遗留问题，特别是空间整合与管理单位体制建立等具体问题（本书5.2节中将详细分析），问题的鉴别和对策的提出存在避重就轻的情况。

表主5-1　国家公园体制试点区管理难点和对策
（截至2019年6月，未包含海南热带雨林国家公园）

试点区	管理难点	对策
北京长城（因多种原因退出试点，但这个退出并未经中央深改办认可）	文化和自然遗产融合并互促式保护	分区、分类、分级资源保护
	管理机构复杂，存在土地权属争议	改革现有机构并整合组建试点区管理机构
	遗产资源的空间完整性	植被恢复、建设生态廊道
南山	南方典型山地生态系统破碎化	分区实施管理政策 资源监测
	自然生态系统人为切割明显	整合管理机构并明确职责 分区实施管理政策 设立社区发展支持经费
	集体土地比例高	自然资源确权 协议和补偿机制
	存在干扰强度较大的水电和牧业	分区实施管理措施 设立退出补偿经费 开展特许经营
	少数民族地区保护与发展	文化遗产保护和传承 居民点调控 社区居民经营和参与保护
	专业人才不足	合作管理
普达措	保护区域和管理主体众多	依托相关职能机构整合成为管理机构 自然资源有偿使用
	少数民族社区传统和资源利用	功能区划 社区扶持制度
钱江源	集体土地比例高	土地流转 分区和分类补偿
	社区资源传统利用与保护矛盾多	搬迁安置细化 社区共管机制 特许经营
	资源保护交叉和多头管理	机构重组和职责明确 自然资产确权登记 资源保护、利用、监测和科研机制
	资金投入主体不明、方向有误	预算编制和资金管理制度 未突出投入"自然资本"的财政方向

续表

试点区	管理难点	对策
三江源	牧民长期的人地关系	牧民与国家公园共建共享机制 草场承包经营权流转 野生动物保护和损害补偿
	生态安全层面的生态系统管理	中央行使自然资源所有权 县级职能部门大部制优化并与管委会对接 突出生态系统水源涵养功能的保护定位 功能区划
	特殊自然环境的公益性建设	县城门户建设 生态旅游和环境教育
神农架	保护地类型空间重叠严重,面积大,碎片化管理	管理单位整合 分片区管理 功能分区 自然资源确权和登记
	区内人口多	按照社区发展定位制定详细移民措施
	社会公益属性弱	对策不足
武夷山	生态系统破碎化管理	管理单位整合 功能区划 资源保护、监测与科研机制、旅游管理机制
	高附加值的土地生产和复杂权属	确定国有和集体所有自然资源目标 自然资源确权和流转 补偿机制
	专业人才匮乏	人才保障和技术发展
大熊猫	栖息地破碎、保护地类型复杂、管理机构多头	统一功能区划 整合建立跨行政区域管理单位
	社区自然资源依赖强	自然资源确权和有偿使用 生态修复和生态补偿 社区与国家公园联动
东北虎豹	人地/人兽冲突,过度放牧和林下经济的管控	生态修复和生态廊道建立 林场改革、生态移民 人兽隔离和野生动物损害补偿
	栖息地破碎和多头管理	中央直接行使自然资源所有权 以林业系统为主体整合保护机构

可以看出,表主5-1中提出的对策缺乏实施细节甚至看不出如何落实。这有以下三个方面的原因:①试点区范围选择和边界划定没有突出生态系统完

整性；②管理单位体制构建和土地权属管理创新缺乏具体可行的实施方法；
③年度实施方案缺乏时间进度表、牵头单位或负责单位。

5.1.2　国家公园体制落地存在的共性问题

从《试点方案》到《总体方案》，国家公园体制机制的各项内容越写越具
体，中央未来可以给予的支持也越来越清晰。但在这些体制机制落地操作的过
程中，现实约束多、历史遗留问题多（具体见主题报告第三章），而中央可能
给的"权、钱"方面的支持又大多没及时到位。国家公园体制试点最重要的
空间整合和体制整合目标难以全面实现，空间统一管理难和体制全面落地难成
为各试点区的共性问题。

5.1.2.1　空间统一管理难

相对其他主体功能区，国家公园范围国土空间用途管制的特点是在空间层
面叠加了对生态系统保护的约束，并且采用了更科学、更精细化的管控手段
（见图主5－1）。

对国家公园这种国土空间管理方式而言，空间维度的统一管理尤为重要。

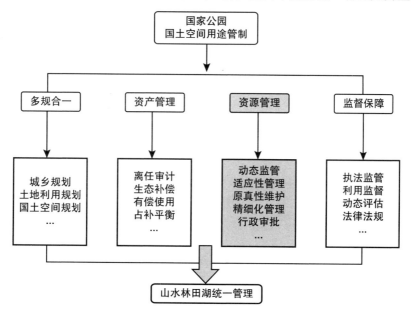

图主5－1　国家公园范围国土空间用途管制

这是生态系统完整性保护的需求，只有解决破碎化管理问题，才可能实现生态系统的完整性保护。理论上，自上而下的体制改革后，管理机构的整合应该直接带动国家公园的国土空间整合，并且保证一地一主、政出一门、加强保护、体现公益。**整合是统一管理最直接的推动方式**。这些整合方案最早在国家公园体制试点方案或试点实施方案中有所体现（见表主5-2）。试点方案均反映出国家公园对生态系统完整性、原真性的保护需求，但政策实践过程中，**空间整合难引发了空间统一管理难**。

表主5-2　国家公园试点区空间整合和体制整合（机构和职能）方案

试点区	空间整合	体制整合	
		机构整合	职能整合
三江源	可可西里国家级自然保护区，三江源国家级自然保护区的5个保护分区，黄河源水利风景区、楚玛尔河水产种质资源保护区	三江源自然保护区管理局、可可西里自然保护区管理局	设**三江源国家公园管理局**，统筹四级行政职能部门，草原监理、综合执法以管理局为主、地方政府管理为辅，部分公共服务、社会管理（包括社会稳定）职能等主要由地方政府负责
神农架	神农架自然保护区、神农架地质公园、神农架森林公园、大九湖国家湿地公园和大九湖省级自然保护区	神农架国家级自然保护区管理局(神农架国家级自然保护区、国家地质公园，省级风景名胜区的实体管理机构——各自然保护地有各自的批复管理机构)、林区林业管理局(国家森林公园的实体管理机构，批复管理机构为国家级森林公园管理局)、大九湖国家湿地公园管理局(对大九湖国家湿地公园和大九湖省级自然保护区实体管理——大九湖国家湿地公园管理局和大九湖省级自然保护区管理局为各自批复管理机构)	设立**神农架国家公园管理局**，全民所有自然资源统一委托国家公园管理局保护、管理和运营，地方有关部门继续行使自然资源监管权，神农架林区政府行使辖区（含试点区）经济社会发展综合协调、公共服务、社会管理（包括市场监管）等职能。

续表

试点区	空间整合	体制整合	
		机构整合	职能整合
武夷山	武夷山国家级自然保护区、武夷山国家级风景名胜区以及中间过渡地带（森林公园等九曲溪上游保护地带）	武夷山自然保护区管理局、武夷山风景名胜区管委会	设立**武夷山国家公园管理局**，行使试点区内自然资源管理和国土空间用途管制职责。地方有关部门继续依法行使自然资源监督权。地方政府行使辖区内（含试点区）经济社会发展综合协调、公共服务、社会管理和市场监管等职责。**未来**探索与**江西武夷山保护区的整合**
钱江源	古田山国家级自然保护区、钱江源森林公园、钱江源省级风景名胜区之间的连接地带（公益林）	开化国家公园管委会、古田山国家级自然保护区管理局、钱江源国家森林公园管委会、钱江源省级风景名胜区管委会	建立**钱江源国家公园管理局**，试点区内全民所有的自然资源资产委托管理局负责保护、管理和运营，行使自然资源管理和国土空间用途管制职责，依法实行更严格的保护。有关部门继续依法行使自然资源监督权。地方政府行使试点区的经济社会发展综合协调、公共服务、社会管理和市场监管等职能。**未来**需要探索**安徽休宁岭南保护区、江西婺源森林鸟类保护区的整合**
南山	南山风景名胜区、金童山自然保护区、两江峡谷森林公园、白云湖湿地公园，新增资源价值较高但是未纳入现有保护地的部分	南山国家级风景名胜区管理处、湖南两江峡谷国家森林公园管理处、湖南金童山国家级自然保护区管理处、湖南碧云湖国家湿地公园管理处	设**南山国家公园体制试点区管理局**，负责试点区全民所有的自然资源的保护、管理和运营，有关部门继续依法行使自然资源监管权，地方政府行使辖区内（含试点区）的经济社会发展综合协调、公共服务、社会管理和市场监管等职责。**未来**整合工程项目，如经营项目的特许经营委托，建立政府、社会多元化投入的资金保障机制，完成生态移民、水电站收购试点工作
北京长城	八达岭－十三陵国家重点风景名胜区（延庆部分）、八达岭国家森林公园和延庆世界地质公园八达岭园区	八达岭特区办事处、八达岭林场、八达岭旅游总公司、八达岭镇政府和北京延庆世界地质公园管理处	组建**北京长城国家公园管理中心**，同步改革现有管理机构。对试点区内自然资源和人文资源统一规划、保护、管理，试点期间，市、乡（镇）政府有关职能部门对试点区内各类资源监管权限不变。**未来**整合昌平区居庸关长城等长城资源以及周边自然保护地

试点区	空间整合	体制整合	
		机构整合	职能整合
普达措	涉及"三江并流"国家级风景名胜区,碧塔海省级自然保护区和2个公益性国有林场	未来需解决历史遗留的企业管理公共资源问题,提供具体管理机构整合路径,进一步说明和地方政府权职划分	组建普达措国家公园管理局,行使规划、管理保护、监督、行政处罚权等六项职责
东北虎豹	7个自然保护区(国家级自然保护区4个,省级自然保护区3个),2个国家森林公园和1个国家湿地公园,以及相关国有和地方林场	园区范围内国有林业局、地方林业局以及多个保护地管理机构	组建管理机构,行使国家公园的自然资源资产管理和国土空间用途管制职责,依法实行更加严格的保护。园区内涉及自然资源和生态保护的政府有关部门、企业的职责和人员部分划转到管理局,现有各类保护地管制职责并入管理局,实行统一规范管理。整合国家公园所在地森林公安等资源环境执法机构人员编制,由管理局实行资源环境综合执法。管理局履行国家公园的自然资源管理、生态保护、特许经营、社会参与和宣传推介等职责,地方政府行使辖区(包括国家公园)经济社会发展综合协调、公共服务、社会管理和市场监管等职责。管理局下设保护站,园区内乡(镇)政府和国有林场加挂保护站牌子。未来要提出省际联席管理的具体方式
大熊猫	岷山片区、邛崃山－大相岭片区、秦岭片区和白水江片区(含不同类型保护地和森工企业)	多个保护地管理机构和森工企业	组建大熊猫国家公园管理实体,行使大熊猫国家公园的自然资源资产和国土空间用途管制职责。现有各类保护地管理职责并入国家公园管理机构。整合所在地相关执法机构,组建综合执法队伍,由管理局管理并依法实行综合执法。国有林场划转各管理局直接管理。试点期间,地方政府行使辖区(包括国家公园)经济社会发展综合协调、公共服务、社会管理和市场监管等职责。各省履行试点工作主体责任。未来通过功能区划体现关键栖息地和形成保护网络的重要节点、廊道位置,对区内涉及的居民点、矿产和资源开发在空间布局规划基础上进行管控

跨界管理问题是空间统一管理不可回避的，而是否跨界与具体实施试点的机构实际上的管理层面相关，因此这样的情况又可以分为三类。①不存在跨界问题，比如三江源试点由省牵头且省里的机构管理，其不跨省因此不跨界。②试点方案中明确要求展开跨省协同管理，比如钱江源试点（实际工作由开化县牵头。钱江源进行了探索但仍然受限于各种行政壁垒。而且，其多规合一后的空间规划没有法律地位，难以成为统一管理的依据）。③试点区范围本身就跨省，比如大熊猫试点。对于②和③的情况，不需要强制性的或者官方的促进跨区的行政管理统一，而应该强调规划一体、信息共享、机构配合、行动同步，即现阶段可采用一致性管理而非一体化管理来实现保护角度的空间统一管理。

三江源国家公园体制试点区在空间上整合了可可西里国家级自然保护区和三江源国家级自然保护的 5 个分区，形成一园三区格局；但是在生态系统完整性上存在没有将长江源（当曲，位于杂多县）完全划入园区的问题，主要原因是在此区域内存在西藏居民对土地的实际使用；同时，曲麻莱县本身其实兼有长江源区和黄河源区，但在黄河源区仅划入玛多县的部分，回避了曲麻莱县的双重园区管理问题。试点区面积广大，但形成真正的"源头"保护，必须对包括西藏自治区在内的藏族聚居区的土地利用历史过程和习俗法进行梳理，解决土地利用矛盾。

湖北神农架国家公园体制试点区依托神农架林区政府对包括神农架自然保护区、神农架森林公园、神农架大九湖湿地公园、神农架地质公园等进行整合，但因为受到矿产资源开发所涉及的探矿权、采矿权、职工就业和安置等的影响，试点区范围与林区范围不匹配，有明显的对生态系统空间划分的人为割裂。试点区生态系统完整性的实现需要从协调矿产资源管控开始，对由矿业发展带来的经济效益、限制矿业需要的补偿和生计替代形成可行的实施方案。

福建武夷山国家公园体制试点区对福建省内同一个生态系统的自然保护地整合较为完整，但忽略了完全属于同一个生态系统并在世界遗产划定中一体化的江西武夷山保护区部分，且在内部的原武夷山自然保护区、武夷山风景名胜区的整合中对二者的主要管理问题差异考虑不够，在某些地方忽视了原风景名胜区管委会与地方政府配合上的成功经验，以致这两个区域仍然难以真正融合。

浙江钱江源国家公园体制试点区在空间上将北部钱江源国家森林公园与南部古田山国家级自然保护区相整合，并提及未来北部与安徽、西部与江西的自然保护区进行整合；但是目前南北两片自然保护地在水系生态上分属钱塘江和长江水系，夹在两者中间的居民点集中分布区的生态属性不明确，同样存在对生态系统结构、功能和服务及生物多样性本底状况掌握不够清楚的问题，造成当前功能区划管理目标不甚明确。试点区生态系统完整性的真正实现，需要对居民集中分布地的潜在生态系统类型进行分析，从流域完整性、生物廊道的必要性和生态系统恢复的必要性一方面进行评估，并且考虑与相邻省份的协同管理方式。

湖南南山国家公园体制试点区的空间整合在城步县境内较为完整，机构整合也全部到位，省、市、县三级通过权力清单移交（参见附件第 6 部分）使得南山国家公园管理局的责、权、利较为清晰，从改革角度看较为成功。但囿于客观条件限制及认识不到位，一直没有考虑与南岭主峰所在地广西猫儿山自然保护区（距城步县边界的直线距离只有 10 多公里，距南山国家公园边界的直线距离只有约 40 公里）的整合。这样整个试点区在资源上的国家代表性就难以得到提升，这为其评选国家公园带来了隐忧。

北京长城国家公园体制试点区旨在探索对自然和文化交融的遗产以国家公园体制进行管理。然而，试点区现有面积狭小（51.91 平方公里），空间整合要求偏离较远，仅将八达岭国家级森林公园（29.40 平方公里）全部划入试点区；长城、八达岭 - 十三陵风景名胜区以及延庆世界地质公园均被人为割裂，在原有多样化自然保护地上产生新的碎片化管理，难以形成可行的功能区划和系统保护规划。为达到对大范围的遗产地的统一管理，长城试点区在试点期间需要对自然生态系统和嵌入其中的人文景观进行进一步整合，对现有自然保护地边界和重叠情况重新测定，统一规划。

云南香格里拉普达措国家公园体制试点区依托省级保护区碧塔海和"三江并流"世界遗产地（包括国家级风景名胜区）的部分区域（没有包括青藏高原东南缘横断山脉纵向岭谷区东部的整体生态系统区域），对生态系统结构、功能、服务价值和生物多样性在整个"三江并流"区域的作用和代表性还不够清楚，并且实施方案没有为试点之后的空间整合留下任何接口。试点区要实现空间整合，在生态空间上要考虑自然保护区、风景名胜区、林场和世界遗产地、国际重要湿地的整合；在资源管理方式上，要进一步明确目前旅游公司的经营区域，建立健全特许经营机制，从全民公益性出发，以规模性保护实现生态系统整体效益，探索资源管理、社区发展社会服务的管理新模式，处理好公益性和经营性的关系。

东北虎豹国家公园体制试点区着重解决林区人地关系和人兽冲突，但目前试点方案的保护目标较为单一，对生态系统状态和动态缺乏说明，生态系统完整性和原真性恢复目标不够明确，人工干预倾向太强，廊道建设空间格局不明确；虽然关键要解决人兽冲突，但对聚落分布和建设布局没有任何结合功能区划的展示。另外，东北虎豹国家公园是唯一将大面积非保护地纳入国家公园的试点区，具体比例见表主5-3。这些区域原来也并没有被划入自然保护地（如：东北虎豹国家公园在吉林区域中只有36.11%是原有保护地）。

表主5-3　东北虎豹国家公园体制试点区原有保护地面积组成

单位：平方公里，%

	吉林		黑龙江	
规划面积	10380		4232	
分省比例	71.04		28.96	
自然保护地	珲春东北虎国家级自然保护区	1087.00	穆棱东北红豆杉国家级自然保护区	350.00
	汪清国家级自然保护区	674.34	老爷岭东北虎国家级自然保护区	712.78
	汪清上屯湿地省级自然保护区	65.94	穆棱六峰山国家森林公园	346.40
	天桥岭省级自然保护区	500.55		
	珲春松茸省级自然保护区	1300.00		
	汪清兰家大峡谷国家森林公园	109.27		
	天桥岭噶呀河国家湿地公园	11.61		
总计	3748.71		1409.18	
占省内规划面积比例	36.11		33.30	

大熊猫国家公园试点区着重解决大熊猫栖息地破碎化问题，但目前的试点方案中对所涉及的三个省份的自然保护区内生态系统状况梳理不清晰，对关键栖息地和形成保护网络的重要节点、廊道位置等并没有科学地标定具体范围并配套国土空间用途管制手段，对其与区内的居民点、矿产等资源开发点的空间关系怎样处理也没有列出具体措施。

国家公园蓝皮书

通过以上对试点区生态系统完整性保护的分析发现，试点区尽管试图实现空间整合，但并没有全面实现，且没有从空间上留出足够的优化人地关系的余地①。在进行管理单位体制设计和土地权属管理机制创新时，历史因素进一步影响了管理无法统一且被试点区回避。即便空间整合相对好的试点区，也缺乏对现有保护地管理机构之间、管理机构与政府及其职能部门之间如何理顺责权利关系的探索，即空间整合没有得到体制整合的支撑。一些实施方案避重就轻或语焉不详，实际上就是没有足够的决心和能力调整既得利益结构。现有体制的樊篱和土地权属问题等，阻碍了科学的生态系统空间整合。

5.1.2.2 体制全面落地难

空间统一管理难的背后，还是体制改革没跟上。像《总体方案》要求的那样把体制机制全面落地，还有诸多障碍和约束：既涉及发展模式和保护理念全面的变革，也与各试点省和试点区自身管理的能力和基础有关。从试点过程看，体制落地难突出地**表现为管理机构的整合难以及配套制度的跟进难。仅依据2018年底前的各试点区实施方案（其后的调整优化没有作为以下分析的依据），各试点区这方面的问题表现可分为以下几类**（见图主5-2）。

北京长城国家公园试点区现有范围**遗产完整性**严重缺乏，同时对涉及的自然保护地类型相应的国家公园管理机构整合不完全，如地质公园管理处，无法实现资源统筹管理；提出的"先改后合"方案没有对**地方政府权责**做出界定，对八达岭林场、八达岭特区办事处和八达岭旅游总公司的"改革"没有具体内容和改革方向；对试点区内存在争议的土地权属问题（如十三陵景区与延庆世界地质公园之间的争议土地）解决方法不明确，土地流转方式笼统，资源确权登记范围不明确。

湖南南山国家公园试点区管理体制整合计划明确，试点期间以"保留牌子"的形式对现有自然保护地管理机构完全整合，管理单位权责划分细致；国家公园体制试点管理局与地方政府分工明确；国家公园较好地规划了保护与当地产业（南山牧场、风电）关系，详细制定了针对产业调整的土地管理创新政策；但是在资金投入方面，国家公园试点区建设和运行期预算均只计划依

---

① 在大遗址等较大规模的文化遗产保护时，这样用于平衡保护和发展关系的土地被称为平衡用地。这种土地在指标管理和规划等方面有一定的政策突破空间。

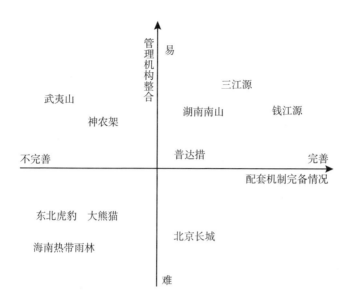

图主 5 - 2　国家公园管理机构整合和配套机制的情况分类

赖"财政投入"，缺乏对其他机制的考量。

云南香格里拉普达措国家公园试点区在体制整合方案设计上存在对历史遗留问题的回避。试点区管理机构整合路径不明确，管理机构、政府和相关职能部门之间的权责不明晰，省、州、县三级地方政府职权划分模糊；原有的公司在试点期间及试点后的运行机制和模式在实施方案里没有解释清楚；如何解决地方政府当前门票抵押的赎回问题、门票降价问题，突破目前这种没有完全体现全民公益性的管理体制，除了建立特许经营机制，实施方案没有更多针对实际问题的解决方案。

浙江钱江源国家公园试点区在实施方案里对管理单位职责有明确计划，现有机构间协调保障机制明确，地方政府分工清楚。目前实施方案对跨边界实现整合缺乏实质的管理机构协调和对接方式。实施方案针对集体土地权属比例过高，提出通过协议、股份合作等方式实现使用权流转至国家，但土地权属登记和流转政策较为简单，缺乏实际可操作的规程。就统一行使自然资源产权管理来看，钱江源并不是（也没有条件）通过类似三江源的放权或征地而是希望通过建立保护地役权制度来实现。

三江源国家公园试点区试点建设进程相对较快，已经组建三江源国家公园

管理局及三个园区管委会。管理局和管委会职能明确，与州、县政府分工明确，并形成统一综合执法部门。目前三江源国家公园管理局的人员编制均由原有单位调整划转，资金渠道也仍由原单位负责，是双重身份制，尚未形成国家公园管理局独立运作模式。三江源国家公园试点区目前是中央事权，在操作上由县级层面推进职能部门大部制改革和国家公园管理局职能整合，在整合后如何与未来中央财政转移支付对接，没有具体对策。

湖北神农架国家公园体制试点区国家公园管理主体与林区政府权责明晰，现有保护地管理机构计划完全整合。但是考虑到矿区开发对地方经济发展的带动和就业促进，实施方案回避了探索地方政府和国家公园管理机构在自然资源管理上的权责、自然资源确权、矿业退出补偿等关键问题；在资金保障上，缺少将现有林业系统财政转移支付作为主要资金来源，在国家公园管理体制下如何对接需要具体方案。

福建武夷山国家公园体制试点区在管理单位体制建构上，不仅缺乏管理机构与地方各级政府的责权利划分清单，还有个性问题：对如何整合各自相对成熟的保护区管理局和风景名胜区管委会这两个资金来源不同、管理体制迥异的保护地机构，缺乏既能体现国家公园体制试点目标又能兼顾各方利益的方案；另外，对省、市、县三级政府在国家公园管理上的分歧没有形成良好的解决方案，也缺乏对跨省统一管理毗邻同级自然保护区同质生态系统的方案和规划接口。

大熊猫国家公园和东北虎豹国家公园的实施方案相对《实施方案大纲》的要求来说并不完整，所以不但在前述试点区范围设定、功能区划和相应的管理强度上有很多方面不明确，而且在形成"统一"的管理体制上缺乏针对保护目标的整合方案，导致规划试点区内自然资源资产管理和监督执法等权力归属不明，确权实施单位和技术流程欠缺。大熊猫国家公园主要是解决栖息地破碎化问题，使栖息地联通以便于大熊猫种群交流，但这种基于三省（陕西、甘肃和四川）联动的管理如何统一尚不明确：一是完整性评估里认为缺乏统一的功能区划，无法形成具体的空间规划管理；二是自然保护地管理机构没有资源信息和管理信息的交流统筹机制；三是从管理单位体制到支持运行的资金机制都没有涉及。东北虎豹国家公园试点区是要调整人地关系，把国家公园试点范围内森林资源承载力以外的人为干扰去除。这一目标的实现依赖于处理好国家公园体制试点的保护目标和地方政府承担的人民生计发展，而现有方案对于如何界定两者权责范围，哪个机构进行生态移民评估、计划实施和移民生计保障没有任何计划；对于试点区所提及的"林场改革"改什么（权属）、怎么改也缺乏具体措施。在统一规范管理、建立财政保障、明确产权归属、完善法律制度等方面，两者的试点方案未曾看到突破。

5.1.2.3　小结

管理单位体制整合和土地等关键自然资源管理体制存在实施路径简化和对当前问题的回避，缺乏对事责财权的清晰梳理和对资金机制的具体设计。国家公园体制试点区《实施方案》在体现试点区生态系统完整性上仍然受到本底调查缺失、区域聚落分布、产业发展和原有管理体制的禁锢，仍然缺乏国家公园体制试点区未来边界调整的动态计划和跨区域管理的实现可能性分析。这些要素形成了**空间统一管理难和体制全面落地难**这样的共性困难。各个国家公园体制试点区在国家公园制度落地时也存在不同的个性问题，在体现保护成效、实现公益性和维持有序经营方面存在各种问题。有的国家公园体制试点区缺乏对法律法规和管理规范的探索，有的是国家公园管理机构、地方政府、企业和社会团体等权责不明，有的则疏于在社区层面协调保护和发展。

上述共性问题有以下几个方面的成因：

（1）管理上整合难

从具体的实现方式来看，整合就是要空间上联通、机构上合并、职能上集权。目前，各国家公园体制试点区在统筹管理上探索了省级政府代表中央政府行使所有权、原国家林业局代表中央政府行使所有权、县级地方政府主导等不同模式，但多数国家公园体制试点区存在范围不全、划而不合等"貌合神离"现象。

在范围上，以东北虎豹国家公园体制试点区为例：一方面没有充分考虑东北虎豹的潜在栖息地和扩散走廊，划分的范围有偏小之处；另一方面有偏大之处，没有考虑这个区域的复杂性，将边界有驻屯作用且没有东北虎豹分布的村庄全部划入，也没有充分考虑到将林场职工的替代生产发展区统筹进来才可能真正舒缓人、虎矛盾。又如，武夷山是横跨福建、江西两省的中亚热带森林生态系统（2017年联合国教科文组织将武夷山世界遗产的范围扩大，将江西武夷山全部纳入其中），以生态系统完整性保护为目标的国家公园试点工作却没

有跟进跨省整合，这使武夷山国家公园体制试点区并不完整。而在 2018 年"两会"上，多名福建代表又提出武夷山试点区夹在武夷山自然保护区和风景名胜区之间的九曲溪两岸人地矛盾突出、严格保护困难，建议划出试点区范围。这都说明武夷山国家公园体制试点区的划界对各方面因素的考虑并不充分。

在机构和职能上，缺乏权责匹配的机构来主导统一管理，上下、左右、里外的管理关系（即不同层级政府、相关职能部门、要合并的几个管理机构内部及统一后的管理机构和地方政府之间的关系）难以理顺。这个问题在东北虎豹国家公园体现得非常明显：其试点工作由原国家林业局委托长春专员办（加挂东北虎豹国家公园管理局牌子）推动，其难以调动吉林省和延边州的行政资源，协调省、州、县三级政府及其所属林场。在武夷山国家公园体制试点区，则是原隶属关系不同、体制差异明显的自然保护区管理机构和风景名胜区管理机构难以真正合并，"貌合神离"，仍然各行其是。另外，国家公园体制试点区管理机构与现行管理机构的上级在"条条"的关系上不够明确，原有各类自然保护地的管理规则、资金渠道仍然起着主导作用，这使国家公园管理机构难以真正整合。就配套资金来说，国家公园体制改革试点之初，中央并没有直接的专项资金。这样在各地展开试点推进工作的同时，一方面要将原有自然保护地专项资金进行整合；另一方面不能仅仅依赖原有专项资金，要探索新的资金渠道和形成新的资金机制。

（2）权属上有地无权

管理机构本身存在没有获得统一的国土空间用途管制权的情况，引发了空间统一管理难，以至于试点实施方案中反复提及的居民区分布、矿产资源利用分割等问题一直难以解决。从国家公园体制试点区的经验看，可以通过加强国土空间的统一管控来弥补。具体来说，是对国家公园范围内的规划权、管理权、审批权等进行重新调整。一是对原来公园自然保护地权力进行整合，二是自然资源部整合其他部门后对自然资源管理权进行整合。其经验有两个方面：①将集体所有土地上建设项目的审批权限赋予国家公园管理机构，以符合国家公园管理规定为基本原则；②在日常管理环节中为了更好地实施科学的空间用途管制，要制定差别化的土地用途管制规则，分层、分级、分类实施管控。必要的时候，赋予国家公园管理机构综合执法权。比如在北京长城国家公园，由于国家公园管理机构并没有被赋予执法权，景区的不文明旅游行为以及乱砍滥伐等违法现象并没有得到及时的治理。再如，最难解决的是集体所有的自然资源的合理利用问题，特别是南方地区集体林占比较高，原住民聚集点较难管控，如南山、武夷山、钱江源等试点区。这些区域集体所有的土地比例均超过50%。这类情况下，空间管控的核心目的在于使自然资源的利用符合国家公园统一管控的要求。结合试点经验，主要有三种措施：①通过征收获得所有权；②通过租赁获得经营权；③通过地役权，不改变所有权，但是规范使用权。前两种措施对资金需求较高，后一种措施更适合集体土地占比较高区域。

从试点实践看，各地情况差异较大。武夷山国家公园体制试点区尽管探索了多种土地流转的方法，但因为集体所有的土地产值高（茶业或旅游业发展条件较好）、人口密度高，不可能通过赎买等办法消除产业发展影响和移民，对集体土地的管理并没有真正统一。钱江源国家公园体制试点区尝试了地役权等新方法，在满足了细化的保护需求情况下降低了征地和移民的高成本，并借助非政府组织启动了跨省的统一管理，但没有获得任何政策文件的支持，改革成果无法扩展、无法固化。除集体林以外，不同层级政府承担事权的国有林同样存在问题。仍以东北虎豹国家公园为例：与三江源的人地关系不同，《东北虎豹国家公园总体规划》给出移民搬迁的方案，却没有明晰不同层级政府所有的国有林之产权如何实现统一管理，如何利用公园外的土地和产业来支撑公园内"最严格的保护"。名义上约80%的面积属于国有重点林区的东北虎豹国家公园，其管理机构实际上并没有能力来实现统一管理。

（3）其他方面

首先，在国家公园体制建设过程中，需要注意由空间规划职能整合所引发的问题。国家公园建设必须符合国务院机构改革背景下的空间规划职能整合要求，即将分散于发改、国土、住建等部门的主体功能区规划、土体利用总体规划和城乡总体规划等职能整合到自然资源部。然而实际上，国家公园建设项目包括立项和可行性研究、项目选址、用地预审、用地出让、规划许可、建设许可、规划核实、竣工验收、产权登记等众多审批管理环节。改革前，规划和建设业务由住建部统管；改革后，规划编制与实施分离，规划将更强调整体的统筹管控。部分部门间审批事项变为部门内部流程或反之，部分审批环节需要合并、分拆或调整顺序。自然资源部门如何对内部审批管理流程进行调整和优

化，如何与住建部门进行沟通衔接，这都需要时间去探索，可能会存在很长一段时间的管理混乱期。例如，钱江源国家公园所在县域——开化县，也是"多规合一"试点县。2017年8月，《开化县空间规划（2016～2030年）》得到浙江省政府正式批复，形成了全国唯一的县级层面的多规整合的"一张蓝图"。但是，环保方面的法规和文件却没有及时调整成以这样的规划为依据，以致钱江源国家公园体制试点区的相关工作难以《开化县空间规划（2016～2030年）》为依据报批，造成了规划管理混乱的局面。

其次，如前文所述，一些历史遗留问题一直都难以解决。我国自然保护区曾一度贪大求多，自然保护区设立的程序不规范，前期缺少对人口、产业、保护对象等的必要调查，不少地区的地方政府随意确定自然保护区的边界以及功能区域的边界，加上上级主管部门并未严格把关，这样就存在将村路、公路、基本农田甚至企业等划入的情况，给后期的空间整合带来了困难。这些区域处理起来难度大、成本高并且引发了普遍的违法现象，比如原住民对树木乱砍滥伐等。最初对国家公园原保护地整合的时候，并未细化到具体区域的边界。因此，接下来要对划界不合理等情况进行摸底调查，结合自然资源确权的情况，实事求是调整空间布局，完善国土资源空间管控制度。鼓励专业机构参与，允许将生态价值低、人口密度高的区域调出国家公园范围。适当情况下，制定生态移民和赎买等政策，分类解决民生问题。

最后，在生态系统完整性、原真性保护的基本原则和目标下，整合难的另外一个方面就是跨行政区的管理。实际上这种情况还是比较普遍的，除去东北虎豹、大熊猫等跨省的国家公园外，还涉及类似钱江源、武夷山这种和其他省的同一生态系统的保护区相邻的试点类型。比如钱江源国家公园体制试点面临整合跨行政区的毗邻地区——安徽休宁县岭南省级自然保护区和江西婺源国家级森林鸟类自然保护区的部分区域。另外，还有北京长城这种类型的试点。从远期看，为保护长城的完整性和历史文化的连续性，以长城为链条，逐步整合延庆区内及怀柔等区的长城资源，构建长城文化长廊，促进燕山山脉的生态系统保护，构建北京北部生态屏障。这些都属于超越国家公园空间范围和试点期的整合，也是今后改革的难点（北京长城国家公园体制试点区退出试点工作，而长城国家文化公园的相关工作布置中并未真正考虑与燕山山脉生态系统保护的关系，这的确留下了国家公园体制试点中自然和文化遗产互促式保护的空白）。

5.1.3　与宏观体制改革衔接难

2018 年大部制改革后，国家公园管理局挂牌。在中央层面统一管理机构的基础上，各国家公园有望实现"一地一主"。目前，改革只是完成了第一步，即对职能相近的部门进行了整合，解决了交叉重叠管理等问题，并且实现了决策权、执行权和监督权的分离，促进了山水林田湖的统一管理。但是，国家公园体制改革还受其他宏观改革的影响。实际上，国家公园体制改革中也面临着和其他宏观层面上体制改革的衔接问题。下面就影响力比较大的林权改革和生态环境综合执法改革来看对国家公园体制改革的影响。这些改革措施从一定程度上增加了体制推进的难度。

5.1.3.1　林权改革和国有林场改革

林地是重要的自然资源，林业改革主要指集体林权改革、国有林场改革以及国有林区改革。不少国家公园试点区内有国有林场或林区，所有的试点区都涉及集体林权改革。

我国从 1981 年开始的林权改革断断续续开展了近 40 年。新一轮集体林权制度改革全面开始于 2008 年，中共中央、国务院印发《关于全面推进集体林权制度改革的意见》，要求完成明晰产权、承包到户的改革任务。2014 年，国家林业局设立了 30 个深化集体林权制度改革试验示范区，尝试解决集体林权到户后，林地承包经营中的问题。2016 年 11 月，国务院办公厅印发《关于完善集体林权制度的意见》，提出做好集体林地确权颁证工作，逐步建立集体林地所有权、承包权、经营权分置运行机制；全面停止天然林商业性采伐后，对集体和个人所有的天然商品林，安排停伐管护补助，放活商品林经营权，赋予林业生产经营主体更大的生产经营自主权。2018 年中央一号文件《中共中央、国务院关于实施乡村振兴战略的意见》，明确提出"完善农村承包地'三权分置'制度"，"深入推进集体林权、水利设施产权等领域改革"。集体林权制度改革成为乡村振兴战略的重要组成部分，关乎农民的生产增收、农村的社会稳定和生态保护。

首先，林权改革的核心是产权。现阶段，明晰产权、承包到户的改革任务基本完成。一般来说，分林到户后，农民造林护林的比例有所提高，并且大部分地区公益林生态效益补偿款基本到户。各地林业改革进展不一，并且暴露出很多问题，比如流转程序不规范、收益制度不完善、林农分散经营难

以管理和抵抗风险等问题。这些问题如果不能很好地解决，不利于国家公园范围内的自然资源管理。这种情况在南方集体林地占比高的地方尤为明显。林权改革中也出现了很多历史遗留问题（如确权困难等），特别是在跨行政区的地带。

其中，和集体林权制度关系最为密切的是公益林的生态补偿制度。这一制度也是国家公园体制试点的基础性制度之一。长远看，两者具有一定程度的一致性。一方面，国家公园体制改革涉及集体林地改革中对商品林和公益林的划分。在最严格的保护要求下，如何更加合理、科学地划分公益林的范围仍是有待研究的重大课题。另一方面，林地划作公益林后的生态补偿机制有待细化和调整。特别是在江浙地区，农民外出打工而导致公益林不能得到有效管护，或者管护成本过高，而且由于限制砍伐，收益较低。如何更好地保护和利用国家公园的集体林地是改革所面临的重大难题，其中比较典型的是钱江源国家公园。浙江省是林权改革的先行先试省，尽管积累了一定的成功经验①，但是国家公园成立后，最严格的保护下也有了新的问题。比如钱江源国家公园内的何田乡就存在林地承包大户，他们与村民签订了流转合同，在区域集体林地种植经济林木并开展林下经营。但划定为国家公园后，一切形式的林木砍伐被禁止，承包大户无法收回前期投资成本。目前钱江源地役权改革方案中对这一问题并没有提出较好的解决措施，有待承包大户和国家公园管理机构进一步协商，找到符合最严格保护要求的措施和方法。另外，林地划入国家公园后，如何参与碳交易、林权交易等各试点，不仅取决于国家公园自身的改革，还受限于我国碳市场以及林权市场等的建设情况。

2015年2月，中共中央、国务院印发了《国有林场改革方案》《国有林区改革指导意见》，要求全面推进国有林场和国有林区改革。这一改革基本和国家公园体制改革同步。当前全国范围内的国有林场改革任务基本完成。中央6号文件明确将国有林场主要功能定位于保护培育森林资源、维护国家生态安全，明确了国有林区"发挥生态功能、维护生态安全"的战略定位，

---

① 古田山国家级自然保护区开展了核心区集体林租赁试点工作，目前已经初步形成"保护区租赁经营集体林，自留山全额补偿到户，统管山分利不分界"的自然保护区集体林权改革模式。参见 http://khnews.zjol.com.cn/khnews/system/2011/05/11/013720878.shtml。

并将"提供生态服务、维护生态安全"确定为国有林区的基本职能。改革后，有以下三个方面的难题可能会影响国家公园体制的推进：①停止重点国有林区天然林商业性采伐后的经营问题；②国有企业员工的就业、安置和医保等问题；③林场的政企分开问题。针对这些问题，不同的区域有不同的方式。针对国有林场，钱江源国家公园体制试点区主要做法有两种：①由于只有部分区域划入国家公园，因此采取了定岗不定人的方式，选取业务素质较高的国有林场员工进入国家公园管理工作；②由浙江省提供专项资金，国有林场林地和集体公益林享受同样的补偿标准。这在一定程度上缓解了保护和利用的矛盾。

不同的林场改革所面临的问题也有所差别，比较典型的是北京长城国家公园的面积主体北京八达岭林场以及东北虎豹国家公园辖区的林场。北京八达岭林场是原北京市园林绿化局下属的差额拨款事业单位，下辖企业经营状况良好，整体资金保障较为充足（企业利润反哺），管理机构员工的福利待遇也高于北京市同类事业单位的平均水平。从时间顺序上看，国有林场改革完毕后才全面展开国家公园体制相应的改革，改革以后职工的工资待遇水平可能大幅缩水，这显然会削弱林场参与国家公园体制试点改革的积极性①。东北虎豹国家公园的情况更加复杂②，涉及两省 7 个森工林业局、59 个国有林场、11 个地方国有林场和 3 个国有农场。试点改革所带来的难点包括以下两个方面：①林场员工的安置、再就业和培训。其中比较重要的是林场员工如何配合国家公园进行生态监测以及如何基于保护需求规范林下经济，使人为干扰可控且还能在某些方面促进森林生态系统保护。②林业企业如何实现资产的保值增值？政企分开以后，在保护为主的约束下，如何通过林业供给侧改革挖掘国家公园的生态资源供给优势，实现生态产品的价值，目前并没有较好的解决办法，导致国家公园体制试点的进展不尽如人意。

---

① 北京长城国家公园体制试点区申请退出国家公园试点工作，涉及的相关单位积极性不高也是原因之一。

② 试点区包含 12 个自然保护地，总面积 55 万余公顷，其中 7 个自然保护区、3 个国家森林公园、1 个国家湿地公园和 1 个国家级水产种质资源保护区。东北虎豹国家公园体制试点和健全国家自然资源资产管理体制试点同步展开，探索跨省级行政区域的自然资源资产由中央直接行使事权的体制改革。

5.1.3.2 生态环保综合执法改革和行业公安管理体制改革

2018 年 12 月，中共中央办公厅、国务院办公厅印发的《关于深化生态环境保护综合行政执法改革的指导意见》（以下简称《执法改革意见》），明确了自然保护地范围内相关执法权的改革措施。这也是占国土面积约 1/5 的自然保护地日常管理和生态监管体制改革的重要内容。2018 年，中共中央办公厅、国务院办公厅印发《行业公安机关管理体制调整工作方案》（以下简称《公安管理工作方案》），提出森林公安调整为直接归公安系统领导。

以国家公园为主体的自然保护地，其管理（包括执法）要体现山水林田湖草是一个生命共同体的理念和原则①，即要通过对其进行系统保护和综合执法来反映自然的系统性、整体性的需求。但上述两个中央文件似乎对这一点没有专门考虑。《执法改革意见》中提出的生态环境保护综合行政执法改革措施，涉及自然保护地的内容如下：生态环境部门主导的"生态环境保护综合执法"整合范围包括"林业部门对自然保护地内进行非法开矿、修路、筑坝、建设造成生态破坏的执法权"（四项），林草部门不再保留"承担自然保护地生态环境保护执法职责的人员"。但事实上，林草部门保留了"非法砍伐、放牧、狩猎、捕捞、破坏野生动物栖息地"等森林和野生动物方面的生态破坏执法权（五项）。这些职能原先主要由其主管的森林公安队伍履行，根据《公安管理工作方案》，则可能会划转给地方公安。原先由森林公安代行的林草部门的部分行政执法工作（主要依据《森林法》等）则出现"暂时空白"，尚未明确是由自然资源部门的行政执法队伍来执行。《执法改革意见》《公安管理工作方案》中的相关措施，忽略了自然保护地范围内的山水林田湖草是生命共同体，相关损害行为可能同时涉及多项（生态环境部门管理的四项行为在自然保护地内大概率地与林草部门负责的五项行为交叉），需要统一执法并配套对违法人员的人身强制权（否则难以真正追究到责任人）。《执法改革意见》中这样的设置，可能会导致自然保护地范围内多头执法，出现激励不相容乃至"有利大家上、无利大家让"的局面，还可能出现信息不对称造成执法虚化和

① 2018 年 5 月，习近平总书记在全国生态环境保护大会的讲话中指出，山水林田湖草是生命共同体，要统筹兼顾、整体施策、多措并举，全方位、全地域、全过程开展生态文明建设。在具体实施过程中，要用最严格制度、最严密法治保护生态环境，加快制度创新，强化制度执行，让制度成为刚性的约束和不可触碰的高压线。

监测机构重复建设问题①以及执法环节分离局面（执法人员无法及时限制违法人员人身自由，以致责任人逃离和证据消失），**有悖以国家公园为主体的自然保护地"统一、规范、高效"的改革方向**。

　　与其他国土空间的自然资源综合执法和生态环境综合执法相比，**在自然保护地这类特殊的生态空间（山水林田湖草综合体）范围内，资源环境综合执法是自成体系的**（见表主5-4）。有关自然资源和生态环境违法违规案件的执法权，具有专业性强、涉及面广的特点，对信息来源、执法深度和专业性、现场处置的及时性都有较高的要求，需要专业监测网和具有完整权力的专业执法队伍。为了构建统一、规范、高效的自然保护地管理体制，**自然保护地行政主管部门需要被授予这类生态空间范围内的资源环境综合执法权；生态环境行政主管部门可作为独立客观的外部监管机构，用其他手段（如遥感、多年评估等）进行统一的生态监管**。

表主5-4　自然资源/生态环境保护相关的三大类综合执法

	自然保护地范围内的资源环境综合执法	自然保护地之外国土的自然资源综合执法	自然保护地之外国土的生态环境综合执法
主管部门	自然保护地行政主管部门	自然资源行政主管部门	生态环境行政主管部门
现阶段的主管部门	国家林草局(国家公园管理局)	自然资源部	生态环境部
主要职能	查处自然保护地范围内任何对资源环境产生损害的行为，包括自然资源和生态环境违法违规案件	查处自然资源开发利用和国土空间规划及测绘重大违法案件	查处重大生态环境违法问题，包括污染防治执法和生态保护执法
存在问题	对于部分没有设置综合执法机构的自然保护地，还需要地方政府的自然资源综合执法部门和生态环境综合执法部门对自然保护地范围内的相关违法问题进行执法	在某些情况下，这两方面执法无法完全分开。例如非法占用林地采矿，从采矿角度而言，属于对自然资源的违法开发利用，而从占用林地角度而言，属于破坏生态环境。对此类违法行为，可能需要多个部门分别进行处罚。未来需要继续探索两方面综合执法的职能整合改革①	

　　注：①在地方的机构改革中，已有两类执法职能整合的探索，负责督办、查处辖区内自然资源和生态环境违法违规案件，如深圳的大鹏新区生态环境综合执法局、河南省南召县的自然资源综合执法大队。

---

①　我国在水资源管理方面，就出现了这样的问题。原环保部门和水利部门都设置了水质监测队伍，数据龃龉甚至工作冲突的局面屡见不鲜。

5.2 国家公园体制试点区共性难题的解决建议和某些试点区的可复制经验

5.2.1 三类国家公园体制试点区共性难题的解决建议

根据上述分析，可将当前国家公园体制试点工作中的共性难题的成因分为以下三类。①目前的试点实施方案与其人地关系主要矛盾不相适应。这类以东北虎豹国家公园试点区为典型，试点方案和规划对当地复杂的利益结构和突出的人地矛盾考虑不够，方案本身有一些不合理之处。②中央给予地方的支持不够使地方很难整合。这类以武夷山国家公园试点区为典型，即管理机构没有"权、钱"方面的力量来协调与地方的矛盾，原有的管理格局难以调整，土地难以统一管理，社区矛盾难以协调。③地方改革有成效，但中央没有文件支持改革。这类以钱江源国家公园试点区为典型，其在前期工作中已经开展了突破性的尝试，取得了较为显著的成果，如"多规合一"、跨省管理等，但落地时依然存在障碍。这些政策法规调整的滞后给总体进展较快的三江源国家公园试点区也带来了困扰①。对应这三类成因，各试点区可采取不同的解决方案（见表主5-5）。

表主5-5　根据改革难点对试点区采取差异化的解决方案建议

试点区类型	试点区举例	解决方案
当前方案不适应人地关系主要矛盾	东北虎豹国家公园	空间上重新合理划界；管理体制上，理顺国家公园管理机构与其他部门之间的关系
中央在"权、钱"方面的支持不够	武夷山国家公园	完善基层国家公园管理机构的权力体系，加大中央财政拨款
地方改革有成效，但缺少中央文件支持	钱江源国家公园、三江源国家公园	由自然资源部统筹整合各类总体规划，构建上下衔接、左右协调的新型空间规划体系

---

① 如在处理三江源国家公园管理局与玉树州政府的权责划分上，若按照相关法规，对土地、森林资源的管理仍然需要地方政府的职能部门来行使行政权力，三江源国家公园管理局难以实施业主式的管理。

　　针对第一类国家公园试点区，除了在空间上重新合理划界，在管理上还应按照第四章所提出的机制设计思路和框架重新调整试点区体制机制，理顺国家公园管理机构与其他部门之间的关系，在明晰资源权属的基础上，合理划分不同管理主体之间的责、权、利，并积极探索可替代的当地居民生计，包括建设国家公园特色小镇、建设国家公园产品品牌增值体系、发展国家公园旅游事业等等。

　　针对第二类国家公园试点区，中央政府一方面应赋予基层国家公园管理机构与其管理事权相匹配的各项权力，包括统一的规划权、执法权、自然资源管理权，完整的人事权、独立的资金权和经营监管权（详见主题报告第四章4.2.1.1）；另一方面，应通过中央财政拨款、设立专项基金等渠道加大对国家公园试点区的资金支持，从"权、钱"两方面有针对性地解决国家公园试点区建设中所存在的各种问题。

　　针对第三类国家公园试点区，首先应制定或完善相关法律法规，这是解决此类问题的基础。国家公园总体规划需要中央上位政策支持，由新成立的自然资源部整合国家公园总体规划及其他各类总体规划，构建新的空间规划体系，并通过立法或修法确认，让新构建的空间规划体系成为管控包括国家公园在内所有建设活动的标准，确保依规行政。其次，新构建的空间规划体系应是有层次、分类别的，能指导各层次、各类型规划的编制。自然资源部从保护和合理利用自然资源的角度出发，指导各地自然资源部门制定面向未来的总体空间规划，以此来指导住建、交通等其他部门制定相关专项规划，与所在地国家公园总体规划要求相衔接。同时，明确各层次、各类型规划编制内容和审查要求，推动控制性详细规划等现行法定规划改革，将更多的规划内容交给市场，更好地发挥规划调控引导具体建设的作用。

　　试点的目的主要在于通过地方自下而上的创新来解决当前管理中的矛盾。实际上目前改革进度最快的也恰恰是以三江源国家公园试点和钱江源国家公园试点为代表的第三类区域。以三江源为例，其经济发展水平落后，贫困人口多、交通不便、产业结构单一，但是因具有极高的生态价值，受到中央重视，得到的支持非常多①，

---

　　① 例如，三江源国家公园获得的中央各类资金支持（包括中央对青海省一般性转移支付和三江源生态保护与建设工程专项转移支付中直接用于三江源国家公园的部分）超过20亿元，比其他10个国家公园试点区所得资金加起来都多。

改革推进速度非常快。而钱江源国家公园虽位于我国东部发达省份、人口众多，但省里的支持力度较大①、干部生态环境保护和推进生态文明的意识强烈，试点工作的进度也较快。这两个国家公园在形成统一管理、解决人地矛盾上，为破解共性改革难题提供了个性化的解决方案，其中有的具有可复制性。

5.2.2 三江源："两个统一行使"

为实现自然资源资产、国土空间用途管制的"两个统一行使"②，面积最大的三江源国家公园进行了以空间和体制整合为目标的改革。这种解决问题的方式对自然资源的主体全民所有的国家公园有可复制性。三江源的"两个统一行使"，在不同的地方有不同的操作形式，核心是尽可能实现保护、利用需要的统一管理。有的地方努力推进"一个统一行使"（通常是国土空间用途管制），但即便这样，也需要省直相关部门和市、县等层级的政府放权。

青海省在三江源生态保护和建设办公室与三江源国家级自然保护区管理局合并的基础上组建三江源国家公园管理局，下设长江源（下设治多、曲麻莱和可可西里三个机构）、黄河源、澜沧江源三个园区管委会（见图主5-3）。具体的机构改革和职能整合如下：①整合治多县、曲麻莱县自然资源和生态保护相关部门职责，设立治多管理处和曲麻莱管理处，依托可可西里国家级自然保护区管理局，设立可可西里管理处；②整合玛多县政府、杂多县政府自然资源和生态保护相关部门职责，设立黄河源园区管委会和澜沧江源园区管委会。试点期间，各园区管委会及下设机构受三江源国家公园管理局和所在州政府双重领导，以前者为主。可可西里管理处内设机构不变，其他各园区管委会（管理处）下设生态环境和自然资源管理局、资源环境执法局和生态保护站。其中：①生态环境和自然资源管理局整合了各园区内县政府国土、环保、林

---

① 这不仅包括每年1.1亿元的省专项资金支持，还包括其所在的开化县（全国第一批取消对干部GDP考核的县、浙江省获得人均转移支付最多的县之一）所采取的体现生态文明体制改革的措施。

② 国土空间开发保护制度的核心是"两个统一行使"——自然资源资产管理和国土空间用途管制。形成有效的国土空间用途管制，从本质上说是基于管理目标对具体的土地利用方式进行限制，以实现生态、社会、经济综合效益的最大化。

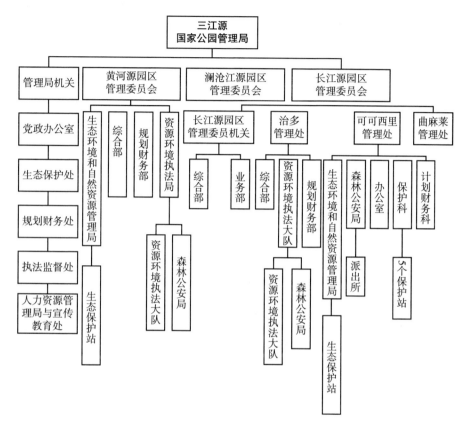

图主5-3　三江源国家公园管理机构

注：澜沧江园区机构设置同黄河源园区一致，曲麻莱管理处和治多管理处一致。

业、水利等部门的相关职责；②资源环境执法局整合了国家公园所在县的林业公安、国土执法、草原监理、渔政执法等执法机构，并且实现了刑事司法和行政执法高效联动；③生态保护站整合了各县林业站、草原工作站、水土保持站、湿地保护站等涉及自然资源和生态保护的单位。将三江源国家级自然保护区森林公安局整体划归至三江源国家公园管理局，增加3个森林公安派出所，组建了三江源国家公园管理局执法监督处。改革后，三江源国家公园管理局在生态保护和与生态保护有关的社会管理、公共服务方面是主导者，掌握了高海拔、人口稀少区域主要的管理权和资金，责、权、利匹配。即在国家公园范围内，三江源国家公园管理局是第一责任者，地方政府是第二责任者。当然，其

他的国家公园未必能像三江源国家公园这样举全省之力来解决"权、钱"问题，但是也从一定程度上说明，只要有足够大的改革力度并有恰当的措施处理好国家公园管理局和地方政府的责、权、利匹配关系，前述难题是可以破解的。

三江源的做法，即便在浙江、福建等以集体林为林地主体的省份也有可复制性。这些省份都在进行自然生态空间用途管制试点。按照《总体方案》的提法，"完善自然生态系统保护制度，健全严格保护管理制度，实施差别化保护管理方式，完善责任追究制度"①。从国家公园试点区的经验看，在这个方面有成效的经验是由管理机构统一行使所有国土空间用途管制权力，由国家公园行使自然资源管理的各项权力。表面上看，空间统一包括从生态系统完整性角度整合不同的区域，实际上则是对规划权、管理权、审批权等的重新调整。三江源对国土空间用途管制的"集权"，在很多地方有实施条件，即在自然资源资产产权还难以统一的情况下，"一个统一行使"是具有广泛的可复制性的。

5.2.3　钱江源：以地役权制度解决集体林和跨界的统一管理难题

钱江源国家公园在 10 个试点区中面积最小，但意义重大②。其在实现统

---

① 国土资源部《关于印发〈自然生态空间用途管制办法（试行）〉的通知》规定了国家公园用途管制。其中，第十四条规定："……生态保护红线内的原有居住用地和其他建设用地，不得随意扩建和改建。严格控制新增建设占用生态保护红线外的生态空间。符合区域准入条件的建设项目，涉及占用生态空间中的林地、草原等，按有关法律法规规定办理；涉及占用生态空间中其他未作明确规定的用地，应当加强论证和管理。因地制宜促进生态空间内建设用地逐步有序退出。"第十五条第一款规定："禁止农业开发占用生态保护红线内的生态空间，生态保护红线内已有的农业用地，建立逐步退出机制，恢复生态用途。"第十六条第一款规定："有序引导生态空间用途之间的相互转变，鼓励向有利于生态功能提升的方向转变，严格禁止不符合生态保护要求或有损生态功能的相互转换。"第十七条规定："在不改变利用方式的前提下，依据资源环境承载能力，对依法保护的生态空间实行承载力控制，防止过度垦殖、放牧、采伐、取水、渔猎、旅游等对生态功能造成损害，确保自然生态系统的稳定。"

② 除了其生态价值（华东地区罕见的低海拔常绿阔叶林原始林和钱塘江重要的水源地），还有其在生态文明体制建设中的重要意义（其所在的开化县是浙江省生态文明体制建设的先行者和重点区域。为此，中共中央、国务院于 2019 年发布的《长三角洲区域一体化发展规划纲要》中明确提出"提升浙江开化钱江源国家公园建设水平"）。

一管理上有两个棘手的障碍：集体林的比例最高，在试点实施方案中是唯一被要求探索跨省统一管理机制的。钱江源人口近万，集体所有土地占比八成。即使仅仅对核心区赎买土地，也需要资金近30亿元，并且还可能破坏在某些区域初步形成的原住民农业生产与白颈长尾雉等保护动物取食之间的良性互动。钱江源的解决办法是建立保护地役权制度，这也是对集体所有的自然资源的管理权难以整合的替代性办法：在不改变土地权属、基本不生态移民的前提下，有望快速、低价实现自然资源的统一管控，还可能破解自然资源跨省界带来的管理难题。其操作办法有全面铺开和试点进行两种。

1. 全面铺开并基本完成的"名义地役权"

全面铺开的办法是一种过渡性的方法，从2018年3月发布《钱江源国家公园集体林地地役权改革实施方案》① 时启动，2018年7月宣告完成。严格说来，这个办法只是根据保护需要加强了对集体林的管理、提高了补偿标准，不是符合国际惯例的保护地役权，也没有形成完整的保护地役权制度。但作为过渡性的措施，这个办法加强了保护，且相关文件中为采用新办法、形成新制度留出接口。其加强管理从明晰供役方和需役方的权利和义务上体现出来。对供役方（集体林承包者）而言，权利有以下三种：①原住民凭身份证免费在钱江源国家公园允许范围内参观游览；②在同等条件下，原住民有特许经营优先权；③当地产品符合条件并经许可可使用钱江源国家公园品牌标识。其义务有以下四个方面：①严格遵守钱江源国家公园分区管理办法、森林消防管理办法及其他各项国家公园管理规定；②协助国家公园管理人员或科研人员开展调查和日常管理；③对破坏自然资源的行为进行监督，并及时向当地保护站报告；④完善村规民约，加强宣传教育，提高原住民和访客的生态保护意识。对需役方（国家公园管理机构）而言，权利有以下四个方面：①拥有国家公园范围内集体林地等自然资源的管理权；②按国家公园建设、管理的法律法规和政策规定实施管控；③开展必要的防护、科研监测等基础设施建设；④根据保护需求对森林、林木和林地实行适当的人工干预。其义务有以下五个方面：①开展就业技能培训，

---

① 这个方案是由浙江省林业厅牵头制定的。

促进原住民就业，引导原住民发展生态经济；②提供适当的巡护、管理等生态管护公益岗位；③协助、支持做好社区环境整治提升；④及时公开国家公园相关信息；⑤按合同规定及时支付地役权补偿金。钱江源国家公园集体林地地役权改革补偿标准为48.2元／（亩·年），其中：公共管护和管理费用5元／（亩·年），地役权补偿金43.2元／亩。集体林地地役权设定年限与开化县山林承包年限相一致，从签订之日起至2054年12月31日止。林地使用权为个人的或完成均股均利改革的，补偿金必须发放到户；未完成均股均利改革的集体统管山的林地地役权补偿金，原则上应将70%发放给本集体经济组织的农户，留用部分按《中华人民共和国村民委员会组织法》规定进行使用和管理。

名义地役权法，虽然只是名义上的地役权，但在提高补偿标准（也因此强化了保护）的同时，还设计了补充协议的形式，给后续推行真正的保护地役权制度留出了空间。

2. 试点进行的能真正克服障碍的保护地役权制度

更具有探索性且能真正克服两个障碍的方法，其具体操作程序可从以下三个方面叙述。

（1）以保护地役权为基础的适应性管理

山水林田湖草是生命共同体，需要精准保护，妥善处理好其与人之间的关系。如果延续过去的管理思路，难以解决以下问题："一刀切"的保护措施低效、生态补偿与保护绩效脱钩、大规模的生态移民、集体土地收购成本过高，以及跨行政区统一管理缺少操作手段。最终的效果很可能是"劳民伤财"：一些原住民在难以找到替代生计手段及有乡土情结的情况下并不乐意移民；而征地、移民成本过高，远超过财力范围，还排斥了原住民参与保护的积极性。保护地役权就是在不改变土地所有权的情况下，通过签订协议，对土地的利用方式或强度进行基于保护需要的限制及引导，以达到保护目标的最大化。**与传统的生态补偿、生态移民相比，保护地役权不仅可以少赶人，更可以多给钱、给对钱、帮挣钱。**它的核心在于通过保护地役权协议来构建利益共同体，形成"共抓大保护"的合力，最终解决保护地碎片化问题（含跨界问题的解决），实现生态系统完整性保护。

将保护地役权协议（或合同）的方式和适应性管理（促进精准、科学保

护）结合成为一种特殊的生态补偿方式（管理框架如图主 5 - 4），有望形成
"山水林田湖草人"生命共同体。相对其他的泛泛的生态补偿，这种制度创
新既可以充分反映生态系统保护的需求，也可以明晰生态补偿的"理"
"度"。

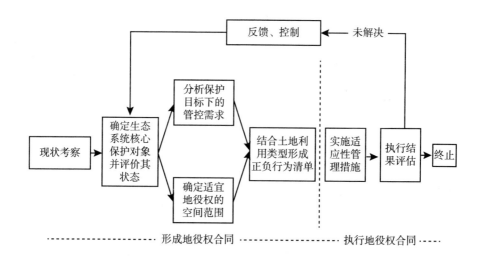

图主 5 - 4　以地役权制度为基础的适应性管理框架

（2）通过原住民生产生活方式的正负面清单管理，构建保护和发展的利益共同体

要想以加强保护为目标少赶人、少征地，必须规范原住民的生产生活方式。这种规范主要通过对原住民行为的正负面清单来体现。

首先，要明确主要保护对象（比如旗舰物种、特色生态系统、特殊地质地貌等）。其次，判断其在各细分空间上的保护需求（不是现在的国家公园试点区总体规划中那样大而化之的分区方式）。然后，确定保护需求和原住民生产、生活行为之间的关系，以耕地为例（见表主 5 - 6）。最后，形成管理原住民行为的正负清单并配套不同的补偿方式（补偿原则是奖罚分明，并且直接补偿和间接补偿结合）。通过保护地役权协议来确保双方的合法权益和需求，签订协议的双方是村集体同钱江源国家公园管理局或者第三方（比如企业或者非政府组织等）。

表主5-6　钱江源国家公园的原住民正负行为清单（耕地部分）

保护对象	正/负	具体行为	参与方
环境本底、水源地和生态系统服务	禁止	使用未经批准的化肥、农药、除草剂	个人
		使用未经发酵处理的粪便作为肥料	个人
		秸秆焚烧	个人
	鼓励	合理套种,合理密植	集体/个人
		立体农业	个人
物种、种群、群落和生态系统	禁止	驱赶、捕捉进入耕地的野生动物	个人
		以围栏、栅栏等形式明确隔离耕地和自然环境	个人
	鼓励	以本土植物形成天然的隔离林带	集体/个人
文化遗产等原真性	鼓励	保留传统农耕文化	个人
		适度发展耕地景观、发展生态旅游和环境教育	集体

注：对于原住民正负行为清单，可以结合国家公园功能分区进行细化。

（3）依据地役权合同履约情况进行奖惩及相关的绿色发展

供役方执行正负面清单的情况，与需役方提供的生态补偿挂钩。补偿的科学性是通过监测来保障的。以耕地为例，对面积较小的，主要靠村民间相互的过程监督和政府、非政府组织定期的结果监测；对面积较大的，可以靠无人机、红外相机等高技术手段进行过程和结果监测。补偿标准通过以保护绩效为核心的评价标准来确定（积分制），评价村集体和个人的生态环境保护绩效、监测指标为标准的客观保护效果以及能力建设的情况。而补偿金额的高低，取决于补偿资金的储备情况和当地消费水平。

除了财政提供的生态补偿资金，驱动保护地役权制度的，还可能有国家公园产品品牌增值体系[①]。这是地役权制度本土化过程中可望取得的重大创新，也有望使利益共同体获得更大的共同利益。具体说，地役权正面清单的主要目的是鼓励原住民参与保护并获得各种形式的补偿（直接补偿和间接补偿），包括补偿资金、生态巡护员岗位、培训机会、优先享受特许经营（原住民可以

---

① 这是源自法国国家公园体制的一种绿色发展体系，特点是体系化和国家化。体系化由产品和产业发展指导体系、产品质量标准体系、产品认证体系、品牌推广和管理体系构成。国家化是指这个体系由国家层面统一操作，并负责这个体系产品的国际认证和推广。对这个体系的详细介绍，可参看2018年社会科学文献出版社出版的《中国国家公园体制建设研究》。

优先享用国家公园品牌销售其产品和服务）等。将特许经营作为地役权的间接补偿方式，使正负行为清单成为原住民优先获得特许经营权的指导准则。履行正负行为清单较好的原住民可以优先加挂国家公园品牌（比如农林产品经营或者民宿服务），获得品牌红利。其满足国家公园品牌体系中的生产标准的产品，可经过完整的品牌体系获得产品溢价和市场扩大的好处，原住民则可直接享受到自身保护成果带来的市场回报。地役权合同中负面清单中的限制点，反而能成为产品增值的卖点，使保护的成果直接转化为收益。理论上，这样的措施只要力度够大、时间够长，品牌的增值收益就会更加明显，形成"共抓大保护"利益共同体和"山水林田湖草人"生命共同体。这两种地役权方案的联系和区别如图主5-5所示。

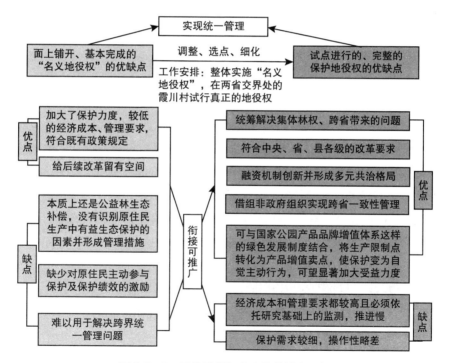

图主5-5　两种地役权方案的优缺点比较

钱江源地役权方面的改革，并没有花"大钱"，但基本达到《总体方案》提出的"交叉重叠、多头管理的碎片化问题得到有效解决，国家重要自然生态系统原真性、完整性得到有效保护，形成自然生态系统保护的新体制新模

式……实现人与自然和谐共生"的改革目标。这也充分说明在落实中央相关文件过程中，一定要把握生态文明的核心本质，允许各地开展差异化的探索。只要合乎改革精神，允许和鼓励各地结合自身特点实行对同一制度有差异化的落地方式。

3. 保护地役权制度还有助于解决跨行政区统一管理难题

钱江源国家公园体制试点工作涉及浙江开化县、安徽休宁县和江西婺源县、德兴市三省四县。其中，休宁县是难点①。

在钱江源国家公园跨界治理中，针对毗邻区安徽休宁县不乐意合作的难题，可以依托保护地役权制度，通过非政府组织介入的方式解决。保护地役权协议的本质是国家公园对社区的管理要求，其根本目的在于生态系统完整性保护。在跨行政区的、和国家公园属于同一个生态系统的自然保护地也可以采用类似的地役权合同，并且可以实现一致管理（不是一体管理），达成事实上的跨界统一管理和生态系统完整性的维护。具体操作方式如下：钱江源建立地役权模式后，由第三方合作机构通过租赁、置换方式将休宁县范围内的土地流转，再由第三方合作机构和钱江源国家公园管委会签署保护一致性框架协议，确保保护管理行为的一致性，并将相关信息放入钱江源国家公园的"多规合一"平台，即通过第三方机构这一"二传"实现保护目标的统一、规划的统一和制度（如地役权）的统一，实现跨越行政壁垒的统一保护。

通过三江源和钱江源的实践，可以看到，国家公园范围不必强调国有土地的占比②，而更多地应该看实际管理效果，即自然资源实行统一的空间用途管制是可以促进达成规范、高效的管理目标的。

5.3 国家公园体制试点为保护地形成体系和
体制完整奠定了基础

《自然保护地意见》给出了构建自然保护地体系的措施，但在现实操作

---

① 开化县政府曾多次与安徽休宁县进行对接交流。由于现阶段安徽省也在进行黄山国家公园创建工作，休宁县也在这个范围内，因此休宁县很难与开化县形成政府层面的正式合作。

② 要对按照法定条件和程序逐步减少国家公园范围内集体土地，提高全民所有自然资源资产的比例，或采取多种措施对集体所有土地等自然资源实行统一的用途管制有正确的理解。

中，这些措施如何落地，亟待细化和示范案例。国家公园体制试点，为重整自然保护地"山河"、构建新体系，以及所有的自然保护地建设完整、有力的保护地体制奠定了基础①。

之所以这样说，不仅因为自然保护地以国家公园为主体，更因为国家公园体制试点中的共性难题也是自然保护地体系中的共性难题。自然保护地要形成新体系并且使新体系真正体现"全民公益性"，还得摸着国家公园体制试点的路走，且必须在"权、钱"相关体制上大体形成全面、完整的国家公园体制（保障程度可以低一些，但体制机制的各方面不能少且不能变形）。总结起来，尽管存在前述问题，但过去近五年的国家公园体制试点工作，有以下三方面经验可以应用到自然保护地体系和体制的构建中：首先是空间和体制的整合；其次是与宏观体制改革的衔接；最后是利于实现"共抓大保护"的保护和利用机制创新。在空间和体制的整合上，一地一牌、一地一主的管理机构整合是基础，一个或两个"统一行使"是管理机构完成整合并实现统一管理的实质和标志。在与宏观体制改革的衔接上，"一园一法"（尤其是三江源条例那样能结合实际需要突破既有法规如《自然保护区条例》的地方立法）和自然保护地范围统一执法、自然保护地管理机构成为独具特色的事业单位等都是"必修课"。在保护和利用机制创新上，利用自然保护地役权实现不同权属、跨行政区的统一管理，利用特许经营机制和国家公园产品品牌增值体系使周边社区、各种社会力量"共抓大保护"和更好地完成"绿水青山"向"金山银山"的转变，都是不一定非得有，但有肯定比没有好的"加分项"。这些都在国家公园试点中有不同的"先进"典型，足以给自然保护地体系的成员提供示范案例。

1. 与宏观体制改革的衔接

前述生态环保综合执法改革和行业公安体制改革这样的宏观改革，三江源国家公园衔接得较好，不仅有了统一、规范的执法，也统一行使了完整的国土空间用途管制权。这样的先期改革，给整个自然保护地体系中的保护地应该如何实践宏观改革，提供了思路、经验和模式。

---

① 《自然保护地意见》提出了国家公园、自然保护区、自然公园三大类新分类系统，提出对各类自然保护地要实行全过程统一管理，统一监测评估、统一执法、统一考核，实行两级审批、分级管理的体制。

（1）生态环保综合执法权

《总体方案》中明确了可根据实际需要，授权国家公园管理机构履行国家公园范围内必要的资源环境综合执法职责。《自然保护地意见》提出对各类自然保护地要实行全过程统一管理，统一监测评估、统一执法、统一考核，实行两级审批、分级管理的体制。在这样的背景下，必须对自然保护地体系进行分类，以明晰什么样的自然保护地需要专门的统一执法队伍。分类中要考虑的因素可分为两个维度，一个维度是地理位置、地方政府执法队伍可达性、信息对称性等；另一个维度是自然保护地是否跨县级以上行政区、面积大小等（见表主5-7）。显然，并非所有的自然保护地都需要专门的执法队伍，也并非只有国家公园才需要专门的执法队伍，可以根据实际需求和地方政府的相关情况因地制宜。

表主5-7　自然保护地资源环境综合执法队伍需求情况分析

地理位置、地方政府执法队伍可达性、信息对称性　　　　　　　是否跨县级以上行政区、面积大小	地处偏远地区，地方政府执法部门可达性较差，信息不对称	靠近城乡，地方政府执法部门可达性强，信息对称
是，面积较大	需要（如三江源国家公园、海南热带雨林国家公园）	需要（如福建武夷山国家公园）
否，面积较小	需要（如广西木论国家级自然保护区）	不需要（如上海崇明东滩国家级自然保护区）

在统一行政执法的基础上，三江源还尝试了行政执法与刑事司法衔接的机制[①]，借助信息共享平台和常态化联席工作机制加强了综合执法方面的权力。青海省检察院针对三江源建设，实施了专项检察活动，构建了生态检察专门工作模式，实行了生态检察专题目标考核（"三专"措施），并且制定了《青海

---

① 环境保护部、公安部和最高人民检察院于2017年1月25日联合研究制发《环境保护行政执法与刑事司法衔接工作办法》。

省检察机关关于充分履行检察职能服务和保障三江源国家公园建设的意见》《三江源国家公园行政执法和刑事司法衔接工作办法》《省检察院侦查监督部门与三江源国家公园森林公安局联席会议制度》三项基本制度，有效打击了破坏生态环境资源的刑事犯罪，严肃查处了生态环境资源领域的职务犯罪，积极开展了生态环境资源领域职务犯罪的预防工作，加强了对生态环境资源领域诉讼活动的法律监督，并健全落实了生态环境领域行政执法和刑事司法的衔接机制。这些改革对整个自然保护地体系都有直接的借鉴意义。

（2）国土空间用途管制

国土空间用途管制①方面，国家公园的探索也为自然保护地体系确定这方面的管理体制奠定了基础。国土空间用途管制是国土空间开发保护制度的重要方面。其中，国土空间用途管制②的目的是通过政府运用行政手段对自然资源的载体进行开发管制以统筹山水林田湖草系统治理，实现国土空间的集约高效利用，保障经济高质量发展。国家公园范围内国土空间用途管制的探索，有助于解决自然保护地体系中的国土空间管控体系不够健全、管制手段不够单一、监管不够严格等问题。

仍以三江源国家公园为例，管理机构统一行使国土空间用途管制权力，空间统一管理难题得到很大程度的改善，取得了一定的成效。比如生态系统得到较好的恢复、非法行为得到管控。其最主要的措施是通过"三个划转"实现了国土空间用途统一行使（本章5.2.2节中已有介绍），即将国家公园所在县涉及自然资源管理和生态保护的有关机构职责和人员划转到管委会，将公园内现有各类自然保护地管理职责全部并入管委会。实际上，三江源的综合执法权是国土空间用途管制的重要保障，而空间用途管制中的执法及两法的衔接也是生态环境综合执法权改革的一种落地行使。

---

① 国土空间用途管制以空间规划为基础，通过制度规范、技术标准以及国土空间用途转用、管制政策等对国土空间资源进行合理的优化和利用（规定生产、生活、生态以及村镇的管制边界、用途、使用条件，并依此对自然资源开发和建设活动进行行政许可、监督管理）。改革要尝试将土地用途管制的理念、方法和制度扩大到所有自然生态空间。

② 国土空间用途管制源于土地用途管制的扩展。1997年，中共中央、国务院联合下发《关于进一步加强土地管理切实保护耕地的通知》，首次提出"用途管制"的概念。随后，《土地管理法》将其上升为基本制度，从土地扩展到所有的国土空间，落实山水林田湖是一个生命共同体的概念，进而实现整体保护、系统修复和综合治理。

2. 利于实现"共抓大保护"的保护和利用机制创新

共抓大保护,一方面是形成多方参与的社会共治体制,让多方在国家公园治理上"参政议政";另一方面是形成利益共同体,使保护者受益,从而形成"共抓大保护"的生命共同体。在这方面,2006 年启动的法国国家公园体制改革,提供了全面、完整、已经落地的经验①。我国的国家公园体制试点中,不同的试点区以不同的方式部分借鉴了其经验。例如,三江源以工资形式支撑的全覆盖巡护员制度和特许经营项目、钱江源以地役权支撑的跨省协同管理制度、普达措以企业反哺形式支撑的社区参与制度等,都在现有国情下使更多的利益相关者参与到国家公园工作中并从保护中受益。这样的思路和操作办法,对于整个自然保护地体系克服"人、地约束",无疑具有先导价值。

(本章初稿执笔:苏红巧、赵鑫蕊、王宇飞、王蕾、何思源、张阳志、陈吉虎、崔祥芬)

---

① 具体参见社会科学文献出版社 2018 年出版的《中国国家公园体制建设研究》中的附件。

专题报告

第一章
国家公园的产生
——中国国家公园设立标准及其应用方式

按照《"十三五"规划纲要》，2020 年，对中国国家公园事业来说有两个标志性意义：其一是国家公园体制试点工作基本完成；其二是第一批国家公园设立并公布。因此，尽快出台中国国家公园的设立标准并据此遴选第一批国家公园，已是当务之急。在试点工作开展以后，以中国国家公园设立标准为主题的研究，已有一些成果，如《中国国家公园设置标准研究》[①] 一书在对专家和公众进行问卷调查的基础上论证了我国国家公园标准制定的依据；欧阳志云等学者所著的《中国国家公园总体空间布局研究》[②] 一书从生态系统格局、重点保护物种分布以及代表性自然景观分布等大尺度阐述了国家公园总体空间布局规划准则与方法，并提出了中国国家公园的候选名单。以上成果分别侧重于从社会调查和生态评估的角度研究国家公园的遴选方法，且都给出了按照其研究

[①] 罗金华：《中国国家公园设置标准研究》，中国社会科学出版社，2018。
[②] 欧阳志云、徐卫华、杜傲、雷光春、朱春全等：《中国国家公园总体空间布局研究》，中国环境科学出版社，2018。

方法遴选的国家公园候选名单。

本章基于作者团队的若干前期研究①，在分析总结国家公园设置标准的国际经验的基础上，主要依据《总体方案》和 2019 年 6 月发布的《自然保护地意见》中的相关要求，分析了我国生态系统类型的空间分布、重点保护物种的空间分布以及我国自然保护地体系自身及所依托区域的资源状况，全面考虑了国家代表性、连片保护的必要性（整合既有保护地）、资源濒危程度（必要性）和以国家公园方式建设（或整合、优化）的可行性，提出了以下国家公园设立标准及其应用方式②。希望我们的一家之言能使 2020 年将要付诸实践的第一批国家公园评选的标准更能博采众家之长。

1.1 国家公园建设较有基础的国家的国家公园设立标准及分类

1.1.1 国际组织/各国家或地区③国家公园设立标准及其影响因素

因为国际组织/各国家或地区对国家公园的定义和管理目标不同（见表专 1-1-1），国家公园的设置标准自然也存在差异，各国家或地区的国家公园都存在个性。但其中也有共性——国家公园设立标准的影响因素。纵观国际组织/各国家或地区国家公园发展历程，可将国家公园设立标准影响因素归纳为三大类别

---

① 例如，中国农业大学的硕士研究生王佳鑫的硕士论文《基于国际经验与中国现状的国家公园定位与遴选方法研究》（这个成果其后刊发：王佳鑫、石金莲、常青、张同升、徐荣林《基于国际经验的中国国家公园定位研究及其启示》，《世界林业研究》2016 年第 3 期）。

② 本章相关研究的最终成果本来全部体现在地图上，但因为前言中所述的原因，我们删掉了全部地图，这肯定给读者阅读带来了不便，特此致歉。

③ 说到中国国家公园，不能回避的事实是：中国台湾地区于 1972 年 6 月颁布了其所谓的"国家公园法"，并在 1983 年进行了一次修订，同年还颁布了"台湾国家公园法施行细则"。根据这些规定，台湾地区于 1984 年成立了其所谓的第一个"国家公园"——"垦丁国家公园"。本书不认可台湾的"国家公园"体系是真正的国家公园，因为世界各国的国家公园设立都必须由中央政府主导或认可。但考虑到对中国国情的描述不能遗漏台湾地区，因此在书稿中保留了对其情况的介绍和分析，并在附件第 5 部分专题介绍了"垦丁国家公园"。对中国台湾地区的"国家公园"、管理机构、相关规定，我们均加双引号标注出来，以表明其法理不正当性。

表专 1 - 1 - 1　国际组织/各国家或地区对国家公园的定义与管理目标

国际组织/各国家或地区	定义与管理目标
IUCN	国家公园是一片比较广大的区域:①它有一个或多个生态系统,通常没有或很少受到人类占据及开发的影响,这里的物种具有科学的、教育的或游憩的特定作用,或者这里存在着具有高度美学价值的自然景观;②国家最高管理机构一旦有可能,就采取措施,在整个范围内阻止或取缔人类的占据和开发并切实尊重国家公园生态、地貌或美学实体,以此证明国家公园的设立;③观光国家公园须以游憩、教育及文化陶冶为目的,并得到批准
美国	有国家公园体系成员单位和国家公园两个概念:国家公园是国家公园管理体系中的一种保护地类型,相当于 IUCN 保护地体系中的 Ⅱ/Ⅲ 类,指面积较大的自然区域,也包括某些历史遗迹,以资源的保育为首要目标,对其进行适度开发可为游人提供科研、教育、游憩的机会,在其中禁止狩猎、采矿和其他资源开发活动
加拿大	国家公园代表本国最为杰出的、独一无二的自然遗产,是便于人们探索、发现自然的特殊门户,也是欣赏加拿大秀丽与多样风景的重要区域,既是野生动植物的栖息地,也是人类的精神家园
英国	将那些具有代表性风景或动植物群落的地区划为国家公园,由国家进行保护和管理,具体由当地政府执行。鼓励进行多种经济开发,包括农业林业、畜牧业和旅游业,并且鼓励公园内的农场保留其生产生活方式
中国台湾地区	指具有"国家"代表性的自然区域或人文史迹,负担保育、研究、教育与游憩多种目标,以维护"国家公园"特殊的自然环境与生物多样性,并针对可能威胁园区内环境与生物多样性健全的因素加以妥善处理
日本	保护全国范围内规模最大,且自然风光秀丽、生态系统完整、有命名价值的国家风景及著名的生态系统。公园原则上应有超过 $20km^2$ 的核心景区,应保持原始景观;除此之外,还需要有若干未经人类开发或占有而发生显著变化的生态系统,动植物种类及地质地形地貌具有特殊科学、教育、娱乐等功能

资料来源: https://www.iucn.org。

（如图专 1 - 1 - 1）：①国家公园的定位。有关国家公园的定义与特征描述，明确了国家公园的定位与管理目标，使得自然景观资源的代表性、典型性成为评判入选标准的首要因素。②国家公园的功能。国家公园的内涵和定位显示，国家公园在保护自然资源的同时，有教育、游憩、科研和娱乐等为公众服务的功能，但必须限制其影响。也因此，需要将这些人为活动的可能影响作为国家公园设置标准的重要因素，即公园内部是否能够承受人为利用所带来的影响，包括设施建设、资源管控、访客数量和活动区域等多方面因素。③历史与政治因素。原住民的数量、生产生活方式，土地权属及土地权属问题的可能解决方

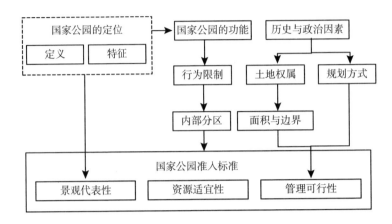

图专1-1-1 国家公园准入标准影响因素

式，这二者共同影响了国家公园划定的范围和边界，且不同国家或地区国家公园的发展条件（包括经济的、政治的乃至文化的）决定了其对这些问题可能的解决方式。这些方面的因素共同决定了管理可行性。

1.1.1.1 国家公园的定位

国际上对国家公园的定义纷繁复杂，各国家或地区或组织给出了针对这一概念多样化的理解①，具体内容如下。

通过对国际上典型的国家公园定义与目标宗旨进行分析发现，虽然各国家或地区尽可能地向世界自然保护联盟所规定的Ⅱ类自然保护地（国家公园）的标准靠拢，然而不同国家或地区国家公园的内涵各不相同，导致了其准入标准的差别。但从总体看，它们共同强调了资源应具备典型生态系统、优异的景观特性及可持续利用的可能性，特征有以下三点：①重要的、具有国家代表性的生态系统和杰出的景观资源；②在保护的同时为公众提供一定的游憩活动，注重教育和科学研究；③防止对国家公园造成有危害的利用和侵占，并在不对国家公园的管理目标造成影响的情况下，考虑当地社区居民的生计问题。

---

① 中国对国家公园的定义，首次出现在2017年中共中央办公厅、国务院办公厅联合发布的《总体方案》（中央深改组第37次会议通过）："国家公园是指由国家批准设立并主导管理，边界清晰，以保护具有国家代表性的大面积自然生态系统为主要目的，实现自然资源科学保护和合理利用的特定陆地或海洋区域。"

对于面积大、人口密度相对较低的北美国家,其现有的国家公园能满足
IUCN 规定的 Ⅱ/Ⅲ 类标准。但对于面积较小、人口密度大的国家或地区,其国
家公园更接近 IUCN 分类体系中的 Ⅴ 类标准。如英国国家公园的"田园式景
观"不仅蕴含了杰出的自然风貌与显著的地理特征,也是千百年来原住居民
不断将其与传统文化、耕作方式、村庄建设等多方面相互融合的成果。英国国
家公园功能的范畴更广泛,使得英国国土范围内更多区域具备成为潜在国家公
园的可能性(见图专 1 - 1 - 2)。

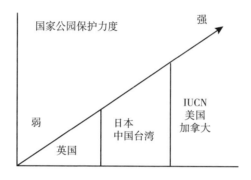

图专 1 - 1 - 2　国际组织/各国家或地区国家公园保护力度变化

1.1.1.2　国家公园的功能

在对国际上典型的国家公园定义与特征的进一步梳理中发现,国家公园的
管理目标决定了游憩、科研、教育和文化等功能上的差异,继而决定了针对国
家公园内部人类行为活动的限制因素。以日本、中国台湾地区为例,为了实行
严格的保护,这两个地区出台了各项规定,阐明了"国家公园"内部的禁止
事项与限制事项。其中,禁止事项指林木砍伐、土石方采挖、野生动物狩猎等
消耗自然资源且不可能有利于保护对象的活动①。限制事项指国家公园内高压
线与低压线的填埋、农药使用、野生动植物采集、可承受游人容量与车流量等
人为利用因素的限制②。中国台湾地区的"国家公园"和日本的国家公园的相

---

① 并非所有的生产活动都不利于保护对象,如秦岭原住居民以适当强度的有机方式进行的水
　稻生产,有利于为朱鹮提供更适宜的取食地;三江源原住居民适当强度的游牧,有利于提
　高草场净初级生产力等。
② 魏宏晋:《台湾的国家公园》,远足文化事业有限公司,2010。

关文件均分别根据保护对象与保护力度给出了园区可利用范围的划分（见表
专1-1-2、表专1-1-3、表专1-1-4的说明）。

表专1-1-2 中国台湾地区"国家公园"分区规划

	区域名称	内　容	功能
保护对象	生态保护区	为供研究生态而严格保护的天然生物社会及其生育环境	科研
	特别景观区	无法以人力再造的特殊天然景观，严格限制开发行为的地区	保护
	史迹保存区	为保存重要史前遗迹、史后文化遗迹，及有价值之历代古迹而划定的地区	教育
	游憩区	适合各种野外娱乐活动，并准许兴建适当娱乐设施及有限资源利用行为的地区	游憩
	一般管制区	"国家公园"区域内不属于其他任何分区之土地与水面，包括小村落，并准许原有土地利用形态的地区	—

资料来源：陈耀华等《论国家公园的公益性、国家主导性和科学性》，《地理科学》2014年第3期。

表专1-1-3 日本国家公园分区规划

保护力度	区域名称		内　容
强 ↓ 弱	特别地域	特别保护区	公园核心区域，保持原始状态，自然景观最为优美，行为限制程度最高
		一类保护区	景观区域，仅次于特别保护区，必须极力保护和维持现有景观
		二类保护区	农林渔业活动可适当进行，设有不影响自然风貌的休憩场所
		三类保护区	对风景资源不会造成影响的区域，不限制农林渔业活动，设有不影响自然风貌的接待设施
	海域公园地区		热带鱼、珊瑚、海藻等不同特征的典型动植物景观区，以及海滩、岩礁等不同特征的地形和海鸟等典型野生动物景观区
	普通地区		特别地域和海域公园地区以外的区域，包括当地居民区，实施风景保护措施；对特别地域、海域公园地区和国立公园以外的地区起缓冲、隔离作用

资料来源：许浩《日本国立公园发展、体系与特点》，《世界林业研究》2013年第6期。

　　两类国家公园内部分区依据虽然不同，但其核心在于根据各个分区内自然
资源的管理目标不同确定不同的功能，从而使国家公园内的生态系统得到保
护，教育、游憩、科研功能得以正确发挥。因此，各个区域的功能成为影响国

家公园准入标准的重要因素之一。

1.1.1.3 历史与政治因素

通过追溯国际上国家公园的历史发展与国家公园土地利用方式及其管理机构的差异，梳理出管理可行性是影响国家公园选定标准的一项重要指标。

表专 1-1-4 各国家或地区国家公园土地管理方式与管理机构

国家或地区	土地管理方式	管理机构
美国	土地收购至政府管理	国家公园管理局直接领导,民间机构,如 NGO、赞助商、基金会等协助
	行使地役权转让于特殊机构	
	通过加盟合作参与地方规划	
加拿大	土地管理、控制权限由省政府移交至联邦政府	联邦遗产部国家公园管理局与地方保护区管理局共同负责
中国台湾地区	"国家公园"的多数土地为政府行使管理权,但也有部分土地属于台湾少数民族	其"内政部营建署"下的"国家公园组"
	如有需要,则针对园区内私有土地依法征收	
日本	土地权属分为私有、地方政府所有与国家所有,权属复杂,因此通过法律规定政府成为统一管理者	环境省(即日本中央政府环境部)下属自然环境局与地方环境事务所协同管理
英国	通过法律赋权、审批申请、奖励机制等措施使私人土地具有公众可进入的权利	各地区国家公园所在管理局直接行使管理权
	通过政府购买或者个人捐赠的形式转换为共有土地	

资料来源:张立生《近期国外旅游学研究进展——Annals of Tourism Research 文献分析》,《旅游学刊》2004 年第 3 期。

以上各个国家或地区多样化的土地管理方式，对国家公园准入标准中公园边界的确定及管理可行性有着突出的影响。值得注意的是，美国国家公园所采用的"保护地役权"制度，其实质在于把土地的部分使用权转让给第三方机构，同时划定了土地内部的限制事项，因此在使土地本身得到保护的同时，使土地的使用权兼具了管理的灵活性与可行性，具有一定的借鉴意义。

此外，各国或地区国家公园建设发展过程中所经历的历史因素，不仅影响了土地权属的分配，也决定了国家公园的建设流程是由"中央统筹，地方配合"抑或"地方上报，中央遴选"方式进行甄别。如在美国国家公园建设的后期，随着法律的不断完善，国家公园管理局有必要将国家公园备选区域与现

有公园进行比较，包括资源的独特性、适宜性及是否具备可选择的保护与管理模式使之持续运行。因此，历史发展与土地管理方式两方面因素共同作用，大大影响了国家公园入选标准中管理可行性指标的选择。

1.1.2 各国或地区国家公园设立标准

通过以上对国家公园设立标准影响因素的分析，以及对各国或地区国家公园准入标准的梳理，可以认为设立标准主要包括以下两方面内容：①对于资源方面的评价；②对于建设适宜性与可行性方面的评价。

1.1.2.1 资源属性是国家公园的准入标准

各国或地区国家公园准入标准与资源属性相关的内容，如表专1-1-5所示。

表专1-1-5　各国或地区国家公园准入标准与自然资源属性相关的内容

国家/地区	属性	主要内容
中国台湾地区	代表性与特殊性	具有特殊自然景观、地形、地物、化石及未经人工培育自然演进生长之野生或孑遗动植物，足以代表该地区自然遗产者
	教育性	具有重要之史前遗迹、史后古迹及其环境富有教育意义，足以培育民众情操，而由该地区长期保存者
美国	代表性	是某特定类型资源中的杰出典型； 在解释国家遗产的自然或文化主题方面具有极高（独一无二）的价值； 保留了高度完整的具备真实性、准确性和相对破坏小的资源典型
	教育性	为公众利用、欣赏或科学研究提供了最佳机会
加拿大	代表性	这一区域必须在野生动物、地质、植被和地形方面具有区域代表性
英国	代表性	景观和景点、地质和地貌、生物多样性和稀有物种、考古价值和历史
日本	代表性与特殊性	整个国土内该地域的重要性，景观主要考虑的是特殊性和典型性，要素则是指非常突出的地形地貌、森林温泉等自然要素

资料来源：吴承照《中国国家公园模式探索》，中国建筑工业出版社，2018。

通过上述归纳，将资源准入标准提取为三大方面，即"代表性""教育性""特殊性"。其中自然资源的"代表性"为国家公园资源准入标准中的首要考虑因素；"教育性"与"特殊性"次之，依据不同国家或地区国家公园定义，其侧重点也略有不同。根据以上三大类别中的要素与内容再次进行细分，如表专1-1-6所示。

表专1-1-6　各国或地区国家公园自然资源属性评价标准要素分类

属性	评价因子	中国台湾地区	加拿大	英国	日本	美国	频次
代表性	自然景观	√	√	√	√	√	5
	地质地貌	√	√	√	√	√	5
	野生动植物	√	√			√	3
教育性	历史文化		√	√		√	3
多样性	野生动植物			√			1
特殊性	野生动植物	√			√		2
	自然景观	√			√		2
	地质地貌	√			√		2

首先，在评价自然资源属性"代表性"的过程中，应先考虑"自然景观"与"地质地貌"两大因素，并以"野生动植物"作为补充；其次，考虑自然资源所具备的"教育性"，即历史文化传承方面的需求；最后，在自然资源"特殊性"一栏中，则需依据地区特色综合考量"野生动植物""自然景观""地质地貌"三项评价因子。值得注意的是，"野生动植物多样性"虽仅有英国将其纳入评价标准，但其作为维系生态系统平衡中不可或缺的要素，也应将其作为重要评价因子进行考虑。

1.1.2.2　建设适宜性与可行性是国家公园的准入标准

在对各国家或地区准入标准进行进一步梳理的基础上，得出适宜性与可行性方面的国家公园准入标准（建设与利用），如表专1-1-7所示。

需要指出的是，美国国家公园准入标准针对"适宜性"与"可行性"方面的要素给出了基于美国自身的独特见解，即"适宜性"以个案比较分析的形式进行；"可行性"则涵盖了经济发展、公众教育、资源可持续性等诸多方面，因此需要将上述标准所涉及的内容再次进行分类和提炼，从而找出影响"适宜性"与"可行性"评价的关键点。

表专 1-1-7　各国或地区适宜性与可行性方面的国家公园准入标准（建设与利用）

各国或地区	属性	主要内容
中国台湾地区		具有天赋娱乐资源,交通便利,足以陶冶民众性情,供游憩观赏
美国	可行性	(1)必须具备足够大的规模和合适的边界以保证其资源既能得到持续性的保护,也能提供美国人民享用国家公园的机会,包括占地面积、边界轮廓、候选地及邻近土地现状和潜在使用情况、土地所有权状况、公众享用的潜力; (2)美国国家公园管理局可以通过合理的经济代价对该候选地进行有效保护,包括各项费用(如获取土地、发展、恢复和运营)、可达性、资源现状及潜在的威胁、资源的损害情况、需要的管理人员数量、地方规划和区域规划对候选地的限制、地方和公众的支持程度、公园成立后对当地经济和社会的影响等
加拿大	适宜性	(1)候选地所展示的自然、文化资源类型在目前的国家公园体系中未充分体现; (2)候选地所展示的自然或文化资源类型在其他联邦机构、部落、州级、当地政府或私人部门中未充分体现
		人类影响应该相对最小,并且国家公园的大小要充分考虑野生动物活动范围
日本		(1)依据该地域的资源禀赋特点和实际情况确定范围,保护主要是指自然保护的必要性,对已受到或极有可能受到破坏的自然生态系统进行严格保护; (2)依据明显地标确定边界,道路借鉴美国风景道(parkway)的思想,利用风景道确定公园的范围或分区

资料来源: http: //www. env. go. jp, http: //www. nationalparkservice. org, https: //www. pc. gc. ca。

表专 1-1-8　各国或地区国家公园准入标准中与适宜性和可行性相关的要素分类

属性	类别	各国或地区	评价要素
适宜性	资源适宜性	美国	比较分析它与类似资源在特征、质量、数量和综合资源方面的异同
	面积适宜性	加拿大	保护对象:野生动物 边界划定:野生动物活动范围
		日本	保护对象:生态系统 边界划定:有超过20平方公里的核心区域;边界具有明显地标,如道路

续表

属性	类别	各国或地区	评价要素
可行性	管理可行性	美国	保护对象:自然资源 边界划定:候选地及邻近土地现状和潜在使用情况、土地所有权状况等
			公众支持、土地权属、经济与社会影响等
		中国台湾地区	基础设施建设

资料来源:http://www.env.go.jp,http://www.nationalparkservice.org,https://www.pc.gc.ca。

　　归纳起来,各国或地区在国家公园"适宜性"与"可行性"标准的构成要素上复杂多样,但仍然可将"适宜性"分为"资源适宜性"与"面积适宜性"两个方面。美国国家公园所强调的"资源适宜性"即相较于已列入名单的其他资源,该资源具有独特的属性,与资源准入标准中的"特殊性"非常一致;"面积适宜性"则考虑国家公园所在区域范围内生态系统、资源和保护物种是否得到完整保护。"可行性"主要是指"管理可行性",即在保护的同时为周边居民创造福祉,从而形成我们所说的"共抓大保护"局面,因此包含原住民支持、基础设施建设、土地权属等诸多方面的因素。美国的相关标准在细化"管理可行性"方面的内容时,部分要点(如保护对象、边界划定等)又与"面积适宜性"的内容相互交叉,容易造成概念混淆。因此,在考虑未来中国国家公园设立标准时,应重新对"适宜性"与"可行性"概念进行界定,并将"面积适宜性"作为"适宜性"的主要构成要素。

1.1.3　对中国国家公园设立标准的启示

1.1.3.1　中国国家公园标准设立的出发点

　　分析典型国家(或地区)的国家公园准入条件(即选择标准),可以发现设置这些条件的目的都是对具有国家代表性的自然生态文化资源及其周边环境进行保护及基于此的可持续利用。因此,这些典型国家(或地区)确定的准入条件及体现这些条件的相关指标也具有一定程度的相似性(共性)。总结这些方面的共性,可以将国家公园的选择标准分成三个大的方面。

　　(1)以自然景观、生态系统、生物多样性三方面的资源评价为基础

　　资源特征和价值的判断一直处于国家公园标准工作中最基础、最根本的位

置。因此，自然景观、生态系统、野生动植物三方面的重要性及其代表性成为资源评价中的首要内容，这也保证了国家公园在科学研究中的价值。具体而言：一是资源应具备国家代表性和稀缺性，如壮美的或独特的地质地貌、重要的生态系统、丰富的生物多样性或化石集中分布地等；二是该区域包含一个或多个完整的生态系统，可以确保其较完整地体现生态功能；三是保护的迫切性，即这些资源可能面临较高的被破坏的风险。

（2）以能维持生态系统动态过程为依据

生态系统的运行是持续变化的动态过程。只有物质流、能量流与信息流在这个过程中有序、平稳、协调，才能确保生态系统健康。国家公园作为生态系统完整性保护的重要载体，必须将能维持生态系统动态过程作为重要的准入条件。这就对国家公园的面积、生态系统的完整性、物种中的建群种的状况等能反映动态过程的因素提出了高要求。例如，国家公园的面积要足够，这其实至少包含三方面的要求：①至少对要保护的某个生态系统而言，这个面积的国家公园是相对完整的①；②足以保证这个生态系统自然演替自身的稳定性，使区域内具有生命的个体得以发挥全部的生态功能并保持其自身健康稳定的运转；③足以提供主要保护物种的完整的生存空间，使其可以完成所有的生命过程并具有对外界干扰较强的抵抗力。

（3）以社区可持续发展为保障

包括中国在内的多数国家，其自然保护地普遍存在"人、地"约束②。国家公园如果不能与社区形成利益共同体，社区就不可能与国家公园形成生命共同体。因此，在设立国家公园时，必须考虑划定国家公园对国家公园内及周边社区发展的影响：国家公园的建立不应成为该区域发展的主要障碍，而是可以在新的资金渠道、土地管理方式的支持下，引领社区更好地保护生态环境、实

---

① 不同的生态系统在这方面的要求有极大的差别。例如，对三江源国家公园的主要保护对象（高寒草甸和高原湿地生态系统）而言，要确保其发挥完整的生态功能，5000平方公里的范围仍然是不完整的；而对钱江源国家公园的主要保护对象（亚热带低海拔常绿阔叶林）而言，将跨三省（浙江、江西、安徽）的怀玉山区这样的原始林全部加起来也不到300平方公里，超过100平方公里的集中连片的原始林无论从发挥生态功能而言还是从资源现状而言，都是完整的、难得的。也因此，表专1－1－9中所列的陆域候选区面积不低于5万公顷（500平方公里）既不具有科学合理性，也不具有操作可行性。

② 参见主题报告第四章4.1节、4.3节的说明。

现绿色发展。因此，除了自然资源因素外，必须考虑土地权属及其可管理性①、社区人口数量和原住民生产生活方式②等。这些方面，如果存在较大的障碍，即便资源价值和生态系统动态过程等方面都好，也不适于划为国家公园。

1.1.3.2　中国国家公园设立标准的学术探讨

根据《"十三五"规划纲要》的要求，2020年中国将"整合设立一批国家公园"。因此，专家学者们积极进行了中国国家公园设立标准的探讨。代表性的成果主要有：欧阳志云等在《中国国家公园总体空间布局研究》中，从生态系统评估的角度提出中国国家公园的建设指标，并通过对区域自然本底类型的划分最终得出国家公园的候选区③；虞虎等对中国国家公园潜在区域进行了识别研究，通过构建综合评价模型与地理信息系统（Geographic Information System，GIS）信息空间叠加分析，将遴选范围进行提取从而获得适宜区域④；2018年底，国家林业和草原局提出了《国家公园设立标准》（研究稿），其中明确提出如表专1-1-9所示的包含三方面指标的系统的国家公园设立标准。

表专1-1-9　国家公园设立标准

国家代表性指标	生态系统代表性	生态系统类型或生态过程是中国的典型代表,可以支撑地带性生物区系,至少满足以下一个基本特征:①生态系统类型或生态过程为中国优势或主体生态系统类型;②大尺度生态过程在国家层面具有典型性,具有重要科研价值;③生态系统类型中国特有,具有稀缺性特征
	生物物种代表性	分布有典型野生动植物种群,保护价值在全国或全球具有典型意义,至少满足以下一个基本特征:①至少具有1种伞护种或旗舰物种及其良好的栖息环境;②特有、珍稀、濒危物种集聚程度极高
	自然景观独特性	具有中国乃至世界罕见的自然美景,至少满足以下一个基本特征:①具有珍贵独特的地质地貌、江河湖海、生物、天象、声景等,自然景观极为罕见;②历史上长期形成的名山大川、圣湖圣山,以及自然生态系统承载的文物、古迹、历史纪念地等历史文化遗产和非物质文化遗产,能够彰显中华文明,增强国民的民族自豪感;③代表地质演化过程的典型地质遗迹,或具有重要地位、保存完好的古生物遗迹区

---

① 即土地权属国有或可以在所有权不国有的情况下通过保护地役权（参见主题报告第五章5.2.3节的说明）等方式进行统一、规范的管理。

② 例如，三江源国家公园原住民适当强度的游牧式生产和生活，易于形成和谐的人与自然关系；而东北虎豹国家公园林场职工的林下生产活动，则易于与保护要求形成冲突。

③ 欧阳志云等：《中国国家公园总体空间布局研究》，中国环境出版社，2018。

④ 虞虎、钟林生：《基于国际经验的我国国家公园遴选探讨》，《生态学报》2019年第4期。

生态重要性指标	生态系统完整性	生态区位极为重要,自然生态系统的组成要素和生态过程完整,能够使生态功能得以正常发挥,生物群落、基因资源及未受影响的自然过程在自然状态下长久维持,至少满足以下一个基本特征:①包含了至少1个大面积自然生态系统的全部物理环境要素、完整生境和动植物与环境的相互作用;②具有较大面积的需优先保护的典型生态系统,植被群落处于较高演替阶段;③生物多样性(生态系统、物种、遗传基因多样性)水平非常高,具有较完整的动植物区系,能维持种群生存繁衍、生态功能稳定和生态系统健康;④具有顶级食肉动物存在的完整食物链或迁徙洄游动物的重要通道、越冬(夏)地或繁殖地
	生态系统原真性	生态系统与生态过程大部分保持自然和演替状态,自然力在生态系统和生态过程中居于支配地位,基本特征:①生态系统处于相对自然状态的区域占75%以上,或具有不低于总面积30%的连片分布的原生区域;②耕地、人工草场、人工林、库塘等人工生态系统占比原则上不大于15%;③人类集中居住区域占比不大于1%,核心区域没有永久的或明显的人类聚居区
	面积规模适宜性	具有足够大的面积以确保保护目标的完整性和长久维持,能够维持生境需求范围大的物种生存繁衍和实现自我循环,基本特征:原则上,陆域候选区面积不低于5万公顷,海域候选区面积不低于10万公顷,自然文化遗产极为典型的区域视具体情况确定
管理可行性指标	自然资源资产产权	自然资源资产产权清晰,有利于实现统一保护,基本特征:①以全民所有的自然资源资产为主体,全民所有制土地面积占60%以上;②或全民所有自然资源资产占比较低,但集体土地具有通过置换、赎买或保护地役权等措施满足统一管理需求的潜力
	保护管理基础	具备良好的保护管理能力或具备整合提升管理能力的潜力,基本特征:具有中央或省级政府直接行使统一管理权的潜力,人类生产生活活动、设施建设和土地利用对生态系统的影响处于可控状态,未超出生态承载力,基于自然条件形成的人地和谐的生产生活方式具有可持续性
	国民素质教育机会	独特的自然资源和人文资源能够为国民素质教育提供机会,便于公益性使用,基本特征:自然本底具有很高的科学研究和环境教育价值,能够在有效保护的前提下,更多地提供自然教育、体验与游憩的机会

　　在此基础上,唐小平对于"生态系统原真性"与"面积适宜性"标准给出了更为详细的阐述(见表专1-1-10)。相较于国家林业和草原局提出的《国家公园设立标准》(研究稿),唐小平将"生态系统原真性"拆分为"自然度"与

"人地和谐性"两大方面，除强调原生区域的保护面积阈值与核心区域不得有人类居住外，将周边人类活动与人文资源纳入考虑，使得国家公园内部原住民的生产生活方式得到尊重，利于在管理中形成人与自然和谐发展的人地关系。而在"面积规模适宜性"的考虑中，则是分区域划定与生态系统相适应的国家公园面积[①]，但这个面积标准仍然失之泛化，对各类保护对象的具体保护要求和土地权属等现实约束考虑不足，如东部地区仍是一刀切地要求面积大于 8 万公顷等。

表专 1 - 1 - 10　生态系统原真性与适宜性指标对比

《国家公园设立标准》（研究稿）		唐小平课题组（2018）	
生态系统原真性	生态系统与生态过程大部分保持自然和演替状态，自然力在生态系统和生态过程中居于支配地位，基本特征：①生态系统处于相对自然状态的区域占75%以上，或具有不低于总面积30%的连片分布的原生区域；②耕地、人工草场、人工林、库塘等人工生态系统占比原则上不大于15%；③人类集中居住区域占比不大于1%，核心区域没有永久的或明显的人类聚居区	生态系统原真性	自然度：生态系统与生态过程大部分保持自然演替状态	①生态系统的生物物种组成、种群与群落结构处于相对自然状态的区域占75%以上；②生物群落处于自然演替的较高阶段，无人工干预或人工干预程度低，核心区域没有永久的或明显的人类聚居区；③相互隔离的核心区域具有保持有效联通的潜力
			人地和谐性：人类生产生活活动、设施建设和土地利用对生态系统的影响处于可控状态，未超出生态承载力	①生态系统破碎化程度明显小于周边区域；②自然生态系统承载的文物、古迹、历史纪念地等历史文化遗产和非物质文化遗产，以及人地和谐的生产生活方式具有可持续性，可形成独特的人文资源；③耕地、人工草场、人工林、库塘等人工生态系统面积占比原则上不超过15%；④人类集中居住区占比不超过1%
面积规模适宜性	原则上，陆域候选区面积不低于5万公顷，海域候选区面积不低于10万公顷，自然文化遗产极为典型的区域视具体情况确定	面积规模适宜性	陆域东部地区面积一般大于8万公顷，中部地区大于15万公顷，西部地区大于30万公顷；海域候选区面积一般不低于10万公顷	

---

①　唐小平：《自然保护区分级管理模式及其有效性研究》，《北京林业大学学报》（社会科学版）2013 年第 4 期。

因此，本研究确定的国家公园设立标准基于《自然保护地意见》，借鉴国内外经验，参考《国家公园设立标准》（研究稿），并将筛选指标细化。

1.2 中国国家公园设立的标准

1.2.1 设立依据

1.2.1.1 以全国重要自然保护地为目标

相较于过去自然保护区、风景名胜区、地质公园、森林公园等其他中国自然保护地的自下而上逐级申报的方法，国家公园的设立应是在顶层设计、全域规划的基础上，制定全面但分类的标准进行自上而下的遴选。中国现已建立第一批包括三江源国家公园、东北虎豹国家公园、大熊猫国家公园、祁连山国家公园以及海南热带雨林国家公园等在内的十处国家公园试点区，因此当务之急是对国家公园准入标准进行统一界定，以便为2020年建成首批国家公园提供决策依据，并能够在今后不断遴选出潜在的国家公园。

1.2.1.2 以国家公园内涵为引导

《总体方案》提出，国家公园体制建设的主要目标是建成统一、规范、高效的中国特色国家公园体制，使交叉重叠、多头管理的碎片化问题得到有效解决，使国家重要自然生态系统原真性、完整性得到有效保护，形成自然生态系统保护的新体制新模式，促进生态环境治理体系和治理能力现代化，保障国家生态安全，实现人与自然和谐共生。因此，中国国家公园的首要功能是保护重要自然生态系统的原真性、完整性、兼具科研、教育、游憩等综合功能。

1.2.1.3 整合建立以国家公园为主体的自然保护地体系

《总体方案》提出了"构建统一规范高效的中国特色国家公园体制，建立分类科学、保护有力的自然保护地体系"的总体要求。2017年9月，国家发展改革委就《总体方案》答记者问时提道："与一般的自然保护地相比，国家公园的自然生态系统和自然遗产更具有国家代表性和典型性，面积更大，生态系统更完整，保护更严格，管理层级更高。"2019年6月，《自然保护地意见》提出"实施自然保护地体系一设置、分类保护、分级管理、分区管控，形成以国家公园为主体、自然保护区为基础、各类自然公园为补充的自然保护地体系"。但目前我国至少有 14 个自然保护地的类型（虽然其中有很多并不构成管理体系），主要包括自然保护区、风景名胜区、地质公园、森林公园、湿地公园等。因此，国家公园的建立将对自然保护区、风景名胜区、森林公园、地质公园等加以统合，形成集保护性、代表性及公益性于一体的区域，即"坚持生态保护第一。建立国家公园的目的是保护自然生态系统的原真性、完整性，始终突出自然生态系统的严格保护、整体保护、系统保护，把最应该保护的地方保护起来，建立以国家公园为主体的自然保护地体系"。

1.2.2　设立原则

国家公园设立标准能够为国家公园遴选工作指明方向、提供依据。在总结国际经验、国内成果的基础上，我们立足本国国情，提炼出三方面遴选依据——以国家重要性原则、资源适宜性原则、建设可行性原则三方面作为总则。

1.2.2.1　国家重要性原则

首先，国家重要性原则是指国家公园作为体现国家整体形象与精神风貌的方式之一，应具备典型的自然与文化特征，并有极高的景观与生态价值，使国家公园成为典型生态系统代表与杰出景观的优良储备库。具体体现在以下三个方面。

（1）重要性：首先对既有各类全国重点自然保护地加以分析，将其中相对而言生态价值较高、景观较壮美、珍稀动植物较丰富的（即根据这些方面的特征指标优中选优）保护地列入遴选的基础名单。

（2）代表性：以遴选基础名单为基础，分别从不同地区、不同类型的自然保护地中选出具有代表性的个体，能分别代表不同维度的国家重要性（即在某个细分领域在全国数一数二）。

（3）差异性：在选择过程中，既遵从生态系统稳定性、可持续性等普遍性的原则，又能体现个体的差异性，以彰显不同地区的地方特点。

1.2.2.2　资源适宜性原则

资源适宜性原则主要从资源本身的价值和性质出发，在全国层面分辨出适宜作为国家公园的区域，保证其具有足够大的面积，使国家公园内部生态系统和生态过程得以完整持续的保护。依据资源适宜性原则划出的国家公园备选范围，足以体现生态系统及自然遗产的完整性。

1.2.2.3　建设可行性原则

建设可行性主要指在现有约束（如中国自然保护地普遍存在的"人、地"约束，也包括现有政策法规产生的约束）下，国家公园范围划定能否落地并具有管理可行性，主要依据以下两个方面。

（1）资源统一管理可行性：指土地权属情况及土地被统一管理的难易程度，原住民数量及其生产生活方式对自然的扰动程度，既有政策、法规、规划及行政边界等对统一管理的阻碍大小；

（2）可持续性：能否以较低的成本处理好国家公园与社区的人地关系。

这两方面建设可行性原则的细化和指标化必须一地一议，对全国层面的国家公园宏观遴选来说难以深入阐释，因此以下分析中忽略。

1.2.3　设立指标

基于国际经验、本国特点和相关国家政策，从国家重要性、资源适宜性、建设可行性三方面提出中国国家公园设立标准。因建设可行性是基于特定的试点尺度，本研究不做重点探讨，将根据试点的实际情况展开。

1.2.3.1　国家重要性准则层遴选要素与指标

依托所选区域自身的资源状况，对其资源条件进行判断。强调那些具有代表性的、重要的、珍稀的动植物资源、生态系统、地质遗迹、自然风景及人文资源，并将其作为选定国家公园的首要目标。

（1）资源重要性

资源重要性指标的考虑应居于遴选指标的首位，主要从以下两方面体现。

①全国重点自然保护地。2019年出台的《自然保护地意见》提出"形成以国家公园为主体、自然保护区为基础、各类自然公园为补充的自然保护地体系"。但目前，我国自然保护地仍然延续过去的管理体制，存在一地多牌、多头管理的问题，各类保护地主要包括风景名胜区、自然保护区、地质公园、森林公园和湿地公园等多种类型，它们之间往往空间上重复、重叠而且常常重要性不足，因此，首选目前的国家公园试点区作为国家公园的遴选库，其次是风景名胜区中价值较高且与其他保护地整合条件较好者。

②生物多样性优先保护区域。生物多样性是人类赖以生存的基本条件，是社会可持续发展的基础，也是生态安全和粮食安全的保障。中国是世界上生物

多样性最为丰富的 12 个国家之一。为了使重点区域生物多样性下降的趋势得到有效控制，令更多野生生物得到切实保护，中国于 2010 年出台了《中国生物多样性保护战略与行动计划（2011～2030 年）》，将全国划分为 8 个自然区域，并划定 35 个生物多样性保护优先区域，其中包括 32 个内陆陆地及水域生物多样性保护优先区域。这些区域的保护是否到位，影响生物种群及其基因库能否得以完整保留。这是维护我国生态安全的基础之一，在这些区域内设置国家公园显然是最有力、最全面的保护形式。因此，是否位于生物多样性保护优先区域，是国家重要性这个维度的重要指标。

（2）区域代表性

将区域代表性作为遴选的重要依据，是为了更加直观地表达不同地区的地理特性，如气候、植被、生态、水文等。这有助于提升国民对资源重要性的认知，也有助于为世界了解中国地理特征提供良好的契机。因此，为了表现区域的差异性，首先需要根据不同条件划分基本的地理区划，并在此基础上提取具有代表性的特征。主要依据有如下两点。

①中国生态区划。中国生态区划作为中国综合性地域规律分区，是区域代表性中最为直观的体现。目前根据中国地域分布规律与空间尺度进行分析，可分为 4 个生态大区（见表专 1－2－1），分别是东北部湿润半湿润生态大区、北部干旱半干旱生态大区、南部湿润生态大区和青藏高原生态大区。因此，应首先明确四大区域内的自然地理特征，并将此作为重要的参考对象，使该区域内国家公园的核心价值能够代表地区特征。

表专 1－2－1　中国生态区划及其典型特征

区域名称	主要生态区	典型特征
东北部湿润半湿润生态大区	东北生态地区	中国粮食主产区、原始森林主要分布区。①气候:温带季风性气候,气候湿润。冬季漫长寒冷,伴有寒潮,夏季温暖短促。②地貌与水文:以平原为主,但也存在丘陵地貌;森林湿地分布广泛,河流具有明显的融雪春汛
	华北生态地区	
北部干旱半干旱生态大区	内蒙古高原生态地区	中国主要畜牧区、主要干旱半干旱分布区。①气候:温带大陆性气候为主。气温日温差、年温差较大,太阳辐射强,多风沙。②地貌与水文:平均海拔较高,风力作用强烈。以高原、盆地、山地为主,具有广泛的风力侵蚀与流水侵蚀地貌,水流量少而有季节性
	黄土高原生态地区	
	西北干旱生态地区	

续表

区域名称	主要生态区	典型特征
南部湿润生态大区	长江中下游生态地区	中国水稻与水果主产区、生物多样性保育区。①气候：热带、亚热带季风性气候，降水充沛，气候湿润。②地貌与水文：地形破碎，山地、丘陵、平原交错，也有高原、台地地貌，喀斯特地貌分布广泛，河流水量丰沛
	川渝生态地区	
	云贵高原生态地区	
	华南生态地区	
青藏高原生态大区	青藏高原高寒生态地区	中国湿地、原始森林主要分布区，长江、黄河发源地。①海拔高、空气稀薄，太阳辐射与风力均较强，气候较为干旱。②地貌与水文：主要分布有高寒荒漠、草甸、冰川、湖泊。冰川融水补给多，落差大，水资源丰富
	横断山区生态地区	

资料来源：傅伯杰、刘国华、陈利顶等《中国生态区划方案》，《生态学报》2001年第1期。

②中国植被区划。中国植被类型复杂多样，并且受光热条件变化的影响呈现不同的地域分布规律，并依据该地区占优势的植被类型进行划分，主要分为针叶林和针阔叶混交林、阔叶林、草原、荒漠、热带雨林与青藏高原高寒植被几大类型。几乎包括了除极地冻原之外世界上所有的植被类型，并具有中国独特的高寒植被，是世界罕见的植被基因库。

因此，中国植被区划是对生态大区区划在植被方面的细化与补充。同时，植被作为景观中最为常见的要素，突出了不同地区的地貌特征，是对该区域自然景观生态最为直观的反映。必要时，也将其作为中小尺度区域代表性研究的一大准则。

（3）资源珍稀性

①珍稀濒危植物分布

科学出版社出版的《中国植物志》显示，中国拥有高等植物3万多种（《中国植物志》中刊载了31141种植物），这在世界上略次于位于热带的马来西亚和巴西，位居世界第三。其中，绝大多数属于自远古时期遗留下来的孑遗植物。后因自然环境变迁与人类活动的干扰，其分布范围大大缩小，仅在个别地区有所保留。它们不仅是中国独特的珍稀植物，也是世界植物基因库中珍贵的遗传基因资源。因此，从资源价值和国家代表性而言，都应该将珍稀植物分布情况作为一项重要的参考指标。

多位学者根据国家权威机构出版的《中国濒危植物》《中国珍稀濒危保护植物》《中国重点保护野生植物资源调查》等，研究发现我国珍稀濒危植物丰富度与特有种丰富度空间分布格局有所重叠，后者较前者更为广泛，因此优先使用特有种丰富度空间分布图,并将其作为国家公园遴选工作的参考依据。其中的重点保护区域,在划定国家公园时应优先考虑。

②罕见地貌、化石分布区

罕见地质结构、地形地貌与古生物化石不仅有良好的观赏价值,也具有重要的科学研究价值,是倡导国民进行科学旅游与进行科普价值教育的一大平台,并有助于国家公园科研功能与教育功能的实现。鉴于目前中国对这一方面的资料尚处于建设中,因此无法统计出此类资源的面积分布,只能对遴选出来的小范围内目标地点进行逐一排查,使其作为国家公园遴选指标中的参考加分点。

③具有国家象征性和代表性的典型地貌区

中国幅员辽阔,三级台阶的巨大高差、第四纪冰期各种因素和流水侵蚀等的共同"塑形",形成了复杂多样的地貌类型,以喀斯特地貌、丹霞地貌(中国学者命名)、雅丹地貌、黄土地貌(中国面积最大)最为典型(见表专1－2－2),且这几类地貌也是世界上同类型地貌中发育较为典型和齐全的。其他的水蚀地貌、风蚀地貌、风积地貌、河流地貌、冰川地貌等,也颇为丰富。体量巨大、景色独特的地质景观易于与人产生强烈的情感联系,因此能较好地体现国家和区域象征性,因此必须作为反映资源珍稀性的因素。

但是由于中国的地质地貌类型过于破碎、错综复杂,不能用与植被区划图相似的方法对其进行具体而详细的划分。因此,需要通过深入各区域之中的调查对此加以评定,并且特别关注那些典型地貌分布区,使地貌这一条件成为选择国家公园代表性之中的加分项。

表专1－2－2　中国典型地貌及其分布地区

地貌名称	代表区域
喀斯特地貌	广泛分布于南方,如云南石林、贵州荔波、贵州兴义峰林、重庆武隆、广西桂林山水、四川兴文峡谷等
丹霞地貌	贵州赤水、福建泰宁、湖南崀山、广东丹霞山、江西龙虎山、浙江江郎山
雅丹地貌	青海柴达木盆地西北部、疏勒河中下游、新疆罗布泊周边
黄土地貌	以黄土高原地区最为典型和集中,如甘肃兰州九州台等

资料来源:夏友照、解焱、John M.《保护地管理类别和功能分区结合体系》,《应用与环境生物学报》2011年第6期。方世明等《地质遗迹资源评价指标体系》,《地球科学:中国地质大学学报》2008年第3期。

1.2.3.2 资源适宜性准则层遴选要素与指标

分别通过空间适宜性与生态适宜性的角度，判断所选对象是否适宜建设国家公园，并通过分类和分级的方式，确保所选不同区域的国家公园具有相应的环境承载能力。

（1）空间适宜性

国家公园应有足够的面积，以保证生态系统的多样性和稳定性，主要依据有以下两点。①面积适宜性：自然保护地面积的大小直接影响其生态系统的稳定性、多样性、完整程度与抗干扰能力。根据 IUCN 标准，国家公园总面积最少不应小于10000 公顷，并保证其中核心区面积最少不小于总面积的 25%[①]。②范围适宜性：在理想状况下，国家公园内部资源应呈现相对集中成片的状态，并具有山岳、河流等明显的地理标志作为边界易于识别和确定。

通过面积阈值对入库资源进行分级，将拟建区加以划分，并根据不同区域生态系统的特性，选择最为适宜的地区作为国家公园备选，可通过逻辑组合矩阵模型实现。

（2）生态适宜性

生态系统完整性是该生态系统在特定地理环境下最优化的状态，并对当地物种的保留、基因库的延续等各方面起着至关重要的作用。因此，国家公园的建立首先应判断生态系统是否完整，并力图保护那些珍稀的、脆弱的地区，使其维持原始风貌。

生态系统完整性可通过与空间适宜性一致的方法确定，即采取面积阈值的方式判断其整体上是否基本处于完整状态。但需要注意的是，并非面积越大越能体现生态适宜性，而是要考虑生态系统完整性（即前所述，有些研究一刀切地要求国家公园的最小面积在 500 平方公里或 800 平方公里，既不科学，也不可行）。

1.3 中国国家公园遴选方法构建

1.3.1 遴选范围

本部分重点是明确应将哪些对象作为中国国家公园体系的备选目标，即确

[①] https：//www.iucn.org.

定数据总库的构成之后再对其内部进行筛选。在确定数据总库内容时，考虑到了与中国正在进行的自然保护地整合工作的衔接。

1.3.1.1 "择优录取"现行自然保护地

如前所述，根据《自然保护地意见》，我国自然保护地体系未来调整成"两园一区"（国家公园、自然公园、自然保护区）。但自然公园类型多样，并非所有类型的自然公园均适宜作为国家公园的储备库；而自然保护区数量众多，多数低级别的自然保护区的资源价值和管理状况不佳）。因此，应优先选择已经开展相关工作的国家公园试点区和国家级的自然保护地。

（1）国家公园试点区。将目前的 10 个国家公园试点区（包括其可能或应该整合的周边自然保护地）全部放入国家公园备选库。

（2）国家级的自然保护地。我国现行自然保护地管理体系就保护等级和重要程度而言，在自然保护地体系中分别有国家级、地方级（省级、市县级）之分。各类国家级自然保护地作为我国自然保护地的代表，经过国家严格审查，一般而言（并非全部），其资源价值、环境质量和管理状况等方面相较于地方级自然保护地具有更高的品质。因此，应将国家级的自然保护地作为国家公园的优先备选目标。

1.3.1.2 既定相关政策的要求

从中国目前推行的与自然保护地相关的政策中，寻找与国家公园建设工作有关的内容。最终以重点生态功能区、生态环境敏感区和脆弱区为方向，以国家级自然保护区、世界自然文化遗产、国家级风景名胜区、国家森林公园和国家地质公园为内容建立遴选国家公园总库。依据有如下两个方面。

（1）以主体功能区划的禁止开发区为基础。《总体方案》已明确规定国家公园是禁止开发区。根据党的十七大报告、《"十一五"规划纲要》和《国务院关于编制全国主体功能区规划的意见》（国发〔2007〕21 号）编制了《全国主体功能区划》（国发〔2010〕46 号），主要目标时间为 2020 年，但其中的根本任务却是更为长远的。该区划明确指出了国土资源空间的开发势必应具有战略性、基础性、约束性。其中，生态系统重要性及其脆弱性的综合评价成为承载中国城市经济建设发展的重要指标。因此，依据以上原因划分出优化开发区域、重点开发区域、限制开发区域和禁止开发区域四类。其中，禁止开发区域指国家、省级及以下层面限定的各类禁止开发区域，包括国家级自然保护

区、世界自然文化遗产、国家级风景名胜区、国家森林公园和国家地质公园五大类。这个国土空间分类的主导思路和禁止开发区域的定位与国家公园实行最严格保护的管理目标一致，因此拟将这六类自然保护地作为国家公园数据总库的基础库，但世界自然文化遗产不属于中国的管理体制，故不纳入遴选库。

（2）以政策要求为方向。2015 年 5 月，中共中央、国务院发布了《关于加快推进生态文明建设的意见》，系统地指出了生态文明建设的指导思想、基本原则、目标愿景、主要任务、制度建设重点和保障措施。其中，强调 2020 年主体功能区布局基本形成，明确禁止开发区域、限制开发区域准入事项，以期加大自然生态系统和环境保护力度，切实改善生态环境质量。并且，该意见对于保护和修复生态系统有了更为细致的阐述。其中提到在重点生态功能区、生态环境敏感区和脆弱区划定严格的生态保护红线，加强自然保护区的建设与管理。在此基础上，着重考虑选择其中最具国家公园特征的地区作为备选。

1.3.2 遴选方法的概述

本研究主要采用阶梯状逐级筛选的原理（如图专 1 - 3 - 1），分别从国家尺度、区域尺度、试点尺度三方面进行筛选。

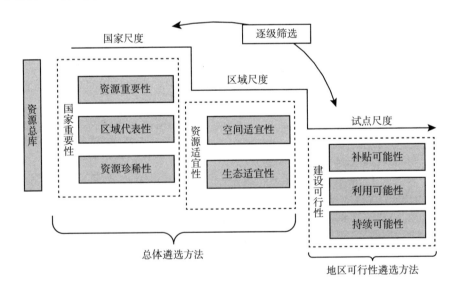

图专 1 - 3 - 1 技术路线示意图

　　总体而言，每层遴选之后都会优先得到一批符合标准的备选对象，落选对象则进入下一级的筛选过程，直至挑选出那些最符合遴选标准的对象并使国家公园遴选结果基本覆盖全国。如在国家尺度中，将资源总库通过数学运算等方法分别统计满足资源重要性、区域代表性、资源珍稀性的地区。分数达到要求的首先直接作为"国家尺度层——资源重要性"这一项的选择结果，其余未达到的再依次进入区域代表性、资源珍稀性的遴选，而未获得满足这一层要求的地点，之后再进行区域尺度、试点尺度的选择。

　　此类方法是目前大多数指标体系构建过程中并未具备的。将此方法与ArcGIS 软件工具的使用相结合，可以使遴选过程落实到空间当中去。此时，遴选过程不再是通过单一的叠加计算，而是在这一基础上将其可视化。观察到每级遴选结果的分布，有助于发现各指标层遴选结果存在的问题并及时修正。

1.3.2.1 指标汇总与方法对应

　　通过将以上信息加以汇总，梳理各项指标之间的关系并明确所选择的方法与面临的问题，得出表专 1 - 3 - 1，并确定了以下四点。

表专 1 - 3 - 1　遴选指标与方法对应关系

目标层	项目层	因素层	指标层	采用方法
中国国家公园的遴选	国家重要性	资源重要性	全国重点资源区	**数值计算**：通过对同一地区不同名称叠加次数的统计，得出那些分值最高的景点或地区
			生物多样性优先保护区	**区域面积叠加**：从重要程度上，通过重点区域的筛选，筛除不在国家重点规划区域范围内的地区
		区域代表性	中国植被区划	**资料筛选**：由于区域面积过大且目前掌握的资料尚不完善，无法使用电脑进行分类提取，因此需要在经过一定的筛选过程后缩小范围，在尽可能少量的结果下逐一查阅资料判断，如是否代表该区域典型的植被特征等
			中国生态区划	
		资源珍稀性	罕见地貌与化石分布区	
			中国典型地貌区	
			重点生态功能区	**区域面积叠加**：筛选出珍稀植被丰富、重点功能突出的地区
			珍稀植被分布	
	资源适宜性	空间适宜性（生态系统的完整性可通过与空间适宜性一致的方法确定）	面积适宜性	**面积赋值判断**：通过研究不同生态系统适宜建设国家公园的面积，对现有景系面积进行赋值，筛选出该类别中面积上最能保证生态系统完整性、连续性的地区
			范围适宜性	

213

（1）目标层：指所要完成的任务，即各项指标选定的最终目的是遴选出符合国情的中国国家公园。

（2）项目层：指判定事物的原则，以为事物定性。在本研究中主要通过国家重要性、资源适宜性、建设可行性三方面确定中国国家公园所具备的特征。

（3）因素层：指具体应有哪些因素来反映项目层的内容。以国家重要性为例，分别从资源重要性、区域代表性、资源珍稀性三方面加以阐述。

（4）指标层：是对因素层的进一步细分，以达到界定、评价上一层的目的。

此外，还需梳理与罗列层层指标之间的关系，以现有资料得出适用于该类别的方法以便将指标落实；同时提出某些指标层存在的问题，并找到与之相对应的解决方案。

1.3.2.2　总体遴选方法：国家与区域尺度

对国家重要性的遴选方法主要集中在使用 ArcGIS 软件工具进行数值计算、面积叠加、资料筛选三种方法上，分别满足了国家重要性项目层中资源重要性、区域代表性、资源珍稀性因素层的遴选。遴选方法有如下四种。

（1）数值计算。拟从现有国家公园体制试点区、国家级自然保护区、国家级风景名胜区、国家森林公园、国家地质公园、国家湿地公园六个自然保护地类型入手。如果某一类自然保护地管理类别较多，说明其具有杰出的、代表性的、多样性的资源特征。如自然保护地是自然保护区，说明其具有重要的生态价值，风景名胜区则说明具有杰出的自然景观特性。将该地区挂牌的地区记为 1，未挂牌的记为 0，方便 ArcGIS 软件工具后期运算。例如，武夷山国家公园试点区，包括武夷山国家级自然保护区、武夷山国家级风景名胜区、武夷山国家森林公园，因此各项下方记为 1，不是则记为 0，如表专1-3-2 所示。

表专 1 - 3 - 2　各类自然保护地冠名情况统计

名称	现有国家公园体制试点区	国家级自然保护区	国家级风景名胜区	国家森林公园	国家地质公园	国家湿地公园	运算
武夷山	1	1	1	1	0	0	4

运用 ArcGIS 的 field calculator 工具计算以上数据，分别得出各自然保护地加和的数值，并按照从高到低进行排列。那些分数排名靠前的自然保护地即可作为遴选出的第一批国家公园将其保留。本研究中存留了数值为 5 和 4 的自然保护地，剩余对象放入下一级指标继续进行遴选。

（2）区域面积叠加。运用 ArcGIS 中 Analysis—Overlay—Intersect 工具，能够从整体数据库 1500 余个点中提取落在封闭区域中的点，以攫取落在 35 个生物多样性优先区中的自然保护地。此举能够将大批未在以上范围内的地区去除，有助于快速判断出哪些是国家重要值高的地区，从而缩小范围以此作为下一步遴选的依据。除此之外，分别叠加重点生态功能区分布图、珍稀植被分布图并对其加以记录，用作之后相关步骤的准备。

（3）资料筛选。区域代表性因素层内的中国植被区划、中国生态区划指标，并不适宜全国范围内的大面积遴选，而是更加适用于区域内部的优选，使区域内部优中选优，在小范围内得出最佳结果。因此采用逐一查阅资料的方式，确定每一自然保护地的具体属性。罕见地貌与化石分布区、中国典型地貌区与区域代表性因素层内的指标有相似的问题，因此处理方法与其相同。

（4）面积赋值判断。建立资源适宜性这一因素层的主要目的在于从空间上解决是否适宜建设国家公园这一问题。其中，空间适宜性包括面积适宜性、范围适宜性两项指标，生态适宜性包括生态系统完整性指标。

合理的国家公园面积有利于为以上两大因素层找到合理的阐述及其相对应的办法。因此，为保证国家公园面积的科学性，全国各地的公园面积不应一概而论，而是应在各区域尺度上进行国家公园的遴选。

根据中国生态区划将中国分为四大区域，找到区域内部分布面积最广泛、最具代表性的生态系统，并将《自然保护区工程项目建设标准》中对各类生态系统保护区面积的规定作为遴选面积的参考，使其更具有科学性与严谨性。

由于西部地区人口稀疏，土地类型相对单一而完整，并保留着大量原始的未开发区域，因此更易于归纳其中主要的生态系统类型；而东部地区土地利用状况较为复杂，因此只将所占面积最大的生态系统作为主要生态系统进行统计（见表专1 – 3 – 3）。

表专1-3-3　生态区划与其对应生态系统汇总

生态区划	生态亚区	主要生态系统
北部干旱半干旱生态大区	内蒙古高原生态地区	草地生态系统
	西北干旱生态地区	荒漠生态系统
	黄土高原生态地区	荒漠与草地生态系统
青藏高原生态大区	青藏高原生态地区	草原生态系统
	横断山区生态地区	森林生态系统
东北部湿润半湿润大区	东北生态地区	
	华北生态地区	农田生态系统
南部湿润生态大区	长江中下游生态地区	农田生态系统
	华南生态地区	森林生态系统
	川渝生态地区	
	云贵高原生态地区	

　　由于农田生态系统受人类开发影响较大且均处于东部城市发达地区，因此该类别下的生态系统暂不纳入国家公园的考虑范围之内。

　　综上所述，主要考虑将草原、荒漠与森林三大类生态系统作为遴选依据。至此，将以上统计内容与《自然保护区工程项目建设标准》中所限制的保护区面积相结合，如表专1-3-4所示。

表专1-3-4　自然保护地生态系统类型与面积对应的赋值关系

单位：万 hm^2

类型	特大型	大型	中型	小型
森林生态系统	①>15； ②天然乔灌林地>10	①5（不含）~15； ②天然乔灌林地5~10	1（不含）~5	≤1
荒漠生态系统	>50，灌草覆盖率>15	①>50，灌草覆盖率<15 ②20（不含）~50，灌草覆盖率>6	①20（不含）~50，灌草覆盖率≤6； ②5（不含）~20，灌草覆盖率>1.5	①5（不含）~20，灌草覆盖率≤30%； ②≤5

续表

类型	特大型	大型	中型	小型
草原生态系统	①草原>20； ②草甸>10	①草原10（不含）~20； ②草甸5（不含）~10	①草原5（不含）~10； ②草甸1（不含）~5	①草原≤5； ②草甸≤1
赋值	4	3	2	1

资料来源：引自《自然保护区工程项目建设标准》，住房和城乡建设部与国家林业局2018年发布。

本研究主要保留了赋值为3和4的区域，即所选的地区面积尽可能大。原因有以下三点：①保留面积较大的地区更有利于整片地区生态系统保护的完整性；②确保核心区占国家公园全域面积的比例，并方便未来进一步扩大核心区面积；③既往的经验说明，不论是国家级风景名胜区还是国家级自然保护区，同样类型并处于有可比性的区域的，面积较大的一般而言价值也较高。因此，选择面积较大的自然保护地作为国家公园优先候选地。

1.4　中国国家公园的遴选结果与分布

1.4.1　中国国家公园遴选数据总库

1.4.1.1　数据库来源与范围

《总体方案》已明确规定国家公园从国土空间管理角度来看属于禁止开发区域，禁止开发区域主要包含五类自然保护地[①]。据此，添加国家湿地公园，共六类自然保护地，作为首批国家公园基础数据库，从中选择符合筛选条件、资源品质良好的保护地共同构成中国未来国家公园候选名单（见图专1-4-1）。除此之外，还建有备选数据库和储备数据库。数据库建设有如下三方面。

[①]　2010年12月21日，国务院发布《关于印发全国主体功能区规划的通知》。《全国主体功能区规划》将国土空间划分为优化开发区域、重点开发区域、限制开发区域和禁止开发区域四类，其中禁止开发区域包括了国家级自然保护区、国家级风景名胜区、国家森林公园、国家地质公园、世界自然文化遗产五类。2015年9月发布的《生态文明总体方案》中提到国家公园的部分，延续了这一提法。

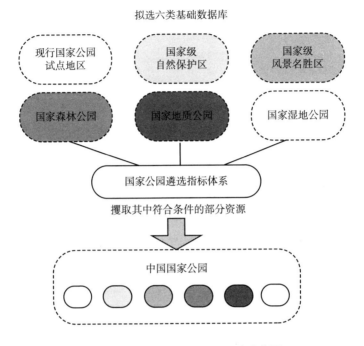

图专1-4-1　中国国家公园遴选范围

（1）基础数据库。根据《总体方案》，国家公园属于禁止开发区域。根据国务院印发的《全国主体功能区规划》，中国禁止开发区域受保护等级最高，是需要在国土空间中禁止工业化、城镇化开发的重点生态功能区。因此，将其作为基础数据库中的内容。如上所述，其中包括国家级自然保护区、现行国家公园试点地区、国家级风景名胜区、国家森林公园和国家地质公园，并以国家湿地公园作为补充。

（2）备选数据库。在逐级筛选的过程中，可能会在六类基础数据库中产生未入选或不符合资源条件的自然保护地。例如，虽是国家级风景名胜区但不位于35个全国生物多样性保护优先区域①的自然保护地，将其列入今后国家公园发展的备选数据库，以后优先考虑将备选数据库中的资源补充到未来的国家公园体系中。

----

① 据《中国生物多样性保护与行动战略（2011～2030）》。

（3）储备数据库。除以上数据库之外，还应包含储备数据库。一是上述基础数据库中的六类自然保护地之外的自然保护地；二是中国幅员辽阔、资源众多，仍有广大未被开发的潜在自然保护地，未来有成为中国国家公园的可能。

1.4.1.2　数据库优先等级与发展

针对目前中国自然保护地管理体系与国家公园发展状况，以上三类数据库的优先顺序为基础数据库 > 备选数据库 > 储备数据库，以满足现阶段国家公园制度的发展需求。

以国家公园的建设方式重新审视中国自然保护地管理体系，做到摸清资源现状，建立统一而规范的标准，用以对自然保护地进行重新评估与分类，清晰界定各类自然保护地的资源特征及其保护对象，由此将目标不断细化，最终达到真正合理的保护，使中国自然保护地管理体系不断健全和完善。

1.4.2　已纳入现行体系的中国国家公园遴选过程

前面已经确定了中国国家公园入选指标和遴选办法，但在具体应用中还需要解决以下问题：①各指标与遴选批次之间的对应关系；②各类指标的具体遴选标准及其应用方法；③说明为什么这样来应用遴选指标。明晰了这些问题的答案，才能够呈现各批次遴选结果及其在我国的分布状况，最终得出适宜纳入我国国家公园体系的具体区域。

总体而言，中国遴选体系的构建依托于全国重点资源的数值排列。数值越高，批次越靠前；反之则批次靠后，并且需要其他各类指标进行补充。表专1-4-1由中国国家公园遴选指标转换而来，直观地表达了国家公园遴选批次与各指标之间的对应关系。

1.4.2.1　国家重要性筛选

国家重要性这一项目层的筛选结果，大体明确了中国东部地区国家公园候选地的分布。其主要方法是以指标层中全国重点资源区的叠加次数为基准，由高至低进行排序，分数高的进入第一批遴选成果，分数低的进入下一级筛选，直至分数最低的资源点，使全国重点资源区数值与该资源在中国受重视程度成正比。

表专 1 - 4 - 1　批次与选择指标对照

批次	国家重要性			资源适宜性		
	资源重要性		资源珍稀性	区域代表性		空间/生态适宜性
	全国重点资源值计算	重点资源区叠加	综合评定	生态区划定	区划内植被特征判断	面积评定
第一批	√	—	—	—	—	—
第二批	√	√	—	—	—	—
第三批	√	√	√	√	—	—
第四批	√	√	√	√	√	√

注：重点资源区叠加通过将资源点与中国生物多样性优先区域叠加获得。综合评定包括罕见地貌与化石分布区、中国典型地貌区、珍稀植被分布区、重点生态功能区的判定。空间/生态适宜性，以自然保护地面积数值判断资源的面积适宜性、范围适宜性、生态系统完整性。

对于重点资源区分值较低的资源，则通过资源珍稀性因素层中的指标加以弥补，找到拥有罕见地貌与化石分布、中国典型地貌分布、珍稀植被分布、重点生态功能区分布的保护地作为补充，使其满足国家公园的功能与管理目标中国家重要性这一项要求。

（1）第一批：全国重点资源值筛选过程与结果分布

表专 1 - 4 - 2 显示第一批遴选结果及各资源所属自然保护地的类别。如武夷山属于或者包含：①国家公园试点区；②国家级自然保护区；③国家级风景名胜区；④国家森林公园。因此全国重点资源运算值为 4，以此类推。

表专 1 - 4 - 2　第一批遴选结果

编号	名称	国家公园试点区	国家级自然保护区	国家级风景名胜区	国家森林公园	国家湿地公园	国家地质公园	全国重点资源值
8	三江源国家公园试点区	1	1	1	1	1	1	6
6	南山国家公园试点区	1	1	1	1	1	0	5
7	祁连山国家公园试点区	1	1	0	1	1	1	5

续表

编号	名称	国家公园试点区	国家级自然保护区	国家级风景名胜区	国家森林公园	国家湿地公园	国家地质公园	全国重点资源值
10	九寨沟风景名胜区	1	1	1	1	0	1	5
14	大熊猫国家公园试点区	1	1	1	1	0	0	4
22	武夷山国家公园试点区	1	1	1	1	0	0	4
34	钱江源国家公园试点区	1	1	1	1	0	0	4
42	张家界风景名胜区	1	1	1	1	0	1	5
43	五大连池地质公园	0	1	1	1	0	1	4
44	普达措国家公园试点区	1	1	1	1	0	0	4
53	北京长城国家公园试点区	1	1	1	1	0	1	5
5	神农架国家公园试点区	1	1	0	1	1	1	5
367	东北虎豹国家公园试点区	1	1	0	1	1	0	4

注：自然保护地内一地多牌或各类自然保护地部分面积相互重合的情况时有发生，因此以各类自然保护地所在区域最大面积相加进行核算。

第一批国家公园遴选结果共 13 处，其共性是自然保护地本身拥有优秀自然资源条件及较高的知名度，同时保留着中国从古至今悠久的历史文明及其生产生活方式，兼具自然与文化价值，因此将其作为未来国家公园建设的优先考虑对象。

（2）第二批：重点区域叠加筛选过程与结果分布

由于基础资源总库数据量较大，需要通过区域叠加大面积筛选掉不必要的资源。其中，IUCN 管理体系强调国家公园应将自然保护地中的物种及其生态系统作为主要管理对象，并将其与中国目前推行的国家政策相对接。

而《中国生物多样性保护与行动战略（2011~2030）》指出根据中国自然与经济状况，综合考虑生态系统类型、特殊生态功能、物种丰富程度等多项因素划定 35 个生物多样性优先保护区域。这与国际上推行的建设国家公园主流目标是一致的。

因此考虑将其作为遴选依据，筛选出位于保护区内部的资源。在此基础上，依次选出全国重点资源区数值为 3 的地点对其加以保留，在表格中以 1 作为记号表示。除此以外的自然保护地，则继续进入下一级指标的筛选（见表专 1-4-3）。

表专1－4－3　第二批遴选结果

编号	名称	国家公园试点区	国家级自然保护区	国家级风景名胜区	国家森林公园	国家湿地公园	国家地质公园	全国重点资源值	优先区
1	泰山风景名胜区	0	0	1	1	0	1	3	1
2	黄山风景名胜区	0	0	1	1	0	1	3	1
3	庐山风景名胜区	0	1	1	0	0	1	3	1
4	五台山风景名胜区	0	0	1	1	0	1	3	1
9	嵩山风景名胜区	0	0	1	1	0	1	3	1
45	苍山地质公园	0	1	0	1	0	1	3	1
47	雁荡山地质公园	0	0	0	1	0	1	2	—
55	龙虎山地质公园	0	0	1	0	0	1	2	—
62	天柱山地质公园	0	0	0	1	0	1	2	—
78	野三坡风景名胜区	0	0	1	1	0	1	3	1
100	三清山风景名胜区	0	0	1	0	0	1	2	—
124	梅里雪山风景名胜区	0	0	1	1	0	1	3	1
194	金佛山风景名胜区	0	1	1	1	0	0	3	1
225	西双版纳风景名胜区	0	1	1	1	0	0	3	1

　　第二批遴选结果总数为14个，且主要分布在中国南部。所选择出来的自然保护地的资源价值与第一批自然保护地相当或仅次于第一批自然保护地，但其在生物保育及修复功能的关键点上弥补了资源价值上的不足，因此作为国家公园建设中第二批备选资源库。

　　（3）第三批：综合评定筛选过程与结果分布

　　通过以上两级的筛选，已初步确定中国国家公园优先选择范围，但仍需进一步筛选以保证有足够的自然保护地用于判断后期在地方试点层面是否能够真正建成国家公园。因此，需要从资源上判定足够多的潜在国家公园建设点，因而进行第三批综合评定筛选。

　　经过排除，目前遴选范围已缩减至全国重点资源数值为2或1的地点，总体数值较低。因此需要资源珍稀性因素层中的四项指标加以补充，即是否具有罕见地貌与化石分布、是否具有中国典型地貌分布、是否具有珍稀植被分布，以及是否位于重点生态功能区。

综合评定指将以上四项的加和结果作为列，将全国重点资源值作为行，使用逻辑矩阵算出各个资源点的得分情况，取数值较大的点作为备选（见表1－4－4）。

表专1－4－4 综合评定计分

全国重点资源值 ＼ 资源珍稀性值	4	3	2	1
2	6	5	4	3
1	5	4	3	2

注：资源珍稀性值包括罕见地貌与化石分布区、中国典型地貌区、重点生态功能区、珍稀植被分布得分。

然而，通过计算发现中国东部地区资源点存在数值普遍较高、难以取舍的问题；西部地区则出现多数资源点数值过低的情况。因此，决定按照中国生态区划进行分区划定，适当对西部地区的资源点降低入选要求。在东部资源众多的情况下，集中选择综合评定数值范围在5～6的点；而对于西部，选择综合评定数值范围在4～6的点。

①东部大区遴选结果

东部大区生态系统相对稳定，主要包含东北部湿润半湿润生态大区与南部湿润生态大区。

在此基础上，第三批东部遴选结果总数为9个（见表专1－4－5），主要集中分布在中国典型的喀斯特地貌区、丹霞地貌区。其中以广东丹霞山地质公园、麦积山风景名胜区综合评定数值最高，突出代表了中国最为典型的喀斯特地貌。此外，国家级自然保护区在第三批遴选结果中开始凸显其生态重要性，与国家级风景名胜区、国家地质公园等以自然景观欣赏为主体的自然保护地并驾齐驱。

表专1－4－5 第三批东部遴选结果

编号	名称	全国重点资源值	中国典型地貌区	重点生态功能区	珍稀植被分布区	罕见地貌与化石分布区	综合评定
41	广东丹霞山地质公园	2	1	1	1	1	6
238	麦积山风景名胜区	2	1	1	1	1	6
326	九连山自然保护区	2	1	1	1	0	5

续表

编号	名称	全国重点资源值	中国典型地貌区	重点生态功能区	珍稀植被分布区	罕见地貌与化石分布区	综合评定
462	热带雨林国家公园	2	1	1	1	0	5
467	峨眉山风景名胜区	2	1	1	1	0	5
481	古牛绛自然保护区	2	1	1	1	0	5
492	莽山自然保护区（广东）	2	1	1	1	0	5
508	宝天曼自然保护区	2	1	1	1	0	5
549	梵净山自然保护区	2	1	1	1	0	5

②西部大区遴选结果

西部大区以较为脆弱的生态系统为突出特点，主要包含北部干旱半干旱生态大区与青藏高原生态大区两类。

在此基础上，第三批西部遴选结果总数为7个（见表专1-4-6），主要集中在中国第二级阶梯处，即四川、陕西以及河北西南部，而西北地区的青藏高原仅有珠穆朗玛峰自然保护区入选。西部地区在综合评定的数值上也稍低于东部地区，原因在于以上地区自然保护地类型较为单一，管理重叠较少。其中华山风景名胜区、珠穆朗玛峰自然保护区、贡嘎山风景名胜区以集中而又丰富的生物多样性著称；白石山国家地质公园、天生桥国家地质公园则因有独具特色的地质、地貌遗迹而闻名遐迩，具有突出的景观特质；其余各点则分别体现了中国典型地貌、重点生态功能、珍稀植被的分布。

不论是从生物多样性的角度、重点功能角度还是地质地貌等角度，其核心都旨在表现自然保护地是否具有良好的资源属性，以判定其是否具备成为国家公园的资格。

表专1-4-6　第三批西部遴选结果

编号	名称	全国重点资源值	中国典型地貌区	重点生态功能区	珍稀植被分布区	罕见地貌与化石分布区	综合评定
199	贡嘎山风景名胜区	2	1	0	1	0	4
258	珠穆朗玛峰自然保护区	2	1	0	1	1	5
234	华山风景名胜区	1	1	0	1	1	4
159	王屋山—云台山风景名胜区	2	1	0	1	1	5

续表

编号	名称	全国重点资源值	中国典型地貌区	重点生态功能区	珍稀植被分布区	罕见地貌与化石分布区	综合评定
89	黄河壶口瀑布风景名胜区	2	1	1	0	0	4
566	天生桥国家地质公园	2	1	1	0	1	5
567	白石山国家地质公园	2	0	1	0	1	4

1.4.2.2　资源适宜性筛选

从以上国家公园遴选的结果来看，中国西部地区还存在大面积的空白区。因此采用资源适宜性的遴选方法，针对西部地区剩余全国重点资源值为 2 和 1 的 150 余个资源点进行遴选。由于资源众多，仍需要通过逐层筛选的方式实现。

首先，按照中国生态区划判定不同区域资源点的面积是否能够保证其生态系统的完整性以满足最基本的生态需求；其次，找到各区域内资源点的植被类型是否能够保证在该区域具有代表性；最后，通过综合数值的评定优中选优，选择分数较高的资源点优先进行建设。

（1）面积适宜性筛选过程与分布

在面积筛选上，将西部区域细分为五类小区，分别为内蒙古高原生态区、西北干旱生态区、横断山区生态区、黄土高原生态区与青藏高原生态区。参照《自然保护区工程项目建设标准》，找到该区域内主要的生态系统及其保护区适用范围并加以赋值，并以美国、加拿大、澳大利亚等面积较大的国家中国家公园平均面积约为 30 万公顷为依据，考虑到面积过大而导致保护管理水平难以保证的因素，对面积过大的自然保护地如可可西里自然保护区（面积约 450 万公顷）进行部分保留，将自然保护地面积控制在 10 万 ~ 100 万公顷，即数值为 4 和 3 的点，便于今后的分区建设与协调（见表专 1 - 4 - 7）。

首先，通过面积筛选能够去掉建设过程中自然保护地面积过大或过小的情况，如攫取可可西里自然保护区核心区作为评价对象，确保国家公园生态系统得到完全保护的同时适当减小管理面积；其次，在面积适宜的情况下，使自然保护地更有可能进一步合理分区，保证日后筛选出面积较小的自然保护地也能具备完整的国家公园核心区。

表专 1 - 4 - 7　保护地生态系统类型与面积赋值对应关系

单位：万公顷

生态子区	主要生态系统	面积范围	赋值
内蒙古高原生态区 与青藏高原生态区	草原生态系统	>20	4
		10 ~ 20	3
		5 ~ 10	2
		≤5	1
西北干旱生态区 与黄土高原生态区	荒漠生态系统	>50	4
		20 ~ 50	3
		5 ~ 20	2
		≤5	1
横断山区生态区	森林生态系统	>15	4
		5 ~ 15	3
		1 ~ 5	2
		≤1	1

经过面积筛选，选择出 49 个符合面积要求的资源点。西部地区总体资源点的数量依旧较多，不易区分重点。因此，下一步需要通过植被区划对各区内的植物进行统一调查，从而进一步缩小范围。

（2）植被特征筛选过程与分布

本级筛选在上一级所得结果的基础上进一步缩小范围，共获得 35 个有效的资源点。通过查阅各资源点的详细资料，判断植被是否符合区域特征。符合情况的资源点标记为 1，具有突出景观特质的标记为 3，其余标记为 0。此阶段的筛选主要针对内蒙古高原生态区与青藏高原生态区景观分异较大的情况。筛选结果较为良好，其余各区结果不明显。

内蒙古高原生态区：既以草原草甸为主要地貌特征的草原景观，也存在由草地退化而形成的沙地景观。但与西北干旱生态区相比，草原景观仍被认为是该区域内最为显著的植被特征。因此，以其作为筛选条件，排除区域中存在的荒漠景观，并将符合植被区划的资源点标记为 1。

青藏高原生态区：除以高原荒漠为主要景观特色的资源点，该区域内仍旧不乏念青唐古拉山、昆仑山、纳木错湖等独具特色的高原雪山与圣湖类的资源点。虽未能完全代表区域内的高原荒漠植被景观，但由于山地自然景观垂直分异规律上产生的高寒森林景观具有别的地区无法替代性，因此也将其纳入筛选并将资源点数值标记为3。

其余各生态区：西北干旱生态区与黄土高原生态区呈现典型的荒漠植被景观；横断山区生态区则呈现较为显著的森林植被景观。三大区域内植被类型与其区域特征吻合度较高，因此能够筛选掉的资源并不占多数，还需进行下一步综合评定的筛选。

（3）综合评定筛选过程与第四批遴选结果分布

此次遴选为资源适宜性筛选的最终结果。根据现有的筛选结果，对其综合评定进行排序，排除过低的属性值，选择出该范围内景致及生态价值最优的自然保护地优先建设。此次遴选结果为22个，具体内容如表专1-4-8所示。

表专1-4-8　第四批遴选结果

编号	名称	全国重点资源值	面积适宜性赋值	植被特征判定	中国典型地貌区	重点生态功能区	珍稀植被分布区	罕见地貌与化石分布区	综合评定
49	克什克腾地质公园	2	3	1	0	0	0	1	3
86	恒山风景名胜区	1	3	1	1	0	0	0	2
240	张掖丹霞地质公园	1	4	1	0	0	0	1	2
243	青海湖风景名胜区	2	3	1	0	0	0	0	2
244	天山天池风景名胜区	1	4	3	0	0	0	0	2
261	雅鲁藏布大峡谷	1	4	1	0	0	0	0	3
262	察隅慈巴沟保护区	1	3	1	0	0	1	0	2
268	察青松多白唇鹿保护区	1	3	1	0	0	0	1	2
270	亚丁保护区	1	4	1	0	0	1	1	3
289	高黎贡山保护区	1	4	1	0	0	1	1	3
290	白马雪山保护区	1	4	1	0	0	1	0	2
312	安西极旱荒漠保护区	1	4	1	1	0	0	0	2
426	达里诺尔保护区	1	3	1	0	0	0	1	2
446	敦煌雅丹国家地质公园	1	3	1	0	0	1	0	2
499	托木尔峰自然保护区	1	3	3	1	0	1	1	4
594	阿拉善沙漠国家地质公园	1	3	1	1	0	0	0	2
599	柴达木梭梭林自然保护区	1	3	3	0	0	0	1	2

续表

编号	名称	全国重点资源值	面积适宜性赋值	植被特征判定	中国典型地貌区	重点生态功能区	珍稀植被分布区	罕见地貌与化石分布区	综合评定
608	万年冰洞国家地质公园	1	3	1	0	0	0	1	2
623	易贡国家地质公园	1	3	1	0	0	1	1	3
625	布尔津喀纳斯湖国家地质公园	1	3	1	0	0	1	1	3
632	玉龙黎明—老君山国家地质公园	1	3	1	1	0	1	1	4
1078	唐布拉国家森林公园	1	4	3	0	0	1	0	2

在此过程中，对综合评定指数为 1 的资源点不予考虑；综合评定指数为 2 的资源点数量最多，约为 14 个，并在五类生态区中均有广泛分布；综合评定指数为 3 的资源点数量为 6 个，多数分布在横断山区生态区，以其珍稀植被分布及罕见地貌为显要特征；综合评定指数为 4 的资源点数量最少，仅有 2 个，分别为托木尔峰自然保护区、玉龙黎明—老君山国家地质公园。除上述特征外，二者分别为中国古冰川遗迹保留最为完整的区域与迄今为止面积最大、海拔最高的丹霞地貌区，均有着较强的典型性与代表性，因此将二者作为第四批遴选结果中首要考虑建设的对象。

1.4.3 已纳入现行体系的中国国家公园遴选结果与指标对应总结

1.4.3.1 最终遴选结果数量与分布

最终筛选出适宜建设中国国家公园的自然保护地共计 65 个（见表专 1 – 4 – 9），空间分布整体较为均衡，在山西与河北交界、陕西与甘肃交界、云南与四川西藏交界、浙江与安徽江西交界处分布相对集中，并呈现如下四个方面态势。

（1）部分知名风景名胜区周围资源品质高，有更多资质优良的自然保护地聚集，如五台山、九寨沟、神农架周边聚集二批、三批遴选结果。

（2）遴选结果均距离省会等大型城市较远，从而能够获得完整而独立的保护，避免大中型城市的无序扩张而导致资源不合理利用。

（3）地形褶皱、地形起伏较大、资源异质性高的地区有着更为复杂多样的生态系统及丰沛的动植物资源，因此这些地区更容易被选中。

表专 1 - 4 - 9　最终遴选结果

序号	资源编号	名称	批次
1	8	青海三江源国家公园试点区	第一批 （共 13 个）
2	367	东北虎豹国家公园试点区	
3	5	神农架国家公园试点区	
4	6	南山国家公园试点区	
5	7	祁连山国家公园试点区	
6	10	九寨沟风景名胜区	
7	14	大熊猫国家公园试点区	
8	22	武夷山国家公园试点区	
9	34	钱江源国家公园试点区	
10	42	张家界风景名胜区	
11	43	五大连池地质公园	
12	44	普达措国家公园试点区	
13	53	北京长城国家公园试点区	
14	1	泰山风景名胜区	第二批 （共 14 个）
15	2	黄山风景名胜区	
16	3	庐山风景名胜区	
17	4	五台山风景名胜区	
18	9	嵩山风景名胜区	
19	45	苍山地质公园	
20	47	雁荡山地质公园	
21	55	龙虎山地质公园	
22	62	天柱山地质公园	
23	78	野三坡风景名胜区	
24	100	三清山风景名胜区	
25	124	梅里雪山风景名胜区	
26	194	金佛山风景名胜区	
27	225	西双版纳风景名胜区	
28	41	广东丹霞山地质公园	
29	89	黄河壶口瀑布风景名胜区	
30	159	王屋山—云台山风景名胜区	
31	199	贡嘎山风景名胜区	
32	234	华山风景名胜区	
33	238	麦积山风景名胜区	
34	258	珠穆朗玛峰自然保护区	

续表

序号	资源编号	名称	批次
35	326	九连山自然保护区	第三批 （共16个）
36	462	热带雨林国家公园	
37	467	峨眉山风景名胜区	
38	481	古牛绛自然保护区	
39	492	莽山自然保护区（广东）	
40	508	宝天曼自然保护区	
41	549	梵净山自然保护区	
42	566	天生桥国家地质公园	
43	567	白石山国家地质公园	
44	49	克什克腾地质公园	第四批 （共22个）
45	86	恒山风景名胜区	
46	240	张掖丹霞地质公园	
47	243	青海湖风景名胜区	
48	244	天山天池风景名胜区	
49	261	雅鲁藏布大峡谷	
50	262	察隅慈巴沟保护区	
51	268	察青松多白唇鹿保护区	
52	270	亚丁保护区	
53	289	高黎贡山保护区	
54	290	白马雪山保护区	
55	312	安西极旱荒漠保护区	
56	426	达里诺尔保护区	
57	446	敦煌雅丹国家地质公园	
58	499	托木尔峰自然保护区	
59	594	阿拉善沙漠国家地质公园	
60	599	柴达木梭梭林自然保护区	
61	608	万年冰洞国家地质公园	
62	623	易贡国家地质公园	
63	625	布尔津喀纳斯湖国家地质公园	
64	632	玉龙黎明—老君山国家地质公园	
65	1078	唐布拉国家森林公园	

（4）国家公园备选地内部均存在着少量或适量的人居活动及相关人为干扰，使得自然与人类之间形成互利共生的关系。

综上所述，一方面，中国国家公园的遴选结果往往处于无人区与中大型城市之间的过渡地带，而不是完全脱离人类行为的干扰，以村、镇、乡为基础分布于周边生态条件良好的地段。另一方面，根据各地区禀赋的不同，强调某一些突出的自然地理与动植物资源特征，使之足够具备成为国家公园的潜质。

1.4.3.2　遴选批次与指标对应关系的梳理

国家公园遴选结果分为四批，主要通过国家重要性与资源适宜性两大项目层进行逐级筛选。其中，以国家重要性指标层中的全国重点资源值作为贯穿该过程的总体依据。详细遴选标准如表专 1 - 4 - 10 所示。

表专 1 - 4 - 10　批次与指标标准对照（详细）

批次	国家重要性			资源适宜性			
	资源重要性		资源珍稀性	区域代表性			空间/生态适宜性
	全国重点资源值计算	重点资源区叠加	综合评定	生态区划定		区划内植被特征判断	面积评定
第一批	5 或 4	无	无	无		无	无
第二批	3	是	无	无		无	无
第三批	2 或 1	是	是	东部地区数值≥5	北部干旱半干旱生态大区 + 青藏高原生态大区	是	无
				西部地区数值≥4	东北部湿润半湿润生态大区 + 南部湿润生态大区	是	
第四批	2 或 1	是	数值≥2	内蒙古高原生态区	是	温带草原	数值≥3
				黄土高原生态区	是	温带草原 + 温带落叶	是
				西北干旱生态区	是	温带荒漠	是

续表

批次	国家重要性			资源适宜性			
	资源重要性		资源珍稀性	区域代表性			空间/生态适宜性
	全国重点资源值计算	重点资源区叠加	综合评定	生态区划定	区划内植被特征判断		面积评定
第四批	2 或 1	是	数值≥2	青藏高原高寒生态区	青藏高原高寒植被	是	数值≥3
				横断山区生态区	亚热带常绿阔叶林+热带季雨林	是	

第一批仅由全国重点资源值中的高分资源组成；

第二批在重点资源值降低一级的基础上增加其他要求，限定位于重点资源区内作为入选条件；

第三批在全国重点资源数值普遍较低的情况下进行分区设置，通过将剩余保护地分别与罕见地貌与化石分布区、中国典型地貌区、珍稀植被分布区、重点生态功能区相叠加，从而获得分值以量化入选条件；

第四批则是在第三批剩余结果上更加细致地划分，在生态大区内部的亚区通过面积筛选→植被特征筛选→综合评定的顺序进行选择，对重点资源值较低的情况加以弥补，最终得出理想结果。

1.4.3.3 研究成果总结及其应用方式

以上评价结果，已在空间分布上指出经过遴选的中国国家公园备选地点，从空间上说明了这些自然保护地的重要性。但随着以国家公园为主体的自然保护地体系建设思路的细化和各地响应程度的变化，即便按我们提出的标准体系，这个结果也还会产生变化。

相较于虞虎等人[1]、马童慧等人[2]的遴选方法，以上研究成果在易于操作

---

① 虞虎、钟林生、曾瑜皙：《中国国家公园建设潜在区域识别研究》，《自然资源学报》2018年第10期。

② 马童慧等：《中国自然保护地空间重叠分析与保护地体系优化整合对策》，《生物多样性》2019年第7期。

的基础上保留了评价的客观性与复杂性。以国家森林公园、国家级风景名胜区、国家地质公园、国家湿地公园、国家公园体制试点区为基础建立的数据库，代表了中国主要自然保护地类型，并将不断发展中的国家公园体制建设纳入考虑，这使我们的研究成果与政策进程更易于协调。例如，三江源国家公园占尽备选的六类管理类别，根据我们的研究标准，也是首批国家公园最名副其实的。

　　当然，由于国家公园的产生路径与以往自然保护地不同——主要采取自上而下的方式，且在 2035 年实现美丽中国目标的过程中中央的要求和投入力度也应该进一步优化和加大，国家公园体系的建成速度可能比预计的快，以上表格中实际成为国家公园的数量比例可能比预计的高。

　　（本章初稿执笔：石金莲、王佳鑫、尹昌君、常青、李宏、董月天、马晓霞、韩玉婷）

第二章
国家公园体制的落地
—— 三江源和钱江源的经验

由中央深改委（组）或国家发改委代表中央批复的国家公园体制试点区共有 11 个，北京长城国家公园体制试点区因故退出，其余 10 个均在过去四年间按照批复的试点实施方案开展了相关工作。其中有两个，虽然在生态类型、资源禀赋、规模大小和人地关系上差别很大，但都有了较全面的进展：三江源和钱江源。在 10 个试点区中，三江源和钱江源试点区，一个最大，一个最小；一个最高，一个最低；一个最远，一个最近。三江源试点区面积12.31 万平方公里（三江源国家公园管理局实际管辖面积为 20.6 万平方公里），钱江源试点区 252 平方公里；三江源平均海拔在 4000 米以上，而以低海拔常绿阔叶林为主要保护对象的钱江源，绝大部分区域的海拔在 1000 米以下甚至不到 200 米；三江源地广人稀，远离中国人口密集区，其最西处可可西里的最西处与北京的直线距离超过 3000 公里，与上海的直线距离近4000 公里；钱江源处于长三角范围内，与上海的直线距离不到 400 公里，从区域发展角度来看中央对其建成国家公园和优化管理提出了明确的要求①，这是《长江三角洲区域一体化发展规划纲要》中唯一一与自然保护地有关的内容。但这两个试点区，均有自身独特的体制改革措施落地经验，值得总结并为其他区域借鉴。

2.1 三江源国家公园试点体制机制创新工作

2016 年国家公园体制试点工作启动以来，三江源国家公园紧紧围绕习近

① 中共中央、国务院于 2019 年发布的《长江三角洲区域一体化发展规划纲要》中明确提出"提升浙江开化钱江源国家公园建设水平"。

平同志关于"确保一江清水向东流""四个扎扎实实""三个最大"① 的重大要求，积极推进体制试点各项工作。三年来，**三江源国家公园管理体制趋于完善，机构运行日益顺畅，治理水平不断提升**，试点效应逐步显现，为中国国家公园建设积累了可复制、可借鉴的经验和模式，为全国生态保护提供了典型、示范，被国务院作为典型经验给予了通报表扬②。

2.1.1　理顺自然资源管理体制

三江源国家公园实施山水林田湖草一体化生态保护和修复，破解体制机制"九龙治水"局面和监管执法"碎片化"问题，调整自然资源所有权和行政管理权的关系，协调自然保护与经济发展的关系，理顺不同政府部门之间、管理者与利用者之间的关系，制定统一的规范和标准，保育自然生态系统的完整性、原真性、多样性和典型性。

2.1.1.1　整合自然保护地，建立管理机构

三江源国家公园管理局（正厅级），内设 7 个处室，并设立了 3 个正县级局属事业单位。设立长江源（可可西里）、黄河源、澜沧江源三个园区管委会（正县级），其中长江源管委会挂青海可可西里世界自然遗产地管理局牌子，并派出治多管理处、曲麻莱管理处、可可西里管理处 3 个正县级机构。对 3 个园区所涉 4 县进行大部门制改革，整合林业、国土、环保、水利、农牧等部门的生态保护管理职责，设立生态环境和自然资源管理局（副县级）、资源环境执法局（副县级），全面实现集中统一高效的保护管理和执法。整合林业站、草原工作站、水土保持站、湿地保护站等，设立生态保护站（正科级）。国家公园范围内的 12 个乡（镇）政府挂保护管理站牌子，增加国家公园相关管理职责。根据《三江源国家公园健全国家自然资源资产管理体制试点实施方案》，组建成立了三江源国有自然资源资产管理局和管理分局，为实现国家公园范围内自然资源资产管理、国土空间用途管制"两个统一行使"奠定了体制基础。

---

① "青海最大的价值在生态，最大的责任在生态，最大的潜力也在生态"，本部分主要选自《三江源国家公园公报》，2018。

② 本专题报告中和主题报告第五章类似的内容不再赘述。

2.1.1.2 全面落实"两个统一行使"

三江源的"两个统一行使",核心是尽可能实现保护需要的统一管理。三江源国家公园自然资源所有权由中央政府直接行使,试点期间由中央政府委托青海省政府代行。组建的三江源国家公园管理局为省政府派出机构,负责三江源国家公园体制和健全国家自然资源资产管理体制"双试点",履行相应管理职责。①组织起草三江源国家公园和三江源国家级自然保护区的有关法规、规章草案,并负责批准后的监督执行。②负责统一行使三江源国家公园和三江源国家级自然保护区全民所有自然资源资产管理职责和国土空间用途管制,承担国有自然资源资产所有者职责,依法实行更加严格的保护。③组织开展自然资源调查、监测、评估,编制自然资源资产负债表。④负责国有自然资源使用权出让管理和收益,建立国有自然资源资产有偿使用制度、特许经营制度、生态补偿机制等并组织实施;承担三江源国家公园和三江源国家级自然保护区国有自然资源资产保值增值责任。⑤负责三江源国家公园和三江源国家级自然保护区基础设施、公共服务设施的建设、管理和维护工作。⑥负责三江源国家公园资金管理政策,提出国家公园专项资金预算建议,编制部门预算并组织实施,组织、管理、指导国家公园各类专项资金筹集、使用工作。⑦负责三江源国家公园和三江源国家级自然保护区范围内的风景名胜区、地质公园、湿地公园、水利风景区以及生态多样性保护等各类自然保护地的管理。⑧负责协调三江源国家公园和三江源国家级自然保护区生态保护和建设重大事项,建立生态保护、建设引导机制和考核评价体系。⑨负责三江源国家公园特许经营、社会参与和宣传推介工作。⑩组织开展三江源国家公园和三江源国家级自然保护区科研监测工作。⑪承担国家相关部委、省委和省政府、三江源国家公园体制试点领导小组交办的其他事项。

2.1.1.3 加强与地方政府的协调联动

强化组织领导,加强高层协调。青海省把加强组织领导、顶层谋划设计作为体制试点的首要任务,成立由省委书记、省长任双组长的三江源国家公园体制试点领导小组,确定省委、省政府各一名分管领导具体牵头,落实相关部门主体责任,调动省州县各级积极性,打造了纵向贯通、横向融合的领导体制。

建立职责明确、分工合理的三江源国家公园共建机制,调动省州县各级积极性,强化属地责任。采取建立领导小组、基层政府主要负责人兼任园区主要领导的方式，协调国家公园与地方政府的工作。玉树州、果洛州也分别成立三江源国家公园体制试点领导小组，按照省委、省政府、三江源国家公园体制试点领导小组部署要求，负责协调推进辖区内体制各项工作落实。长江源（可可西里）园区管委会党委书记、管委会主任分别由玉树州委、州政府1名负责人兼任。玛多、杂多、治多、曲麻莱4县的县委书记、县长分别兼任所在园区管委会（管理处）党委书记和主任。园区管委会（管理处）专职副书记、专职副主任兼任所在县党政副职。园区管委会（管理处）内设机构和下设机构与县政府相关工作部门的领导实行交叉任职。依托乡镇政府设立的保护管理站，站长和副站长分别由乡镇党委书记、乡镇长兼任。长江源（可可西里）、黄河源、澜沧江源3个园区管委会受三江源国家公园管理局和所属州政府双重领导，以三江源国家公园管理局管理为主。各园区管委会（管理处）设立的生态环境和自然资源管理局，受园区管委会（管理处）和所属县政府双重领导，以园区管委会（管理处）管理为主，负责具体实施县域内园区内外山水林草湖等自然生态空间系统保护，统一用途管制，统一规范管理。资源环境执法局受管委会（管理处）和所属县政府双重领导，以园区管委会（管理处）管理为主，依法承担县域内园区内外资源环境综合执法工作。各园区管委会（管理处）下设的生态保护站，承担县域内园区内外生态管护工作。国家公园范围内12个乡（镇），增加国家公园相关管理职责。园区管委会（管理处）负责县域内园区内外自然资源管理、生态保护、特许经营、社会参与和宣传推介等职责；属地县政府行使（包括国家公园）经济社会发展综合协调、公共服务、社会管理和市场监管等职责，不再行使试点区内国有自然资源资产所有者职责。同时，属地县政府机构改革，按照生态保护优先、职能有机统一、党政适度联动、编制有效支撑原则，结合国家公园体制试点工作，探索职能有机统一的大部门制。

2.1.2 完善社会参与机制

2.1.2.1 调动企业参与

三江源国家公园逐渐形成了"政府主导、企业参与、市场运作"的共建共享机制。多家企业出资捐赠，支持国家公园建设。2018年，恒源祥集团举行"益起遇见可可西里"公益活动捐赠仪式，向可可西里管理处捐赠了为保

护站工作人员量身定制的科技、智能御寒装备和生活用品，还分批在上海为可可西里守护者提供健康体检服务。未来恒源祥将联合更多社会力量乃至全世界的爱心力量，共同致力于可可西里可持续的生态保护工作。广汽传祺积极参与三江源国家公园建设，2018 年 7 月，捐赠 20 台 GS8 巡查巡护用车，为三江源国家公园巡查巡护工作保驾护航。中国太平洋保险开发了适合三江源国家公园特殊环境的生态类保险项目，在生态保护、野生动物保护、园区责任、财产损失等方面与三江源国家公园展开全方面合作。2018 年 10 月，中国太平洋保险捐赠生态管护员保险保费 163.20 万元，为 1.7 万余名生态管护员人身意外伤害保险投保，保险总额高达 55 亿元。

2.1.2.2 吸引非政府组织助力

多家非政府组织积极参与，多领域助力三江源国家公园体制试点。三江源国家公园体制机制创新项目获得联合国开发计划署—全球环境基金（UNDP - GEF）的联合支持，于 2019 年 5 月正式启动，在三江源国家公园园区内选取 4 个示范村，开展包括社区参与、保护地管理人员培训、人兽冲突机制等方面的技术援助，为示范村通过生态旅游和特许经营实现生产生活方式的转化提供技术支持，为开展公众参与和环境教育提供技术支持。三江源生态保护基金会捐赠自有资金 355 万元，用于三江源国家公园体制试点；青海大学等单位联合开展了黄河源区科学考察活动，完成了《三江源黄河源区科学考察报告》；三江源生态保护基金会与五矿国际信托有限公司共同设立了"三江源思源 1 号慈善信托计划"，首期募集资金 50 万元，开展了"直播斑头雁""关爱三江源妇女健康义诊"活动，在果洛州选择三个村实施了"三江源生态环保示范村"试点项目。青海省三江源生态环境保护协会在澜沧江园区尖作村开展参与式保护试点，以水源地、水文化保护为主体，引导牧民群众、修行人员和外来游客不使用塑料制品，"打包"带走自己产生的垃圾，力争将尖作村打造成青藏高原第一个"零废弃"村落，目前正在策划 2019 年在措池村和当曲村启动"绿色社区综合保护发展与共管模式项目"。世界自然基金会（WWF）携手广汽集团，开展巡护车辆捐赠，并冠名资助大学生志愿者等环保公益的志愿者活动。"北京巧女基金会"赴园区实地调研考察后签署合作框架协议，组织编制《国家公园擦泽示范村村落建设概念性规划》，探索特许经营模式深化合作机制。阿拉善 SEE 基金、山水、三江源生态保护协会、原上草、雪境等非政府环保组织参与合作，为共同推动国家公园体制试点各项工作献智慧、做贡献。"雪豹守望者"团队联合编制出版"三江源环保小卫士——江措"科普读物，宣传普及三江源生态保护科普知识。

2.1.2.3　支持科研活动

三江源国家公园搭建科技支撑平台，鼓励科研院所、高等院校等依法进入三江源国家公园开展资源调查，进行科学考察活动，攻克科研难题。自体制试点以来，依法申请进入三江源国家公园范围的科研团队有87批次。其主要开展地质调查、地质标本采集、冻土监测、水文观测、水质采样、生物多样性调查、土壤动物与微生物监测、生态环境地面监测、草地土壤环境质量调查、矿区生态恢复、人类对高寒缺氧环境适应研究、生态移民调研、无人机航拍等活动。这些科研活动，对摸清园区内自然资源现状、生态环境现状、人类生产活动和其他本底状况夯实了基础，对三江源生态保护建设二期、三江源矿山地质环境恢复治理等重大工程建设提供了有力支持，为加速三江源生态系统恢复提供了智力支持。目前，交通运输部水运工程科学研究所《三江源自然保护区规范化保护与建设调查报告》、中国科学院南京地理与湖泊研究所《黄河源区湖泊调查工作初步报告》、中国科学院西北高原生物研究所《三江源国家公园生物多样性保护及生态系统适应性管理技术与模式》（进展报告）、《三江源国家公园星空地一体化生态监测及数据平台建设和开发应用》（进展报告）和中国科学院生态环境研究中心《三江源国家公园考察报告》5项科研成果提交了阶段性进展报告。

2.1.3　带动社区发展，形成保护合力

注重在生态保护的同时促进人与自然和谐共生，准确把握牧民群众脱贫致富与国家公园生态保护的关系，在试点政策制定上将生态保护与精准脱贫相结合，与牧民群众充分参与、增收致富、转岗就业、改善生产生活条件相结合，充分调动牧民群众保护生态的积极性，使其积极参与国家公园建设。

2.1.3.1　创新生态公益岗位机制

2015年，青海省农牧厅、青海省林业厅、青海省财政厅印发《关于下达新增草原湿地生态管护员指标任务》，分配三江源国家公园范围内草原、湿地生态管护员指标2554个（包括全国首批湿地管护公益岗位963个），实际落实2630个。2016年4月5日，青海省政府办公厅印发《关于青海省生态保护和

服务脱贫攻坚行动计划的通知》，新增生态管护公益岗位7421个。三江源国家公园园区内生态管护公益岗位共计10051个，实现了三江源国家公园园区内精准扶贫建档立卡"一户一岗"全覆盖。2017年6月，根据三江源国家公园园区内实际牧户数量，新增生态管护公益岗位7160个。目前，园区内持证上岗生态管护员共计17211个，其中：黄河源园区管委会2545个，澜沧江源园区管委会7752个，曲麻莱园区管理处2867个，治多园区管理处4047个，实现园区内牧民生态管护公益岗位"一户一岗"全覆盖。

建立制度保障，制定《三江源国家公园体制试点生态公益岗位机制实施方案》《三江源国家公园生态管护员公益岗位管理办法（试行）》《三江源国家公园生态管护员绩效考核实施细则（试行）》，加强生态管护公益岗位"一户一岗"政策落实前、中、后期管理。组织编印"双语"《生态管护公益岗位全员培训方案》《三江源国家公园生态管护员培训教材》《生态管护简明读本》，举办生态管护员师资力量培训班。三江源国家公园各园区管委会（管理处）选送43名业务骨干开展生态管护员基本理论和实践技能培训，共分四轮次培训生态管护员42252人次，提升了生态管护员管护能力。各园区积极推进山水林草湖组织化管护、网络化巡查，组建乡镇管护站、村级管护队和管护小分队，统一配发队旗、巡护袖标、上岗证和巡护日志，配发巡查巡护交通工具、野外巡护装备，构建了远距离"点成线，网成面"的生态管护新格局。

通过设置生态管护公益岗位，广大牧民保护生态的参与度明显提升，聘用的生态管护员数量约占园区内牧民总数的27.3%，且"一人被聘为生态管护员、全家成为生态管护员"新风正在兴起，生态保护成绩突出。如：玛多黄河源园区发生的"7·26"非法捕杀藏野驴案和"8·23"非法采金案，均是生态管护员及时发现并报给政府有关部门。从园区建档立卡贫困户中选聘的10051名生态管护员，每人每年可获得21600元的工资，按照人均纯收入4000元的脱贫标准，户均人口5人以下的贫困户全部实现脱贫，生态脱贫效果显现。生态管护员还在党建、维稳、民族文化传承等方面发挥着重要作用。黄河源园区管委会已经率先构建"生态管护+基层党建+精准脱贫+维护稳定+民族团结+精神文明"六位一体的生态管护模式，其他园区正在学习推广中。

2.1.3.2 有效探索野生动物肇事补偿

野生动物肇事补偿可提高原住民对当地野生动物的容忍度，是当今世界范围内预防和缓解人兽冲突的主要措施。2012年1月1日，《青海省重点保护陆生野生动物造成人身财产损失补偿办法》（以下简称《补偿办法》）颁布实施，三江源地区野生动物肇事补偿随之推行。三江源国家公园内，生态管护员负责开展人兽冲突监测和调查，在事发第一时间赶到现场，拍摄肇事照片，做详细监测记录，为野生动物伤害补偿提供证据，并以此准确掌握园区内发生人兽冲突事件的类型、数量、概率、损失及补偿情况，以及区域内大型食肉目野生动物种群状况。截至2017年，全省共受理野生动物造成人身财产损失补偿案件5850起，补偿金额达到3051.8万元，其中三江源国家公园占15%。但随着补偿工作深入推进，补偿程序复杂、受理时限过长、补偿范围局限与农牧业保险交叉重叠等问题和困难日益凸显，特别是新修订的《中华人民共和国野生动物保护法》对野生动物范围和致害补偿等内容做出修改。为了更好地与上位法相契合，且便于实际工作操作，青海省政府已将2012年出台的《补偿办法》的修订工作纳入2018年立法工作计划，抓紧修订《青海省陆生野生动物造成人身财产损失补偿办法》。

随着生态系统不断恢复，人兽冲突日益频繁，政府补偿政策面临核准难、成本高的挑战，野生动物肇事补助新模式需不断完善。杂多县昂赛乡年都村在三江源国家公园内率先尝试建立家畜保险基金制度，每年有8000头左右的牦牛参加保险，每头牦牛缴纳保险金3元，共同纳入社会捐助和政府筹措资金。村民每损失一头牛，可以获得补偿500元。补偿基金的使用权归村委会所有，村委会设有资金管理使用委员会，下设3个由5名村民组成的审核小组，专门负责对野生动物袭击事件照相取证、实地调查、审核验证，并给予补偿。若村民保护牲畜措施得当，当年未发生牲畜被野生动物袭击现象，也能获得相应补偿。家畜保险基金的建立，激发了社区群众自我管理家畜动力。牧民积极配合使用藏獒辅助放牧，有效减少了狼、雪豹等食肉动物对家畜的伤害。另外，这几年来，三江源国家公园管理局通过组织开展重点肇事野生动物习性研究，为人与动物和谐相处奠定了科学基础，相关成果正在转化为政策。

2.1.3.3 优化产业空间布局，开展特许经营

根据三江源国家公园功能定位和管理目标，以及功能分区管控要求，按照社区分类管理和发展模式，科学制定三江源国家公园产业准入正面清单和特许经营清单，优化产业空间布局，构建生产生活生态空间相对独立又有机融合的产业发展空间格局。以实现生态有效保护、资源适度高效利用、产业差异发展

布局、区域集约联动为发展目标，在园区内布局产业禁止发展、资源适度利用和产业集聚发展三种不同定位的产业区块，在园区外县城和重点城镇布局产业支撑服务体系，实行差别化产业发展管控策略。

为鼓励和引导社会资本参与三江源国家公园建设，保障国家利益、社会利益和特许经营者的合法权益，三江源国家公园管理局颁布了《三江源国家公园经营性项目特许经营管理办法（试行）》，对园区内从事营利性项目特许经营领域、条件、期限、协调机制、监督管理、利益保障、争议解决、责任约定进行规定，为园区特许经营活动开展提供依据。体制试点中稳定草原承包经营基本经济制度，在充分尊重牧民意愿的基础上，通过发展生态畜牧业合作社，尝试将草场承包经营逐步转向特许经营。鼓励引导并扶持牧民从事公园生态体验、环境教育服务以及生态保护工程劳务、生态监测等工作，使他们在参与生态保护、公园管理中获得稳定长效收益。立足资源禀赋、环境承载能力和产业发展基础，以生态有机畜牧业为基础，以生态体验和环境教育、特色文化、汉藏药材资源开发利用产业为核心，加快产业结构调整升级，推进产业绿色发展。

2.1.4 完善自然资源综合执法体系

2.1.4.1 强化自然资源综合执法管理体系①

解决自然资源执法监管"碎片化"问题，是三江源国家公园体制试点的重要内容之一。在国家公园体制试点过程中，国家公园范围内上下三级联动、归属清晰、权责明确、执法严格、监管有效的生态保护管理新体制全面形成，各执法部门之间既合理分工、明确权责，又各司其职、相互渗透、相互补充、相互配合，共同落实生态保护管理的基本原则和根本目标。

2.1.4.2 开展纵横双向联合的自然资源综合执法活动

对三江源国家公园及三江源国家级自然保护区的巡护、巡查和摸底，重点在三个园区开展持续性巡护执法专项行动，严厉打击各类乱采滥挖、乱砍滥伐、乱捕滥猎等破坏自然资源违法犯罪活动。截至2018年底，开展"绿水行动""雷霆行动""绿剑行动""飓风行动""清网行动""绿盾行动"等以打击破坏自然保护区自然资源和野生动植物资源行为为主题的各类专项行动15

---

① 主题报告第五章中有介绍。

次。集中开展对三江源国家级自然保护区 18 个保护分区全区域范围巡护活动 20 余次，共投入警力 2 万余人次，车辆 8000 余台次，总行程超过 80 万公里。检查木材加工企业、野生动物驯养繁殖等各类场所行业 58 家次，下发责令整改通知 30 余份，取缔关闭砂石料场 113 家，查处各类违法犯罪案件 201 起，处罚金额 121.1 万元，确保了三江源国家公园、三江源国家级自然保护区和可可西里世界自然遗产地自然资源的资产安全。

三江源国家公园管理局主动衔接沟通省域间各相邻保护区，加强对生态探险游、非法穿越保护区等联合监管力度，加强三江源国家公园、三江源国家级自然保护区、可可西里世界自然遗产地与新藏川等省区相邻地区生态环境资源类案件查处力度，严厉打击盗采、盗猎等违法犯罪活动。一是为发挥自然保护区联盟合作机制效益，切实加强区域生态环境保护和地区间生态环境联防联治工作，2018 年 10 月 26 日，三江源国家公园管理局在西宁市主持召开三江源国家公园管理局暨青新藏三省区国家级自然保护区联盟第六届工作协作会议，与新疆阿尔金山保护区管理局、西藏羌塘保护区那曲和阿里两个管理分局、珠穆朗玛峰保护区管理局共同签订了《青新藏五大自然保护区生态环境保护协作备忘录》，制定了《青新藏五大自然保护区协作联盟章程》，建立了跨省区长效管控和执法机制，着力加强青新藏三省区边界区域的生态环境资源执法力量。二是白扎、东仲、江西等自然保护分区森林公安派出所与西藏昌都市公安局鸟东派出所二级检查站形成联席会议制度，并签订《平安边界联防合作协议》，双方约定通过建立青藏两省区跨区域警务联防，信息互通、警力资源共享、边界联防互动、执法办案互助，联合打击边界地区破坏生态资源违法犯罪，实现队伍共建、防控联动、成果同享，为创建和谐平安边界打下坚实基础。另外，组建警务机动队，探索建立突发事件、重大案件应急机制，在集中优势兵力、保障案件侦破、建立应急机制等方面进行优化设计，提升生态环境执法的战斗力和影响力。

2.1.4.3 探索建立自然资源刑事司法和行政执法高效联动机制

为使刑事司法和行政执法高效结合，三江源国家公园森林公安局与青海省人民检察院侦查监督处建立联席会议制度，积极推进服务和保障三江源国家公园建设专项检查工作。2017 年以来，《青海省人民检察院关于充分履行检察职能服务和保障三江源国家公园建设的意见》《青海省检察机关开展服务和保障三江源国家公园建设专项检查活动实施方案》《三江源国家公园生态保护行政

执法与刑事司法衔接工作制度》先后出台。青海省玉树市人民法院在三江源地区设立第一个生态法庭，即青海省玉树市人民法院三江源生态法庭，为三江源国家公园生态环境保护提供有力司法保障。2018 年 3 月，三江源国家公园法治研究会成立并召开第一次会员代表大会。研究会结合三江源地区生态保护、绿色发展、民生改善的实际，有针对性地研讨体制试点中存在的法治理论和实践问题，把研讨成果应用到实际工作中，促进国家公园法治建设再上新台阶。

2.2　钱江源国家公园地役权制度改革

中国相当数量的自然保护地科研基础不够、土地权属复杂、财政支持缺乏，存在科学管控难、统一管理难和资金供给难的共性问题。现有的自然保护地基本采用要素式的管理模式，即其管理目标并非从整个生态系统的完整性角度出发，而是关注生态系统的某一个片段或者要素。一个自然生态系统内经常有多个不同类型的自然保护地，这种管理模式导致"一地多牌多主"、不同类型的自然保护地交叉重叠、管理机构权责不清的现象普遍存在。为了改善上述情况，加强对生态系统原真性和完整性的保护，中国先后提出建立国家公园体制和构建以国家公园为主体的自然保护地体系的目标。今后中国自然保护地的管理将由以资源要素为核心的管理模式转向以生态系统为核心的管理模式。国家公园体制也将引领自然保护地体系改革，其先行先试具有全国性的示范意义。生态系统的复杂性、动态性、模糊性和干扰的不确定性，决定了生态系统管理目标、生态系统对管理行为的响应、管理决策等方面的不确定性。适应性管理作为一种应对复杂动态系统不确定性难题的工具，逐渐成为被认可的生态系统管理模式，应用于渔业管理、森林管理、流域生态治理与恢复等领域。

如何从体制层面在国家公园实现适应性管理以解决上述问题？保护地役权制度给出一种解决办法。传统的地役权是指为了利用自己土地的便利，而对他人的土地进行一定程度的利用或者对他人行使土地的权力进行限制的权利。随着社会的发展，地役权已经在最初强调有利、相邻的私益性基础上增加了公益性，在土地利用和环境保护方面起到积极作用，即保护地役权。美国 2000 年颁布的《第三次财产法重述：役权》（Restatement of Property, Third, Servitudes）中指出，保护地役权的目标包括但不局限于：保留或保护不动产的自然、景观、开放空间价值；保障其农业、林业、休闲游憩或开放空间利用等功能；保护或管理自然资源的利用；保护野生生物；维系并提升土地、大气和水环境质量。

可在借鉴国际经验的基础上，寻求构建适合中国自然保护地现状的保护地役权制度，与生态补偿结合并进行适应性管理，以解决生态系统尺度和景观尺度上连续的自然保护地因为权属不一致而被破碎化管理问题，解决社区发展和生态保护之间的矛盾。可以针对中国自然保护地体系的问题，对保护地役权制度进行调整，按以下技术路线形成操作制度：明确保护对象，细化管理需求，确定保护对象和原住民的生产、生活行为之间的关系，辨识原住民禁止、限制和鼓励的行为，形成正负行为清单并配套不同类型的激励方式；据此来约束土地利用的方式和强度，以地役权合同的形式平衡保护与发展之间的关系。

2.2.1 制度设计的技术路线和方法

本研究技术路线基于自然保护地管理的问题导向和国家公园体制建立的目标导向而提出。问题导向主要是指能够解决生态系统和生物多样性保护的客观问题，比如人为干扰造成的物种栖息地保护不力、生态系统服务功能下降等；目标导向是指制度设计要符合《关于健全生态保护补偿机制的意见》《总体方案》的要求。其中，制度设计要以生态系统科学管控的理论和社区利益诉求为基础，围绕保护目标，平衡保护和发展的关系，形成适应性管理办法，并制定有针对性的、精细化的补偿测算方式和市场化、多元化的生态补偿模式。

2.2.1.1 适应性管理框架的构建

适应性管理框架是一种基于学习决策的资源管理框架[①]，主要包括界定问题、编制方案、执行方案、检测、评估结果和改进管理。它广泛应用于森林等自然资源的管理。何思源从理论上设计了一套新型的适应性管理框架，提出对重点保护对象的状态划分空间等级，在特定的空间范围制定保护需求清单，并配套保护地役权制度促进管制措施落地，但是研究结论有待实践[②]。本研究将其和生态补偿制度相结合，并应用于国家公园，更新了上述适应性管理框架

---

① 徐广才、康慕谊、史亚军：《自然资源适应性管理研究综述》，《自然资源报》2013 年第 10 期。
② 何思源、苏杨、罗慧男、王蕾：《基于细化保护需求的保护地空间管制技术研究——以中国国家公园体制建设为目标》，《环境保护》2017 年第 2 期。

（见图专 2 - 2 - 1）。其中，制度设计的基本原则要遵循保护生物学理论，比如保护珍贵物种优先、就地保护原则等。

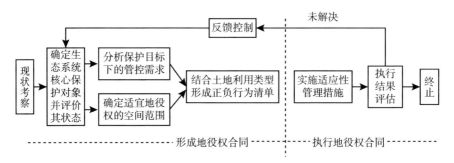

图专 2 - 2 - 1　以地役权制度为基础的适应性管理框架

2.2.1.2　生态补偿的制度设计

2016 年国务院办公厅颁发的《关于健全生态保护补偿机制的意见》提出要建立生态环境损害赔偿、生态产品市场交易与生态保护补偿协同推进生态环境保护的机制。结合《总体方案》中"构建市场化、多元化的生态补偿机制"，以及"构建社区发展协调制度"的要求，本研究的制度设计思路如图专2 - 2 - 2 所示，要鼓励多元参与，构建利益共同体，形成保护合力。

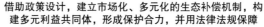

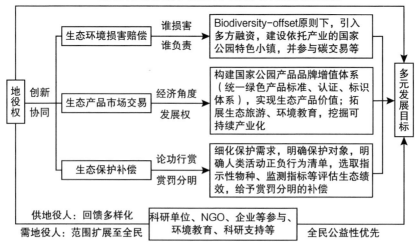

图专 2 - 2 - 2　结合中国实际的地役权制度生态补偿方案的设计思路

Biodiversity-offset 即生物多样性中和，主要是指工程项目等的实施在采取一定的手段后对生态系统多样性的影响非负。

2.2.1.3　研究方法

本研究主要采取文献查阅、半结构式访谈和问卷调查等方法。除分析地役权、国家公园体制制度外，重点对国家公园生态系统的基本情况进行文献分析，作为制度设计的基础。

半结构式访谈是介于完全开放式访谈和结构式访谈之间的一种访谈方式。本研究调研过程中主要对焦点人物和原住民进行访谈。其中焦点人物访谈主要针对村干部（目的是获得社区集体信息）、政府职能部门的重点人物（保护区管理机构的相关干部等）。访谈的主要目的是了解受访者利益诉求与保护需求之间的相关性，为正负行为清单的制定以及生态补偿方案的设计做准备。问卷调查主要针对社区原住民的基本生产和生活情况，了解其受教育水平、生计手段和收入水平等基本信息。

2.2.1.4　案例地点的选取

本研究主要针对钱江源国家公园体制试点区（以下简称"钱江源国家公园"）。钱江源国家公园地处中国东部人口密集、集体林地比例较大的区域，具有实施保护地役权的典型性。钱江源国家公园涉及浙江开化县苏庄、长虹、何田、齐溪共 4 个乡（镇），涉及人口接近 1 万人，国有土地和集体所有土地分别占 20.4% 和 79.6%。钱江源国家公园的主要问题是道路修建、经济林种植和村镇阻隔等因素造成森林生态系统碎片化。钱江源国家公园体制试点区内原住民具有保护生态环境的良好传统，例如当地仍保留着"封山节""敬鱼节"等民俗文化活动，珍稀的白颈长尾雉（Symaticus ellioti）等野生动物与当地的采油茶等农事活动形成了人地平衡关系。

2.2.2　政策设计的基础以及实施步骤

2.2.2.1　原住民的利益诉求分析

社区调研是制度设计的基础。本研究通过对国家公园范围内重点村落的调查，了解整个试点区内原住民生产生活的基本情况（见表专 2 - 2 - 1）。调研发现，社区人口老龄化、村庄空心化问题严重，户籍人口多但常住人口少，并且以老年人、哺乳期妇女和儿童为主。

表专 2 - 2 - 1　钱江源国家公园重点村落的基本情况

乡镇	自然村	常住人口(人)	分区	主要产业	核心保护对象
苏庄	龙潭口	118	核心保护区	茶叶、油茶	生态系统、水源
	东山	106	生态保育区	茶叶、油茶	生态系统、水源
	外长坑头	80	核心保护区	茶叶、农作物	生态系统
	内长坑头	6	核心保护区	茶叶、农作物	生态系统
	青安塘	24	生态保育区	茶叶	生态系统
	冲凹	6	核心保护区	茶叶、养蜂	生态系统
	岭里头	2	核心保护区		生态系统
齐溪	大鲍山	79	核心保护区		生态系统
长虹	河滩	99	生态保育区	茶叶、农作物	生态系统、水源

本研究认为差异化的人群应平等地享受国家公园建设带来的福利，有必要分析原住民对国家公园补偿的诉求（见表专 2 - 2 - 2）。调研发现不同人群的补偿诉求差别较大：60 岁以上的人群主要希望改善养老和医疗的基础设施条件和提高社区服务水平；有劳动能力的青壮年更偏好于增加技能培训和就业机会；有孩子的家庭希望社区提供良好的教育。

表专 2 - 2 - 2　钱江源国家公园原住民对国家公园补偿的诉求

直接补贴	社会福利	生计带动
液化气补贴 景区开发补贴 生态公益林补贴 基本农田补贴 地役权限制和鼓励行为补贴	老人、残疾人补贴 安装有线、无线网络 丰富娱乐活动 生产生活基础设施水平提高(垃圾处理、污水排放处理、修路等) 医疗、教育等公共服务水平提高	茶叶、油茶等国家公园品牌产品 农家乐、农机培训、保护地管理、对森林资源开发利用、发展生态旅游等

2.2.2.2　构建适应性管理框架，形成地役权制度

适应性管理框架主要包括：细化保护需求，确定适宜实施地役权空间范围，制定正负行为清单并确定监测指标和方法。

（1）细化保护需求。主要的操作步骤包括：明确保护对象（主要指环境本底、生态系统、水质和生态系统服务等），细化保护对象的管理需求（重要区域细化到林班尺度），确定其与原住民生产生活行为之间的关系。具体到钱江源国家公园，基于区域内生态系统和生物多样性的监测基础和本底调查情况，确定以低海拔中亚热带常绿阔叶林生态系统以及相关珍稀物种和水源地为主的保护对象，以及重要保护动物的栖息地活动范围不缩小的保护目标。

（2）确定适宜实施地役权的空间范围。结合森林资源二类调查、动物栖息地范围和活动规律，在地图上标识有差异化保护需求的区域。尽管国家公园强调的是生态系统的完整性保护，但考虑到政策执行成本，确定地役权实施范围时需要有所侧重。应重点关注集体所有的土地和重点保护对象有重叠的区域，明确有利于不同类型的林相正向演替的管控措施（比如通过建立生态廊道保持生态系统完整性），并在此区域重点开展监测和管制。在自然资源确权基础上，结合土地权属，绘制出适宜地役权的空间范围，同时确定原住民可参与的方式。最后，综合多方面因素（如生态系统完整性、水源地代表性和跨界管理问题等），筛选浙江省开化县长虹乡霞川村作为试点开展工作。

（3）制定正负行为清单。在考虑土地类型的差异及其对应的人类行为的基础上，形成原住民的正负行为清单（见表专2-2-3），并将其作为空间上的正负行为准则。其中，土地类型包括林地、耕地、园地、宅基地、水源地。

表专2-2-3 原住民正负行为清单（耕地部分）[a]

保护对象	正/负	具体行为	参与方式
环境本底、水源地	禁止	使用未经批准的化肥、农药、除草剂	个人
		使用未经发酵处理的粪便作为肥料	个人
		秸秆焚烧	个人
	鼓励[b]	合理套种，合理密植	集体/个人
		立体农业	个人
物种、种群、群落和生态系统	禁止	驱赶、捕捉进入耕地的野生动物	个人
		以围栏、栅栏等形式明确隔离耕地和自然环境	个人
	鼓励[b]	以本土植物形成天然的隔离林带	集体/个人
文化遗产等原真性	鼓励[b]	保留传统农耕文化	个人
		适度发展耕地景观、发展生态旅游和环境教育	集体

注：[a]对于原住民正负行为清单，有必要结合国家公园功能分区进行细化，在实践阶段进一步调整，这里不做更多探讨；[b]核心区内，鼓励耕地退出或者弃收。

（4）确定监测指标和方法。参考森林生态系统生物多样性监测和评估规范（LY/T2241-201），确定表征生物多样性保护效果的监测指标以及指示性

物种的监测方法［选取有代表性的白颈长尾雉和黑麂（muntiacus crinifrons）为指示性物种］（见表专2－2－4）。

表专2－2－4　钱江源国家公园森林生态系统中野生动植物多样性的部分监测指标

分类		监测指标/方式	周期
野生植物监测	种类	物种名称、数量	每年2次
	变化	无人机监测各种植被类型面积和高度的变化	
野生动物监测	种类	物种名称、数量	每年2次
	种群	分布格局	
		物种相对多度指数	长期
资源利用		乔、灌、草植物的名称、采集地点、采集数量、利用部位、用途、交易方式	每月1次
人为干扰		干扰方式和强度	每年1次

2.2.2.3　地役权合同的形成和执行

以适应性管理为基础，结合当前中国生态补偿政策，形成地役权合同并执行，具体包括以下三点。

（1）制定保护效果的评价方法和补偿标准。为防止传统生态补偿政策一刀切的现象，有必要对原住民参与的保护行为进行生态绩效评价，并给予补偿。地役权保护效果的评价包括三个方面：村民正负行为的遵守情况、客观监测指标的改进情况（对部分指标，需要专业科研团队的支持，并且赋予其在重大项目和政策执行方面的一票否决权）和其他能力建设要求（比如制度建设等）。运用风险控制理论和生态足迹的原理，结合原住民生产、生活行为的频率及其对生态系统的影响，参考东部地区物价水平和地方政府财政承受力，结合经济学中的机会成本法和最小受偿意愿法等，本着"论功行赏、赏罚分明"的原则，量化正负行为的价值，以此为基础制定差异化的生态补偿标准。另外，地役权执行的形式与集体和个人的参与方式有关系，也与土地类型（林地、耕地、园地、宅基地和水源附近土地）有关，具体操作层面可以结合实际情况调整。

考虑当前中国农村社会的治理结构，基于调研结果和其他自然保护地经验（如浙江杭州良渚文化遗址生态补偿的成功经验），地役权保护效果评价操作思路如下：由国家公园和村集体签订保护协议，并明确监管方法；村集体与原住民签订协议，由各村自行决定地役权补偿资金的用途、分配比例，促进村民自治；经国家公园管理机构全程监督认可并经第三方定期评估考核确认各村保质保量完成协议区域内的保护任务后，为村集体颁发补偿金。

主要根据以下标准体系打分（见表专2-2-5），计算公式如下：

总计分 = 行为计分个人 × 30% + 行为计分集体 × 20% + 生态指标计分 × 30% + 社区能力建设计分 × 20%

表专2-2-5　钱江源国家公园地役权实施评价体系

评价内容	评价主体	权重	评价周期	评价目标
社区个人正负行为	集体对个人评估	30%	每年	地役权合同中正负行为的遵守情况
社区集体正负行为	国家公园管理机构对社区集体评估	20%	每年	
常规监测指标评价	第三方评估	30%	每年	生态保护效果
社区能力建设	第三方评估	20%	每年	社区能力建设效果

评价满分为100分，按最后所得分值和补偿基数计算每年度实际应该获得的地役权直接补偿金额，计算公式如下：

地役权直接补偿金额 = 补偿基数 × 总计分/100

其中，补偿基数主要根据原住民的收入水平、地方政府财政承受能力和融资情况确定。具体某一个村的补偿基准，需要根据行政村（社区）人口、面积、生态敏感度等因素通过协商确定。

结合实际，地役权合同中对原住民正负行为的补偿金额并不是直接从经济价值角度核算，而是在确定各村补偿基数后，参考正负行为的频率和强度确定。对于极端负面行为（如盗猎），一票否决其获奖励机会；对于正面行为，按照评估结果占总分的比例给予相应的补偿。

其中，村民行为和村集体的总分是由第三方根据有劳动力的原住民每年实际履行清单情况评估所得的平均数来确定。补偿金额设定上限和下限，其中补偿下限为遵守正负行为获得的直接补偿和日常管护运营经费；补偿上限包括补偿下限和间接补偿（生态岗位、基础设施改善、公共福利改善、特许经营获利、其他社会渠道捐赠等）。即，

$$补偿上限 = 补偿下限 + 间接补偿$$

（2）形成地役权合同并实施。地役权合同包括保护目标、监测方法、考核方法、供役地人、需役地人、供役地范围、期限以及供役地人与需役地人的权利和义务等内容。其中，地役权合同的签订主要由乡（镇）政府或国家公园管委会推动，需配套建立考核目标体系、考核办法、奖惩机制。

（3）引入社会力量，丰富地役权。社会力量（包括营利和非营利的社会组织）的引入是间接补偿的重要环节。营利组织主要参与构建国家公园产品品牌增值体系（品牌增值体系包括产品和产业发展指导体系、产品质量标准体系、产品认证体系和品牌管理推广体系等）。该体系可以将资源环境的优势转化为产品品质的优势并通过品牌平台固化，在自然保护地友好和社区友好的约束下实现单位产品价值的提升。借助特许经营的形式，激励原住民参与保护，鼓励地方龙头企业参与，培养可持续的产业，将保护和品牌结合，并惠及社区。钱江源国家公园产品品牌增值体系的产品包括开化县已经有扶持基础但缺少品牌效应的茶叶、油茶、民宿等。可以通过引入绿色融资，建设国家公园特色小镇，并构建品牌增值体系，促进三产融合。非营利组织对解决跨行政区管理有助力，可以作为地役权合同的签订方，规定参与统一管理的跨界区和国家公园遵循同样的管理方法和标准，促进生态系统完整性的保护。

2.2.3 政策实践和保障

适应性管理的理念已经被学术界普遍认可，但是实践中却少有成功案例。中国自然资源的适应性管理大部分停留在理论性论述和框架研究阶段。钱江源国家公园借助依托地役权制度的适应性管理，可以解决对不同权属的土地进行科学、统一管理的问题，并通过生态补偿等机制鼓励原住民参与保护，实现绿色发展。下面就制度实践和保障展开讨论。

2.2.3.1 制度实践

操作层面上，"钱江源国家公园适应性管理办法"的推进从地役权开始。2018 年 4 月，浙江省开化县颁布了《关于印发钱江源国家公园集体林地地役权改革实施方案》。该方案可在不必赎买集体土地和进行生态移民的前提下，快速推进地役权改革且成本较低，达到国家公园自然资源统一管理的基本要求，为科学地实施适应性管理奠定了基础。但该方案本质上看还是属于传统意义的生态补偿，没有解决种植大户承包问题、跨界问题和绿色发展问题，并且缺少体制机制创新。而本研究的制度设计和开化县现行地役权方案衔接，率先以试点的形式展开政策尝试。除了可以解决上述问题外，还设计了对耕地、园地、宅基地和水源地的适应性管理办法和多元化的生态补偿方案。

另外，需要指出社区是重要的参与方，其自然资源管理的目标和模式要符合国家公园的管控要求。操作难度较大、专业化程度较高、对生态和环境产生干扰的活动，必须由国家公园专职技术人员完成。对于一定规模的项目，必须进行专业的生态环境影响评价。

2.2.3.2 制度保障

完善的法律法规和清晰的治理结构是制度执行的保障。需要制定"钱江源国家公园适应性管理办法"，并将其作为专项管理办法纳入"钱江源国家公园管理条例"。明确适应性管理的操作步骤，出台关于地役权的地方性法规，规避其法律法规缺失的问题。要制定"特许经营管理条例""国家公园产品品牌管理办法"，以特许经营合同的形式提出加入国家公园品牌增值体系的标准和办法。考虑到生态公益等岗位更受社区欢迎并对国家公园有贡献，特许经营中要明确企业需要吸纳的原住民的具体比例或人数（优先保障核心区和生态保育区）。

另外，适应性管理的目标是服务于国家公园统一、规范的管理决策，涉及国家公园管理方、专家学者、专业技术人员和其他的利益相关方（社区、公众、企业、非政府组织和第三方机构等）。需要充分考虑各利益相关方的诉求，因此要借助"国家公园适应性管理办法"的制定，明确各利益相关方的责、权、利，特别是不同渠道的资金整合和角色分配。充分协商后，使地役权获得社区支持，利益共同体得以重构和再平衡，并达成一致的管理目标。其中最大的难点是监测的执行、监测指标的检验和评估体系的建立。因此需要较长的时间及大量资金投入；需要探索性试验并考虑长期的成本和收益，特别是试点期间对难以操作的监测指标进行调整；管理需要设计动态机制和反馈机制，并且允许项目的执行有灵活性，以保障其可操作性。

2.2.4 普适性

钱江源国家公园通过提高集体林地生态补偿的标准，与社区签订保护地役

权合同，保证原住民生产、生活符合国家公园管理要求，以较低的成本使自然资源的统一管理得以快速推进。同时，为避免"一刀切"的模式，在充分考虑各利益相关方诉求的基础上，率先以试点形式探索地役权制度，以实现更科学的适应性管理模式，即本研究方案。试点区探索兼顾了保护和发展，控制了移民数量并且在跨省合作方面展开了尝试，为社区设计了绿色发展的技术路线，即构建国家公园产品品牌增值体系作为间接补偿的主要措施之一，具有创新性和全国示范意义。

这样的制度设计具有一定的普适性，可以应用于以下两类区域：一类是全国同类的试点区（比如生态保护与社区发展矛盾突出的武夷山国家公园体制试点区、社区原住民协调困难的东北虎豹国家公园体制试点区）；另一类是和钱江源试点区在同一生态系统内，跨行政区域的江西、安徽地段。上述技术路线适用于山水林田湖草的一体化管理，除去文中提到的森林生态系统，该制度如何用于湿地、草原等生态系统，有待结合实际情况展开深入研究。

2.2.5 和物权法的衔接

地役权在物权法中已经有了明确的规定，但是，涉及生态和环境方面的保护地役权有其特殊性，主要是因为需役方所希望实现和改善的是公共利益。需要在法律层面上对现有的地役权条款做出更细致的解释，甚至对现有内容进行修订。保护地役权制度需要考虑两个兼容：与法律框架的兼容、与现行制度的兼容。从法理上讲，地役权是使用他人不动产的非占有性权利。《中华人民共和国物权法》（以下简称《物权法》）对地役权做出的规定为："地役权人有权按照合同约定，利用他人的不动产，以提高自己的不动产的效益。"这种地役权是一种独立的物权，在性质上属于用益物权的范畴。从传统地役权发展到保护地役权，其使用目的和基本要素都发生了较大的改变。《物权法》是地役权最直接、最核心的法律，但相关条文尚停留在传统地役权的范畴。其中，不仅相关条文中未有保护地役权的概念阐述，甚至没有公共役权的思想和理念，"他人不动产""自己的不动产"等对地役权概念的描述也没有跳出传统地役权私利的本质以及需要有不动产实体支撑的狭义概念。而事实上，很大一部分地役权的实施，是基于公益事业发展（包括保护事业）的需要。公益性的缺失，是当前《物权法》中对地役权概念界定最大的不足。在最近几年，补偿的各类市场机制被逐渐提上政策制定和落实的议程，但如何从物权的角度实现公益和私利更长久稳定的平衡却未受重视。因此，《物权法》及相关法规的充实完善、与时俱进，以及逐步融入公共事业（尤其是保护事业）的发展，是未来保护地役权制度建立需要克服的一个重大挑战。

一方面，在《物权法》中对保护地役权做出原则性规定，明确其法律地位。对《物权法》中与地役权相关的条款予以修订，明确保护地役权是地役权的类型之一，界定保护地役权的概念，规定保护地役权的权利性质、使用范围，权利的取得、转让、变更、终止以及权利的救济等内容，使保护地役权取得合法地位。另一方面，对起源于英美法系的保护地役权制度进行本土化改造。①产权约束的法理调整。西方国家大多为土地私有化国家，实施保护地役权制度须与土地所有权人签署协议。但事实上，地役权的实施并没有改变土地所有权的性质，而是对土地的使用权进行了分离。在中国土地公有制的背景下，需要在相关法律中明确地役权适用的土地产权形式，对使用权及其他土地权利的约束予以认可并细化。对于保护地役权签订的主体，除了包括不动产所有人之外，还应扩展到不动产的使用权人，土地的使用人如土地承包经营权人、建设用地使用权人、宅基地使用权人均能成为地役权的主体。②监管方式的本土化改造。基于土地私有的性质，西方国家实施保护地役权通常是与所有权人一对一签署并实施监管，监管的成本极高，从而导致了很多管理者更愿意买断土地的完整产权束也不愿签署地役权合同的情况。中国土地公有为这一问题提供了更便捷的解决方案。在保护需求空间化识别的基础上，变一对一的合同签署方式为公园与村集体协商签署，再由村集体将管制要求逐一落实到户，从而削减监管的成本。

（本章初稿执笔：苏红巧　王宇飞　赵鑫蕊　李月

任海保　王罗汉　王颖婕）

附　　件

附件第1部分
国家公园体制建设相关
中央文件的要求解读及
国家相关工作动态

附表1-1　国家公园体制建设相关中央文件的要求解读及国家相关工作动态
（截至国家林草局"三定方案"颁布）

文件名和重大事件名	文件中的相关内容	文件初衷和主要内容解读
十八届三中全会《决定》（2013年11月）	建立国家公园体制	严格按照主体功能区定位推动发展
《关于开展生态文明先行示范区建设的通知》（2014年6月）	安徽省黄山市等7个首批先行示范区"探索建立国家公园体制"	将国家公园体制作为生态文明先行示范区改革的重要制度建设工作
国家发改委等《试点方案》（2015年1月）	明确九个试点区；试点目标：保护为主、全民公益性优先；体制改革方向：统一、规范、高效。规定了体制机制的具体内容：管理体制建构方案（包括管理单位体制、资源管理体制、资金机制和规划机制）、运行机制构建方案（包括日常管理机制、社会发展机制、经营机制和社会参与机制）	国家公园体制试点的总体指导文件，详尽说明了各项试点工作
国家发改委办公厅《国家公园体制试点区试点实施方案大纲》（2015年3月）		

续表

文件名和重大事件名	文件中的相关内容	文件初衷和主要内容解读
中共中央、国务院《关于加快推进生态文明建设的意见》（2015年4月）	建立国家公园体制，实行分级、统一管理，保护自然生态和自然文化遗产原真性、完整性	建立国家公园体制的目的是保护自然生态和自然文化遗产
国务院批转国家发展改革委《关于2015年深化经济体制改革重点工作意见的通知》	在9个省份开展国家公园体制试点	是生态文明制度改革的重要内容，也与经济体制改革有关
中共中央、国务院《生态文明体制改革总体方案》（2015年9月）	建立国家公园体制。加强对重要生态系统的保护和永续利用……国家公园实行更严格保护，除不损害生态系统的原住民生产生活设施改造和自然观光科研教育旅游外，禁止其他开发建设……在试点基础上研究制定建立国家公园体制总体方案	从制度角度对生态文明建设进行顶层设计，包括八项基础制度，其中三处提及国家公园
国家发改委与美国国家公园管理局签订《关于开展国家公园体制建设合作的谅解备忘录》（2015年9月）	双方在国家公园的立法、资金保障、商业设施、生态保护，以及文化和自然遗产的保护、促进地方社区的发展和公园管理的创新等方面开展共同研究；双方在国家公园管理体制的角色定位、国家公园与其他类型保护地的关系、各类保护地的设立标准以及分类体系的建立等方面开展深入探讨	是习近平主席访问美国期间的外交成果，旨在深化中美双方国家公园体制建设合作
中共中央《"十三五"规划建议》（2015年10月）	整合设立一批国家公园……设立统一规范的国家生态文明试验区	"十三五"期间正式设立国家公园
中央深改组第十九次会议《中国三江源国家公园体制试点方案》（2015年12月）	在三江源地区选择典型和代表区域开展国家公园体制试点，实现三江源地区重要自然资源国家所有、全民共享、世代传承	《中国三江源国家公园体制试点方案》被中央深改办评审直接通过
中央财经领导小组第十二次会议（2016年1月）	要着力建设国家公园，保护自然生态系统的原真性和完整性，给子孙后代留下一些自然遗产。要整合设立国家公园，更好保护珍稀濒危动物。至此，形成了这个阶段中央发展国家公园的路径：建立国家公园体制——国家公园体制试点——整合设立一批国家公园（"十三五"）——着力建设国家公园	国家公园相关工作进入"着力建设"期

文件名和重大事件名	文件中的相关内容	文件初衷和主要内容解读
中央深改组第二十一次会议(2016 年 2 月)	开化被国家发改委、国土资源部、环境保护部、住房和城乡建设部四部委确定列为全国 28 个"多规合一"① 试点县市之一,开化作为代表向中央汇报"多规合一"改革工作	联动开展国家公园体制、国家主体功能区建设、"多规合一"等 5 项国家试点
《"十三五"规划纲要》(2016 年 3 月)	建立国家公园体制,整合设立一批国家公园	
国务院批转国家发展改革委《关于 2016 年深化经济体制改革重点工作意见的通知》(2016 年 3 月)	抓紧推进三江源等 9 个国家公园体制试点	
中共中央办公厅、国务院办公厅印发《关于设立统一规范的国家生态文明试验区的意见》及《国家生态文明试验区(福建)实施方案》(2016 年 8 月)	设立由福建省政府垂直管理的武夷山国家公园管理局,对区内自然生态空间进行统一确权登记、保护和管理。到 2017 年形成突出生态保护、统一规范管理、明晰资源权属、创新经营方式的国家公园保护管理模式	整合试点示范。将已经部署开展的福建省生态文明先行示范区……武夷山国家公园体制试点等各类专项生态文明试点示范,统一纳入国家生态文明试验区平台集中推进,各部门按照职责分工继续指导推动
《北京长城国家公园体制试点区实施方案》(2016 年 8 月)	提出北京长城国家公园体制试点区的具体工作要求	全国唯一提出自然生态与文化遗产互促式保护的试点区
中央全面深化改革领导小组第三十次会议审议通过《大熊猫国家公园体制试点方案》《东北虎豹国家公园体制试点方案》(2016 年 12 月)	有利于增强大熊猫、东北虎豹栖息地的联通性、协调性、完整性,推动整体保护、系统修复,实现种群稳定繁衍。要统筹生态保护和经济社会发展、国家公园建设和保护地体系完善,在统一规范管理、建立财政保障、明确产权归属、完善法律制度等方面取得实质性突破	完整保护旗舰物种的栖息地,实现空间整合和体制整合
全国发展和改革工作会议(2016 年 12 月)	加快提升绿色循环低碳发展水平。深化生态文明体制改革,发布省级地区绿色发展指数;推进落实主体功能区规划,制定建立国家公园体制总体方案	明确 2017 年工作的重点是《建立国家公园体制总体方案》

文件名和重大事件名	文件中的相关内容	文件初衷和主要内容解读
中央全面深化改革领导小组第三十六次会议审议通过《祁连山国家公园体制试点方案》(2017年6月)	抓住体制机制这个重点……在系统保护和综合治理、生态保护和民生改善协调发展、健全资源开发管控和有序退出等方面积极作为,依法实行更加严格的保护。……要抓紧清理关停违法违规项目,强化对开发利用活动的监管	祁连山成为第10个国家公园体制试点区,通过国家公园体制创新,解决既有体制、机制、政策漏洞,全面开展生态修复和整治工作
中央全面深化改革领导小组第三十七次会议审议通过《建立国家公园体制总体方案》(2017年7月)	建立国家公园体制……构建以国家公园为代表的自然保护地体系	确定国家公园的建设理念,将生态保护放在第一位,同时强调国家代表性和全民公益性
党的十九大报告(2017年10月)	生态文明制度体系加快形成,主体功能区制度逐步健全,国家公园体制试点积极推进。……建立以国家公园为主体的自然保护地体系	确立国家公园在中国自然保护地体系中的主体地位和未来发展方向
国家发改委《建立国家公园体制试点2018年工作要点》(2018年1月)	包括六个方面:推动重点试点任务落地落实、强化宏观指导和督促检查、加强培训和宣传引导、制定完善国家公园配套制度、加强国际交流合作、强化组织保障	聚焦关键问题,明确2018年改革重点
十三届全国人大一次会议和全国政协十三届一次会议(两会)发布《国务院机构改革方案》(2018年3月)	组建自然资源部……组建国家林业和草原局……由自然资源部管理。国家林业和草原局加挂国家公园管理局牌子	中央层面正式成立中国国家公园体制的统一管理机构
中共中央、国务院《关于支持海南全面深化改革开放的指导意见》(2018年4月)	研究设立热带雨林等国家公园……按照自然生态系统整体性、系统性及其内在规律,实行整体保护、系统修复、综合治理	国家公园和区域层面的深化改革结合
中共中央、国务院关于对《河北雄安新区规划纲要》的批复(2018年4月)	远景规划建设白洋淀国家公园。完善生物资源保护策略,保护淀区独特的自然生境和景观,保持淀区湿地生态系统完整性,努力建成人与自然和谐共生的试验区和科普教育基地	长远来看,国家公园将和区域发展结合
中共中央办公厅、国务院办公厅颁布《自然资源部职能配置、内设机构和人员编制规定》(2018年8月),即自然资源部"三定方案"	自然资源部是国务院组成部门,为正部级,对外保留国家海洋局牌子	

续表

文件名和重大事件名	文件中的相关内容	文件初衷和主要内容解读
中共中央办公厅、国务院办公厅颁布《国家林业和草原局职能配置、内设机构和人员编制规定》（2018年9月）	国家林业和草原局是自然资源部管理的国家局，加挂国家公园管理局牌子，提出加快建立以国家公园为主体的自然保护地体系，统一推进各类自然保护地的清理规范和归并整合，构建统一、规范、高效的中国特色国家公园体制	明确国家公园管理局具体的管理职责等，细化了管理机构的权责
中央深改委第六次会议通过《关于建立以国家公园为主体的自然保护地体系指导意见》《海南热带雨林国家公园体制试点方案》（2019年1月）		提出构建国家公园、自然保护区、自然公园三大类的"两园一区"的自然保护地新分类系统，对各类自然保护地实行全过程统一管理、统一监测评估、统一执法、统一考核，实行两级审批、分级管理的体制
中共中央办公厅、国务院办公厅印发《关于建立以国家公园为主体的自然保护地体系的指导意见》（2019年6月）	并发出通知，要求各地区各部门结合实际认真贯彻落实。初步建成以国家公园为主体的自然保护地体系	

　　注：①"多规合一"是指将国民经济和社会发展规划、城乡规划、土地利用规划、生态环境保护规划等多个规划融合到一个区域上，实现一个市县一本规划、一张蓝图。

附件第2部分
中国自然保护地管理
单位体制的主要类别

中国自然保护地管理单位体制主要有以下三种形式。

（一）行政特区型

具有较大面积的全球或全国层面的典型或敏感生态系统和资源类型、涉及保护地类型众多、管理强度和管理单位体制类型不一、各类自然保护地的管理体制统筹难度较大的国家公园，可以配备特区政府型的管理体制①，实施最统一高效但成本也可能最高的管理。

这一类是统筹管理力度最大的国家公园管理体制。在这类体制中，管理局不是一个单纯的履行国家公园管理职能的事业单位，而是代行地方政府职能、具有行政功能的一个管理委员会。它需要履行国家公园常规的主要职能，还配有专门的公检法等机构，拥有财政权、人事权、司法权等，具有最大的资源调动权，因而能实现最有效的管理。然而，在现实中，这种管理体制也将面临比较大的挑战，一方面，高效的管理必定需要较大管理成本的投入，管理委员会的人口少、工作任务重；另一方面，与其他国家公园管理机构相比，这类管委会在推动民生社会发展方面面临更高的要求，它们要像政府一样着力改善当地的生活，提高经济发展水平。而这些工作对于管委会来说，存在较大的挑战。具体机构设置方案，如附图2-1所示。

---

① 对于较大规模的自然遗产地或文化遗产地管理，中国都有一些特区，其中四川卧龙大熊猫自然保护区是比较典型的行政特区管理单位体制，管理局代管两个乡镇，行使了大部分地区政府的职能。

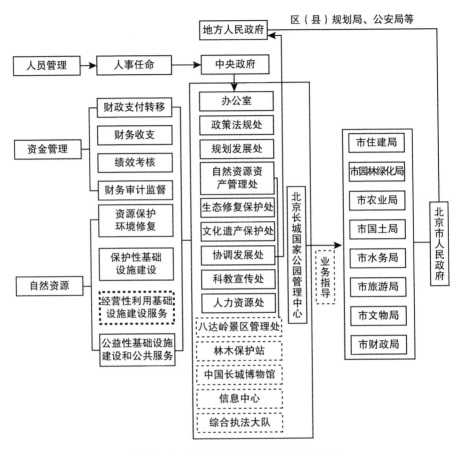

附图 2-1　行政特区型国家公园管理模式

注：细虚线表示在试点期间为保障资金机制等暂存的过渡机构，粗虚线表示以政策设计机制衔接。

（二）统一管理型

对于生态系统和资源重要性较高、涉及自然保护地类型相对较少、各类自然保护地管理强度和管理单位体制较为接近、易于统一管理的国家公园而言，可以配备统一管理型的管理体制，即对国家公园涉及的各项业务（除公安执法以外）都统一实施实质性的管理。

这一类是统筹管理力度中等的国家公园管理体制，除了执法方面与公安等机构没有实现统筹以外，保护与经营的职能可以实现较为完美的统一，并设置高配的国家公园管理委员会，由较高层的政府领导牵头，其职能包括保护生态环境、规范经济行为、引导产业升级、进行招商引资、带动社区发展等。而国家公园范围内原有自然保护地相关机构自身的体系并不改变，而是被纳入这个管委会之下，成为二级机构，由管委会来统一部署除公安执法以外的保护、科研、旅游等各项工作，协调各方的利益和矛盾，推动共同发展。由于在真正意义上实施了统一管理，这类国家公园管理体制使相关部门的责、权、利实现了统一。虽无公安执法权，但与特区政府管委会相比，这样明显降低了管理成本的投入，且适于应对部分地区在生态和管理上的复杂性，因而管理的成效非常突出。具体机构设置方案如附图 2 - 2 所示。

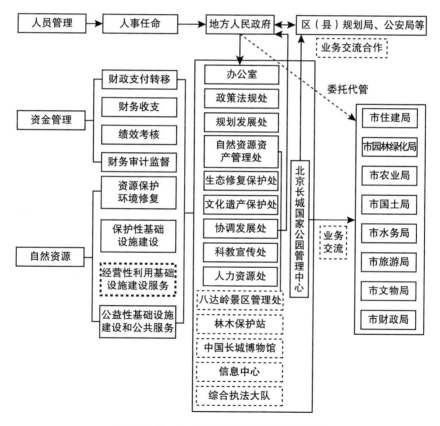

附图 2 - 2　统一管理型国家公园管理模式

注：细虚线表示在试点期间为保障资金机制等暂存的过渡机构，粗虚线表示以政策设计机制衔接。

（三）前置审批型

对大多数情况复杂、历史遗留问题较多的国家公园，可以建立前置审批型的管理体制，即并非对保护所涉及的政府职能都统筹（如三江源国家公园管理局那样的"两个统一行使"），只是通过前置审批环节，以最小的改革成本，实现对相关行为的前端控制。

这一类是统筹管理力度相对较低的国家公园管理体制，国家公园管理机构被赋予一项特殊的职能——对所有涉及国家公园的行为活动进行初审，只有管委会认可的和批准的，才能进入国土、水利、农业、林业等相关职能部门的审批。在这种管理体制下，管委会虽然没有统一管理的实权，但通过前置审批，可以对不合规或不适当的项目或行为进行控制，也能较为全面地掌握国家公园管理所需要的权力。建设这种管理体制，改革的力度最小且路径最短。具体机构设置方案如附图2-3所示。

不同方案具有不同的适用条件和范围，并且在上令下达有效性、管理力度、运行成本（包括经费和机构人员等）、功能多样性（包括对社区的带动功能等）和监督有效性等方面存在显著区别。这三类国家公园管理模式的特点和优缺点如附表2-1所示。

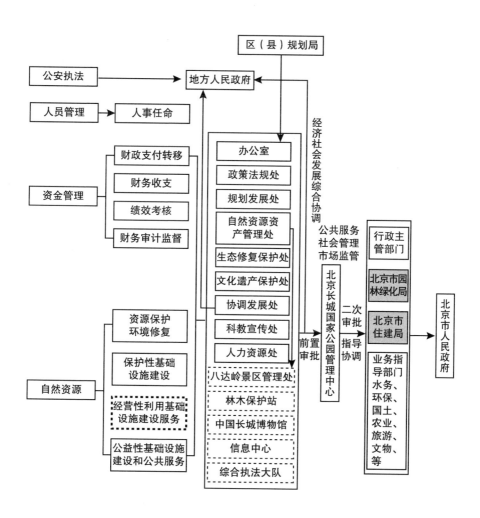

附图 2-3 前置审批型国家公园管理模式

注：细虚线表示在试点期间为保障资金机制等暂存的过渡机构，粗虚线表示以政策设计机制衔接。

附表2-1 基层国家公园管理机构的三种运行方案比较

	行政特区型	统一管理型	前置审批型
自然保护地管理体制基本特征	国家公园管理局代行地方政府职能,除负责一般意义上的国家公园工作以外,拥有财政权、人事有专门的公检法等机构,司法权等。将所有与国家公园管理理关的工作都纳入这个特区政府的范畴,理论上具有最大的资源调动权,能实现最有效的管理	自然保护区和风景名胜区等自然保护地,成为国家公园管理局的二级机构,在管理中心的统一部下开展保护、科研、旅游等工作。除执法方面与公安等机构没有实现统筹以外,在保护、经营、社区发展等职能上实现统一管理	由区(县)级政府的派出机构管理,类似少数国家级和市级自然保护区或风景名胜区,对自然保护区一部分的统一规划和运营,但相关审批权(如土地、林权和产业项目等)还在省市级地方政府职能部门。国家公园内的项目,涉及这些权力,均要发报批国家公园管理中心,由其进行前置审批
具体的管理体制整合/调整方案	设立国家公园管理局,经费由中央拨付,业务由国家林草局等相关部门指导,行政上由省政府直管	设置对全国的国家公园进行统一行业管理(国家公园暂时隶属地方政府但由中央监管并给予专项资金补助)的国家公园管理局,所有权由中央政府直接行使,试点期间由中央政府委托省政府代管,组建由省政府直接管理的国家公园管理局,管理和运营的自然资源资产进行保护、管理和运营作为其二级机构(国家自然保护地一级机构)	试点期间由省政府代管,对所有的全部或部分高度统一,没有对公检法、保护、经营等方面职能的履行其常规职能行使一轮初审,只有国家公园管理局认可和批准的,才能进入入审批行为涉及国家公园的农业、水利、国土、林业等相关实权部门的审批

续表

	行政特区型	统一管理型	前置审批型
优点	①具有对辖区内人、财、物资源尤其是土地资源全面调配的权力，包括规划权、开发权和规范权等，可以全权组织利用地方资源，调控产业结构、居民行为方式和收入水平；②管理干扰小，有利于提高管理水平，人、财、物权均由业务部门直接掌握；③政府不再追求自置目标，而是以外援经费支持基础上的保护目标兼顾供给制式的居民发展目标，有效减少社区对保护区干扰的矛盾；④高效化解保护与发展的矛盾	相比特区政府而言，其投入的管理成本相较低，且适宜于应对某些特定类型生态系统在生态和管理上的复杂性。①上传下达高效；②管理干扰小，有利于提高管理水平，人、财、物权均由业务部门直接掌握，有利于形成价值认识统一、管理目标统一的管理体系，可以有效地防止地方一带来的行政干扰。行业内部价值认识不统一带来的行政干预。行业内部管理有利于加强工作力度，提高管理水平	对不符合要求的行为有初步的把控，能较为全面地掌握所有关国家公园行为活动的信息，对其进行通盘的规划部署，并且改革的力度最小、路径最短。①保护区地方政府的积极性较高；②机构相对精简，工作重点突出；③公益性较强；④降低管理成本、兼顾多种目标
缺点	投入的管理成本大，同时有改善当地生活任务，对改善水平的使命，挑战较大。①财政负担较大，对未来可以形成保护社区居民进行了基本以外援为财源的计划经济式管理，也忽视了国家公园直接经济价值利用和间接经济价值可合理利用的部分，忽视了通过资源价值合理使社区居民也成为保护力量，造成保护目标无义但是自置成本高，造成运行成本高昂，且专业化管理功能易被削弱；②社会目标能过多，必须设置诸多一级设的机构，造成运行成本高昂，且专业化管理功能易被削弱	无公安执法权，执法力度比特区政府模式略弱。①自置成本高，运行成本大，且难以获得地方资源的配合，运行成本高，且难以形成地方主动与地方配合、协调的工作任务；②在保护区内的基本建设尚未完成的初级阶段，自我发展能力差，且难以与地方政府配合实现社会发展的全面目标；③带来大量缺少横向制约的权力空间，可能因为"放权过度、约束不足"造成保护区管理机构自身对资源的"监守自盗"	没有各项事务管理的实权，对国家公园的有效管理不能起到决定性作用。①这种模式获得上级政府的支持不够，也难以实现跨行政区的管理；②土地权属不统一，缺乏行政执法权、防范权很弱，不能将生态效益作为首要目标；③保护与开发的矛盾，保护区的生态目标容易屈从于地方发展的经济目标或其他发展目标；④作为国家利益的经济代理人有针对特定资源管理的约束不足，委托代理只有针对有关行业的业务指导权，没有对人、财的支配权，不仅容易垄断权力，增添了工作环节，影响工作效率

267

续表

	行政特区型	统一管理型	前置审批型
其他地区的实际情况	特区管理机构代行地方政府职能	国家公园体制试点建设期可以将国家公园运行的监测、监督部门优先纳入中央或省级监督部门垂直领导,其他管理维持在传统体制框架下,实现"垂直监管"或者"局部垂直管理"化横向管理的不当向管理	大多数行业使用这种模式
适用范围	适用于辖区内的居民活动有特殊性或者当地方政府的不当开发倾向显著的情形	这种垂直管理只用于解决中央和地方信息不对称或者土地规划、审批等技术性较强并可以集中处理的关键问题,其他管理仍在传统体制框架下解决	①传统模式[即归于区(县)级政府管辖]能在少数矛盾突出的地方过渡期采用。已经批复的5个试点区都没有采用这种模式,都有更高的统一管理要求;②可以经过相应调整,用于试点阶段
适用条件	①地方财力强,能够根据保护区业务活动需要拨付主要经费;②对国家公园资源的经济效益要求不高;③法规和规划完善,能够确保国家公园管理局不直接参与经营活动和从中分利;④无法移民且无法实现封闭隔离管理	①机构是公益类事业单位;②无法移民且无法实现封闭隔离管理;③地方政府管理当地发倾向问题或者已经形成事实;④土地权属问题解决,土地规划权的垂直管理就是可行的	①解决了土地权属和林权等问题,从而能够保证基本的管理;②有了稳定的生态效益补助渠道;③在扶持资金的使用上有控制权,可以在发展生产时兼顾生态目标
统筹程度	高	中	低
体制试点建设期的主要障碍	中央事权与地方事权的划分 土地权属问题 原有资金渠道和审批关系的维持	中央事权与地方事权的划分 土地权属问题 原有资金渠道和审批关系的维持	专项资金支持 中央事权与地方事权的划分
现实案例	四川卧龙自然保护区	青海湖景区(包括青海湖自然保护区和风景名胜区)	武夷山风景名胜区

国家公园范围中央和地方事权划分办法

附表 3-1 中央与地方事权划分方案（以武夷山国家公园体制试点区为例）

事项	内容	外部性原则	信息对称原则	激励相容原则	得分	事权划分
一 资源保护和环境修复活动	编制国家公园总体规划及专项规划	具有明显外部性	信息对称	没有明显相容	10	中央事权
	界桩	具有明显外部性	信息对称	没有明显相容	10	中央事权
	对生态、环境监测设备和保护地的日常巡查、维护（包括巡护公路，森林公安公务用房、哨卡、围护管理用房、消防库房、瞭望塔、环境保、野外巡护设备装备、环境监测站设备设施、物种保护站设备设施、生态定位站设备设施、公安监控系统、数字化监测平台、信息网络服务等）	没有明显外部性	信息不对称	相容	4	地方事权
	灾害防治（包括病虫害防治、松材线虫防治、森林火灾防治、极端天气如低温冻害、强对流和暴雨洪涝防治，长期气候变化应对）	具有一定外部性	信息对称	相容	7	中央、地方共同事权
	符合规划的资源修复（如丘陵陡坡水土流失治理、植被恢复、湿地恢复、农田恢复、文物古迹局部保护性维修）	具有一定外部性	信息较为对称	没有明显相容	8	中央事权

续表

事项	内容	外部性原则	信息对称原则	激励相容原则	得分	事权划分
一 资源保护和环境修复活动	有害生物防治（包括外来物种如九曲溪内巴西龟）	具有一定外部性	信息不对称	没有明显相容	7	中央、地方共同事权
	重点物种的原地和迁地保护（如原风景名胜区范围内的大王峰、隐屏峰等绿阔叶林的生境维护和改善，残存性常绿阔叶林孤立树种的抚育和再引种，生态廊道建设，促进顺向演替的定向培育和封育，珍贵物种的人工繁育、动物救助等）	具有明显外部性	信息较为对称	没有明显相容	9	中央事权
	地质地貌和水体保护（如九曲溪河岸带防护、特殊地貌维护、标准剖面保护、出露性矿脉保护）	具有明显外部性	信息较为对称	没有明显相容	9	中央事权
	传统农业景观和历史文化遗产保护（包括传统土地利用方式、建筑遗址、民族文化景观等）	具有明显外部性	信息不对称	相容	6	地方事权
	环境监测：大气、水体（地表水、地下水）、噪声	没有明显外部性	信息不对称	没有明显相容	6	地方事权
	管理能力建设（管理机构办公、人员培训等）	没有明显外部性	信息不对称	相容	4	地方事权
	涉及保护地功能实现的征占地、居民迁移和设施撤离	具有一定外部性	信息不对称	没有明显相容	7	中央、地方共同事权
二 保护性基础设施建设	各类标识（包括大门、界桩、标识、道路指示牌、功能区指示牌等各有公共信息的标志和标记）	具有明显外部性	信息较为对称	没有明显相容	9	中央事权

续表

事项	内容	外部性原则	信息对称原则	激励相容原则	得分	事权划分
	资源保护相关基础设施（包括巡护公路、公务用房、管理用房、消防库房、生态定位站、环境监测站、物种救护站、数字化信息平台或系统）	具有一定的外部性	信息不对称	没有明显相容	7	中央、地方共同事权
二 保护性基础设施建设	国家公园管理机构基础设施（保护基地综合楼、下属办事处、各种公务用房、职工生活用房、教学实习用房）	没有明显外部性	信息不对称	相容	4	地方事权
	公共卫生设施（包括污水处理、厕所、垃圾箱等）	具有明显外部性	信息对称	相容	8	中央事权
	供电设施	具有一定外部性	信息对称	相容	7	中央、地方共同事权
	供水设施	具有一定外部性	信息对称	相容	7	中央和地方共同事权
三 公益性利用基础设施和公共服务	科普相关基础设施和宣传材料（包括访客中心、导览讲解体系、科技馆、博物馆和宣教馆等及其相关设备；解说词编写、宣传书籍和影像等）	具有一定外部性	信息不对称	没有明显相容	7	中央、地方共同事权
	国家公园科普相关工作人员的招聘、培训和项目设计	具有一定外部性	信息较为对称	相容	6	地方事权
	基于资源巡查和环境监测的科研数据分析（人员培训、数据采集和处理、成果发布等）	具有一定外部性	信息不对称	没有明显相容	7	中央、地方共同事权
	游客安全防护	具有明显外部性	信息对称	没有明显相容	10	中央事权
	基本展览展示设施（包括道路、观景设施、标识等）	具有明显外部性	信息不对称	相容	6	地方事权

续表

事项	内容	外部性原则	信息对称原则	激励相容原则	得分	事权划分
三 公益性利用基础设施和公共服务	周边环境整治（如村镇人居环境和历史文化风貌整治）	具有一定外部性	信息对称	没有明显相容	9	中央事权
	社区管理能力建设和产业扶持（包括生态旅游、环保教育、有机生态产业等以及专业人才培训）	没有明显外部性	信息不对称	相容	4	地方事权
	其他区域性社会事务管理（包括为原住民提供的治安、基础教育、医疗卫生、社会保障等）	具有一定外部性	信息不对称	不相容	6	地方事权
四 经营性利用基础设施建设和相关服务	房地产项目（包括核心区域拆迁居民的安置房）	没有明显外部性	信息不对称	相容	4	地方事权
	旅游基础设施建设（包括观光游道、实体和网络宣传平台等）	没有明显外部性	信息不对称	相容	4	地方事权
	配套服务设施建设（竹筏、索道、运营车辆、民宿等餐饮食宿等）	没有明显外部性	信息不对称	相容	4	地方事权
	游憩体验设施（包括观景平台、休憩场所等）	没有明显外部性	信息不对称	相容	4	地方事权

附件第4部分
中国自然保护地的文化
基础和建设基准

一 深远厚重的自然保护史是中国
自然保护地的文化基础

自然保护地，在中国有悠久的自然保护思想作为支撑。自春秋时期的祭祀封禅①开始，至汉代形成的以五岳五镇②为骨架的名山体系，到魏晋时期的畅神③，再到宋代逐步进行山水建设的实践，众多伟大的自然思想家在欣赏自然、感知自然、保护自然等方面积淀了宝贵的中国传统自然资源保护管理理论。发展至今，结合国际上对自然保护的科学共识，中国已建立了大量的针对不同生态系统和自然资源类型的自然保护地。这些自然保护地犹如一颗颗璀璨的珍珠，镶嵌于中国壮美的山水格局中。应通过实施科学且缜密的管理措施，将这些"珍珠"永久保存，让美丽中国永放光彩，为世代提供公平的享用机会，为自然资源的可持续发展做出贡献。建设美丽中国，就是留住这些山川河流，留住这些鸟语花香，留住这些蓝天白云。这是保护山水格局、保护生态系统、保护野生生物、保护生态环境的核心指导思想。

（一）依赖与认识——自然保护思想的雏形

中国的自然保护思想形成于原始父系氏族公社时期。"黄帝之世，不麛不

---

① 中国古人认为群山中泰山最高，为"天下第一山"，因此历代帝王去最高的泰山祭过天帝，才算受命于天。

② 五岳：东岳泰山、西岳华山、南岳衡山、北岳恒山、中岳嵩山；五镇：东镇沂山、南镇会稽山、中镇霍山、西镇吴山、北镇医巫闾山。

③ 魏晋南北朝时期，人们对名山的认识由自然崇拜转变为游览观赏，到优美的自然山水之间饮酒赋诗，欣赏风景，注重自身心神与山水之"神"的融汇，达到物我交融的境界，即所谓的"畅神"。

卵，管无供备之民，死不得用椁"①，这是对自然保护最早期的描述。原始社会时期，人口稀少，生产效率也极为低下，相对来说自然资源十分丰富，因此那时的人们尚未产生自然保护的意识。在采集渔猎时代向原始农牧时代过渡的时期，为了提高农作物和牲畜的产量，人们开始了解人与自然资源和自然环境之间的关系，因而，在头脑中萌发了生态意识，并逐渐形成自然保护的思想。

自原始社会开始，这些来自民间的自然保护思想经历了漫长的发展，形成了诸多关于生物与水、土壤、气候之间的关系，植物、动物自身生长规律及相互制约关系，自然环境变化与人类社会活动的关系等多方面的利用自然与保护自然的思想和制度。例如，春秋时期提出"水者何也？万物之本原也，诸生之宗室也……集于草木，根得其度，华得其数，实得其量；鸟兽得之，形体肥大，羽毛丰茂，文理明著；万物莫不尽其几，反其常者，水之内度适也"②，探讨了水与生物的关系，认为世间万物的生长，其关键皆在于水。秦代《田律》记载"邑之紤（近）皂之禁苑者，邑之紤（近）皂及它禁苑者，时毋敢将犬以之田。百姓犬入禁苑中而不追兽及捕兽者，勿敢杀"，反映了当时为保护动物设置禁猎期和禁猎区的情况。明清时期已将秦岭东端地区③设为禁山，以保护森林④。虽然这些自然保护思想都是基于感性生活经验的总结，缺乏科学的理论和实验论证，却凝聚了古人自然观的思想精华，是中国古代自然保护思想的重要内容。

（二）混沌与黎明——社会发展夹缝中的自然保护

中国虽然在秦汉时期就已形成较为完备的自然保护意识，但由于缺乏对自然的科学认识，许多违背自然规律的建设行为和耕作方式依然存在。例如，西汉时期河西走廊的游牧民族"逐水草迁徙，无城郭常居耕田之业"，武帝时期开始进行大规模的屯垦，农业起而代替畜牧业，河西走廊成了当时经济文化最发达的地区，并形成唐代时期"天下富庶，无如陇右"的场面。可是建立在过度垦殖基础上的繁荣，也是河西走廊衰落的开始。唐代以后，河西走廊一带

---

① （战国）商鞅及其后学，《商君书·画策篇》。
② （春秋）管仲：《管子·水地篇》。
③ 包括巫山、荆山、武当山、桐柏山、大别山、霍山等。
④ 马建章：《自然保护区学》，东北林业大学出版社，1993。

经济迅速衰退，沙化日益严重①。古时社会不稳、政治动乱、毁林开荒、大兴土木②等，导致对自然资源不同程度的粗放利用。随后至清代时期，北方设立皇家猎苑，虽然该区域内的动植物得到较好的保育，但这种保护形式并未形成真正意义上的自然保护区域。鸦片战争后期，外国列强的入侵对中国的森林、矿产、建筑景观等自然文化资源造成了空前的损害。民国时期，沙皇俄国在中国修筑铁路，导致大范围的原始森林被砍伐一空；"九一八"事变后，日本进一步掠夺东北的森林资源，造成内蒙古地区风沙的无阻碍南下③。总体来说，由于战争频仍和政治动荡，中国的自然资源遭到极大破坏，出现水土流失、土地退化、沙漠扩大、物种灭绝等一系列惨重后果。

令人欣慰的是，在上述大肆拓荒、战乱纷起的时期，依然有大部分自然资源在民间得到较好的保护。譬如，依民间所谓的"风水林""神木""神山""龙山"等传说信仰，自发设立的一些禁伐区等具有保护性质的区域，以及由此制订的规则使这些区域得到管护④⑤。这在客观上对自然资源起到实质性的保护作用⑥。

（三）实践与振兴——自然保护地发展的勃兴

1949年后，中国相关自然资源管理部门开始在资源的利用与保护方面进行探索性工作。1956年第一届全国人民代表大会第三次会议上，代表们提出第92号提案"请政府在全国各省（区）划定天然森林禁伐区，保护自然植被以供科学研究的需要"。同年10月，第七次全国林业会议提出《天然森林禁伐区（自然保护区）划定草案》，对自然保护区做出相应规定⑦。1956年，中

---

① 牟广丰：《我国生态环境破坏的历史原因》，《中国环境管理》1985年第4期。
② 杜牧《阿房宫》中的"蜀山兀，阿房出"正是帝王大兴土木而破坏自然资源的写照。
③ 牟广丰：《我国生态环境破坏的历史原因》，《中国环境管理》1985年第4期。
④ 马建章：《自然保护区学》，东北林业大学出版社，1993。
⑤ 例如，中国内蒙古白音敖包沙土地上的蒙古云杉林，就是蒙古族人民将其视为"神木"从而保留至今；云南西双版纳很多的原始森林也是由于被当地少数民族视为"龙山"加以保护，才能延续到现在。
⑥ 如今在青藏地区，由于藏民秉持着不杀生、不开山等基本信仰，青藏地区的山体很少甚至从未出现民间开山采矿、私自采伐林木的现象。这种由于特有的民族信仰或民族习惯而形成的自然保护行为，是值得肯定的。
⑦ 马建章：《自然保护区学》，东北林业大学出版社，1993。

国第一个自然保护区——鼎湖山自然保护区在广东省建立。随后，各省区市相继规划了多处自然保护区。进入21世纪后，保护地建设的国际交流逐渐增多，相应建立了针对不同自然资源类型的各类自然保护地，实现了在类型、国土覆盖率、资源监测管理等多方面的蓬勃发展。

二　一脉相承的价值观是自然保护地体系的建设基准

（一）平衡发展的生态观

中国几千年的农耕文明史就是一部体现自然观发展演变的变迁史，具体表现在人与自然的平衡关系上。"以类合之，天人一也"[1] 是汉代思想家董仲舒提出的关于自然与人类关系的思考，奠定了中国传统的"大一统""天人合一"的自然观。庄子的"齐物论"也是万物平等的重要体现[2]。而后《易传·文言》更明确说道："夫大人者，与天地合其德，与日月合其明，与四时合其序，与鬼神合其吉凶。先天而天弗违，后天而奉天时。"在自然变化未萌之先加以引导，在自然变化既成之后注意顺应，做到天不违人，人亦不违天，即天人互相协调。道家代表人物庄子的"天地与我并生，万物与我为一"，提出人与自然和谐相处的最高境界，也是"天人合一"的重要体现。这些传统的自然文化思想体现着中国特有的生态智慧，强调人类应当认识自然、尊重自然、保护自然，反对一味地向自然界索取，反对片面地利用自然与一味地征服自然。

进入新时代后，生态文明成为国家战略，与时俱进的自然观便是引领保护地科学发展的指导思想。中国拥有丰富而珍贵的自然文化资源，从名山大川到江河湖泊、从草原湿地到大漠冰封、从田园风景到原生风情……保护地的有效保护与公众的永续享用便是实践科学生态观的有力抓手，也是人与自然和谐相处的纽带。保护地是大自然和祖先馈赠给我们的共同遗产，是不可再生的珍稀

---

① （汉）董仲舒：《春秋繁露·卷十二》。
② 诸如，"物无非彼，物无非是"（《庄子·齐物》），"以道观之，物无贵贱"（《庄子·秋水》），"天下莫大于秋毫之末，而泰山为小……天地与我并生，而万物与我为一"（《庄子·齐物》）。

资源，让其世世代代相传、永续平衡发展是人类共同的责任。在资源的有效保护与合理利用过程中，应秉承平衡发展的科学生态观，以有效缓解当前对保护地不合理开发造成的后果，促进保护地生态空间的维持、生态系统的保护、生态效益的实现、生态人文的和谐，进而使自然保护地健康、有序、持续发展。

（二）传承创新的山水观

"山川之美，古来共谈。"① 中国人从审美角度对自然的关注远远早于西方。中国自古以来便有以山水代表自然的传统思想②，自魏晋时代开始，山水观的思想更加主流且一直影响至今。中国文化本来就有一种山水灵性，而这种灵性最终凝聚在传统哲学里边③。中国的山水观完全不同于西方的自然观或风景观，中国的山水观除了客观阐释人与自然的关系外，还具有很多形而上的哲学思想④。因此，中国传统山水观是体现人与自身、人与人、人与社会、人与自然实现整体和谐的最高境界，也是体现生态美学的最高境界，代表着人类的最高追求。

从延续千年的儒释道文化、山水田园文化、西部边塞文化、荆楚文化、草原游牧文化等，一直到今天的美丽中国梦，无处不体现着"敬畏自然"的崇敬之情⑤、"尊重自然"的山水建设理念⑥、"山为骨架、水为灵动、草木为毛发、云流为神韵"的山水审美观、"文化依附自然、自然包容文化"的自然文化统一观以及核心的"天人合一"的科学发展观。这些山水自然的思想汇聚形成了中国独有的山水文化。直到今天我们耳熟能详的"山水林田湖草"生

---

① （南朝梁）陶弘景：《答谢中书书》。
② 陈水云先生在《中国山水文化》中指出："山水，在古代，作为自然的代称，具有自然的总体特征，代表着天地万物的根本品性。"
③ 詹石窗：《新编中国哲学史》，中国书店，2002。
④ 诸如，"山水之为物，禀造化之秀，阴阳晦冥，晴雨寒暑，朝昏昼夜，随形改步，有无穷之趣"［（元）汤厘《画论》］。
⑤ 诸如，"吾在天地之间，犹小石小木之在大山也"（《庄子·秋水》）。
⑥ 诸如，明成祖朱棣在修武当道宫时下了三道圣旨，"尔往审度其地，相其广狭，定其规制，悉以来闻，朕将卜日营建其体"，"今大岳太和山金顶砌造四周墙垣，其山本身分毫不要修动，其墙随地势高下，不论丈尺，但人夺不去即止，务要坚固壮实，万万年与天地同久远"，"特敕尔常用巡视，遇宫观有渗漏处，随即修理，沟渠道路有淤塞处，随即整治，务使宫观完美，沟渠道路通利，庶不毁废前工"。

命共同体的统一山水观，更加关注将山水美学、山水文化和山水科学有效地结合，继承并发扬山水保护与管理的传统理念，同时创新发展形成科学的表现形式，使其具有更顽强的生命力和持续力。

（三）追求和谐的发展观

"和谐"近年来成为中国的一个政治热词，"建设社会主义和谐社会"也被写入最新的党章之中。这一方面体现了"和谐"的重要性和紧迫性，另一方面也说明"和谐"已经成为众多公共事务共同追求的理想状态。事实上，中国人自古就崇尚和谐，并且是我们古代社会一个重要的文化标签和价值追求。《老子》有"人法地，地法天，天法道，道法自然"的论述，强调的是人与自然相辅相成的和谐统一，而非激烈的对立和对抗。《论语·述而》也提到"钓而不纲，弋不射宿"，提倡钓鱼用鱼竿而不用渔网，捕猎而不捕在夜晚休息的鸟类，体现了儒家思想在生态伦理方面的和谐理念。除了人与自然的和谐之外，古人对于理想社会的构想也可以从《礼记·礼运》中找到答案："大道之行也，天下为公，选贤与能，讲信修睦，故人不独亲其亲，不独子其子，使老有所终，壮有所用，幼有所长，矜寡孤独废疾者，皆有所养。男有分，女有归。货恶其弃于地也，不必藏于己；力恶其不出于身也，不必为己。是故谋闭而不兴，盗窃乱贼而不作，故外户而不闭，是谓大同。"想要达到其中的"天下为公""大同"，就需要人与人之间的和谐，也可以认为"大同"便是"和谐社会"。这都说明古人在理想上无时无刻不在追求人与自然、人与人之间的"和谐"，而"不违农时，谷不可胜食也；数罟不入池，鱼鳖不可胜食也；斧斤以时入山林，材木不可胜用也。谷与鱼鳖不可胜食，材木不可胜用，是使民养生丧死无憾也。养生丧死无憾，王道之始也"（《孟子》），也是先贤认为人与自然和谐是社会和谐发展的基础条件，为了实现"天下大同"与"王道之始"也必须秉承人与自然和谐的发展观。

中国自然保护地体系的建立正是追求和谐发展观的体现和结果。一方面，自然保护地建立的首要作用是加强对规划地块生态环境的保护，并通过休闲游憩等途径满足人们欣赏自然、认识自然的需求，有效实现人与自然和谐相处；另一方面，自然保护地建立后，伴随其范围内及周边社区居民生产生活方式的转变，如何在有效保护自然文化资源的前提下，提升社区居民的生活质量和思想意识，保障其基本权利不受影响，这也是人与自然和谐发展价值观的体现。自然保护地建设功在当代、利在千秋，对于当地社会、经济、生态各方面和谐发展更是必不可少的一环。

（四）代表国家的形象观

国家形象不是用当下发生的事件来生硬塑造，应是以所传承的文化来建构。国家形象是国家"软实力"的重要组成部分之一，可以从一个方面体现国家的综合实力和影响力。随着中国经济文化实力的不断攀升，国家形象已经越来越成为中国印证自身实力、提升国际影响力的关键要素。中国也正在一步一步地通过经济形象、文化形象、旅游形象、社会形象等的树立来强化中国的国家形象。

自然保护地展现了中国最深厚的资源家底和传统文化特色，是资源最珍奇或景观最典型的珍贵区域，代表着中国最精华的自然与精神，承载着千年古国传承下来的自然观与价值观。同时，自然保护地也是国家民众最值得骄傲和自豪的地方。在这里，人们可以逃离纷繁嘈杂的城市，回归真正的人类精神家园，因大自然的力量而敬畏自然，因大自然的和蔼而热爱自然，因大自然的脆弱而保护自然。一个国家的自然保护地只有得到全民的认可和热爱，才能真正发挥它的作用。因此，构建科学可行的自然保护地体系和治理机制，将对国家形象的树立、国民身份的认同、国家共同意识和民族凝聚力的提升起到重大作用，并为实现公共资源的有效保护和公众永续享用的终极目标提供重要途径。

附件第5部分
全球国家公园发展历程与体制特点

与全球国家公园的建设比较，中国的国家公园建设之路有设计图、有施工队、有监理师、有保养队伍。这与大多数国家走过的看不清方向、埋伏着风险的国家公园盘山路不同，也注定比它们的路途短、容量大。当然，因为对国家公园概念和功能的界定不同、国情国力和自然资源体制不同，不同国家国家公园的体制也有不少区别甚至系统性区别。以下详述在全球有代表性的国家的国家公园发展历程与体制特点，以细化前述总结，兼为读者提供这个维度的系统总结。

一　国家公园——全球自然保护运动的发端

（一）国家公园发展历程

19世纪上半叶，面对肆意开发自然资源带来的严重生态问题，欧美国家的自然保护意识开始觉醒。国家公园作为一种先进的自然资源保护模式最先在美国被提出，并被全球其他国家广泛接纳。各国结合本国国情建立了不同的国家公园体系，发展至今已有140多年的历史。

1. 国家公园思想的起源

（1）经济的发展与荒野的消失

1860～1890年，美国迎来了经济发展的新时期。其工业总产值从仅有英国的1/2发展到世界首位，国民经济结构由农业占主导地位发展为工业占主导地位。当时，政府颁布了一系列优惠政策与法案[①]，鼓励东部居民和外来移民开拓西部地区，促进铁路业、采矿业发展与新城市建设。这使原属联邦政府的土地大量私有化，土著民族的领地被强制占领，土著民族文化遭受重创。

---

① 1862年颁布《住宅法》，1877年颁布《荒野法》。

专栏附5-1　印第安人的困境

眼泪之路

1830年,杰克逊总统签署了《印第安人迁移法》,规定密西西比河以东的印第安人必须迁到河西,在白人与印第安人之间建立一条永久边界。大批印第安部落在军队的护送下前往密西西比河以西。在前往过程中,由于艰苦的环境与疾病的肆虐,大量印第安人死亡。

领土丧失

然而,当时政府的承诺并未实现。19世纪中期,大量移民进入美国中部和西部掠夺印第安人领土,白人移民和印第安人的冲突不断。同时北美野牛数量锐减,大平原地区的印第安部族缺乏稳定的食物来源,进一步造成印第安人口锐减。17世纪初,美国境内印第安人口约150万,截至1890年,仅剩25万。

文化侵袭

印第安人拥有朴素的人与自然和谐相处的自然观。在移民者以森林、皮毛、鱼类和农场为核心的经济思想下,印第安人开始接受白人的经济观念,部落成员开始受雇于皮毛贸易公司或自己猎杀动物用于交易,原始的生活方式不复存在。

同时,铁路、采矿等行业的发展伴随着大量木材消耗。19世纪60年代后期,加利福尼亚1/3的森林消失。森林覆盖面积快速减少直接导致严重的生态系统破坏,野生动物数量锐减甚至灭绝。典型的例子是旅鸽和野牛,它们都曾是遍布北美大陆的动物。最终旅鸽物种于1914年灭绝,1903年美国野牛仅剩34头[1]。自然资源与土著民族文化在西部开发的浪潮下受到极大的威胁。

专栏附5-2　旅鸽之死

旅鸽曾经是**世界上数量最多**的鸟类,多达50亿只。结群飞行时,旅鸽

---

[1]　侯文蕙:《政府的挽歌——美国环境意识的变迁》,东方出版社,1995。

需要花费数天时间穿越一个地区。17 世纪，欧洲人开拓美洲大陆后，旅鸽开始作为食物来源与娱乐活动，被不断猎杀。大规模的商业捕杀形成于 1800 年。随后的 70 年间，旅鸽成为当时大量增加的劳动人口的主要肉类来源。1870～1890 年，旅鸽数量开始直线下降。截至 1896 年，人类所知的最后一个大的旅鸽群，约 25 万只在密歇根州被猎杀，至此旅鸽的野外记录基本消失。

为挽救旅鸽物种，密歇根州终于在 1897 年立法，规定 10 年时间里禁止猎杀旅鸽。然而该举措并没有缓解旅鸽数量锐减的情况。1898 年，芝加哥的惠特曼教授将仅有的几只旅鸽赠送给辛辛那提动物园，希望能够通过人工饲养挽留这个珍贵的物种，但失去栖息环境的旅鸽很难适应新的环境。1914 年 9 月 1 日，**最后一只旅鸽"玛莎"在辛辛那提动物园死亡。**

（2）超验主义影响下的思想解放运动

梭罗
（Henry David Thoreau）

最初移民到美国的欧洲人沿袭了《圣经》中对荒野向往、恐惧的观念，渴望征服自然，认为人可以战胜一切。面对崭新的大陆与原始的荒野环境，当时他们的任务是在荒野上建设舒适的家园。在这种思想的支配下，移民大量开拓土地，砍伐植被，猎杀野生动物，造成了严重的生态问题。这促使人们开始反思无节制开发行为的意义。而美国对荒野的保护概念正是在这个过程中逐步形成的。

19 世纪 30 年代，在起源于新英格兰的哲学思潮——超验主义（transcendentalism）的推动下，美国迎来了一次重要的思想解放运动。人们的自然观开始由恐惧、征服自然转为崇尚自然。其代表人物有拉尔夫·沃尔多·爱默生（Ralph Waldo Emerson）与亨利·戴维·梭罗（Henry David Thoreau）。其中梭罗的《瓦尔登湖》在美国引起了重大影响。他强调自然的整体性和活力，以及人与自然的共鸣。他认为自然是人类的精神家园。在超验主义的影响下，美国的民族主义者开始从自然之中找寻自己民族文化的代表，来弥补历史短暂的新国家在文化上的匮乏。

专栏附5-3　超验主义

超验主义的主要思想观点有以下三个方面。其一，超验主义者强调精神或超灵，认为这是宇宙至为重要的存在因素。超灵是一种无所不容、无所不在、扬善抑恶的力量，是万物之本、万物之所属，它存在于人和自然界内。其二，超验主义者强调个人的重要性。他们认为个人是社会最重要的组成部分，社会的革新只能通过个人的修养和完善才能实现。因此人的首要责任是自我完善，而不是刻意追求金玉富贵。理想的人是依靠自己的人。其三，超验主义者以全新的目光看待自然，认为自然界是超灵或上帝的象征。在他们看来，自然界不只是物质，它有生命。上帝的精神充溢其中，它是超灵的外衣。因此，它对人的思想具有一种健康的滋补作用。

超验主义主张回归自然，接受它的影响，以在精神上成为完人。这种观点的自然内涵是，自然界万物具象征意义，外部世界是精神世界的体现。这种超验主义观点强调人的主观能动性，有助于打破加尔文教的"人性恶""命定论"等教条的束缚，为热情奔放、抒发个性的浪漫主义奠定了思想基础。

2. 应运而生的国家公园概念

（1）国家公园概念的第一次提出——Nation's Park

在超验主义与西欧浪漫主义思想的影响下，艺术家们试图在自然中找寻孤寂感与野性原始之美。"哈德逊河风景画派"（Hudson River School）为19世纪北美风景画派中最具代表性的一派，其因主要表现哈得逊河的风景而得名。乔治·卡特琳（George Catlin）于1829年开始了西部旅行，希望在荒野被外来文明吞噬之前，将这里独特的景观与印第安文化记录下来。他专门绘制西部地区古老的土著民族生活场景与肖像画。在作画过程中，他发现大量印第安人因饮酒过量而死，甚至以1400个水牛舌换取几加仑威士忌酒。这让他深刻地感受到印第安文明受到的冲击，使他对美国西部大开发造成的野生动植物和荒野的消失深表忧虑。

1841年，他在记录自己8年西部旅行见闻的书中写道："它们可以被保护起来，只要政府通过一些保护政策设计一个大公园，一个人与野兽和谐相处，

所有一切都处于原生状态，体现着自然之美的国家的公园。"① 他出于对西部荒野与印第安文化的忧虑，试图寻找保护这一切的途径，提出建立一个"人与野兽和谐相处的国家的大公园"的想法。至此，国家公园的概念第一次被提出。

（2）国家公园的原点——优胜美地

随着越来越多的探险队进入西部，西部荒野的风景以文字、画作和影像的形式展现出来，让更多的人了解到西部荒野之美。19 世纪五六十年代，随着"落基山画派"（Rocky Mountain School）的崛起，大批该画派的艺术家前往西部作画。其中奥波特·比尔斯塔特（Albert Bierstadt）和托马斯·莫兰（Thomas Moran）的作品在东部十分受欢迎，频频以高价出售，其中奥波特·比尔斯塔特的《优胜美地的圆顶》卖出 2.5 万美元。同时期，大量摄影家也来到优胜美地进行创作。他们的摄影作品通过报纸杂志等媒体广为流传，让人们更直观地感受到西部的美丽景色，成为当时公众关注的热点。人们被西部壮丽、恢宏的自然景观震撼，认为它们散发的气息是美国这片土地所特有的，可以与欧洲丰富的人文景观相媲美②，是足以代表美国身份的宝贵资源。然而作为美国身份代表的荒野景观正在逐步消失，这将对美国的社会心理造成巨大的影响。

19 世纪下半叶，美国人对西部的态度在哲学与艺术思潮的影响下开始转变，保护自然资源的观念开始被越来越多的人所接受。在风景园林师奥姆斯特德（Frederich Law Olmsted）的推动下，加利福尼亚州参议员约翰·康奈斯（John Conness）提出议案，保护优胜美地山谷与塞拉山地区的古树，使这一地区的资源与风景不受私人占有。该法案于 1864 年 6 月 30 日通过，将优胜美地山谷设立为州立公园，交由加利福尼亚州管理。

---

① 原文为：the Native Americans in the United States might be preserved by some great protecting policy of government... in a magnificent park... A nation's Park, containing man and beast, in all the wild and freshness of their nature's beauty! ［资料来源：Catlin, George, Letters and Notes on the Manners, Customs, and Condition of the North American Indians: Written during Eight Years' Travel amongst the Wildest Tribes of Indians in North America in 1832, 33, 34, 35, 36, 37, 38, and 39 1. (Egyptian Hall, Piccadilly, London: Published by the author, 1841), pp. 261 - 262.］

② 当时的美国作为一个移民国家，因为缺乏欧洲的古老人文建筑与文化积淀而带有一种文化上的自卑感。

但加利福尼亚州政府接管之后，在公园内建设旅店并将红杉木从中间掏空做成隧道以招揽游客。这对优胜美地山谷造成了进一步的破坏，违背了公园建立之初保护山谷景观与植被的目标。

奥姆斯特德
（Frederich Law Olmsted）

专栏附5-4　庄子与约翰·缪尔

"判天地之美，析万物之理，察古人之全。"（《庄子·天下》）真正的圣人是能体悟天地自然之大美的人，在自然的审美体悟中领悟万物真理。"山水文化"的奠基人庄子和"国家公园之父"约翰·缪尔正是这样的圣人！

"吾在天地之间，犹小石小木之在大山也。"（《庄子·秋水》）庄子认为人是大自然的一部分，并且对于广袤浩瀚且神圣的自然，人是多么的渺小。庄子从对自然山水的观察和体悟中，认识到人要与自然和谐共处，不要与自然争执或对立，不应破坏自然。这种敬畏自然、顺应自然的思想在当时是多么超前且朴素。

自然主义者约翰·缪尔始终和大自然融为一体，接受大自然的洗礼、精神的爽洁涤荡。他一生都充满对自然的好奇、敬爱与感悟。在他看来，大自然才是一座真正的教堂，是一座未经修饰的圣殿，只有在这里，心灵才能得到真正的洗涤和净化。面对一生的挚爱——优胜美地壮美的自然风光，约翰·缪尔深情地写道："没有任何人工建造的殿堂可与优胜美地相比，优胜美地是大自然最壮丽的神殿。"① 可以看出，约翰·缪尔是一位对大自然有着近乎宗教般崇拜的自然主义者，用其一生来实践"敬畏自然和挚爱自然"的信念。

庄子与约翰·缪尔都是置身自然、从自然中观察世事的伟人。他们是何其相似！但细细体味，他们也有着微妙的不同。约翰·缪尔更多的是视自然为神灵般而崇拜和敬畏，庄子则是"天地与我并生，而万物与我为一"的万物融合思想。而这不同之处，体现的便是中西方自然观的差异，即西方自然观出发

---

① 原文为："No temple made with hands can compare with Yosemite. The grandest of all special temples of nature."

点是"对立",东方自然观的核心是"统一"。但不论东西方自然观是如何的不同,这种从自然中体察万物的思想是值得我们传承的。

(3) 全球第一个国家公园黄石国家公园的建立

1866 年,探险家詹姆斯·布里杰(James Bridger)进入黄石地区探险,以此为题材的探险故事在东部畅销。在这些出版物的吸引下,1870 年,测量师亨利·瓦什伯恩(Henry Washburn)率领 19 人探险队,再次进入黄石地区。这次他们扩大了探险范围,发现了黄石河、黄石湖等地区,记录了大量数据。他们的探险日记被刊登在《西部月刊》(West Monthly Magazine)上,其中写道:"在今天凌晨,我们在营地进行了一次不同寻常的讨论。对于黄石地区未来的使用,有队员主张把探得的土地分成几块归个人所有,但队员刘易斯·赫奇斯(Cornelius Hedges)不同意这么做。他提到这块土地任何部分都不应该有私有权,整个地区将建成一个伟大的国家公园,我们每个人都应该努力去完成这个任务。"① 他们同时发表了诸多介绍黄石地区风景的文章,促使黄石地区一跃成为当时公共出版物上吸引人的话题。

随着黄石地区知名度的提高,1871 年在美国国会的支持下,美国地质学家弗丁南·海登(Ferdinand Vandiveer Hayden)率领考察队对黄石进行了全面的考察。这是对黄石地区的第一次官方考察。科考队成员包含昆虫学家、地质学家、动物学家、矿物学家、气象学家、医生、画家和摄影师等各类专业人员和艺术家。考察进行了三个月,发现了温泉、大瀑布和色彩绚丽的悬崖等地质奇观,对黄石地区的地质、动植物、气候进行了全方位的考察与记录,形成了大量翔实的资料②。返回东部以后,海登在铁路公司的赞助下,开始了将黄石地区划为公共公园的游说活动,同时向国会公共土地委员会提交考察报告,提出不应将这一地区的壮丽景观圈起来向游客收费参观,而是要将此处设立成一个公园,并且免费向公民开放。

终于在 1872 年 3 月 1 日,格兰特总统签署了《黄石国家公园法案》,由联

① Alfred Runte, *National Parks: The American Experience*, (University of Nebraska Press, 1979), p. 199.
② 该考察资料为后来《黄石国家公园法案》(*Yellowstone Act*)的通过提供了重要的数据支撑。

邦政府直接管辖①。该法案标志着黄石公园的正式成立。至此，黄石公园成为世界上第一个真正意义上的国家公园。

3. 国家公园概念在世界的传播

黄石国家公园成立以后，国家公园的概念在美国西部地区得到广泛的应用。美国国会于 19 世纪 90 年代和 20 世纪初建设了一批新的国家公园，包括优胜美地国家公园（Yosemite NP）、红杉木国家公园（Sequoia NP）、雷尼尔山国家公园（Mount Rainier NP）、火山湖国家公园（Crater Lake NP）和冰川国家公园（Glacier NP）。后来又设立了国家公园管理局进行统一管理，并逐步发展了国家公园系统。

美国的国家公园吸引了世界各地的游客前来参观访问。部分国家开始效仿美国，建设国家公园。1885 年，加拿大设立了温泉自然保护区。1887 年，该自然保护区面积由 $26km^2$ 扩大到 $674km^2$，1930 年改名为"班夫国家公园"。1914 年，加拿大成立国家公园管理署。1930 年，通过了《国家公园法》，规定加拿大的国家公园是全体加拿大人世代获得享受、接受教育、进行娱乐和欣赏的地方。澳大利亚、新西兰分别于 1879 年、1887 年建立了国家公园。1931 年，日本成立国立公园协会，颁布《国立公园法》，将有日本自然风景代表性的区域设置成特别保护区域。1934 年，日本建立第一个国立公园。1945 年 4 月，英国建筑师约翰·道尔（J. Dower）受城乡规划部部长委托，提出《英格兰和威尔士的国家公园》报告，将国家公园思想带入工党政府。后于 1949 年，英国通过了《国家公园和乡村土地使用法案》（*National Park and Access to the Countryside Act*），确立了包括国家公园在内的国家保护地体系，将具有代表性的风景或动植物群落划分为国家公园，并在 1951 年建立了第一批国家公园。

经过 100 多年的研究和发展，国家公园理念已经得到全球 150 多个国家响应。截至 2015 年，世界自然保护地委员会数据库统计的国家公园（Ⅱ类）数量为 5358 个。世界各国根据本国的资源特色和自身国情，进行了实践探索，保护思想和保护模式也逐步推进。早期，美国国家公园主要以保护壮丽的自然

---

① 黄石国家公园并不全部位于美国怀俄明州，部分土地在蒙大拿州和爱达荷州范围内，因此无法由单独一个州进行管理。同时，交由加利福尼亚州管辖的约塞米蒂遭到进一步破坏，促使黄石国家公园最后交由联邦政府管理。

景观、满足国民游憩需要为目的。中期，国家公园开始重视对生态系统的研究和保护。到20世纪80年代，教育功能得到强化。目前，国家公园已成为进行科学、历史、环境和爱国教育的重要场所。

（二）国家公园发展现状

世界自然保护地委员会数据库公布的最新数据显示，截至2015年①，全球国家公园数量为5358个②，总面积为6415644.818km²，分布于153个国家中。

1. 时间分布

从19世纪初开始，全球国家公园的数量基本呈现递增的趋势，仅二次世界大战期间有小幅度回落。2000～2009年是全球国家公园数量增长最多的时期，10年共新增1522处，占国家公园总数量的28.41%（见附图5-1）。

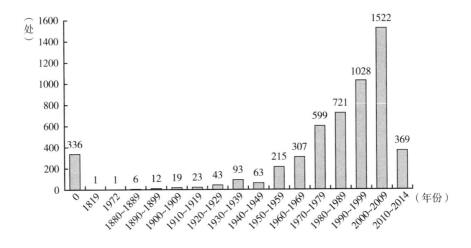

附图5-1　各年代新增的国家公园数量

在面积上同样呈现逐年递增的趋势，在二次世界大战期间有小幅度回落。1970～1979年增加面积最多，达到1704338.38km²（见附图5-2）。

---

① 本节有关全球国家公园的统计数据均统计至2015年。
② 世界自然保护地委员会数据库统计的国家公园，是指根据定义符合IUCN中第二类国家公园的自然保护地类型。

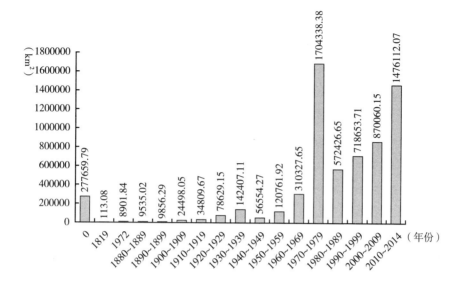

附图 5 - 2　各年代新增的国家公园面积

2. 空间分布①

国家公园在北美洲分布数量最多，共 2096 处，占全球国家公园总数的

①　区域统计说明：Grytviken、Bay of Isles，位于南乔治亚岛和南桑德韦奇岛，大西洋南部，现为英国海外领土之一；American，位于北马里亚纳，北太平洋，拥有美国联邦领土（US Commonwealth Territory）地位；Nukunonu Marine Conservation Area，位于托克劳，太平洋中南部岛群，属新西兰国家；Eastern Peros Banhos Atoll、Three Brothers and Resurgent Islands、Nelson Island、Cow Island，英属印度洋领土；Guadeloupe，即法属瓜德罗普岛，位于小安的列斯群岛中部，位于大西洋；North Rock、Eastern Blue Cut、South West Breaker Area、Constellation Area、Pelinaion and Rita Zovetto、Hermes and Minnie Breslauer、South Shore、Cristobal Colon、Taunton、North East Breaker、Aristo、Caraquet、Madiana、Hog Breaker、Snake Pit、Mills Breaker、Lartington、Montana、The Cathedral、Kate、L'Herminie、Darlington、Blanche King、Tarpon Hole、Airplane、North Carolina、Marie Celeste、Ferry Point、Botanical Gardens、Xing Da Area、Commissioner's Point Area、Paget Island、Astwood、Great Head、Little Head、Scaur Hill Fort、Kindley Field、Admiralty House、Hog Bay、Church Bay、Burt Island、Spanish Point、Vixen、Shelly Bay Beach、Tulo Valley Nursery、Duck's Puddle、Higgs Island、Crawl Waterfront、Somerset Long Bay、Hen Island、Avocado Lodge、Horseshoe Island、Mullet Bay、Rocky Hill、Daniel's Head Beach、Tobacco Bay、Robinson Bay、Peggy's Island、Burchall Cove、Mangrove Bay、Elbow Beach、Breman Island、Watch Hill、John Smith Bay，位于百慕大群岛，北大西洋，是英国的自治海外领地。

39.12%；随后是大洋洲、亚洲、欧洲、南美洲与非洲；在大西洋、印度洋与太平洋有少量分布；南极洲和北冰洋没有国家公园（见附图5-3）。

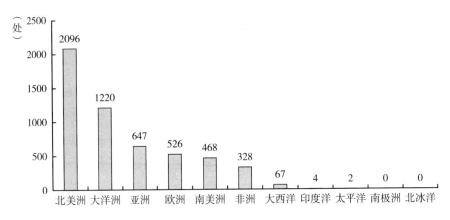

附图5-3　国家公园在各区域的分布数量

虽然国家公园在北美洲分布数量最多，但在大洋洲的分布面积最大，达到1895771.73km²。随后是北美洲、非洲、南美洲、亚洲与欧洲，在印度洋、大西洋、太平洋有少量分布（见附图5-4）。

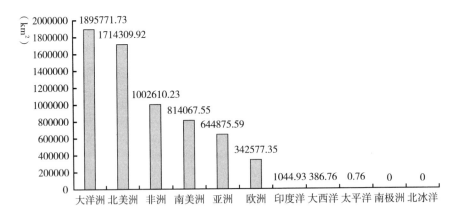

附图5-4　各区域的国家公园面积分布

各大洲的国家公园面积以10～100km²与100～1000km²居多，超过10000km²的国家公园数量约占总数的5%，太平洋与大西洋国家公园面积较小，多数小于1km²（见附图5-5）。

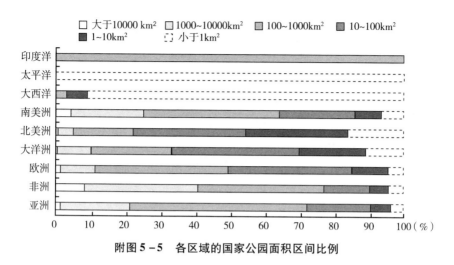

附图5-5　各区域的国家公园面积区间比例

不同面积大小的国家公园，在各个区域均有分布（见附图5-6）。

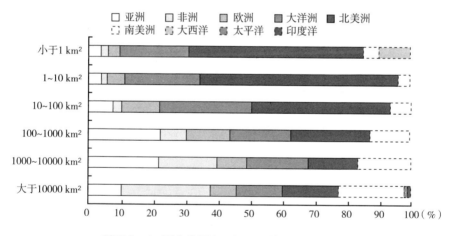

附图5-6　国家公园各区间面积的区域分布比例

3. 管理模式和体制

在管理模式方面，全球国家公园管理模式可以笼统地分为两大类：国家或联邦机构管理模式（Federal or national ministry or agency），亚国家或机构①管理模式（Sub-national ministry or agency）。其中，采用国家或联邦机构

————————

①　亚国家管理即相对联邦或中央级别的下一级别政府。

管理模式的国家公园数量最多，共有 2557 个，占到国家公园总数的
47.72%；采用亚国家或机构管理模式的国家公园数量约 2089 个。协同管
理（Collaborative governance）的国家公园数量约为 116 个，另有 12 个国家
公园归个人所有（landowners）。其余管理模式为营利组织管理（For-profit
organisations）、政府委派管理（Government-delegated management）、土著民
族管理（Indigenous peoples）、联合管理（Joint governance）、地方社区管理
（Local communities）、非营利组织管理（Non-profit organisations）（见附图
5-7）。

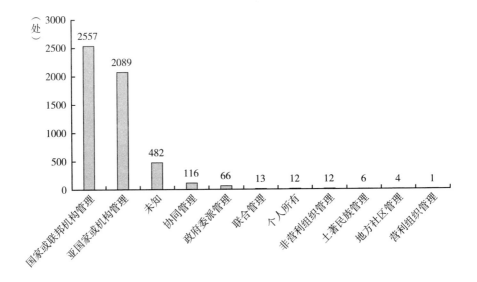

附图 5 - 7　国家公园各类管理模式数量

其中国家或联邦机构管理模式分布区域最为广泛，在欧洲、大洋洲、北
美洲、南美洲与大西洋均有分布；非营利组织管理、地方社区管理与政府委
派管理仅出现在北美洲区域；个人所有管理模式仅出现在大洋洲区域（见附
图 5-8）。

亚洲、非洲、欧洲、大洋洲、北美洲与南美洲均采用多种管理模式，其中
大洋洲存在的管理模式最多。总的来看，除南美洲，北美洲与大西洋之外各大
洲大洋采用国家或联邦机构管理模式的居多（见附图 5-9）。

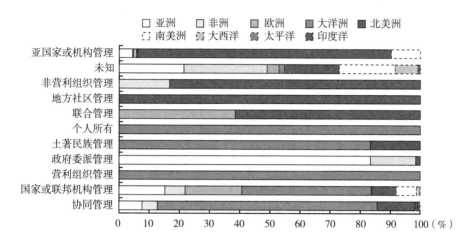

附图5－8　各类管理模式在不同区域的分布比例

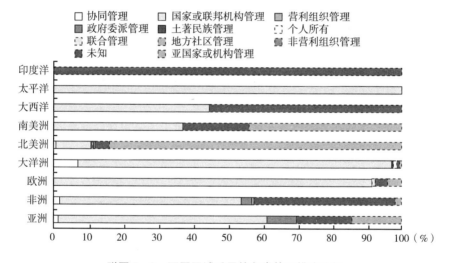

附图5－9　不同区域采用的各类管理模式比例

（三）世界自然保护地的发展

1. 国际级保护地认证

（1）世界遗产

世界遗产是指被联合国教科文组织和世界遗产委员会（以下简称委员会）

确认的人类罕见的、目前无法替代的财富，是全人类公认的具有突出意义和普遍价值的文物古迹及自然景观。总的来说，世界遗产包括"世界文化遗产""世界自然遗产""世界文化与自然遗产""世界文化景观"四类。

①发展历程

世界遗产的概念最初是在第二次世界大战后出现的。1959 年，当时埃及政府打算建设阿斯旺高坝。此项工程将淹没埃及古文明的最重要标志之一——阿布辛贝尔神庙。在埃及和苏丹政府的请求下，联合国教科文组织发起了一项国际运动，以拯救这一宝贵的历史遗迹。最终，阿布辛贝尔神庙和菲莱神殿被解体，迁到高地重新组装。整个迁移工程耗资约 8000 万美元，其中一半资金来源于 50 多个国家，是人类历史上第一次运用国际力量保护重要古文明标志遗物的活动。此举最终促使美国白宫于 1965 年举行了一次会议，呼吁建立"世界遗产基金"以促进国际合作，倡导"为当代和后代的世界公民保护那些杰出的自然、风景和历史地区"。两年之后，世界自然保护联盟于 1968 年提出类似的建议，并提交到 1972 年在斯德哥尔摩举行的以"人类环境"（Human Environment）为主题的联合国大会。1972 年 11 月 16 日，联合国教科文组织第十七次会议在巴黎通过了《世界文化与自然遗产保护公约》，标志着世界遗产的保护行动正式开始。

世界遗产评选代表着遗产保护从国家走向世界，从单独的国家行动到世界性合作。其最初起源于文化资源的保护，后美国提出将自然遗产保护与文化遗产保护结合起来。发展至今，世界遗产已经包括"世界文化遗产""世界自然遗产""世界文化与自然遗产""世界文化景观"四类。

②准入标准

➤世界文化遗产

文物：从历史、艺术或科学角度看，具有突出、普遍价值的建筑物、雕刻和绘画，具有考古意义的成分或结构，铭文、洞穴、住区及各类文物的综合体。

建筑群：从历史、艺术或科学角度看，因其建筑的形式、同一性及其在景观中的地位，具有突出、普遍价值的单独或相互联系的建筑群。

遗址：从历史、美学、人种学或人类学角度看，具有突出、普遍价值的人造工程或人与自然的共同杰作以及考古遗址地带。

准入标准：第一，代表一种独特的艺术成就，是一种创造性的天才杰作；

第二，在一定时期内或世界某一文化区域内，对建筑艺术、纪念物艺术、规划或景观设计方面的发展产生过重大影响；第三，能为一种已消逝的文明或文化传统提供一种独特的或至少是特殊的见证；第四，可作为一种建筑或建筑群或景观的杰出范例，展示人类历史上一个（或几个）重要阶段；第五，可作为传统的人类居住地或使用地的杰出范例，代表一种（或几种）文化，尤其在不可逆转之变化的影响下变得易于损坏；第六，与具有特殊、普遍意义的事件、现行传统、思想、信仰、文学艺术作品有直接和实质的联系（委员会认为，只有在某些特殊情况下或该项标准与其他标准一起作用时，此款才能成为列入《世界遗产名录》的理由）。

➢世界自然遗产

从自然美学或科学角度看，具有突出、普遍价值的由地质和生物结构或这类结构群组成的自然面貌；从科学或保护角度看，具有突出、普遍价值的地质和自然地理结构以及明确规定的濒危动植物物种生境区；从科学、保护或自然美学角度看，具有突出、普遍价值的天然名胜或明确划定的自然地带。

准入标准：第一，构成代表地球现代化史中重要阶段的突出例证；第二，构成代表进行中的重要地质过程、生物演化过程以及人类与自然环境相互关系的突出例证；第三，独特、稀少或绝妙的自然现象、地貌或具有罕见自然美的地带；第四，尚存的珍稀或濒危动植物种的栖息地。

➢世界文化与自然遗产

文化与自然遗产，简称"混合遗产""复合遗产""双重遗产"。按照《实施保护世界文化与自然遗产公约的操作指南》（简称《公约》），只有同时满足《公约》中部分关于文化遗产和自然遗产定义的遗产项目才能成为混合遗产。

➢世界文化景观

文化景观属于文化财产，代表着"自然与人联合的工程"。它们反映了因物质条件的限制和自然环境带来的机遇，在一系列社会、经济和文化因素的内外作用下，人类社会和定居地的历史沿革。文化景观的选择应基于它们自身的突出、普遍的价值，其明确划定的地理—文化区域的代表性及其体现此类区域的基本而具有独特文化因素的能力。它通常体现持久的土地使用的现代化技术及保持或提高景观的自然价值。保护文化景观有助于保护生物多样性。一般来说，文化景观有以下三种类型。

第一种是由人类有意设计和建筑的景观。包括出于美学原因建造的园林和公园景观，它们通常与宗教或其他纪念性建筑物或建筑群有联系。

第二种是有机进化的景观。它产生于最初的一种社会、经济、行政以及宗教需要，并通过与周围自然环境的联系或适应而发展到目前的形式。它又包括两种类别：一是残遗物（或化石）景观，代表一种过去某段时间已经完结的进化过程，不管是突发的还是渐进的。它们之所以具有突出、普遍价值，还在于显著特点依然体现在实物上。二是持续性景观，它在当今与传统生活方式相联系的社会中，保持一种积极的社会作用，而且其自身演变过程仍在进行之中，同时又展示了历史上其演变发展的物证。

第三种是关联性文化景观。这类景观列入《世界遗产名录》，以自然因素和强烈的宗教、艺术或文化联系为特征，而不是以文化物证为特征。

③数量分布

截至 2017 年底，《世界遗产名录》收录的全球世界遗产总数为 1073 项，其中包括 832 项世界文化遗产，206 项世界自然遗产，35 项世界文化与自然遗产。全球拥有世界遗产的国家数量为 167 个。中国的世界遗产数量为 52 项，其中世界自然遗产 12 项，世界文化遗产 31 项，世界文化与自然遗产 4 项，文化景观遗址 5 项（见附表 5 – 1、附图 5 – 10）。

附表 5 – 1　2017 年中国各省份世界遗产分布统计

类型	省份	数量	遗产
世界自然遗产	湖南	2	武陵源风景名胜区、中国丹霞
	四川	3	黄龙风景名胜区、九寨沟风景名胜区、四川大熊猫栖息地
	云南	3	云南三江并流保护区、中国南方喀斯特、澄江化石遗址
	贵州	2	中国南方喀斯特、中国丹霞
	重庆	1	中国南方喀斯特
	广西	1	中国南方喀斯特
	江西	2	三清山国家公园、中国丹霞
	福建	1	中国丹霞
	广东	1	中国丹霞
	浙江	1	中国丹霞
	新疆	1	新疆天山
	湖北	1	湖北神农架
	青海	1	青海可可西里自然保护区

续表

类型	省份	数量	遗产
世界文化遗产	安徽	2	皖南古村落、中国大运河
	澳门	1	澳门历史城区
	北京	7	长城、明清皇宫、周口店北京猿人遗址、天坛、颐和园、明清皇家陵寝、中国大运河
	天津	2	长城、中国大运河
	甘肃	3	长城、莫高窟、丝绸之路
	广东	1	开平碉楼与村落
	贵州	1	土司遗址
	河北	4	长城、承德避暑山庄及周围寺庙、明清皇家陵寝、中国大运河
	河南	6	长城、龙门石窟、安阳殷墟、登封天地之中历史建筑群、中国大运河、丝绸之路
	黑龙江	1	长城
	湖北	3	武当山古建筑群、明清皇家陵寝、土司遗址
	湖南	1	土司遗址
	吉林	1	长城
	江苏	3	苏州古典园林、明清皇家陵寝、中国大运河
	辽宁	4	长城、明清皇宫、明清皇家陵寝、高句丽王城王陵及贵族墓葬
	宁夏	1	长城
	山东	3	长城、曲阜孔府孔庙孔林、中国大运河
	山西	3	长城、平遥古城、云冈石窟
	陕西	3	长城、秦始皇陵及兵马俑坑、丝绸之路
	四川	1	青城山—都江堰
	西藏	1	布达拉宫
	云南	1	丽江古城
	重庆	1	大足石刻
	青海	1	长城
	内蒙古	2	长城、元上都遗址
	新疆	2	长城、丝绸之路
	福建	2	福建土楼、鼓浪屿
	浙江	1	中国大运河
世界文化与自然遗产	安徽	1	黄山
	福建	1	武夷山
	山东	1	泰山
	四川	1	峨眉山—乐山大佛

续表

类型	省份	数量	遗产
世界文化景观	江西	1	庐山
	山西	1	五台山
	浙江	1	杭州西湖
	云南	1	哈尼梯田
	广西	1	左江花山岩画

注：昆曲、木琴、木卡姆属于人类口述和物质文化遗产，未统计所在省份。

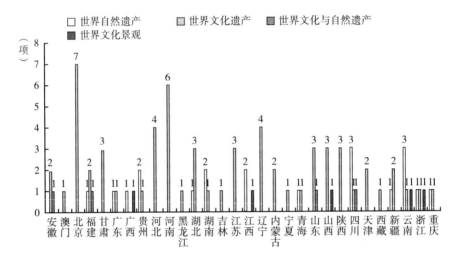

附图5-10　2017年各省份世界遗产数量

（2）世界地质公园

地质公园是指具有特殊地质意义、珍奇或秀丽景观特征的自然保护区。这些特征是该地区地质历史、地质事件和形成过程的典型代表，十分罕见并具有美学价值。

①发展历程

伴随着世界各国国家公园雏形的建立，一部分位于国家公园内的地质遗迹得到保护，但保护工作零星而不系统。20世纪中叶到90年代，在联合国教科文组织的带领下，进入地球遗产保护工作的全球协调行动阶段。1984年在世界自然保护联盟的参与下，设立了"国家公园与自然保护专业委员会"，制定了国家公园的标准，将优美的地学景观保护和促进科学发展的内容纳入其中。
1972 年，联合国教科文组织通过了《世界自然文化遗产保护公约》，建立了
《世界遗产名录》，把一批含有重要地质遗迹的公园、名胜纳入其中。但全球
的地质遗迹仍没有得到系统的保护，同时在全球各地发生了由于地质保护的工
作降低了当地居民经济收入与地质遗产遭受破坏的事件。因此 1991 年，在法
国召开的关于地质遗产保护的第一次国际会议宣布要保护地球的记忆。

2000 年，欧洲地质公园网络建立。1999 年，联合国教科文组织第 156 次
常务委员会议提出建立世界地质公园计划（UNESCO Geoparks），目标是在全
球建立 500 个世界地质公园，每年拟建 20 个，并确定中国大陆为建立世界地
质公园计划试点地之一。2004 年，在巴黎召开的联合国教科文组织会议上，
中国 8 个国家地质公园和欧洲 17 个地质公园被批准为首批世界地质公园。

世界地质公园的建立弥补了世界遗产在地质景观保护方面的不足和地科联
地质遗迹公园难以引起地方政府的重视和当地居民参与积极性不高的不足，同
时把地质遗迹的保护与支持地方经济发展和扩大当地居民就业紧密结合起来，
将保护、教育与可持续发展的概念紧密连接起来。

②准入标准

第一，有明确边界，有足够大的面积使其可为当地经济发展服务，由一系
列具有特殊科学意义、稀有性和美学价值的地质遗址组成，还可能具有考古、
生态学、历史或文化价值。

第二，这些遗址彼此联系并受公园式的正式管理及保护，制定了官方的保
证区域社会经济可持续发展的规划。

第三，支持文化、环境可持续发展的社会经济发展，可以改善当地居民的
生活条件和环境，能加强居民对居住区的认同感和促进当地的文化复兴。

第四，可探索和验证对各种地质遗迹的保护方法。

第五，可用来作为教育的工具，进行与地学各学科有关的可持续发展教
育、环境教育、培训和研究。

第六，始终处于所在国独立司法权的管辖之下。所在国政府必须依照本国
法律法规对公园进行有效管理。

③数量分布

截至 2018 年 6 月，世界共有 140 处世界地质公园，分布在 38 个国家和

地区。其中亚洲 58 处，欧洲 73 处，是世界地质公园的主要分布地（见附图 5 - 11）。

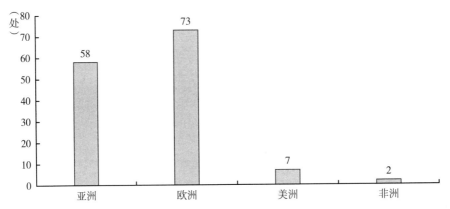

附图 5 - 11 世界地质公园的全球数量分布

截至 2017 年，中国的世界地质公园数量共计 36 处，占据了亚洲世界地质公园数量的 62%，分布在中国的 22 个省份（见附表 5 - 2）。

附表 5 - 2 2017 年各省份世界地质公园数量统计

单位：处

省份	数量	省份	数量
安徽	2	江西	3
北京	2	内蒙古	3
福建	2	青海	1
甘肃	1	山东	1
广东	2	陕西	1
广西	1	四川	2
贵州	1	香港	1
海南	1	云南	2
河南	4	浙江	1
黑龙江	2	新疆	1
湖北	1	合计	36
湖南	1		

（3）国际重要湿地

湿地指不论其为天然或人工、长久或暂时之沼泽地、泥炭地或水域地带，带有或静止或流动，或淡水、半咸水或咸水水体者，包括低潮时水深不超过6m的水域。可包括邻接湿地的河湖沿岸、沿海区域以及湿地范围的岛屿或低潮时水深超过6m的区域。

①发展历程

18世纪60年代，欧洲越来越多的湿地遭到破坏，大量的水禽栖息地丧失。1960年，为解决这个严峻的问题，瑞士著名生态学家卢克·霍夫曼（Luc Hoffmann）牵头启动了"制定有关湿地保护及管理的国际性计划"项目（简称MAR），世界自然保护联盟、国际水禽与湿地研究局和国际保护鸟类理事会共同参与了该项目。最终于1971年2月2日在伊朗的拉姆萨尔签署了《关于特别是作为水禽栖息地的国际重要湿地公约》（简称《湿地公约》或《拉姆萨尔公约》，当时有18个发起缔约国），并于1975年12月21日正式生效。直至2014年1月，《拉姆萨尔公约》共有168个缔约成员，《国际重要湿地名录》覆盖2170片总面积超过207万平方公里的重要湿地。

②准入标准

A组标准：区域内包含典型性、稀有或独一无二的湿地类型。标准1：如果一块湿地在一个适当的生物地理区域内称得上典型，且其本身是稀有的或独有的自然或近自然的湿地类型，那么就应该考虑其国际重要性。

B组标准：在物种多样性保护方面的国际重要性，基于物种和生态群落的标准。标准2：如果一块湿地支持着易受攻击、易危、濒危物种或者受威胁的生态群落，那么就应该考虑其国际重要性。标准3：如果一块湿地支持着对于一个特定生物地理区域物种多样性维持有重要意义的动植物种群，那么就应该考虑其国际重要性。标准4：如果一块湿地支持着某些动植物物种生活史的一个重要阶段，或者可以为它们处在恶劣生存条件下时提供庇护场所，那么就应该考虑其国际重要性。

基于水禽的标准，标准5：如果一块湿地规律性地支持着20000只或更多水禽的生存，那么就应该考虑其国际重要性。标准6：如果一块湿地规律性地支持着一个水禽物种或亚种种群1%个体的生存，那么就应该考虑其国际重要性。基于鱼类的标准，标准7：如果一块湿地支持着很大比例的当地鱼类属、种或亚种的生活史阶段、种间相互作用或者因支持着能够体现湿地效益或价值的典型的鱼类种群而有利于全球生物多样性，那么就应该考虑其国际重要性。标准8：如

果一块湿地是某些鱼类重要的觅食场所、产卵场、保育场或者为了繁殖目的的迁徙途经之地（无论这些鱼是否生活在这块湿地里），那么就应该考虑其国际重要性。基于其他种类的特殊标准，标准9：如果一块湿地规律性地支持着一个非鸟类湿地动物物种或亚种种群1%个体的生存，那么就应该考虑其国际重要性。

③数量分布

截至2010年2月2日，签订《湿地公约》的成员国达到159个，共1886处国际重要湿地，总面积达到1.85亿公顷。截至2015年，中国共有国际重要湿地49处（见附表5-3、附图5-12、附表5-4、附图5-13）。

附表5-3　中国各批次入选的国际重要湿地数量和面积

时间	数量（处）	比例（%）	面积（km²）	比例（%）
1992	6	12.24	1028467	22.01
1995	1	2.04	1500	0.03
2002	14	28.58	2000753	42.81
2005	9	18.37	372627	7.97
2008	6	12.25	228692	4.89
2009	1	2.04	325	0.01
2011	4	8.16	541318	11.58
2013	5	10.20	364517	7.80
2015	3	6.12	135690	2.90
合计	49	100	4673889	100

注：数据统计截至2015年。

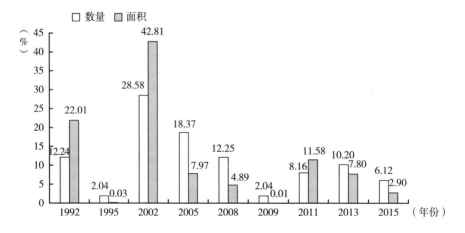

附图5-12　中国各批次国际重要湿地数量和面积比例

附表5-4　中国各省份国际重要湿地数量和面积统计

省份	数量(处)	比例(%)	面积(km²)	比例(%)
安徽	1	2.04	33333	0.71
内蒙古	2	4.08	754770	16.15
辽宁	1	2.04	128000	2.74
江苏	2	4.08	531000	11.36
江西	1	2.04	22400	0.48
吉林	2	4.08	249467	5.34
青海	3	6.12	612700	13.11
山东	2	4.08	164700	3.52
上海	2	4.08	36360	0.78
四川	1	2.04	166570	3.56
西藏	2	4.08	117100	2.51
香港	1	2.04	1500	0.03
黑龙江	8	16.33	992829	21.24
福建	1	2.04	2360	0.05
甘肃	2	4.08	288431	6.17
海南	1	2.04	5400	0.12
湖北	3	6.12	62311	1.33
湖南	3	6.12	393680	8.42
云南	4	8.16	10027	0.21
广东	4	8.16	93626	2.00
广西	2	4.08	7000	0.15
浙江	1	2.04	325	0.01

注：数据统计截至2015年。

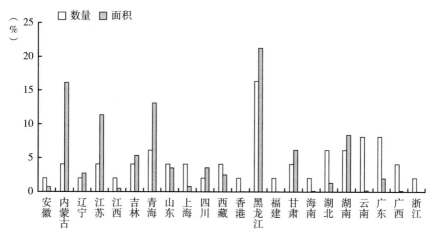

附图5-13　中国各省份国际重要湿地数量和面积比例

2. 人与生物圈计划

人与生物圈计划是一项国际性的、政府间合作研究和培训的计划。其宗旨是通过自然科学和社会科学的结合，基础理论和应用技术的结合，科学技术人员、生产管理人员、政治决策者和广大人民的结合，对生物圈不同区域的结构和功能进行系统研究，并预测人类活动引起的生物圈及其资源的变化，以及这种变化对人类本身的影响。目标为合理利用和保护生物圈的资源，保存遗传基因的多样性，改善人类同环境的关系，提供科学依据和理论基础，以寻找有效地解决人口、资源、环境等问题的途径。主要解决保护生物多样性与生物资源可持续性利用之间的关系，其性质是政府间跨学科的大型综合性的研究计划。

（1）发展历程

生物圈保护区的概念于 1974 年由联合国教科文组织人与生物圈（MAB）的一个工作小组提出[1]。联合国教科文组织在其他组织的配合下，从 1971 年起实施一项着重对人和环境关系进行生态学研究的多学科的综合研究计划。到目前为止，已有 100 多个国家参加了该计划。自 1992 年联合国环境与发展大会后，MAB 结合《生物多样性公约》等重要的国际性公约开展活动，明确提出通过生物圈保护区网络来研究和保护生物多样性，促进自然资源的可持续利用。

（2）计划内容

人与生物圈计划的宗旨为：通过全球范围的合作，达到如下目标。①用生态学的方法研究人与环境之间的关系；②通过多学科、综合性的研究，为有关资源和生态系统的保护及其合理利用提供科学依据；③通过长期的系统监测，研究人类对生物圈的影响；④为提供对生物圈自然资源的有效管理而开展人员培训和信息交流。

人与生物圈计划目前共有 14 个研究项目：①日益增长的人类活动对热带、亚热带森林生态系统的影响；②不同的土地利用和管理实践对温带和地中海森林景观的生态影响；③人类活动和土地利用实践对放牧场、稀树干草原和草地（从温带到干旱地区）的影响；④人类活动对干旱和半干旱地带生态系统动态

---

① 杨锐：《土地资源保护——国家公园运动的缘起与发展》，《水土保持研究》2003 年第 3 期。

的影响，特别注意灌溉的效果；⑤人类活动对湖泊、沼泽、河流、三角洲、河口、海湾和海岸地带的价值和资源的生态影响；⑥人类活动对山地和冻原生态系统的影响；⑦岛屿生态系统的生态和合理利用；⑧自然区域及其所包含的遗传材料的保护；⑨病虫害管理和肥料使用对陆生和水生生态系统的生态评价；⑩主要工程建设对人及其环境的影响；⑪以能源利用为重点的城市系统的生态问题；⑫环境变化和人口数量的适应性、人口学和遗传结构之间的相互作用；⑬对环境质量的认识；⑭环境污染及其对生物圈的影响。

（3）准入标准

①生物圈保护区是受保护的典型环境地区，其保护价值需被国内、国际承认，它可以提供科学知识、技能及人类对维持它持续发展的价值。

②各生物圈保护区组成一个全球性网络，共享生态系统保护和管理的研究资料。

③生物圈保护区既包括一些受到严格保护的"核心区"，还包括其外围可供研究、环境教育、人才培训等的"缓冲区"，以及最外层面积较大的"过渡区"或"开放区"。开放区可供研究者、经营者和当地人之间密切合作，以确保该区域自然资源的合理开发。

（4）数量分布

截至2015年，中国加入人与生物圈计划的保护地共计33处。自1979年开始，每批次数量基本稳定，其中2000年加入的数量最多，共计4处。33处保护地分布于中国的19个省份，主要集中于西部地区（见附表5-5、附图5-14）。

附表 5-5　中国各省份加入人与生物圈计划的保护地数量统计

单位：处，%

省份	时间	数量	比例
福建	1987	1	3.03
甘肃	2000	1	3.03
广东	1979	1	6.06
	2001	1	
广西	2000	1	6.06
	2011	1	
贵州	1986	1	6.06
	1996	1	
河南	2001	1	3.03

省份	时间	数量	比例
黑龙江	1997	1	9.09
	2003	1	
	2007	1	
湖北	1990	1	3.03
吉林	1979	1	3.03
江苏	1992	1	3.03
江西	2012	1	3.03
辽宁	2013	1	3.03
内蒙古	1987	1	12.12
	2001	1	
	2002	1	
	2015	1	
陕西	2004	1	6.06
	2012	1	
四川	1979	1	12.12
	1997	1	
	2000	1	
	2003	1	
西藏	2004	1	3.03
新疆	1990	1	3.03
云南	1993	1	6.06
	2000	1	
浙江	1996	1	6.06
	1998	1	
合计		33	

注：数据统计截至 2015 年。

3. IUCN 保护地分类体系

（1）发展历程

IUCN 建立保护地分类体系的初衷是创造一个国家内部和不同国家之间对保护地的一致理解。CNPPAZ 主席 P. H. C.（Bing）Lucas 表示，"这些指南具有特别的意义，因为它们为与保护地有关的所有人员，提供了对话的共同语言，使所有国家的管理者、规划人员、研究人员、政治人员和市民团体可以通过一个管理分类体系交流信息和想法"。

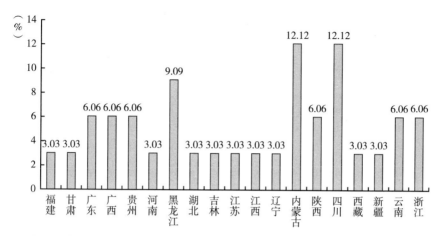

附图 5 - 14　中国各省份加入人与生物圈计划的保护地数量比例

（2）分类体系内容（见附表 5 - 6）

附表 5 - 6　IUCN 保护地分类体系

类别	名称	描述
Ⅰₐ	严格自然保护区 Strict nature reserve	该类保护地是指受到严格保护的区域,设立目的是保护生物多样性,亦可能涵盖地质和地貌保护。这些区域中,人类活动、资源利用和影响受到严格控制,以确保其保护价值不受影响。这些保护地在科学研究和检测中发挥着不可或缺的参考价值
Ⅰb	荒野保护区 Wilderness area	该类保护地通常是指大部分保留原貌,或仅有微小变动的区域,保存了其自然特征和影响,没有永久性或者明显的人类居住痕迹。对其保护和管理是为了保持其自然原貌
Ⅱ	国家公园 National park	该类保护地是指大面积的自然或接近自然的区域,重点是保护大面积完整的自然生态系统。设立目的是保护大规模的生态过程,以及相关的物种和生态系统特性。同时提供在环境上和文化上相容的,精神的、科学的、教育的、娱乐的游览机会
Ⅲ	自然遗迹或地貌 Natural monument or feature	该类保护地是为了保护某一特别的自然历史遗迹而特设的区域,可以是地貌、海山、海底洞穴,也可以是洞穴甚至是古老的小树林这种有生命的特征形态。这些区域通常面积比较小,但通常具有较高的参考价值
Ⅳ	栖息地/物种管理区 Habitat/species management area	该类保护地的主要目的是保护特有的物种或栖息地,同时在管理上体现这种优先性。该类保护地会需要经常性地、积极地干预工作,以满足某种物种或维持栖息地的需要,但这并非该分类必须满足的
Ⅴ	陆地海洋景观保护区 Protected landscape/ seascape	该类保护地是指人类与自然长期互作用所产生的特点鲜明,具有重要的生态、生物、文化和景观价值的区域。保障这些相互作用区域的完整性,对于保护和维持这些区域及其相关的自然与其他价值都是极其重要的

续表

类别	名称	描述
Ⅵ	持续的资源利用保护区 Protected area with sustainable use of natural resources	该类保护地是为了保护生态系统和栖息地、文化价值和传统自然资源管理系统的区域。这些区域通常很大,大部分地区处于自然状态,其中一部分采用可持续自然资源管理方式,且该区域的主要目标是在与自然和谐相处的条件下,对自然资源进行低水平的非工业利用

（3）数量分布

IUCN 保护地数量与面积均呈现逐年递增的趋势，根据 IUCN 参与建设的 WDPA 数据库统计，2014 年全球保护地数量已达209429 个①（见附图 5 - 15）。

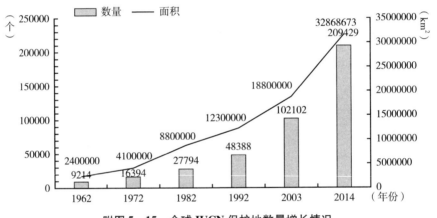

附图 5 - 15　全球 IUCN 保护地数量增长情况

全球陆地保护地覆盖比例以美国中部最高，达到 28.2%，南美洲次之，达到 25.0%。除去南冰洋地区，陆地保护地覆盖比例平均值达到 17.09%（见附图 5 - 16）。

全球海域保护地覆盖比例以南冰洋（exc. ATA）地区最高，达到 17.7%，其次是大洋洲，达到 15.6%。全球海域保护地覆盖比例平均值为 6.16%（见附图 5 - 17）。

---

① 世界保护地数据库（WDPA，The World Database on Protected Areas）是目前全球尺度上最全面的陆地和海洋保护地数据库，其从运行上是 UNEP（联合国环境规划署）与 IUCN 之间的一个联合项目，由 UNEP-WCMC（联合国环境规划署世界保护监测中心）负责管理，访问网址为 www. protectedplanet. net。需要注意的是，在这个数据库中，各地理统计单元的划分迥异于中国的划分方式，其中会单列出中东、加勒比这样的区域，也会将未被中国地理学界承认的南冰洋（分为 exc. ATA 和 inc. ATA 两部分）作为统计单元。

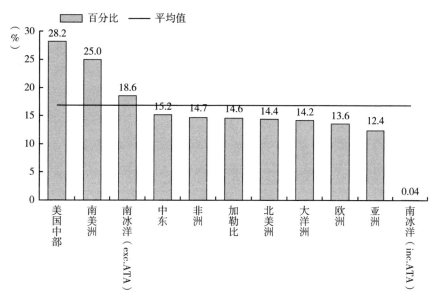

附图5-16　全球陆地保护地覆盖比例

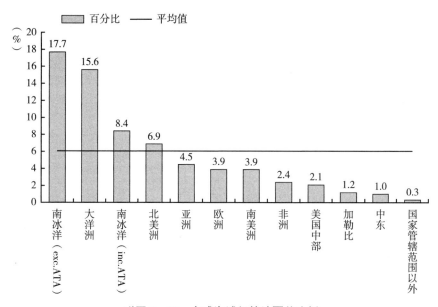

附图5-17　全球海域保护地覆盖比例

全球保护地在欧洲分布最多，占全球保护地数量的65.6%，其次是北美洲，占到14.6%，美国中部虽数量少，但覆盖陆地面积最大（见附图5-18）。

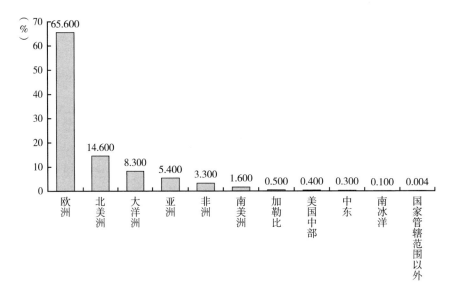

附图 5 – 18　全球各区域保护地数量比例

全球保护地的面积在大洋洲分布最多，达到 24.2%，其次是南美洲与北美洲，分别为 15.1% 与 14.9%，欧洲虽数量最多，但面积只占 12.9%（见附图 5 – 19）。

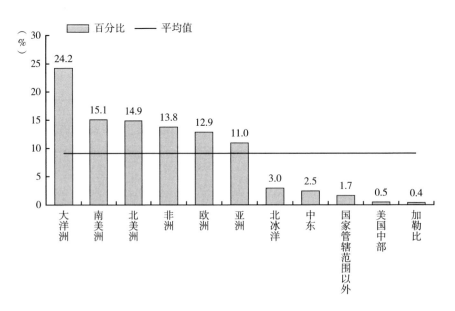

附图 5 – 19　全球各区域保护地面积比例

全球保护地的面积以小于 $1km^2$ 的居多，约占 48.8% ，其次是 $1\sim10km^2$ 。面积越大，保护地的数量越少。大于 $10000km^2$ 的保护地仅占总数的 0.2% （见附图 5 - 20）。

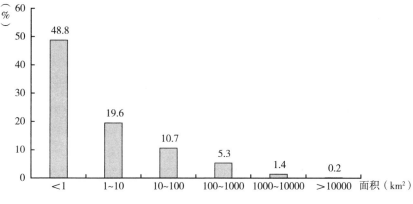

附图 5 - 20　不同面积的保护地数量比例

全球保护地面积前三名均为海域类型。首位为位于大洋洲的珊瑚海自然公园（法国），面积达 $1292967km^2$ 。位于南冰洋的南乔治亚岛和南桑威奇群岛海洋保护区（英国）排名第二，面积达 $1070000km^2$ 。位于大洋洲的珊瑚海（澳大利亚）排名第三，面积达 $989842km^2$ 。面积最大的陆地保护地为位于北美洲的东北格陵兰（格陵兰岛），面积达 $97200km^2$ （见附表 5 - 7）。

附表 5 - 7　面积最大的保护地（前十名）

单位：km^2

地区	名称	类型	面积
大洋洲	珊瑚海自然公园（法国）	海域	1292967
南冰洋	南乔治亚岛和南桑威奇群岛海洋保护区（英国）	海域	1070000
大洋洲	珊瑚海（澳大利亚）	海域	989842
北美洲	东北格陵兰（格陵兰岛）	陆地	972000
中东	沙特阿拉伯	陆地	640000
亚洲	英属印度洋领地海洋保护区（查戈斯）（英国）	海域	640000
大洋洲	克马德克（新西兰）	海域	469276
大洋洲	菲尼克斯群岛（基里巴斯）	海域	410500
北美洲	帕帕哈瑙莫夸基亚国家海洋保护区（美国）	海域	362075
大洋洲	大堡礁（澳大利亚）	海域	348700

二　世界国家公园管理体制分类及其特点

基于国家公园内的土地权属,可将国家公园的管理体制分为营建制和地域制。营建制的国家公园土地权属多归政府,代表国家和地区有英国、法国和中国台湾等;地域制的国家公园土地权属种类多样,混杂有国家所有、地方所有、私人所有等多种形式,代表国家有日本和英国。其中美国国家公园的保护强度较大,属IUCN 分类管理体系中的第Ⅱ类保护地;英国国家公园更强调乡村的可进入性和社区的协同发展,其保护强度更接近于 IUCN 体系中的第Ⅴ类保护地(见附表 5 - 8)。

附表 5 - 8　世界国家公园管理体制分类

管理体制　保护强度	大	小	备注
营建制(基于土地权属归政府所有)	美国、法国	中国台湾	美国国家公园联邦直管,体制改革,保护强度接近 IUCN 体系的第Ⅱ类保护地
地域制(基于土地权属分散)	日本	英国	英国主要通过规划调节,保护强度接近 IUCN 体系的第Ⅴ类保护地

(一)营建制——美国国家公园

1. 美国主要的联邦保护地体系

(1) 四大管理机构

美国保护地体系意在保护资源的五大核心价值:空气质量、水质量、野生动植物栖息地及生境、珍稀濒危物种以及留给世代的遗产。截至 2015 年,美国共计 25800 处保护地,面积约 129. 45 万 km^2,占美国国土面积的 14%、世界保护地面积的 1/10。美国保护地类型丰富,级别多样,其中最主要的保护地均为联邦土地,由 4 个机构进行管理①:国家公园管理局 (National Park

---

① 美国联邦土地管理机构除文中列出的 4 个外,还有国防部(管理土地 7.69 万 km^2),以及农业研究所(Agricultural Research Service)、垦务局(Bureau of Reclamation)、能源部(Department of Energy)、国家航空航天局(National Aeronautics and Space Administration)等其他管理机构(管理 2 万~4 万 km^2 的土地)。

Service，NPS）、国家林务局（U. S. Forest Service，USFS）、鱼类和野生动物管理局（U. S. Fish & Wildlife Service，FWS）和土地管理局（Bureau of Land Management，BLM）。这四类保护地机构的管理目标主要是保留、游憩以及自然资源的可持续利用，其所管理的最主要的保护地类型分别为：国家公园体系（National Park System）、国家森林体系（National Forests）、国家野生动物保护区体系（National Wildlife Refuges）和公共土地（Public Domain Lands）。上述四类保护地管理机构中除国家林务局外，其余三者均为内政部直属机构（见附表5-9、附图5-21）。

附表5-9　美国联邦保护地体系

管理机构	保护地类型	成立时间	数量/面积
国家公园管理局	国家公园体系	1916	34 万 km²
国家林务局	国家森林体系	1905	78 万 km²
鱼类和野生动物管理局	国家野生动物保护区体系	1940	560 余处国家野生动物保护区
土地管理局	公共土地	1946	99 万 km²

这些联邦机构管辖的土地多集中于美国西部，西部 11 个州①47% 的土地为联邦所有。尤其是阿拉斯加州，其 62% 的土地为联邦所有。相比之下，其余的州只有 4% 的土地为联邦所有。

①国家公园管理局

美国国家公园管理局成立于 1916 年。它具有双重任务——保存独一无二的资源和为公众享受，这两者之间的张力与平衡是一直以来的挑战。

美国国家公园管理体系与国家公园是两个完全不同的概念。国家公园管理体系是由美国内政部国家公园管理局管理的一系列保护游赏地，包含 15 大类，国家公园只是其中一类。美国国家公园管理局统一管理国家公园管理体系中的所有类别，促进并规范联邦土地的使用，保护景观、自然和历史文

---

①　西部 11 个州为：加利福尼亚州、俄勒冈州、华盛顿州、亚利桑那州、内华达州、蒙大拿州、犹他州、爱达荷州、怀俄明州、科罗拉多州、新墨西哥州。

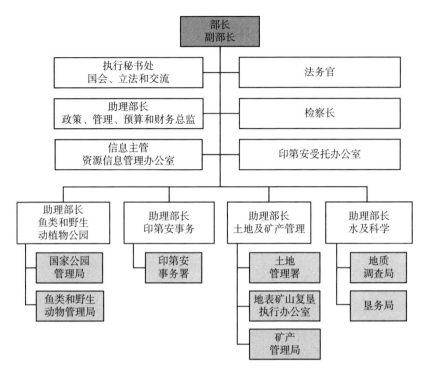

附图 5 – 21　美国内政部组织架构

化资源及野生动植物，为当代及未来世代的享受、教育和启发保留未经受损的自然文化资源价值①。

专栏附 5 – 5　美国国家公园管理体系发展的历史

1916 年 8 月 25 日，威尔逊总统签署关于成立国家公园管理局的法令，国家公园管理局正式成立。法令规定国家公园管理局基本任务为：国家公园管理局的成立将加强对国家公园、纪念地、保护区等由联邦政府掌握的地域的管

---

① 原文为："The service thus established shall promote and regulate the use of the Federal areas known as national parks, monuments, and reservations hereinafter specified by such means and measures as conform to the fundamental purpose of the said parks, monuments, and reservations, which purpose is to conserve the scenery and the natural and historic objects and the wild life therein and to provide for the enjoyment of the same in such manner and by such means as will leave them unimpaired for the enjoyment of future generations." (U. S. C. , title 16, sec. 1.)

理；而建立这些国家公园、纪念地、保护区的基本目的是保护其景观、自然环境、历史纪念物以及范围内的野生生物，同时在不损害资源的前提下为人们提供欣赏、享用的机会，从而也能为子孙后代所享用。美国国家公园管理局一直致力于这个基本的目标，同时还担负保护各种文化及游憩资源的任务。

1933 年，美国的一项行政法令，将当时的国家纪念地和军事保留地从森林署及军事部门转交给国家公园管理局进行管理。从此，国家公园管理局实现了对国家公园系统各单位的统一管理。

1970 年美国国会一项法案指出，自黄石国家公园建立之后，国家公园系统已开始壮大，包括了每一个地区最好的自然、历史和游憩区域。

2016 年，美国国家公园管理局成立 100 周年。

截至 2014 年 7 月，美国国家公园管理体系共包括 15 个大类，36 个小类，402 个单位①，总面积 34 万 km²②，占美国国土面积的 3.64%。其中，2/3 的土地在阿拉斯加州③。每年接待游客 3 亿人次，2014 年财政预算 26 亿美元。美国国家公园管理体系中的国家公园类别占有最大的面积比例，共计 19.8 万 km²，占国家公园管理体系总面积的 58.24%。其中面积最大的国家公园是兰格尔－圣埃利亚斯国家公园（Wrangell－St. Elias NP），面积为 5.26 万 km²；其次是国家保护区（National Preserves），面积共计 8.9 万 km²，占国家公园管理体系总面积的 26.18%；最后是国家游憩地（National Recreation Areas），面积共计 1.34 万 km²，占国家公园管理体系总面积的 3.94%（见附表 5－10）。

---

① 截至 2018 年 6 月，美国国家公园管理体系中共有 417 个成员单位。

② 34 万 km² 中约有近 32 万 km² 的联邦土地，以及 2 万余 km² 的非联邦土地。

③ 阿拉斯加州的国家公园体系土地面积为 21.29 万 km²，占国家公园管理体系总面积的 66%。

附表 5 - 10 美国国家公园管理体系

大类	小类	数量	小计
National Battlefield （国家战场）	National Battlefield	12	25
	National Battlefield Park	3	
	National Battlefield Site	1	
	National Military Park	9	
National Historic Site （国家史迹地）	National Historic Site	78	123
	National Historical Park	44	
	International Historic Site	1	
National Lakeshore（国家湖滨）		4	4
National Memorial （国家纪念物）	National Memorial	18	27
	National Expansion Memorial	1	
	Memorial	8	
National Monument （国家纪念地）	National Monument	76	79
	Monument	1	
	National Monument and Historic Shrine	1	
	National Monument of America	1	
National Park（国家公园）		57	57
National Preserve （国家保护区）	National Preserve	17	20
	National Historic Park and Ecological Preserve	2	
	National Historical Park and Preserve	1	
National Recreation Area （国家游憩地）	National Recreation Area	19	21
	National Recreational River	2	
National Reserve（国家保留地）	National Reserve	1	2
	National Historical Reserve	1	
National River （国家河流）	National River	3	11
	National Scenic River	4	
	Wild River	2	
	National Scenic Riverway	1	
	National Scenic Riverways	1	
National Scenic Trail（国家风景道）		2	2
National Seashore（国家海滨）		10	10
Parkway（风景道）	Parkway	3	5
	Memorial Parkway	2	
Blank（未命名）		7	7
Other（其他）	Park	7	9
	National and State Parks	1	
	Gateways and Watertrails Network	1	
合计		402	

资料来源：National Park Service。

②国家林务局

美国国家林务局①成立于 1905 年，是四个机构中成立最早的，成立之初是为了管理森林保护区②（forest reserves），用于进行森林研究，设于农业部（U. S. Department of Agriculture，USDA）。1960 年的《多用途可持续生产法》（*Multiple Use-Sustained Yield Act*）将森林保护区的功能进行扩展，增加了游憩、放牧、野生动物及鱼类栖息地和荒野等用途。同时，美国法律明确提出，国家林务局"通过生态途径保护并管理森林用地，满足人类的多种需求，使其成为可持续利用理念最好的例证"③。

国家森林是国家林务局管理最主要的土地类型。截至 2014 年，国家林务局管理着 155 处国家林地和 20 处国家草地，面积共计 78.1 万 km²，多位于美国西部地区。

③鱼类和野生动物管理局

美国鱼类和野生动物管理局的任务是"与其他人共同保护并提高鱼类、野生动植物及其栖息生境，永续造福美国人民"④。首要管理目标是物种保护，禁止游憩、狩猎、伐木、石油或天然气开采等行为，但允许与野生动物相关的，如观鸟、徒步、环境教育等活动。

鱼类和野生动物管理局管理着美国的国家野生动物保护系统⑤，具体的保护对象有：候鸟；濒危或受到威胁的物种；某些海洋哺乳动物。

保护形式包括国家野生动物保护区、水禽生产区和野生动物协调区，其中最主要的就是国家野生动物保护区。美国第一个国家野生动物保护区依据行政命令于 1903 年设立⑥。截至 2014 年，鱼类和野生动物管理局管理着 560 余处国家野生动物保护区，总面积约 38.4 万 km²。其中 31.00 万 km² 在阿拉

---

① 美国国家林务局与中国国家林业局签署过合作协议、谅解备忘录。

② 于 1970 年改名为国家森林（national forests）。

③ 原文为："to protect and manage the forest lands so they best demonstrate the sustainable multiple-use concept, using an ecological approach, to meet the diverse needs of the people."

④ 原文为："working with others to conserve, protect and enhance fish, wildlife and plants and their habitats for the continuing benefit of the American people."

⑤ 美国几处较大的国家海洋纪念地（national marine monuments）也归鱼类和野生动物管理局管理，但不属于国家野生动物保护系统。

⑥ 直到 1966 年，该保护区才进入由鱼类和野生动物管理局管理的国家野生动物保护区系统。

斯加州，占国家野生动物保护区总面积的 86%。其中最大的保护区为北极国家野生动物保护区（Arctic National Wildlife Refuge，ANWR），面积达 7.7 万 km²。鱼类和野生动物管理局还负责《国家濒危物种法》（*National Endangered Species Act*）的执行，以及《濒临绝种野生动植物国际贸易公约》（*Convention on International Trade in Endangered Species of Wild Fauna and Flora*，CITES）的技术指导机构。

④土地管理局

1946 年，美国放牧局（Grazing Service）和综合土地办公室（General Land Office）合并，成立土地管理局①。1976 年的《联邦土地政策与管理法案》（*Federal Land Policy and Management Act*）明确了土地管理局的职责，与国家林务局类似，即实现多种用途和产量的可持续，包括游憩、放牧、伐木等。其使命是"持续健康、多样、高生产力的公共土地，以保障现在及未来世代人的使用和享受"②。土地管理局的管理对象包括：可再生能源和矿产开发；森林管理、木材和物质生产；野马和驴的管理；畜牧；具有自然、风景、科学及历史价值地域的游憩和资源保护，包括国家风景保护体系。

土地管理局是四个管理机构中管理联邦土地最多的机构。截至 2014 年，土地管理局管理 100.32 万 km² 的联邦土地③，99.8% 集中在西部的 11 个州。

附表 5-11　美国各机构管理的保护地面积变化（1990 年与 2014 年）

单位：km²，%

管理机构	1990 年	2014 年	变化的面积	变化的比例
国家公园管理局	30.81	34.00	3.19	10.35
国家林务局	77.44	78.10	0.66	0.85
鱼类和野生动物管理局	35.14	38.40	3.26	9.28
土地管理局	110.09	100.32	-9.77	-8.87

① 美国土地管理局曾与中国国家土地局签署合作协议，目前已失效。
② 原文为："to sustain the health, diversity and productivity of the public lands for the use and enjoyment of present and future generations."
③ 土地管理局还管理着 283 万 km² 的地下矿产资源。

附表 5 – 12　美国各机构保护地在各州的分布（2010 年）

单位：km^2，%

	阿拉斯加州	西部 11 个州	其余州	合计
国家公园管理局	21. 29	8. 15	2. 80	32. 24
国家林务局	8. 89	57. 37	11. 80	78. 06
鱼类和野生动物管理局	31. 01	2. 60	2. 39	36. 00
土地管理局	29. 53	70. 62	0. 16	100. 31
合计	90. 72	138. 74	17. 15	246. 61
州面积	147. 91	304. 71	466. 57	919. 18
保护地占州面积的比例	61. 33	45. 53	3. 68	26. 83

附表 5 – 13　美国主要保护地管理机构差异

管理机构	管理对象	代表
国家公园管理局	自然文化遗产	国家公园（national parks）
国家林务局	林地和草地	国家森林（national forests）
鱼类和野生动物管理局	珍稀濒危物种的关键栖息地	国家野生动物保护区（national wildlife refuges）
土地管理局	多用途的公共土地	国家保留地（national conservation areas）

（2）各管理机构的关系

国家公园管理局、国家林务局、鱼类和野生动物管理局和土地管理局管理的众多保护地通常彼此毗邻，也会像中国保护地一样，存在空间交叠的现象。针对共享同一生态系统①和迁徙物种②而导致空间交叠的多个保护地，美国采用联合管理制度。这种联合管理制度除日常的联合管理外，对自然灾害也一起处理③。当对公共土地进行共同管理遇到意见分歧时，除需要民事或刑事诉讼的情况之外，均由美国国家安全委员会（National Security Council，NSC）出面协调。例如，若国家公园管理局在其管辖的国家公园中没有执行《大气清洁法》（Clean Air Act）或《水清洁法》（Clean Water Act），环境保护署（US Environmental Protection Agency）作为一个没有联邦土地管理权的机构，仍可

---

① 如河流、山体、海滨等。
② 如美洲野牛、鸟类、蝴蝶等。
③ 尤其是对于荒地火灾，利用国家跨部门消防中心（National Interagency Fire Center，NIFC）。
　　http：//www. nifc. gov/.

对国家公园管理局提起诉讼；同样，若国家公园管理局没有保护濒危物种，国家林业局以及社会上的环保组织皆可对其提起诉讼，从而使同一处生态系统或资源虽接受多个机构的管理，但管理的有效性皆可保障。

专栏附 5 – 6　美国其他保护地体系

美国的保护地体系类型众多、层级分明，除上述四种最主要的保护地体系外，还有诸多保护地体系。联邦管理的保护地还包括：由国家海洋气象局（National Oceanic and Atmospheric Administration, NOAA）主管的海洋保护区体系（Marine Protected Areas）、印第安事务局（Bureau of Indian Affairs, BIA）管理的印第安保留区（Indian Reservation），以及由正文中提到的四大联邦机构（NPS、USFS、FWS、BLM）共同管理的国家荒野保护体系（National Wilderness Preservation System）等。

除联邦管理的保护地外，美国还有由州、地方及私人管理的保护地。

（3）与荒野保护体系的关系

荒野是美国保护地体系中非常重要且极具美国特色的一种类型。1964 年，美国国会通过了《荒野法案》（*Wilderness Act*），国家荒野保护体系建立。法案将荒野定义为，这个地方的土地及生态群落不受人类阻碍，在这里人类只是访客，而非存在[1]。该法案还规定，美国国会有权命名联邦土地成为国家荒野保护体系（National Wildness Preservation System）。由于荒野保护体系的建立较上述四种联邦保护地晚，因此被命名后的荒野，在何种类型保护地内，就由何种管理机构（NPS、USFS、FWS、BLM 中的一个）进行管理，但须遵守荒野保护地的管理细则。1986 年统计数据表明，美国共计 3608km² 的荒野中，属国家公园管理局管理的有 1490km²，占 41.3%。

专栏附 5 – 7　罗斯福与荒野

1903 年，美国总统西奥多·罗斯福（Theodore Roosevelt）在为期 2 个月

---

[1]　原文为："an area where the earth and its community of life are untrammeled by man, where man himself is a visitor who does not remain."

的西部之行中，乘坐火车来到亚利桑那州的大峡谷。这是罗斯福首次来到大峡谷，他被大峡谷南缘的壮丽景色深深震撼。他呼吁美国人民，"让这个伟大的自然奇迹保持它原本的样子，不要改变它。时间将一直打造它，而人类只会损毁它。我们能做的就是将它保留下来，保留给我们的孩子、孩子的孩子，以及将来的世世代代。作为一个伟大的景象，每一个美国人都应该来看看"①。其中的"让这个伟大的自然奇迹保持它原本的样子，不要改变它。时间将一直打造它，而人类只会损毁它"，一直到现在都被视为对美国荒野最精准的描述。

2. 国家公园的核心思想

美国的自然观从"征服"衍变为"保护"经历了近百年的时间，其间受到基督教、印第安土著、环境变化等多重因素的影响。

美国国土幅员辽阔，资源十分丰富，加上土著印第安人对环境的影响很小，因此美国有很多地域保留在相对原始荒蛮的状态。相比人类文明发展历史较长的欧洲或中国东部地区，这样的资源条件为荒野思想的萌生提供了滋养的土壤，为荒野保护实践提供了更有利的客观条件。而正因为美国历史不长，美国土地上发生的剧变更容易受到人们的关注。未受开发的土地骤然减少，原本占版图绝大部分的荒野被人类开发建设割裂成所剩不多的几片，这一历史变革使一部分人产生了某种危机感，促使他们逐渐形成"把一部分土地永久地保持在自然状态并不受人类活动干涉"的荒野保护理念。由于美国建国时间较短，历史遗迹较少，因此其最突出的就是西部未经开发的大面积荒野。壮美的峡谷瀑布、特殊的地热温泉，这些都是美国的代表、美国的象征。

荒野理念的起源与国家公园理念的起源似乎可以追溯到同一个原点，即乔治·卡特琳书中的那句话"……一个大公园，一个人与野兽和谐相处，所有一切都处于原生状态，体现着自然之美的国家的公园"。可以看出，最初的国家公园概念就是"荒野""人"与"美"的集合。

---

① ... keep this great wonder of nature as it now is. You cannot improve on it. Leave it as it is. The ages have been at work on it, and man can only mar it. What you can do is to keep it for your children, your children's children, and for all who come after you, as one of the great sights which every American if he can travel at all should see.

黄石公园作为美国第一个真正的国家公园，其意义和功能完美地奠定了美国国家公园的核心理念。1872年3月1日，格兰特总统签署了《黄石国家公园法案》，将黄石地区设立为国家公园，交由联邦政府直接管辖。法案中规定，"……（黄石地区）为了公众的利益和享受，将成为一个公园、一处令人愉悦的场地……"① 黄石国家公园的建立是为了更好地保护黄石地区原生的自然资源和自然景观，同时让所有的公民世代享受这样珍贵的资源。不难看出，这部国际上第一部国家公园法案处处体现着"公众""公益""保护""享受"②。

因此，国家公园理念最早的雏形可以说是源自对典型荒野的保护，但发展至今，国家公园的概念已不再是一个单一的理念，而是一个随时间不断进化的混合体。荒野地、旅游目的地、游憩场地、祖先家园、自然图书馆、野生动物保护区、至关重要的生态基础等，这些典型的词语都是可以并且应该代表的国家公园的内涵。美国国家公园是其国土内资源最为独特和卓越的区域，承担着游憩、认知和启迪的功能，其设立的核心目的就是将这些典型的、代表国家形象的资源不经受损地永久保留，使世代公民都可以感受到来自美国特有的自然力量。

专栏附5-8　思考——精神家园在哪里？

冯骥才先生曾经说过一句话："曾经条条大道通罗马的老胡同早已残败不堪，而多少五里十里各不同的古村落也已消亡殆尽，这是一片正在失落的精神家园。"这里不禁想问，中华民族共同的精神家园在哪里？

当人类踏入文明时代开始，便与原先相依存的山河草木虫鱼鸟兽渐渐隔绝。人们每天生存在自己制造的封闭社会，与自然脱离。这种违背人类生存环境的状况，使人类逐渐产生"回归"的欲望。然而，这种"久在樊笼里，复得返自然"的冲动和无限恋乡爱国之思该去哪里得到安抚？这个答案似乎可以从纪录片《国家公园》中的一段话中找到答案：

"究竟什么能激起我们爱国的热情？

---

① 原文为："... and dedicated and set apart as a public park or pleasuring ground for the benefit and enjoyment of the people..."
② 原文是enjoyment，这里的享受不是中文中的享乐之意，美国国家公园的"享受"包含非常丰富的意义，如观赏、感知、体验、游憩等。

是工业发展的速度，农业灌溉的数据，还是经济贸易的出口额？

是采矿工地堆积的废矿石，还是尼亚加拉的发电站？

是堆在森林的垃圾，还是工业城市的滚滚浓烟？

是河道里臭气熏天的污水，还是不见阳光只有阴影的高楼大厦？

不是，我想这些都不能让我们热爱自己的家乡和祖国。

真正的爱国情感，一定是对这片土地的热爱。

国家公园就是这片土地上最珍贵的遗产。"

3. 法律法规

从美国国家公园的发展历程来看，法律法规对国家公园体系的完善起到至关重要的作用。1872 年黄石国家公园建立后的 20 余年间，美国国家公园的建设和管理其实并没有得到顺利开展，保护地的建设始终处于无序状态。由于当时还没有任何针对国家公园的专项法律条文，许多国家公园虽已设立，却无专门人员进行管理，导致许多对环境和景观有极恶劣影响的事件在国家公园内不可逆转地发生。这也是美国国家公园发展史中令人痛惜的片段。

专栏附 5 – 9　赫奇赫奇山谷的哭泣

赫奇赫奇山谷位于优胜美地国家公园内，是约翰·缪尔最喜爱的地方之一。1905 年，为满足发展需要，旧金山政府认定赫奇赫奇山谷是最适合建设水坝的地方。约翰·缪尔对此极力反对，他认为这种行为与建设国家公园的初衷严重不符，并且是极为危险的先例。开始，约翰·缪尔的自然保护主义（Preservation）[①] 思想占了上风，美国内政部部长三次拒绝旧金山市的申请。直到 1906 年 4 月 18 日，旧金山遭到一场强烈的地震，随即引发的火灾使旧金山损失惨重。旧金山的政客们便借此谎称赫奇赫奇山谷的水库本可以避免此次火灾的发生，越来越多的市民和政客开始赞成建坝。此时，坚持资源保护主义（Conservation）[②] 的吉福德·平肖站出来替旧金山政府游说国会议员。最终，

---

① 超功利的自然保护主义哲学，强调对自然的保护应尽量保持其原始状态，强调自然具有独立于人类而存在的审美价值和道德意义。

② 功利的自然保护主义哲学，强调科学而有效地使用自然，而非一味守护。

1913 年，建坝的议案在国会得到通过。1914 年 12 月，约翰·缪尔去世。四年后，被约翰·缪尔称为"自然界最稀有、最珍贵的山间教堂"的赫奇赫奇山谷被永久地淹没于数百米的水库中。

至此，赫奇赫奇山谷之争以令人惋惜的方式结束，但它却为所有保卫荒野和公共土地的战争吹响了号角。这次失败使更多的人开始思考：国家公园是否应该得到更多的保护；是否应该制定更完善的法律法规。约翰·缪尔拥护过的一项提议开始在全国获得大力支持，即在联邦政府内建立一个机构，其唯一职责就是推广、管理和保护国家公园，确保这些公园能够实现建立它们的初衷，并且能够存留万世。

（1）所有法案的基石

美国内政部、国家公园管理局关于国家公园所有的决策，全部依据法律法规程序。美国国家公园体系的相关法律很多，但源头和基础皆是 1916 年由美国国会通过，后又经国会多次修改的《国家公园组织法》（*National Park Service Organic Act*）。

这部组织法中首次规定了：

◆在内政部成立国家公园管理局，由内政部部长任命国家公园管理局局长及组长；

◆国家公园管理局局长的职责：监督、管理国家公园；

◆国家公园管理局的职责和管辖范围[①]；

◆国家林务局应与国家公园管理局合作；

◆内政部应制定规章条例及违反条例的惩罚机制。

首先，国会决定是否将国家公园、森林、野生动物保护区等保护地授予美国联邦的宗地。其次，将由众议院和参议院共同同意的法案（Bill）提交总统，由总统签署。最后，总统签署后，法案生效为法律（Law）。例如著名的《大峡谷国家公园法案》（*Grand Canyon National Park Act of 1919*）、《仙纳度国家公园法案》（*Shenandoah National Park Act of 1925*）等均是如此产生。

———————————

① 当时还未形成国家公园体系，只有国家公园（national park）、纪念地（monuments）、保留地（reservations）。

专栏附5-10　大峡谷被保护是受益于《美国古物保护法》

大峡谷在受到保护前，不断有开发商在大峡谷南缘建造房屋、煤矿业者提出挖煤申请以及农场主肆意放牧等行为发生。罗斯福非常惶恐大峡谷会变为"第二个尼亚加拉大瀑布"，因此他极力劝说国会将大峡谷设立为国家公园，但议案并没有得到国会的通过。于是，罗斯福只能将目光转向当时已有的保护地法律《美国古物保护法》（*Antiquities Act*）①。该法赋予了美国总统独立的决定权，可以不经过国会批准设立国家保护地（National Monument）。因此，1908年1月11日，罗斯福宣布，大峡谷是具有非凡科学价值、美国境内因侵蚀作用而形成的最伟大的峡谷，总面积达3200km²的大峡谷被划为国家保护地。亚利桑那州的政客对罗斯福的这一行为感到无比愤怒，但罗斯福知道，这短暂的争议，却可以为大家带来长久的利益。因为他始终坚信，长远来看，不受破坏的自然环境，比受到榨取的自然环境，更具精神和物质价值。11年以后的1919年，美国国会终于通过法案将大峡谷设立为国家公园。

（2）多层级法律体系

为保障庞大的国家公园体系正常运行，美国目前已形成以《国家公园组织法》为核心，以《国家公园授权法》为保障，以管理政策②为指导的多层级法律体系（见附图5-22）。

4. 准入标准

《国家公园管理局一般授权法》（*National Park Service General Authorities Act*）明确规定，已经进入国家公园体系的区域及未来继续进入的区域，构成美国的遗产地体系。一个区域若要被国家公园管理局认可进入国家公园体系，则必须同时达到以下四项标准：国家重要性、适宜性、可行性、直管性。

（1）国家重要性（National Significance）

入选国家公园体系的候选地首先必须具有国家重要性的自然或文化资源，只有同时具备以下四点，才被认为其具有国家重要性：首先，是某类特定资源

---

① 《美国古物保护法》将需要保护的对象阐释为具有历史和科学意义的物体。立法时只是为了保护小面积的土地。

② 参考文献：《国家公园管理局管理政策》（*2006 NPS Management Policies*）。

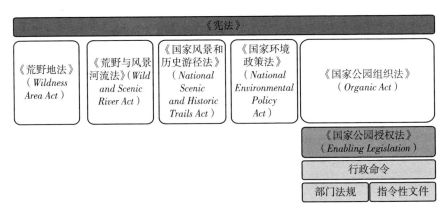

附图5-22　美国国家公园体系的法律体系结构

的杰出代表；其次，在体现国家遗产的自然或文化主题方面具备独一无二的价值；再次，为公众提供享受①资源或科学研究的最好机会；最后，具有相当高的完整性、真实性、精准性和未破坏性。

（2）适宜性（Suitability）

入选国家公园体系的候选地还应具备适宜性。满足下列两项标准任意其一，则判定候选地具备适宜性：其一，候选地所展示的自然或文化资源类型在目前的国家公园体系中未充分体现；其二，候选地所展示的自然或文化资源类型在其他联邦机构、部落、州级、当地政府或私人部门中未充分体现。

（3）可行性（Feasibility）

入选国家公园体系的候选地，在可行性方面需满足下列两点：首先，候选地应具备足够大的面积和合适的布局，以确保资源的持续性保护和公众享受的机会②；其次，在国家公园管理局合理的资金投入内，可达到有效的保护效果。根据上述两点，具体的评估要素包括③：占地面积及形态布局；候选地及其周围土地当前及潜在的利用；土地所有权；潜在的公众享受机会；获取土

---

① 原文2006 NPS Management Policies中"public enjoyment"译为"公众享受"。这里的享受绝不是单指"游览"，还包括感受自然、身份认同等多种体验；这里的公众既包括游览国家公园的人，也包括没游览国家公园的人；既包括当代人，也包括子孙后代。

② 需考虑到边界外的资源对边界内的资源所产生的影响，包当前的影响和未来潜在的影响。

③ 可行性的评估结果有时并非只是获得"是"或"不是"的结论，更多的是确定候选地的问题或条件。

地、发展、恢复和实施的投资费用；可达性；资源当前及潜在的威胁；资源的退化；管理人员的安置；地域规划及分区管理；地方和公众的支持①；入选国家公园体系后经济或社会的影响。

（4）直管性（Direct NPS Management）

国家公园管理局会对已满足准入标准前三条的候选地进行最后的管理选择专项研究，研究会从专业角度确定一个合适的管理选择范围，并最终确定哪一种选择或哪几种选择结合将会使保护地得到最有效的资源保护，同时也提供最合理的公共游憩机会。只有明确该地块由国家公园管理局垂直管理的管理效果是其他公共机构或私人部门所不能替代的，才具备进入国家公园体系的条件。

美国国家公园发展至今，已形成先立法后建设的程序。具体来说，若想设立一处新的国家公园，首先需要向国会提交可行性报告（Congressional Feasibility Studies），国会同意后递交总统，由总统签署立法，依据此法建设该国家公园，并接受财政拨款。

专栏附5−11　美国国家公园体系的"附属区"

如果一个候选地的资源符合第一条入选标准，即具有国家重要性，但不满足其余三条入选国家公园体系的标准，国家公园管理局则建议给予替代的名义，称为"附属区"（affiliated area）。一个地块要具备成为"附属区"的资格，其资源必须满足以下条件：①符合上述进入国家公园体系标准中的国家重要性与适宜性；②除通过现有的国家公园管理局项目确定可用之处，需要某些特定的认可或技术的协助；③按照国家公园体系的相关政策和标准进行管理；④非联邦管理机构必须与国家公园管理局签订正式协议，以保证资源的可持续性保护。

5. 类型和数量

截至2017年，美国的国家公园多数位于西部，国家公园59个，面积约20万km^2，数量上仅占国家公园总数的15.92%，但面积却占到国家公园总面积的60%（见附表5−14）。

---

① 同时包括土地所有者的支持。

附表 5 - 14 2017 年美国国家公园

单位：km²

地区	序号	国家公园	设立时间	面积
阿拉斯加州	1	丹那利国家公园（Denali National Park）	1917	24584.77
	2	北极之门国家公园（Gates of the Arctic National Park）	1980	34398.28
	3	冰河湾国家公园（Glacier Bay National Park）	1980	13274.49
	4	卡特迈国家公园（Katmai National Park）	1980	16273.73
	5	基奈峡湾国家公园（Kenai Fjords National Park）	1980	2456.44
	6	科伯克河谷国家公园（Kobuk Valley National Park）	1980	7082.00
	7	克拉克湖国家公园（Lake Clark National Park）	1980	16369.53
	8	圣伊埃利亚斯国家公园（Wrangell - St. Elias National Park）	1980	53369.94
美属萨摩亚群岛	9	美属萨摩亚国家公园（National Park of American Samoa）	1988	54.63
亚利桑那州	10	大峡谷国家公园（Grand Canyon National Park）	1919	4926.66
	11	石化林国家公园（Petrified Forest National Park）	1962	546.33
	12	巨人柱国家公园（Saguaro National Park）	1994	370.06
阿肯色州	13	温泉国家公园（Hot Springs National Park）	1921	22.46
加利福尼亚州	14	海峡群岛国家公园（Channel Islands National Park）	1980	1009.10
	15	死亡谷国家公园（Death Valley National Park）	1994	13759.31
	16	约书亚树国家公园（Joshua Tree National Park）	1994	3213.20
	17	国王峡谷国家公园（Kings Canyon National Park）	1940	234.40
	18	拉森火山国家公园（Lassen Volcanic National Park）	1916	117.25
	19	雷德伍德（红杉树）国家公园（Redwood National Park）	1968	468.38
	20	尖顶国家公园（Pinnacles National Park）	2013	—
	21	美国加州红杉国家公园（Sequoia National Park）	1980	429.30
	22	约瑟米蒂国家公园（Yosemite National Park）	1890	182.91
科罗拉多州	23	甘尼逊黑峡谷国家公园（Black Canyon of the Gunnison National Park）	1976	61.53
	24	大沙丘国家公园（Great Sand Dunes National Park）	1976	52.83
	25	梅萨维德国家公园（Mesa Verde National Park）	1906	189.50
	26	落基山国家公园（Rocky Mountain National Park）	1997	1071.75

续表

地区	序号	国家公园	设立时间	面积
佛罗里达州	27	比斯坎国家公园（Biscayne National Park）	1968	706.47
	28	干龟国家公园（Dry Tortugas National Park）	1935	266.55
	29	大沼泽地国家公园（Everglades National Park）	1934	6253.10
夏威夷州	30	哈雷阿卡拉国家公园（Haleakala National Park）	1976	49.31
	31	夏威夷火山国家公园（Hawaii Volcanoes National Park）	1916	963.19
爱达荷州	32	黄石国家公园（Yellowstone National Park）	1872	8987.00
肯塔基州	33	猛犸洞国家公园（Mammoth Cave National Park）	1941	209.53
缅因州	34	阿卡迪亚国家公园（Acadia National Park）	1916	157.01
	35	Roosevelt Campobello 国家公园（Roosevelt Campobello National Park）	1964	11.00
密歇根州	36	罗亚尔岛国家公园（Isle Royale National Park）	1931	2219.69
明尼苏达州	37	探险家国家公园（Voyageurs National Park）	1975	822.86
蒙大拿州	38	冰川国家公园（Glacier National Park）	1925	13210.99
	/	黄石国家公园（Yellowstone National Park）	1872	8987.00
内华达州	39	大盆地国家公园（Great Basin National Park）	1986	312.37
新墨西哥州	40	卡尔斯巴德洞窟国家公园（Carlsbad Caverns National Park）	1923	62.52
北卡罗来纳州	41	大雾山国家公园（Great Smoky Mountains National Park）	1934	2102.81
北达科他州	42	罗斯福国家公园（Theodore Roosevelt National Park）	1978	160.50
俄亥俄州	43	库雅荷加谷国家公园（Cuyahoga Valley National Park）	2000	110.65
俄勒冈州	44	火山口湖国家公园（Crater Lake National Park）	1902	735.90
南卡罗来纳州	45	坎格瑞国家公园（Congaree National Park）	1988	38.75
南达科他州	46	恶地国家公园（Badlands National Park）	1976	695.78
	47	风洞国家公园（Wind Cave National Park）	1903	114.82
田纳西州	48	大雾山国家公园（Great Smoky Mountains National Park）	1934	2102.81
犹他州	49	拱门国家公园（Arches National Park）	1971	355.28
	50	布莱斯峡谷国家公园（Bryce Canyon National Park）	1928	146.28
	51	坎宁兰兹国家公园（Canyonlands National Park）	1964	1356.04
	52	圆顶礁国家公园（Capitol Reef National Park）	1971	989.95
	53	锡安国家公园（Zion National Park）	1909	84.30

续表

地区	序号	国家公园	设立时间	面积
维尔京群岛	54	维尔京群岛国家公园（Virgin Islands National Park）	1956	52.61
弗吉尼亚州	55	仙纳度国家公园（Shenandoah National Park）	1935	450.27
华盛顿州	56	瑞尼尔山国家公园（Mount Rainier National Park）	1899	38.95
	57	北瀑布国家公园（North Cascades National Park）	1968	10.32
	58	奥林匹克国家公园（Olympic National Park）	1909	3697.22
怀俄明州	59	大提顿国家公园（Grand Teton National Park）	1929	1251.20
	/	黄石国家公园（Yellowstone National Park）	1872	8987.00

6. 管理体制

（1）管理模式

美国国家公园体系的管理者为内政部国家公园管理局。管理模式以中央集权为主，自上而下地实行垂直领导，辅以其他相关部门的合作以及民间机构的合作（见附图 5－23）。

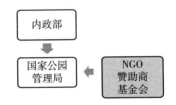

附图 5－23　美国国家公园管理模式

专栏附 5－12　美国保护地的其他管理形式

由于美国国家公园体系中保护地数量较为庞大，国家公园管理局的人力、物力逐渐接近极限水平。近些年，NGO 等多种民间保护机构的出现为美国资源保护方式提供了多样化的选择。1980 年以后，美国国家公园管理局开始增加与其他机构合作的机会，积极鼓励由州、地方或私人机构推广的各类保护运动。除了那些明显可以确定由国家垂直管理是最优选择的保护地以外，其余保护地均会由国家公园管理局推荐给一个或多个保护机构进行管理。迄今，已有大量由民间环保组织或私人机构管理重要自然与文化资源成功的案例。

（2）组织架构

美国国家公园管理局的基本架构见图5－24，包括：

◆国家公园管理局局长，由总统任命，国会批准；

◆副局长，2名，一名为政府部门任命，一名从国家公园管理局提拔；

◆部门主任，8名，主要负责国家公园管理局的行政管理、自然资源和文化资源、法律实施、合作伙伴、解说教育、公园规划和设施管理等；

◆区域主任，7名，分别负责监督各区域内国家公园体系的所有单位。

专栏附5－13　人物专栏——史蒂芬·马瑟

史蒂芬·马瑟（1867～1930），是一位美国的实业家，毕业于加州大学伯克利分校，因经营硼砂公司成为百万富翁。他一心系于自然保护事业，也是一位环保人士。1914年夏天，他游览约瑟米蒂国家公园和红杉国家公园之后，被公园管理无序的状况所震惊。他给当时的内政部部长也是大学同学的富兰克林·雷恩写了一封表示愤怒的信。雷恩的答复是，如果不满意公园的管理状况，就到华盛顿来管理这些公园。马瑟接受了这个挑战，同意作为内政部部长的助手管理国家公园。

1916年，马瑟将呼吁建立公园独立管理机构的运动推向了高潮。他组织了一个华盛顿前所未有的公众运动来推动国家公园管理机构的建立。报纸和杂志纷纷发表关于国家公园的文章，关于国家公园的写作运动到处可见。然后，马瑟授意罗伯特斯蒂出版了硬皮的几百页的国家公园摘要，包括每一个国家公园和国家保护地的图片。这是第一本真正表达美国宏伟景色的出版物。1916年8月25日，总统托马斯·威尔逊签署了一条法令，在内政部创建国家公园管理局，斯蒂芬·马瑟任新机构的第一任局长。之后，马瑟制定了景观保护政策，并对自然景观旅游进行了适度开发，推动了美国国家公园体系的建设。

①正式雇员

为了保证国家公园的高效管理及运营，美国国家公园系统内所有正式雇员

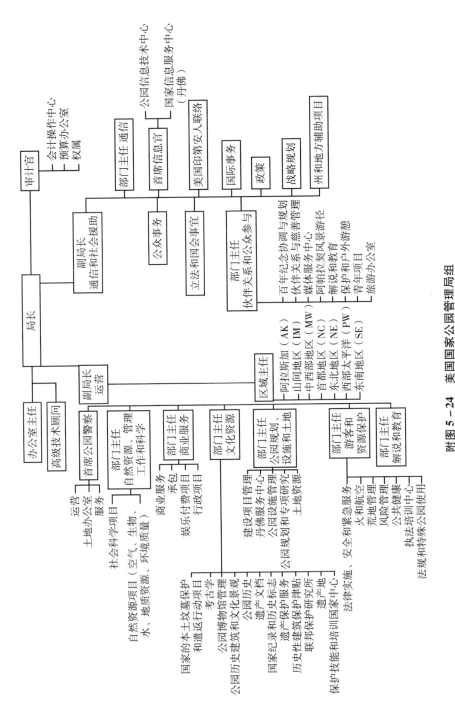

附图5-24 美国国家公园管理局组

都是通过公务员考试选拔出来的。入选的公职人员在上岗前还要进行有关专业知识的技能培训，包括财会知识、解说和导游服务、应急探寻和救生、历史和遗迹学研究及法律效力等若干方面①。国家公园管理局拥有 2000 名永久员工和 67000 名季节性员工，其职责非常广泛，包括游径维护、搜索营救、法律实施、游客管理、资源保护、公园规划、环境保护、废弃物管理、物种保存。管理人员②约 6500 名，其中约一半的人员为执法者，但同时也可进行解说等公众服务，包括公园警察、消防员等；另一半为公园运营服务人员，包括生物学家、生态学家、历史学家、植物学家、博物馆馆长、建筑师、工程师等专家学者，负责自然资源管理和公众解说。除上述行政及业务人员外，公园还雇有专职的法律顾问、警察、护林员、狩猎员、巡逻员、看守员等③。

②志愿者

美国国家公园管理局积极鼓励国际志愿者的加入（见附表 5 – 15）。志愿者队伍对于整个美国国家公园体系来说是不可缺少的重要组成部分。每年旅游旺季，公园会临时招募大批志愿者，帮助游客导览解说、树立环境意识、维护公园秩序等。依据《公法》（*Public Law 91 – 357*）于 1970 年制订的公园志愿者计划（Volunteers-In-Parks Program，VIP），意在使国家公园管理局接受并利用志愿者为公众提供自愿帮助和服务。截至 2006 年，美国国家公园体系已拥有超过 14 万名志愿者，贡献了 450 万小时志愿服务，节约了 7200 万美元的开支。

附表 5 – 15　2006 年美国国家公园体系国际志愿者情况统计

国际志愿者数量	150 人
参与的国家公园个数	51 个
平均每个国际志愿者贡献的周数	12.4 周

① 官卫华、姚世谋：《国外国家公园发展经验及其对我国国家风景名胜区实践创新的启示》，《江苏城市规划》2007 年第 2 期。

② 美国国家公园的管理人员叫 ranger，因为最初国家公园建立时没有专门人员管理，为防止资源破坏，就雇用军队进行国家公园的守护，因此现在国家公园内的管理人员仍穿着军队式的工作服。

③ 官卫华、姚世谋：《国外国家公园发展经验及其对我国国家风景名胜区实践创新的启示》，《江苏城市规划》2007 年第 2 期。

平均每个国际志愿者贡献的小时数	497 小时
贡献的小时总数	73220 小时
每小时节约的成本	14.30 美元
节约的成本总数	104.70 万美元

（3）土地管理①

国家公园管理局采用多种方法来保护公园资源，在为各国家公园制定土地保护规划过程中会考虑以下方法：

◆收购那些拥有绝对处理权②的不动产，其中可能会安排保留一些权利；

◆收购不具备绝对处理权的不动产，比如地役权或通行权；

◆合作的方式，例如签订合作协议、加入区域联盟、参与地方规划和分区过程，或没有涉及联邦收购不动产等行为的其他措施。

地役权是指由被授予权利的保护组织或政府机关与土地所有者签订的法定协议，永久地限制该区域的使用方式，以保护这个区域的价值。相当于把保护权作为一种类似于经营权的商品，转让给特定的机构。地役权不是一种合同或契约，而是一种权益的转让，是平衡资源保护与合理利用的重要工具。灵活性和永久性是其精髓。

对于公园边界内的土地，收购绝对所有权利益是一种至关重要且有效的土地保护方法。也可以酌情采用广泛的策略来保护土地和资源，包括使用创新技术、建立合作关系、参与其他联邦机构的规划和决策过程，以及对于那些通常决定将其作为非联邦土地使用的土地，区域或地方政府层面要保持警戒。

一些由国会建立的公园单位有特别权利，可以继续进行其历史传统项目和活动，比如农耕、放牧或用作低密度的居住使用。国会也可以在未经土地所有者同意的情况下，限制收购方法或禁止收购。在所有情况下，国家公园管理局都只能通过授权的方法来收购土地以及土地上的利益。

---

① 部分参考：贺艳、殷丽娜《美国国家公园管理政策》，上海远东出版社，2016。

② 联邦绝对所有权是指与不动产相关的所有权利，绝对处理权是指与不动产相关的部分权利。当管理局仅仅需要某种特定利益，或者保护资源或价值需要修改土地使用类型，但并不需要或不可能收购绝对所有权时，可能会适当收购一些不具备绝对处理权的权利。

（4）解说管理

美国国家环境教育工作由国家环境保护署（Environmental Protection Agency，EPA）主管，下设环境教育办公室、国家环境教育咨询委员会、联邦环境教育工作委员会三个具体的职能部门，负责各类具体事务①。

①技能管理

人员解说服务需由经过专业训练的人员提供。这些人员上岗的必要条件是达到美国国家公园管理局关于环境解说服务的国家标准。国家公园管理局基于专项解说开发项目（Interpretive Development Program，IDP）设立了网络远程教育课程和解说项目认证平台，教授解说技能并进行解说技能测试。美国国家公园的解说人员分为长期解说人员和季节性解说人员两类。这两类人员都需要得到解说项目认证平台的认证，才可为游客提供解说。合作伙伴②在其工作领域中涉及解说服务项目时，也需要学习解说项目的网络远程教育课程，并完成平台认证。

②服务要求

◆多种语言。国家公园的游客来自美国各族群乃至世界各地，因此需要多种语言的服务。国家公园管理局根据这一情况，要求每个公园必须提供多种语言的公园出版物，并建议每个公园提供多种语言的解说标识。

◆多种群体。国家公园的环境解说需最大限度地考虑儿童、老人、非英语的游客、以及经济弱势群体的特殊需求。国家公园还需要确保残障人群能够享受到与大众同样的环境解说体验，能够毫无障碍地参与公园内所有的解说项目体验。因此，美国国家公园的解说服务、展览、出版物和其他解说媒体都需遵守内政部条例中基于残障人士的非歧视性原则③，以及《建筑障碍法》（Architectural Barriers Act）的建设标准和要求。此外，国家公园管理局还规定每个国家公园都必须至少提供如下服务：手语解说员、音频/视频讲解、盲文解说和大号字体的印刷出版物。

◆多方参与。环境解说的基础是场地的历史、生态系统、公园内各种资源情

---

① 崔凤、臧辉艳：《美国环境教育立法及其对我国的启示》，《青岛科技大学学报》（社会科学版）2009 年第 12 期。

② 美国国家公园的合作伙伴包括合作组织、承包商、特许经营者。

③ Department of the Interior Programs（43 CFR Part 17，Subpart E）。

况的研究，结合游客需求、游客心理、游客行为的研究。为保证解说的科学性和准确性，解说内容的建立应由解说专家领导，引导教育专家、资源管理专家、科学家、考古学家、社会学家、民族学家、历史学家等多个专业领域的专家共同完成。

③合作组织

国家公园许多项目都需要与非营利组织合作。美国国家公园的出版物多是由合作组织提供，游客可以通过购买的方式将这些出版物带走。另外，相关合作组织还可以与国家公园管理局共同参与环境解说项目，可以为公园提供已通过认证平台认证的解说服务，但不能代替国家公园管理局的解说服务。合作组织可代表国家公园管理局接受已通过批准的外界对公园的捐赠。

7. 资金机制

1917 年，美国国会第一次拨款 533466 美元给国家公园管理局作为年度预算①。从此以后，国家公园管理局每年的经费由国会制定预算，交由总统批准。截至 2017 年，美国 417 个国家公园成员单位中有接近 300 个是收门票费用的，从每辆车 5 美元至 25 美元不等，对房车和公共汽车的收费更多（每辆车最高 300 美元）。所有的收入首先会统计到美国财政部，然后会返回到国家公园管理局。每个国家公园 80% 的资金返回到国家公园自身，20% 的资金用于支持没有门票收入的小型公园使用。一般这些资金会根据国会预算使用，用于游客相关的服务，比如游客中心、洗手间和登山路径的修缮。有时会按照从白宫办公室收到的预算管理（OMB）制定，通常情况下，会忽略预算管理，将联邦土地管理机构做的预算交给总统，而总统也可能会接受。

附表 5 - 16 为 2007 ~ 2016 年美国国家公园体系的联邦财政预算。附图 5 - 25 显示了美国国家公园体系自由类别联邦财政预算资金在各使用领域的分配情况。从比例来看，2007 ~ 2016 年，系统运营所占的比例都是最高的。2016 年，系统运营投资已占到接近 5/6。这 10 年间，2009 年的建设费用所占比例最高，达到 25.14%，而这期间的建设费用平均比例为 10.70%，说明 2009 年联邦财政预算在建设方面有很大的投入，国家公园建设项目开展较多。

---

① 汪昌极、苏杨：《知己知彼，百年不殆——从美国国家公园管理局百年发展史看中国国家公园体制建设》，《风景园林》2015 年第 11 期。

附表5-16　2007~2016年美国国家公园体系联邦财政预算

单位：万美元

类别	内容	2007年	2008年	2009年	2010年	2011年	2012年	2013年	2014年	2015年	2016年
自由	系统运营	184861.2	197082.5	227775.5	226178.0	225032.7	223686.3	209745.9	223694.1	227748.5	236959.6
	百周年挑战	0	2461.0	0	1500.0	0	0	0	0	1000.0	1500.0
	游憩和保护	5486.9	6741.3	5968.4	6843.6	5787.0	5987.9	5674.7	6079.5	6311.7	6263.2
	城市公园和游憩基金	0	0	-130.0	0	-62.5	0	0	0	0	0
	历史保护基金	6516.3	7038.5	8398.4	7950.0	5439.1	5591.0	10048.6	5641.0	5641.0	6541.0
	建设	29948.2	23852.2	82401.8	23414.8	18464.4	15536.6	45349.5	13746.1	13833.9	19293.7
	土地征用	6402.4	6567.7	6419	12626.6	9481.0	10189.7	9149.9	9810.0	9896.0	17367.0
	土地和水资源保护基金授权撤销	-3000	-3000	-3000	-3000	-3000	-3000	-3000	-2784	-2781	-2796
	小计	230215.0	240743.2	327833.1	275513.0	261141.9	257991.5	276968.6	256186.7	261650.1	285128.5
强制	游憩类永久拨款	18085.5	18691.3	18204.7	17478.0	18751.8	19532.4	19472.2	20278.6	25378.4	20934.4
	其他永久拨款	12273.5	12942.1	13909.9	16140.2	15467.1	16337.6	15650.1	17394.4	17779.6	17183.7
	范围重置	1470.3	0	0	(557.9)	0	0	0	0	894.6	0
	信托基金（包含捐赠）	2723.1	5755.8	3124	4041.5	1947.5	4440.1	3930.4	9468.5	15906.5	17000.3
	百周年挑战	0	0	0	0	0	0	0	0	0	10000
	建设	0	0	0	0	0	0	0	0	0	30000
	城市公园和游憩基金	0	0	0	0	0	0	0	0	0	2500
	外大陆架石油租赁收入	0	0	841.3	91.0	28.9	10.5	10.5	143.3	81.4	69.0
	土地征用	0	0	0	0	0	0	0	0	0	0
	土地和水资源保护基金授权	3000	3000	3000	3000	3000	3000	3000	2784	2781	3000
	小计	37552.4	40389.2	39079.9	40750.7	39195.3	43320.6	42063.2	50068.8	62821.5	115991.1
	合计	267767.4	281132.4	366913.0	316263.7	300337.2	301312.1	319031.8	306255.5	324471.6	401119.6

资料来源：美国国家公园管理局。

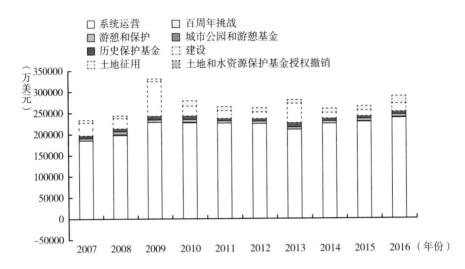

附图 5 – 25　2007～2016 年美国国家公园体系自由类别联邦财政预算分析

由附图 5 – 26 可看出，2007～2016 年，预算占比最高的为游憩类永久拨款和其他永久拨款，两者比例之和基本达到 50%。2014～2016 年，信托基金（包含捐赠）比例增加，说明社会对国家公园的关注越来越多。另外，由于 2016 年为美国国家公园管理局建设百年纪念，建设投入有了大幅度的增加。

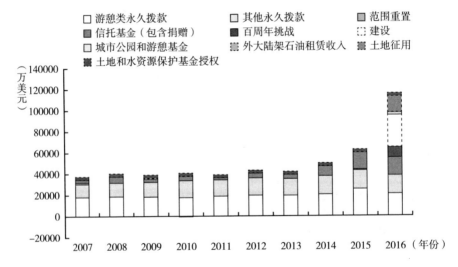

附图 5 – 26　2007～2016 年美国国家公园体系强制类别联邦财政预算分析

由附表5-17和附图5-27可以看出，2016年，财政预算中所占比例最高的是系统运营。

附表5-17　2016年美国国家公园体系财政预算

单位：万美元，%

	系统运营	游憩和保护	建设	土地征用	信托基金（包含捐赠）	其他永久拨款	其余
数量	236959.6	27197.6	49293.7	32732.8	17000.3	17183.7	20814.0
比例	59.07	6.78	12.29	8.16	4.24	4.28	5.18

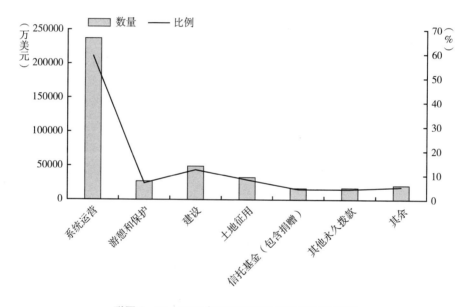

附图5-27　2016年美国国家公园体系财政预算

总体来看，如附表5-18、附图5-28所示，美国国家公园体系在"钱"上体现出来的国家地位大致保持稳定：其预算占美国全国财政预算的比例及其占美国GDP的比例方面，过去十年（2007~2016）都大体保持稳定。

根据法律要求，联邦政府机构如国家公园管理局、国家林务局、土地管理局、鱼类和野生动物管理局禁止游说国会增加预算需求，但是非营利组织、非正式组织（比如：环境保护NGO）以及普通公民可向国会提出增加联邦土地管理资金预算的请求，例如：国家公园保护机构（National Parks Conservation Agency）

附表 5-18 2007～2016 年美国国家公园体系财政预算情况

单位：%

	2007 年	2008 年	2009 年	2010 年	2011 年	2012 年	2013 年	2014 年	2015 年	2016 年
占财政总预算比例	1.37	1.52	2.52	2.03	1.71	1.59	1.51	1.34	—	—
占 GDP 比例	0.18	0.19	0.25	0.21	0.19	0.19	0.19	0.18	—	—

附图 5-28 2007～2014 年美国国家公园体系财政预算情况

代表国家公园管理局游说国会，鱼类和野生动物基金会（National Fish and Wildlife Foundation）代表鱼类和野生动物管理局游说。

8. 运营机制

（1）特许经营①

美国国家公园的特许经营要遵循 1998 年《国家公园管理局改进特许经营管理法》的条例、《美国联邦法规》第 36 编第 51 部分国家公园管理局的相关规定、《国家公园管理局管理政策》的规定、《第 48A 号局长令：特许经营权管理》，以及国家公园管理局局长可能签署的其他具体指导和规定。在阿拉斯加州，特许经营还要遵循《阿拉斯加国家利益土地保护法》《美国联邦法规》第 36 编第 13 部分的条例。

1965 年颁布的《特许经营法案》（Concessions Policies Act），规定国家公园

---

① 部分内容参考贺艳、殷丽娜编《美国国家公园管理政策》，上海远东出版社，2016。

管理局决定授予或扩大公园的特许权时，必须考虑其他设施和运营管理的影响或需求，并且做决定时要有根据，即要确定该设施或服务：

◆符合国家公园的赋权法律的规定；

◆是对国家公园的使命和游客服务目标的补充；

◆对于公众使用和享受该设施所在公园来说是必要且合理的；

◆不在公园边界外；

◆在其规划、设计、选址、施工和维护中体现了可持续的原则和实践；

◆在能源和水资源保护、减少污染源以及环保型采购等方面采用了合适的标准和目标；

◆不会对资源造成不可接受的影响。

美国国家公园管理局将所有特许经营权的收费和其他收入都存入财政部的专用账户中，这是一个共享的资金池。根据《国家公园管理局特许经营管理法案》（修正案，1998 年），这个账户中的 20% 用于支持整个国家公园体系中所有成员单位的活动，剩下的 80% 回馈给上缴费用的成员单位（从使用上类似自收自支，但必须经过财政部专用账户的先征后返），用于其改善管理、优化服务。

（2）游客管理

①游客承载量管理[①]

为了加强对公众使用国家公园的管理，国家公园负责人要确定游客承载量，并找出办法监测、解决对国家公园资源和游客体验造成的不可接受的影响。当就承载量做出决策时，国家公园负责人必须利用现有的最佳的自然和社会科学信息及其他信息，并对其决策的相关信息制定全面的行政记录。由于国家公园使用不断发生变化，国家公园负责人必须不断地决定是否需要采取管理行动来将使用维持在可持续的水平并避免产生不可接受的影响。当达到必须限制或缩减使用的程度时，国家公园管理局要与旅游组织和其他相关的服务提供商进行协商，寻求方法在维持理想的资源和游客体验状况的同时，提供合理类型和水平的游客使用。

---

① 部分内容参考贺艳、殷丽娜编《美国国家公园管理政策》，上海远东出版社，2016。

②游客安全与应急措施①

国家公园管理局和其特许权所有人、承包商以及合作伙伴等要尽力为游客和员工提供安全健康的环境，努力识别公园中存在的威胁，并防止这些威胁对人身安全和健康以及财产保护构成损害。在条件可行且符合国会特定宗旨与授权时，国家公园管理局要减少或消除已知的危险，并采取其他适当措施，包括关闭公园、派人值守、设立指示牌等。在此过程中，国家公园管理局要优先采取那些对国家公园资源和价值影响最小的行动。另外，游客在游览时，也要具备基础的危险意识和对自身安全负责的责任感。

每个公园的负责人都要制订并维护一项紧急行动计划。国家公园管理局在开展紧急行动时，应当使用国家跨机构突发事件管理系统中的突发事件指挥系统。国家公园管理局要尽合理努力为病患或受伤人员提供适宜的紧急医疗服务，适当时应维持一个紧急医疗服务计划，为伤病人员提供送医院服务和送医院前的救护，包括各种环境中最初级的急救到负责的生命维持。如果当地有合格的紧急医疗服务，可使用当地的医疗服务。

（3）社区影响

社区是国家公园资源保护及游客服务的关键合作伙伴。国家公园可以使当地社区居民受益，包括担任公园工作人员和通过游客消费获益。美国国家公园管理局通过 MGM（Money Generation Model）模型来研究旅游和公园支出对当地社区的影响，得出国家公园给美国当地社区带来的间接收益为 150 亿美元，另外还有 5.85 亿美元的工资收入。

（4）科研机制

国家公园是自然财富和遗产的宝库。国家公园管理局正在努力让科学家更容易进行自然资源挑战项目（Natural Resources Challenge Program），为国家公园管理局的数据获得提供途径；扩大学术机构合作——资深科学家访问和生态系统合作研究单位；通过国家学习中心促进研究成果进展；扩大大学教师的服务范围；通过网络许可、项目改革许可和报告流程。

9. 规划体系

美国国家公园体系所有的规划均由国家公园管理局内部的丹佛规划设计中

---

① 部分内容参考贺艳、殷丽娜编《美国国家公园管理政策》，上海远东出版社，2016。

心负责统一编制。规划体系从宏观的布局定位到微观的管理实施细则，是一个相对科学且完整的体系，且每个层级的规划都会有对专门的章节与其他规划如何衔接的说明。同时，规划制定过程中会分阶段评估，对规划的目标和措施做出及时的调整。此外，整个规划都会有公众参与的平台（见附图 5 - 29）。

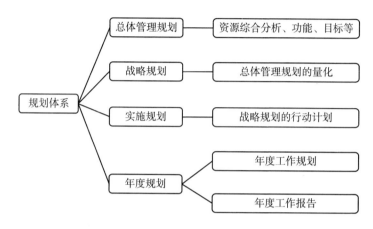

附图 5 - 29　美国国家公园规划体系结构

（二）营建制——中国台湾地区"国家公园"

1. 发展历程

（1）日据时代

光绪二十年，甲午战败，台湾割让给日本，进入长达 51 年的日据时代。1911 年，日本政府受到世界保护风潮影响。1931 年，日本政府公布《国立公园法》。1933 年，台湾成立"国家公园调查会"，确定设立"国家公园"的地点及条件草案，并依据日本已颁布实施的《国立公园法》，草拟台湾地区"国立公园法"实施草案及要项。后经有志之士奔走，日本政府于 1935 年成立"国立公园委员会"，并提出 3 处"国家公园"预定地①。最终于 1937 年，日本台湾总督府正式核定大屯（阳明山—大屯山）、次高太鲁阁（太鲁阁—雪山）、新高阿里山（玉山—阿里山）三座"国家公园"的范围，总面积共占全

---

① http://npda.cpami.gov.tw/.

岛面积的13%，并提出相应的规划计划，最后因太平洋战争爆发而搁置。

在日据时代，台湾"国立公园"的推动仅止于调查规划阶段，制定了"国立公园"相关法规、制度及"国家公园"的范围，为以后台湾"国家公园"的发展奠定了基础。

（2）现代台湾（国民党迁台）

1949年，国民党迁往台湾。自60年代起，台湾观光学会及相关部门开始推动"国家公园"与自然保育工作，草拟"国家公园法"，并于1964年提案，但未被批准。该提案中有关阳明山、玉山"国家公园"计划的提案与日据时代预定的基本一致，仅在面积上有所调整。新高阿里山"国立公园"演变成玉山"国家公园"，面积缩小了804.90km²，次高太鲁阁"国立公园"演变成太鲁阁"国家公园"与雪霸"国家公园"，面积缩小1037.40km²，大屯"国立公园"演变成阳明山"国家公园"，面积增加31.90km²（见附表5－19）。最终"国家公园法"于1972年6月13日通过，当时选定次高太鲁阁"国立公园"为第一处预定地，但因保护观念未能普及，并没有积极开展推动工作[1]。

附表5－19 日据时代与现代台湾地区"国家公园"的面积对比

单位：km²

日据时代名称	日据时代面积	现代名称	现在面积	今昔对比
新高阿里山"国立公园"	1859.80	玉山"国家公园"	1054.90	－804.90
次高太鲁阁"国立公园"	2725.90	太鲁阁"国家公园"	151.50	－1037.40
		雪霸"国家公园"	768.50	
大屯"国立公园"	82.65	阳明山"国家公园"	114.55	＋31.90

资料来源：陈耀华、潘梅林《台湾地区国家公园永续经营研析》，《生态经济（中文版）》2013年第10期。

这方面的改观源自1977年：台湾地区时任行政长官蒋经国南下视察垦丁，看到在秀美的风光中，中国文化城所筑的一道红砖墙与当地的自然景观极不协调。他由此意识到通过划定保护地限制不当建设行为的重要性，随即指示"从事建设应顾及天然资源与生态之保护，从恒春到垦丁鹅銮鼻这一区域可依

---

① 徐国士：《台湾地区国家公园的生态教育》，https：//wenku. baidu. com/view/43980f48e45c3b3567ec8bff. html。

国家公园规划为国家公园,以维护该区优良的自然景观"。遂台湾"内政部"优先规划垦丁地区为台湾地区第一座"国家公园"。1982 年,垦丁"国家公园"计划公告成立,垦丁"国家公园管理处"于 1984 年 1 月成立。

随后,玉山"国家公园"、阳明山"国家公园"、太鲁阁"国家公园"、雪霸"国家公园"、金门"国家公园"、东沙环礁"国家公园"、台江"国家公园"与澎湖南方四岛"国家公园"相继成立(见附表 5 – 20)。

附表 5 – 20　台湾"国家公园"发展年表

年份	事件
1931	日据政府公布《国立公园法》
1935	台湾总督府组成"国立公园委员会"
1961	"交通部"观光事业小组会议决议建请"内政部"草拟"国家公园法"
1962	"交通部"托前公共工程局规划完成"阳明山国家公园计划"
1966	提出"台湾地区设置国家公园及保护区建议书"
1972	颁布"国家公园法"
1979	通过"台湾地区综合开发计划书",设定玉山、垦丁、雪山、大霸尖山、太鲁阁、苏花公路、东部海岸公路等地区为"国家公园"预定区域
1984	成立垦丁"国家公园"
1985	成立玉山"国家公园"
1986	成立阳明山"国家公园"、太鲁阁"国家公园"
1992	成立雪霸"国家公园"
1995	成立金门"国家公园"
2002	提出草案预设成立马告"国家公园"
2007	成立东沙环礁"国家公园"
2009	垦丁"国家公园"25 周年庆,6 月 29 日"内政部国家公园计划委员会"第 83 次会议通过"台江国家公园计划"草案
2011	"国家公园法"修订,准入标准中增加可将面积较小的"国家公园""国家自然公园",设立寿山"国家自然公园"
2014	成立澎湖南方四岛"国家公园"

资料来源:台湾地区"国家公园"系统及管理组织之规划。

2. "国家公园"系统

台湾地区的保护地管理权分散在各个部门之中,其中"林务局"管理野生动物相关保护区,"交通部观光局"管理"国家风景区","内政部营建署"管理"国家公园","渔业署"管理渔业保护区等。不同的保护地虽然已串联

成生态廊道，但因权责分散，各单位管理目标的不同，形成的功能与管理方向之间相互冲突与混淆，未能有效地进行核心自然资源的保育①。

为解决以上问题，台湾地区将分散于各部门管理的国际级及"国家级"自然绿地资源收归，建立"台湾国家级公园系统"（Parks Taiwan），进行统一管理。同时考虑到各部门管理权收归过度，整并不易，在短期内推动执行势必难度较大，设立了近期与中长期两个发展方案。

（1）近期发展方案

将"内政部营建署"管辖的公园绿地，其中包括"国家公园"、国际级/"国家级"湿地公园、海洋及海岸公园（沿海保护区）、自然公园（河川新生地）及都会公园，并由"国家公园署"管理（见附图5－30）。

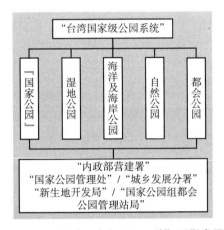

附图5－30　"台湾国家级公园系统"近期发展结构

（2）中长期发展方案

该方案扩大了"国家公园署"的管理业务范围，将原分属于不同部门管辖的自然生态景观绿地资源（风景区、森林游乐区、自然保留区、自然保护区、野生动物保护区、野生动物重要栖息观景区、地质公园以及近期发展方案中所提出的公园系统），统一纳入"国家公园署"管理范围之中，建设一个完整的自然保护区网络及游憩区系统（见附图5－31）。

---

① 徐国士：《台湾地区国家公园的生态教育》，https：//wenku. baidu. com/view/43980f48e45c3b3567ec8bff. html。

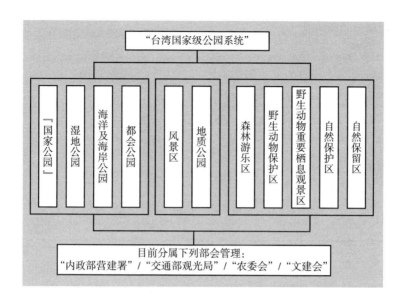

附图5-31 "台湾国家级公园系统"中长期发展结构

3. 核心理念

台湾"国家公园法"第一条与第六条明定"国家公园"为保护"国家"特有之自然风景、野生动物及史迹,并供民众娱乐及研究。此核心理念定义参考联合国教科文组织第一次、第二次国家公园会议的定义而定,由此可知台湾"国家公园"目的与定义,是根据联合国的国家公园定义而设定①。其三大目标为保育、娱乐、研究。

保育:永续保存园区内之自然生态系统、野生物种、自然景观、地形地质、人文史迹,以供民众及后世子孙所共享,并增进土地保安与水土涵养,确保生活环境品质。

娱乐:在不违反保育目标的前提下,选择园区内景观优美、足以启发知识及陶冶民众性情之地区,提供自然教育及景观游憩活动,以培养民众欣赏自然、爱护自然之情操,进而建立环境伦理。

研究:"国家公园"具有最丰富的生态资源,如同户外自然博物馆,可提供自然科学研究及环境教育,以增进民众对自然及人文资产的了解。

---

① 参考文献:《台湾公园绿地的形成展开之研究》。

4. 数量与准入标准

（1）数量

目前台湾地区共有9个"国家公园"与1个"国家自然公园"①，分别为垦丁"国家公园"、玉山"国家公园"、阳明山"国家公园"、太鲁阁"国家公园"、雪霸"国家公园"、金门"国家公园"、东沙环礁"国家公园"、台江"国家公园"、澎湖南方四岛"国家公园"与寿山"国家自然公园"。10座公园各具资源特色（见附表5－21）。

附表5－21　台湾地区"国家公园"对比分析

单位：km²

名称	资源特色	面积	成立时间
垦丁"国家公园"	隆起高位珊瑚礁地形、海域珊瑚礁生态环境、热带动植物环境、过境候鸟栖息地、先民文化遗迹	共332.89 陆地：180.83 海域：152.06	1984
玉山"国家公园"	台湾第一高峰——玉山、丰富多样的高山生态景观、少数民族文化及八通关古道等人文古迹	1031.21	1985
阳明山"国家公园"	火山地形地貌、温泉分布、草原阔叶林等植被特性、蝴蝶、鸟类等丰富的动植物类型	113.38	1985
太鲁阁"国家公园"	大理石峡谷景观、高山地形、丰富的动植物生态及史前遗迹与太鲁阁当地少数民族人文史迹	920	1986
雪霸"国家公园"	独特的地形地质景观、珍稀保育动物、先民遗址及少数民族人文史迹	768.5	1992
金门"国家公园"	（岛内第一座以维护历史文化遗产、战役纪念地而设立的"国家公园"）战役纪念地、历史古迹、传统聚落、湖泊湿地、海岸地形、当地特有动植物	35.28	1995
东沙环礁"国家公园"	热带海域、具有生物多样性高的海草床、珊瑚礁潟湖生态系统及完整独特的珊瑚环礁地形与海洋文史资源	共3536.68 陆地：1.79 海域：3534.89	2007
台江"国家公园"	先民历史文化、江海湿地生态系统、候鸟及红树林等湿地野生动植物资源、渔盐传统产业生产	共393.10 陆地：49.05 海域：344.05	2009

---

① 台湾地区目前尚有许多具备"国家公园"资源特色的地区，因其资源丰度或规模较小，未能成立"国家公园"予以保护。在社会各界的推动下，台湾"立法院"在2011年11月12日通过"国家公园法"部分修订案，允许增设面积较小的"国家公园"为"国家自然公园"。

名称	资源特色	面积	成立时间
澎湖南方四岛"国家公园"	珊瑚礁生态系统、梯田式农耕文化	共358.43 陆地:3.70 海域:354.73	2014
寿山"国家自然公园"	珊瑚礁石灰岩生态系统、台湾猕猴、贝冢史前遗迹	11.22	2011

（2）准入标准

根据"国家公园法"第六条规定，准入标准有如下几点：

◆具有特殊自然景观、地形、地物、化石及未经人工培育自然演进生长之野生或孑遗动植物，足以代表"国家"自然遗产者；

◆具有重要的史前遗迹、史后古迹及其环境富教育意义，足以培育民众情操，而由"国家"长期保存者；

◆具有天赋的娱乐资源，风景特异，交通便利，足以陶冶民众性情，供游憩观赏者；

◆合于前项选定基准而其资源丰度或面积规模较小，得经主管机关选定为"国家自然公园"。

5. 相关规定

1972 年颁布"国家公园法"，1983 年出台"国家公园法实施细则"，将不同类型的自然景观以"国家公园"的形式保存并永续经营。其他相关规定还有"国家公园计划内容标准""森林法""森林法实施细则""土地法""水土保持法""野生动物保护法"。这些规定都是"国家公园"有效经营管理的有力保障。

"国家公园法"是台湾地区管理和建设"国家公园"的基本规定。该规定明确了选定"国家公园"的标准、方法、区划、禁止事项、管理审核机关及权限和一些管理的基本原则。"国家公园法实施细则"对申请建立"国家公园"计划书的拟定、修改、实施做了相应的补充规定，强调计划书内容必须包括分区、保护、利用、建设、经营、管理、经费概算和效益分析等项目。此外，对古迹修缮、公共设施维修做了严格规定，要求必须严格审批，提交环境影响评估及因应对策报告。"森林法""森林法实施细则"也是"国家公园"管理依据的辅助规定，主要针对林政、森林经营利用、森林保护等。此外，各"国家公园"根据实

际情况拟定规章制度、公告、禁止事项，为日常管理提供了有力的保障，如"森林游乐区的管理办法""雪霸国家公园管理处学术研究标本采集证核发要点"等。

6. 管理体制

（1）管理架构

台湾地区的"国家公园"管理组织架构仍处于建设过程当中。

现"国家公园管理处"设置在"内政部营建署"下的"国家公园组"，其下设立九个具体的"国家公园管理处"与"城乡发展分署"。台湾地区"国家公园"的行政组织，由"国家公园计划委员会"下的"营建署"和"警政署"管理。"营建署"下设"国家公园组"，统筹掌管"国家公园"的规划建设、经营管理，具体划分为三个科：保育解说科、工务建设科和企划经理科，并于各个"国家公园"设管理处进行现场管理。"警政署"设"国家公园警察大队"，在各个"国家公园"设警察队（见附图5－32）[1]。

2009年颁布的"国家公园系统及管理组织之规划"，计划建立"国家公园"系统，整合由"内政部营建署"管辖的"国家公园"、湿地公园、海洋及海岸公园与都会公园，由"交通观光局"管辖的"国家风景区与地质公园"，由"农委会"管辖的"国家森林游乐区"、野生动物保护区、野生动物重要栖息地、自然保护区与自然保留区，并入"国家公园"管理系统之下，并入"环境资源部"。

2010年2月颁布修正所谓"行政院组织法"，将原"行政院环境保护署"升格为"环境资源部"。计划未来的"环境资源部"整并原"经济部矿业司"、"水利署"、"矿务局及中央地质调查所"、"行政院农业委员会水土保持局及林务局"、"内政部营建署"及"交通部中央气象局"[2]。原属"经济部"的台湾自来水公司也将改隶该部门。同时将主管气候、水资源及水土保持、矿产资源、森林及林业、"国家公园"等的部门并为台湾地区媒体所谓的"天下第一部"。

所谓"行政院组织法"计划将"国家公园组"升格为"国家公园署"，但由于部门调整困难与阻力较大，截至2015年，仅完成了"环保署"的升级计划。目前"国家公园"的相关管理工作仍归"内政部营建署"管辖。

---

① 陈耀华、潘梅林：《台湾地区国家公园永续经营研析》，《生态经济（中文版）》2013年第10期。

② https：//zh. wikipedia. org/wiki/.

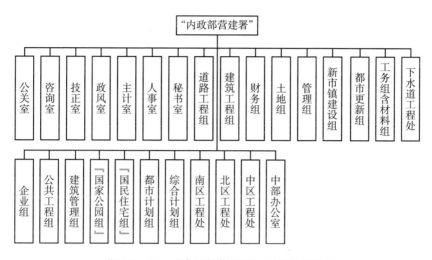

附图5-32　"内政部营建署"现状组织架构

资料来源：http：//www.cpami.gov.tw/。

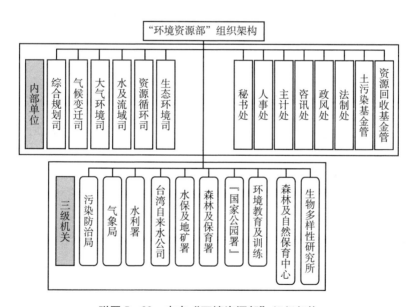

附图5-33　未来"环境资源部"组织架构

资料来源：http：//www.cpami.gov.tw/。

（2）土地使用

所谓"国家公园法"第九条规定："国家公园区域内实施国家公园计划所需要

之公有土地，得依法申请拨用。前项区域内私有土地，在不妨碍国家公园计划原则下，准予保留作原有之使用。但为实施国家公园计划需要私人土地时，得依法征收。"

所谓"国家公园法"第十条规定："勘定国家公园区域，订定或变更国家公园计划，内政部或其委托之机关得派员进入公私土地内实施勘查或测量。但应事先通知土地所有权人或使用人。为前项之勘查或测量，如使土地所有权人或使用人之农作物、竹木或其他障碍物遭受损失时，应予以补偿；其补偿金额，由双方协议，协议不成时，由其上级机关核定之。"

（3）土地分区

在"国家公园"土地利用上，各"国家公园"依照计划目标、计划功能、生态、地质、景观、人文等资料分布与性质，参照地形特征，根据"国家公园法"第十二条划分适当的分区，作为制订保护计划书及利用计划书的基础，具体分区为以下五种（见附表5-22）。

附表5-22　台湾"国家公园"分区

分区	详述
生态保护区	为供研究生态而严格保护的天然生物社会及其生育环境
特别景观区	无法以人力再造的特殊天然景观，严格限制开发行为的地区
史迹保存区	为保存重要史前遗迹、史后文化遗迹及有价值之历代古迹而划定的地区
游憩区	适合各种野外娱乐活动，并准许兴建适当娱乐设施及有限资源利用行为的地区
一般管制区	"国家公园"区域内不属于其他任何分区之土地与水面，包括小村落，并准许原有土地利用形态的地区

具体到每个"国家公园"，分区的数量可依据具体的情况决定，并不是每个分区必须存在，没有的区域可不设。例如，阳明山"国家公园"和雪霸"国家公园"无史迹保存区。东沙环礁"国家公园"仅设有生态保护区和特别景观区，因此未对外开放。

（4）保护措施

台湾地区"国家公园"十分重视对自然资源的保护，如对生态保护区实施严格的管制，严禁任何形式的开发、采掘或其他形式的破坏。对其他功能区也都实施了相应的管理和保护措施，主要包括如下几个方面。

①对生物多样性保护

通过防止外来物种的侵入，防止人为破坏或毁损、买卖当地野生物种及相关产品，建立生态保育区等方式实现生物多样性的保护。如园区内严禁狩猎行为，对危害经济作物的常见动物只限制在耕作界限内捕杀；严禁对"国家公园"内非经营林地林产品进行采掘；因研究确需采集标本的，必须登记办理"采集证"，规定采集范围，明确采集人数（至少3人，至多12人）、实验数据和标本的管理；建立保育区，驯养、救助、繁殖野生动植物种类等。

②火灾的防范

首先，种植防火林带是防止山火蔓延的主要方式。台湾地区所谓"森林法"对防火林带（亦称"保安林"）的种植、养护和管理提出明确的要求。其次，对输电线路的空架线、地埋线和输油管道等经过的路段设置火障。加强对游客的管理也是火灾防范的重要方法，如禁止游客携带火种进山，严禁露营区以外的地段举行篝火晚会等。

③活动的管理等

如申请开发旅游区时，要求提交环境影响评估和因应措施，包括减少或控制环境污染的方案，予以监督实施，并在每5年1次的复查中保留对不合要求的规划予以撤回的权力；倡导游客上山携带重复使用的器具，严格控制生活垃圾的污染；对当地居民使用农药进行管制；严禁在公共河道、水库或其他有水源地方投毒等。

④森林经营的管理

台湾地区"国家公园"土地使用类型多样，其中一部分属于公有或其他类型可经营林地。对于该类林地经营方式，"森林法"有明确的规定，如不得随意更改林地植被类型，应采用间伐等方式进行可持续经营；严格对经营林地的管理，包括配备一定比例的专业技术人员等；对"公益林"的营造和管理也做了相应规定。

⑤对土地、人文资源的保护

台湾地区的"国家公园法"严格限制"国家公园"内私人经营土地的经营范围，不得随意变更用途，一旦征地，须无条件服从"国家公园"发展需要。"国家公园"内原则上不设置开发区，因旅游设施建设需要用地时，必须经相关部门批准，而且要求有专业人员指导[①]。

7. 资金机制

台湾地区"国家公园"的经费来源是政府财政拨款、公营事业机构或公

---

① 胡宏友：《台湾地区的国家公园景观规划与管理》，《云南地理环境研究》2001年第1期。

私团体的捐献（财物及土地）。其中政府财政拨款占绝大部分。目前台湾地区"国家公园"的门票全部**免费**。门票免费可以吸引游客前来观光，带来相关产业税收增加。政府的税收增加后，再以预算的方式把资金"返还"到"国家公园"。

"国家公园法"第十一条规定，"国家公园"事业由"内政部"依据"国家公园计划"决定之，前项事业由"国家公园"主管机关执行；必要时，得由地方政府或公营事业机构或公私团体经"国家公园"主管机关核准，在"国家公园管理处"监督下投资经营。

根据台湾地区"国家公园管理处"2002～2011年预算统计，平均年度预算为237506万元新台币（约合5亿元人民币），主要用于人员维持、基本行政工作维持、经营管理计划、解说教育计划、保育研究计划、土地购置计划、营建工程计划、交通及运输设备计划和其他设备计划。其中前期资金用于购置土地的比重较大，后期主要用于人员维持和经营管理。

8. 规划体系

根据台湾地区"国家公园计划"内容标准，"国家公园计划书"的制订分绪论、分区计划、计划总图、保护计划、利用计划、管理计划与建设计划七个部分（见附表5-23）。

附表5-23　台湾地区"国家公园计划"内容

计划名称		内容
绪论	计划缘起、范围及目标	缘起
		范围
		目标
	计划范围的现状及特性	一般自然环境及景观:包括地形、土壤、河川、水源、区位、特殊景观、游憩地区等资料
		动物、植物、地理、气象、地质、海洋、生态资料
		人文社会、经济:包括聚落、社区行政区域、人口、经济、历史古迹等资料
		土地使用情况:包括农业、林业、水产养殖渔业、矿业、发电、水资源及实质开发使用(工、商、居住使用)等资料
		土地所有权属:包括公有、私有资料
		公共设施及公共设备:利用设施现状包括交通运输设施、教育设施、卫生设施及公用设备等资料
		旅游住宿及游憩设施
	计划的基本方针	依据基本资料划定区域内资源的价值与特性及利用目标,制定利用方针

计划名称		内容
分区计划	生态保护区	为供研究生态而严格保护的天然生物社会及其生育环境
	特别景观区	无法以人力再造的特殊天然景观,严格限制开发行为的地区
	史迹保存区	为保存重要史前遗迹、史后文化遗迹及有价值之历代古迹而划定的地区
	游憩区	适合各种野外娱乐活动,并准许兴建适当娱乐设施及有限资源利用行为的地区
	一般管制区	"国家公园"区域内不属于其他任何分区之土地与水面,包括小村落,并准许原有土地利用形态的地区
计划总图	土地分区	不同功能分区的边界范围,表明各区位相互关系
	交通系统	交通系统、标示道路分布、路线及交通关系
	保护、游憩及公共设施	标示位置、分布及区位相互关系
保护计划	保护管制计划	说明各保护区管制的精神、重点、原则与目的、方法、注意事项
		研订保护管制规划,内容包括"国家公园法"及其实施细则制定之一般性限制及禁止事项。详细规定各区特别限制及禁止事项,准许使用程度与核准程序等
	保护设施计划	自然生态及景观之保护设施:列举保护对象、地点、范围、保护方法、设施及管理概要
		文化景观之保护设施:研订维护管理措施
		植被及修景设施:保护或恢复原有植被或景观之措施
		环境保护设施:概括水土保持、水污染、空气污染、防火、防沙、维持天然地形地表等
		病虫害防治设施:为防止蔓延或保护稀有物种等应采取之措施及治理方法
利用计划	利用设施计划	"国家公园"事业之选定:"国家公园"事业系为便利娱乐、观光游憩、研究或为保护资源依"国家公园计划"而兴设之事业,例如游憩、住宿服务、交通服务等设施之兴建、经营与管理
		利用基地之选定:分析土地使用之适宜性,依计划内容、事业性质及需要选择用地
		交通运输设施:道路、园路、步道、停车场、车站、广场、码头及各类交通运输设施
		卫生设施:自来水、上下水道、公厕、污物处理设施等
		住宿设施:旅馆、旅舍、避难小屋等
		游憩设施:露营地、野餐地、眺望亭台,运动、休息、海水浴场、水上活动等设施
		教育设施:包括解说设施如博物馆、水族馆及路边展示等
		服务设施:管理所、询问处、游客中心、医疗急救设施、邮局、电讯局、加油站、贩卖部等

计划名称		内容
利用计划	利用管制计划	就利用限制、时间、方法及禁止事项依个别利用事项分别决定之
		一般性公园使用之管制,例如禁止或限制破坏公园资源及妨碍一般游憩活动之使用形态,表演性活动及运动比赛禁止在生态保护区及特殊景观区举行,在其他地区须先经核准。公共集会、拍摄电影及电视片等须先经核可。较特殊之游憩活动仅可于指定之地区及时间内举行,具有危险性之活动应予检查配备及有关证照等
管理计划	管理机构之设置	管理机构之组织形态、编制、专长及管理人员之训练等
		管理机构之业务,列举业务项目、内容
		管理机构之设置地点
	信息之提供	包括向游客提供公园之介绍数据,指导关于游憩及教育活动之机会、设施之分布等信息以及公共关系计划
	公共安全及防护计划	包括紧急事故之应变计划与设备、搜查抢救(如深山地区之跋涉及水上活动)、违反公园规定之处置、巡逻及犯罪事件之防范,建筑物火灾之防止及消防计划
	土地管理事项	依"国家公园计划"之需要办理范围内公有土地之拨用及私有土地之征收,准许原有使用地区之管制事项
	其他协调事项	与有关机构及地方管理部门,就公园区内与区外之交通系统、旅游设施发展、土地使用管制、景观改善(如现有聚落之观瞻,电线、供水路线、纪念碑与标牌之设计与设立地点等)及有关支持事项进行协议
	学术研究	拟具公园内应进行之研究项目,包括资源经营上所需参考之自然与人文科学以及学术性调查研究题材
	有关费率之订定	关于公园门票及公共设施(投资经营"国家公园"事业)收费标准之订定
建设计划	公共设施之建设计划(计划内之交通运输设施、卫生设施、服务设施等)	订定公共设施之项目及工程概算
		划分应由各级管理部门兴建之项目
		订定分年分期实施之进度
	住宿设施、游憩设施、教育设施之建设计划	划分应由"国家公园"事业主管机关、地方管理部门、公营事业机构、公私团体投资经营之项目
		订定分年分期实施之进度
	保护设施之建设计划	依保护设施计划之项目订定工程概算
		决定兴建保护设施之机关
		订定分年分期实施之进度

资料来源:台湾"国家公园计划书",台湾"国家公园计划"内容标准。

（三）地域制——英国国家公园

1. 英国保护地体系

英国保护地体系分国际层面、欧洲层面、国家层面和联合王国层面。例如国际层面认定的保护地是指由国际组织认定的。例如联合国教科文组织认定了英国境内的 28 个世界遗产地（World Heritage Sites）和 9 个世界生物圈保护区（World Biosphere Reserves）。国家层面认定的保护地包括三种类型：国家公园（National Parks）（英格兰、苏格兰和威尔士）、杰出自然美景区（Areas of Outstanding Natural Beauty）（英格兰、北爱尔兰和威尔士）和国家风景区（National Scenic Areas）（苏格兰）。国家公园是一些具有独立管理权限的乡村区域；杰出自然美景区是一些不具有独立管理权限的乡村区域，由当地社区和地方管理机构管理；国家风景区是一些因为突出景观和自然条件而被保护保存的土地（见附表 5 – 24）。

附表 5 – 24　英国三类保护地体系

	杰出自然美景区	国家公园	国家风景区	合计
数量分布（个）	英格兰 35 威尔士 4 英格兰和威尔士共同 1 北爱尔兰 1	英格兰 10 威尔士 3 苏格兰 2	苏格兰 40	
合计（个）	41	15	40	95
土地面积（km²）	英格兰 19596 威尔士 844 北爱尔兰 2861	英格兰 12126 威尔士 4141 苏格兰 5665	—	
合计（km²）	23301	21932	—	13783
首个	高尔半岛（The Gower Peninsula）– 1956	峰区（The Peak District）– 1951	尼斯·兰诺克和格伦·里昂（Loch Rannoch and Glen Lyon）– 1981	
最大（km²）	科兹沃尔得（The Cotswolds）– 2038	凯恩戈姆山（The Cairngorms）– 3800	韦斯特罗斯（Wester Ross）– 1452	

资料来源：http://www. nationalparks. gov. uk/learningabout/whatisanationalpark/nationalparksare-protectedareas。

2. 国家公园发展历程

英国国家公园建立的历史较早，可追溯到 20 世纪 20 年代。目前，英国的自然保护事业包括已建立的国家公园、国家森林公园、废弃地利用基金会、国家文物古迹管理委员会等自然保护形式和机构以及相应的科研机构。

（1）田园诗歌的发展激发大众对乡村与自然的热爱

19 世纪早期，英国田园诗歌的发展激发了大众对乡村风光的向往，很多浪漫主义诗人如拜伦等写下许多描述优美田园风光的诗歌。乡村和郊野生活方式逐渐成为英国人的一种身份识别，反映了饱含浪漫主义色彩的英国中产阶级热爱自然的社会现象。但是由于乡村土地私有，为了使社会公众获得进入乡村的权利，很多非政府组织与土地所有者进行权利抗争。1810 年，诗人威廉·华兹华斯（William Wordsworth）发表《湖泊指南》一诗，诗中写到他和许多志同道合的朋友相信湖区地区应归国家所有，在这里每一个人都有权利和兴趣，每一个人都有自我的意识并获得心灵的愉悦。华兹华斯在诗中表现出来的对自然的深刻认识和对风景的热爱，促进了该地区乃至英国的自然保护和浪漫主义运动。1884 年，詹姆斯·布莱尔议员展开了一场使公众能自由进入乡村的法案引入活动，虽然以失败告终，但是由此开启了英国国家公园持续超过一百年的努力过程。

专栏附 5 - 14　人物专栏——威廉·华兹华斯

华兹华斯

威廉·华兹华斯（William Wordsworth，1770 ~ 1850 年），英国浪漫主义诗人。华兹华斯一生完全浸入湖区环境，其最具影响力的诗歌，因湖烟水光而起，为山色岚气而作，推动了英国公众审美趣味之巨变，提升了湖区在全欧洲的美誉度。

长期以来，欧洲的自然往往作为恐怖对象和神的启示而存在，让人感到陌生、丑陋、遥远和神秘。就英国来说，人与自然相互依存的关系直到华兹华斯时代才从根本上定型。华兹华斯在自然哲学上继承了卢梭"返回自然"的思想，并进一步认为自然是充满人性的存在，强调"人与自然是一个整体的不同表现，他们来源于同一个源头"。

（2）产业转型促使大众开始自发保护自然和野生动植物

19世纪末到20世纪中叶，英国农业基本实现了现代化转型。英国人意识到自然风景和野生动植物正在受到工业化和城市化的威胁。于是各种社会团体纷纷成立，开始对自然进行保护。最著名的是1895年成立的名胜古迹国民信托。该组织在英国自然景观和历史名胜的永久保护上贡献卓越。1912年，科学界人士从科学观察与实验需要出发，组织成立了自然保护地促进协会。1926年成立了英国乡村保护协会。1941年，30多个社会团体代表组织召开了战后自然保护大会，提出应将自然保护地列入国家战后规划建议。

英国美丽的乡村风景，在不断扩张膨胀蚕食周边环境的都市冲击下，仍能保存得这样完整，这至少可以大部分归功于英国的乡村保护协会（the Campaign to Protect Rural England，CPRE）。CPRE是英国最早的环保组织之一，成立于1926年。这个组织的活动和努力促成了英国很多环保法令的颁布，例如1947年的《城乡规划法》（*The Town and Country Planning Act*），以及1955年的《绿化带建设法》（*Green Belt Circular*）等，在近年来甚至能影响整个欧盟环保法令的颁布。1949年，CPRE更进一步推动了《国家公园和乡村土地使用法案》（*the National Parks and Access to the Countryside Act*）的颁布和实施。这项法案规定将那些具有代表性风景或动植物群落的地区划为国家公园，由国家对其进行保护和管理。与其他国家的国家公园相比，它融合了更多环境信托（National Trust）与环境管理的概念。

（3）越来越多的公众争取进入乡村游憩的权利

到20世纪初期，越来越多的民众要求进入乡村，他们开始关注户外活动、体验锻炼，追求在自然中获得自由和精神愉悦。1926年，英格兰乡村保护协会、徒步协会等户外活动组织成立国家公园联合常设委员会。许多社会组织集合起来游说政府采取相应措施允许公众进入乡村，并于1936年组成了志愿部门即国家公园常务委员会，探讨和分析国家公园的相关事宜并督促政府执行相关政策。

（4）第二次世界大战推动了英国国家公园的设想

第二次世界大战是改变英国国家公园发展进程的决定性因素。在战争即将结束之际，政府开始关注环保，于1943年成立了自然保护地委员会，设立了城市和乡村计划部。1945年，该部讨论发起了一项"正确使用乡村的宣传运动"。同年4月，工党政府大选获胜并批准了英国国家公园的设想。

（5）英国国家公园的正式立法与法律体系的逐步完善

1949 年是英国国家公园历史上具有里程碑意义的一年，英格兰和威尔士正式通过了《国家公园与乡村进入法》，将具有代表性风景或动植物群落的地区划为国家公园，建立了包括国家公园在内的国家保护地体系。该法也明确提出了保护自然美景和为公众提供休闲机会。但英国国家公园管理机构基本没有土地所有权，英格兰和威尔士的国家公园在保护与发展上的问题日益突出，国家公园的设立目的不清，国家公园在管理和经营上与地方政府和社区的矛盾重重。1971 年，英国政府专门成立国家公园审查委员会来监督国家公园的管理和经营。1995 年新通过的英国《环境法》重新定义了国家公园——由国家认定的为了保护国家利益而存在的保护区。

3. 英国国家公园核心理念

1995 年英国《环境法》界定的国家公园设立的目的主要有二：①保护国家公园的自然美、野生动物和文化遗产并力争优化；②提升公众对国家公园的认知和享受。如果以上 2 条有矛盾，保护的需求将优于休闲娱乐需求。该法同时规定，国家公园应该促进当地社区的经济和社会利益，但这条并未列为国家公园的主要目的。

这些理念的原文是：①National parks are protected areas：英国国家公园是保护区，即有明确边界的区域，通过人为管理和法律来确保自然环境和野生动植物被保护并且让公众永续享有自然而不是破坏自然。②Looking after wildlife and cultural heritage：英国国家公园负责照管野生动植物和文化遗产，包括保护生物多样性、应对气候变化等。③Meet the people in the park：园内游客能够与当地人充分接触交流。英国国家公园让人们充分享受乡村、体验当地文化，同时也为当地社区和农民提供谋生的方式。

4. 数量及准入标准

（1）数量

截至 2019 年，英国已经拥有 15 处国家公园，涵盖了其最美丽的山地、草甸、高沼地、森林和湿地区域，其中英格兰有 10 个，威尔士有 3 个，苏格兰有 2 个；国家公园总面积占英国国土面积的 12.7%，其中占英格兰国土面积的 9.3%，威尔士国土面积的 19.9%，苏格兰国土面积的 7.2%（见附表 5 - 25）。

附表 5-25　英国国家公园数据统计

国家公园名称	所属成员国	面积（km²）	设立时间（年）	人口（人）	保护区数量（个）	年游客量（百万人次）	年游客消费（百万英磅）
布雷肯比肯斯国家公园（Brecon Beacons）	威尔士	1344	1957	32000	11	4.15	197
布罗兹国家公园（Broads）	英格兰	303	1989	6271	18	8.00	568
凯恩戈姆山国家公园（Cairngorms）	苏格兰	4528	2003	17000	4	1.50	185
达特穆尔国家公园（Dartmoor）	英格兰	953	1951	34000	23	2.40	111
埃克斯穆尔国家公园（Exmoor）	英格兰	694	1954	10600	16	1.40	85
湖区国家公园（Lake District）	英格兰	2292	1951	40800	23	16.40	1146
罗蒙湖与特罗萨克斯国家公园（Loch Lomond and the Trossachs）	苏格兰	1865	2002	15600	7	4.00	190
新森林国家公园（New Forest）	英格兰	570	2005	34922	19	—	123
诺森伯兰郡国家公园（Northumberland）	英格兰	1048	1956	2200	1	1.50	190
北约克摩尔国家公园（North York Moors）	英格兰	1434	1952	23380	42	7.00	538
峰区国家公园（Peak District）	英格兰	1437	1951	37905	109	8.75	541
彭布罗克郡海岸国家公园（Pembrokeshire Coast）	威尔士	621	1952	22800	14	4.20	498
雪墩山国家公园（Snowdonia）	威尔士	2176	1951	25482	14	4.27	396
南唐斯丘陵国家公园（South Downs）	英格兰	1624	2010	120000	165	—	333
约克郡山谷国家公园（Yorkshire Dales）	英格兰	1769	1954	19654	37	9.50	400

资料来源：http：//www.nationalparks.gov.uk/learningabout/whatisanationalpark/factsandfigures。

（2）准入标准

英国国家公园一般是指这样的地区：面积广大，自然景观丰富，有山脉、原野、石楠丛生的荒地、丘陵、悬崖或暗滩，伴随着林地、河流，大部分运河和纤路两岸的长条状地带。因此，英国国家公园不是用围墙围起来的所谓"公园"，而是面积很大，包括了乡村、各类自然景观甚至中小城市的几十到几百平方千米的广大地域范围。

英国国家公园的入选标准是要具有特质（special qualities）。这些特质包括

以下几点：①景观和景点；②地质和地貌；③生物多样性和稀有物种；④考古价值和历史。⑤除此之外，乡村社区居住和工作的人员以及历史上在当地生活的人也作为该区域具有特质的一部分。

以上这些特质的结合是决定区域是否能够入选英国国家公园的标准。

5. 立法情况

英国在"二战"后重建时进行了新的国土规划，此轮规划也为景观保护相关法律的制定奠定了基础。随后出台的《国家公园与乡村进入法》（1949）确立了英国国家公园的法律地位。1972 年《当地政府法》（*Local Government Act*）规定英国国家公园是独立的规划局。1995 年《环境法》（*The Environment Act*）修改英国国家公园设立目标。2000 年，苏格兰国会发布《国家公园法》（*The National Parks Act*），开始在苏格兰设立国家公园。除此之外，有很多重要法律包含影响国家公园、公园管理局和公园规划的条文，如 2000 年《乡村和路权法》（*The Countryside and Rights of Way Act*）、2004 年《规划和强制购买法》（*Planning and Compulsory Purchase Act*）、2006 年《自然环境和乡村社区法》（*The Natural Environment and Rural Communities Act*）、2007 年《当地政府和公共参与健康法》（*Local Government and Public Involvement in Health Act*）、2008 年《规划法》（*Planning Act*）、2009 年《当地民主、经济发展和建设法》（*Local Democracy*, *Economic Development and Construction Act*）、2009 年《海洋和沿海进入法》（*Marine and Coastal Access Act*）等。

其中，最具里程碑意义的《国家公园与乡村进入法》（1949）将那些具有代表性风景或动植物群落的地区划为国家公园，由国家对其进行保护和统一管理。该法案的主要内容包括四部分，具体如附表 5 - 26 所示。

附表 5 - 26　《国家公园与乡村进入法》中规定的国家公园相关内容

重点章节	具体内容
1. 国家公园管理委员会	①威尔士乡村委员会和理事会。根据 1990 年《环境保护法案》第一百二十八条规定，威尔士必须与英格兰一样，有一个乡村机构行使相关管理职能，于是成立了威尔士乡村委员会来履行《环境保护法案》中与威尔士相关的环境法律问题。 ②委员会被赋予的权利。委员会与相关机构被赋予依据法律法规行使管理的权利，并且委员会在执行的过程中也必须遵循法令的要求。当下达相关指令或方向后，必须向相关负责人尽到告知的责任和义务。

续表

重点章节	具体内容
2. 国家公园	①此法案第二部分适用于威尔士。这一部分赋予了委员会一项权利,与关于英格兰各种不同类型的区域管理一样,委员会在威尔士会拥有相应的权利。 ②国家公园的建立目的。此法案以达到以下效果为目的:其一,加强对指定区域自然美景、野生动物和文化遗产的保护;其二,为民众提供和改善在这些区域休闲和学习的相关条件;其三,为民众提供他们能负担得起并根据他们性格和阶层设立的户外娱乐集会场所;其四,这些根据委员会按照相关程序指定的区域,经报告部长并审批之后,就成为国家公园。 ③委员会和国家公园的职责。其一,根据法案要求,在英格兰范围内依据条款要求建立国家公园;其二,部长除了委员会指定方向外,还应该就相关区域的管理提供时间和顺序上的安排;其三,给当局就国家公园的选取与建立提供适当的建议;其四,给相关机构提供符合相关土地法案规定的国家公园内的土地开发方案,或适当的规划与发展计划,但要充分考虑国家公园的可持续发展要求。 ④与国家公园有关的发展计划。任何针对国家公园全部或部分区域的发展计划或者提案,都必须根据实际情况,在征得委员会同意的基础上才能实施,委员会有权利在考察后改变其计划。 ⑤与国家公园相关的特定机构与个人的职责。国家公园管理局在追求国家公园利益时应寻求能同时促进当地经济和社会福利的方法,并且以不付出重大经济支出为代价,配合当地政府和公共机构来实现国家公园与社区经济的共赢。在行使或执行任何权利时,如果与国家公园的保护有冲突,应以保护为原则,维持国家公园内的自然景观、野生动物和文化遗产的原始状态。
3. 自然保护	大自然保护协会应当与每一位土地所有者、承租者和使用者签订协议,由相关利益人管理自然保护区,确保其受到很好的管理和保护,任何人都要受此协议的约束。
4. 公共权利	公园内会划定小路、骑马专用道和其他高速公路,还有部分长途线路,使公众能够沿特定的路线步行、骑马或骑自行车。这些线路都不会与车辆实用的道路交叉,并且会提供路线的地图,标示清楚每种道路的功能及使用说明,以及对相关车辆的限制说明。还会在沿线经地方规划当局审批通过的区域或附近区域提供住宿、食物和饮料等必需的物品及服务。

　　英国国家公园管理涉及法律数量众多，会定期或根据需要及时修改更新。法律基础的复杂性一方面是由英国法律体系本身的特点决定的；另一方面也反映出英国国家公园法律重视与已有政策和法律基础的一致，尽量保证与现有体系的协调，增加公众接受度。同时，该法律安排还可以保证国家公园管理相关机构即使不是专设机构，也能在做出与国家公园有关的决策时考虑公园保护需求。

6. 管理机制

英国国家公园内相当多的土地是受到国家法律保护的自然保护地区，例如具有特殊科学价值地区、国家自然保护区、地方自然保护区等，居住在保护区的民众必须遵守放养牲畜、维护林地、保护水体、保护草场的规定。在非保护区的地方，农民也可以申请环境补贴，在自己的农场内实施环境保护。英国国家公园实行免费进入、开放式管理，因此，英国政府通过强制性或经济补偿的形式保护乡村的景观风貌。

英国国家公园内鼓励进行多种经济开发，包括农业、林业、畜牧业和旅游业。英国政府和国家公园管理局鼓励公园内的农场保留其生产生活方式，鼓励发展现代化可持续农业。受市场驱动，英国国家公园内土地由农耕向畜牧业转化。旅游业成为英国国家公园的中心产业，按照生产生活与自然旅游结合的原则有控制地加以开展游憩活动。

（1）管理模式

英国国家公园的授权和管理具有明显的"由上至下"的痕迹。每一个国家公园都有自己的国家公园管理部门（National Park Authorities），国家公园管理局由成员、员工和志愿者组成。除国家公园管理局，很多不同层面、不同职能的组织对国家公园的保护管理负责（见附图 5 - 34）。

在联合王国层面，国家环境、食品和乡村事务部（DEFRA）总体负责所有国家公园。在成员国层面，分别由英格兰自然署（Natural England）、威尔士乡村委员会（Countryside Council of Wales，CCW）和苏格兰自然遗产部（Scottish Natural Heritage）负责其国土范围的国家公园划定和监管。在国家公园层面，每个国家公园均设立国家公园管理局，由中央政府拨款。根据《环境法》，除保证国家公园设立的两个目标外，英国国家公园管理局还需要培育当地社区的社会经济福利，避免公园的保护管理工作给当地社区造成较大经济损失。

此外，还有一些非政府机构与国家公园管理相关，如国家公园管理局协会（ANPA）、国家公园运动（CNP）等。国家信托和林业委员会（Forestry Commission）由于在国家公园拥有部分土地，也承担了相应的保护责任。还有如自然的声音（RSPB）、野生生物信托（Wildlife Trusts）、森林信托（Woodland Trust）、英国遗产署（English Heritage）和历史英格兰（Historic Scotland）等保

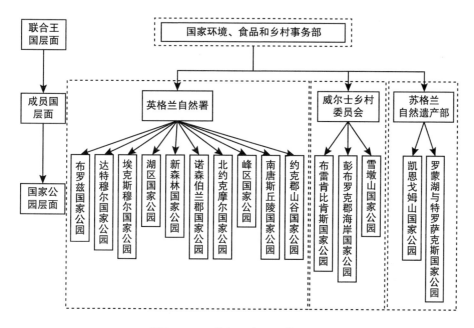

附图 5-34　英国国家公园管理架构

护相关的慈善机构，为国家公园内相应资源保护提供支持和建议。

在多机构协同工作的过程中，英国国家公园管理局扮演了提供交流平台和中间协作的角色，不仅针对相关机构，还要保证农户和居民等个人土地所有者的参与。管理过程中的利益相关者参与可以从国家公园管理局人员构成、管理规划准备阶段、管理规划草案咨询等方面得到体现。

（2）土地管理

国家公园运动一开始是户外运动者为争取在私有土地上享受游憩权利而进行的斗争，国家公园的最终设立标志着斗争的胜利。但由于土地私有，保证土地所有者的利益依然是国家公园管理局必须解决的问题。为缓解公共性与私有性的矛盾，国家公园主要通过法律赋权、审批申请和奖励机制，促使私人土地开放公共进入权，地方当局和其他机构也会通过购买或接受土地捐赠实现土地公共属性的转化。

尽管国家公园面积广大，但游客实际可进入的区域仅为社区小镇、小镇之间的道路、对公众开放的道路和土地。《乡村和路权法》明确规定了游客在可进入区域的权利和义务，这些区域分为公共权道路（Public Rights of Way）和

开放可进入土地（Open Access Land）。这些区域均有官方地图详细表述和标示，现场也有清晰的标识。

公园内的公共步道（public footpaths）是公共权道路的主要组成部分。该道路并非英国国家公园独有，在英国广大乡村都有分布，赋予了公众在乡村徒步、骑马、骑自行车和驾驶的权利。在苏格兰也有相似的法案赋予公众此权利。开放乡村（open country）和注册公用地（registered common land）也允许游客进入，英格兰的国家公园里约有 4700km² 此类土地，占公园总面积的38.76%。此外，由国家信托等机构所有的土地也大多允许游客进入。

根据《乡村和路权法》，由英国国家公园管理局具体负责国家公园内"公共进入权"的相关事务，包括制定条例、任命责任者、设立边界指示牌、与土地所有者拟定协议以确定公共进入方式（步行/自行车/骑马/汽车）等。开放"公共进入权"给土地所有者带来的好处是潜在的旅游以及减免税收等利益。

（3）社区管理

目前约有 45 万人居住在英国国家公园，公园内众多社区及其生产和生活方式是英国国家公园价值得以形成并保持的基础，因此维持并推动当地社区发展是公园管理的重要工作。在苏格兰，国家公园设立的 4 个目标之一是"促进当地社区可持续的经济和社会发展"。

英国国家公园内鼓励发展现代化可持续农业，提高土壤恢复力和生产力，丰富农产种类，发展食品加工及销售业。小镇是国家公园重要的旅游服务点，多呈沿一条主路或者沿河的线性格局。小镇内邻主路建筑基本是家庭旅馆（B&B）、酒店、咖啡厅、户外用品店或者纪念品店。管理局通过严格控制镇内规划建设项目的申请与审批，考虑个体建筑的体量、外观和用途，使城镇整体风貌在漫长历史发展中得以保存。纪念品店和餐饮店中多有当地生产的有机或特色食物。

可支付性住房问题是社区可持续发展的一个管理难点。英国国家公园的优质环境吸引了很多人前来购买用于度假的第 2 套住房（second property），引起房价上涨。2012 年，英格兰国家公园和威尔士国家公园的房屋均价比其所在郡的平均水平高出 45%（87968 英镑）。高昂的房价还造成了该地居民生活和工作成本的提升。峰区（Peak District）国家公园的管理对策是在审批住房申请时，较多考虑当地需求而非一般需求；鼓励重新利用谷仓等传统建筑；与社会性住房的供给商充分合作。但是，目前针对购买度假性住房行为还没有较好的对策。

交通问题是社区可持续发展的另一个管理难点。在英国国家公园内，任何主干道拓宽或道路新增项目都被认为不合时宜，除非在扩大容量方面确实有极大需求，并且通过了可行性评估，才有可能扩建。国家公园内通勤和游憩交通需求的增加，一方面增加了环境压力；另一方面由于居民和游客共用交通系统，增加了居民的交通时间成本，旅游旺季时居民不得不忍受交通繁忙造成的班次延误或道路拥堵。英国国家公园管理局的管理对策是不断改善公共交通，倡导自行车、步行等低碳旅行方式，加强城镇和景点之间的自行车、步行道连接。

（4）游客管理

目前旅游业已成为英国国家公园的中心产业，每年国家公园的游客量为 7500 万人次，为社区产业发展注入了活力。与中国相比，英国旅游业发展压力不大。在重视环境承载力的前提下，英国国家公园游客管理的核心理念是实现英国国家公园两大管理目标，同时发展经济和促进社会福祉（见附图 5 - 35）。

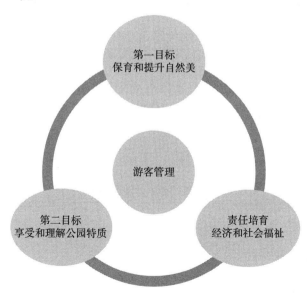

附图 5 - 35　英国国家公园游客管理核心理念

①游客分析

到访原因：人们来英国国家公园旅游，58%出于享受风景和景观。其他原因还包括：享受之前的到访体验、安静祥和的气氛、参与户外活动、方便到达、探访住在国家公园内的朋友和家人、拥有国家公园内的住宿、第一次来、因为是国家公园、被朋友推荐来的、每年都来等。

游客构成：68%的游客为家庭群体，大多数是少于5人的团体。仅有7%是境外游客。大多数游客来自人口密度大的西南部或国家公园附近区域。有一日游和度假游两类游客。

交通方式：93%的游客自驾车前来。很小比例的游客通过乘坐公共交通工具（诸如火车或公交车）前来。

游客活动：步行占40%，自驾观光占19%，放松占12%，参观城镇与乡村占10%。少数人涉及户外活动，如骑马、爬山和皮划艇。

②旅游活动影响

积极影响：为当地人提供就业机会；促进当地经济增收；帮助保护乡村服务如公交、商店和邮局等；提高当地食品和手工艺需求；促进栖息地和野生动植物保护。

消极影响：乱扔废弃物、土壤侵蚀、火灾、干扰牲畜和由于破坏公物而对景观造成破坏；交通拥堵和污染；导致当地物价提升；造成当地需求供应不足；度假住宿造成当地房价过高；需要发展更多商店和酒店设施；工作机会季节性明显，长期低收入。

③管理内容

英国国家公园游客管理主要包括两大主题：基于场地的干预管理、交流与影响（见附表5 –27）。

附表5 –27　英国国家公园游客管理主题

主题		问题
1. 基于场地的干预管理	高强度使用地点及其管理	确定使用压力最强的地点和线路 更深入理解环境干扰和破坏 强调道路侵蚀和退化 保护荒野性 处理高峰时间交通问题 改善游客基础设施

续表

主题		问题
2. 交流与影响	与游客使用相关的营销管理	强调国家公园内低影响的丰富体验 对于使用压力地点的市场营销策略和解说策略的共识
	强调影响	跟踪不合法的活动 强调不合适的游客行为 分辨冲突性游客行为

④可持续的管理措施

旅游活动产生的"生态足迹"对英国国家公园的资源保护造成威胁，因此需要通过管理措施来缓解这种冲突，实现旅游活动的可持续性。具体的解决方法有以下三点：①采取仔细的规划和监控管理活动；②允许国家公园随着使用者需求的变化而发展；③通过环境教育项目引导大众对于区域的理解和保护，使公众由对资源的自发欣赏转变成对资源的责任意识。

英国国家公园网站上公布了国家公园内采取的管理措施，包括以下部分：

◆在宣传手册、信息中心、道路指引标识和网站上向游客展示负责任旅游者行为；

◆鼓励游客少开汽车，使用绿色交通工具如自行车、公共交通等；

◆支持鼓励不破坏乡村景观和危害野生动植物的户外活动；

◆运作绿色商业，鼓励企业减少能源浪费、保护水资源，并进行可持续经营；

◆通过座谈会和咨询了解当地社区的意见和愿望；

◆通过开发和整修道路减少游客引发的道路退化；

◆使用规划管理控制区域永久性建设；

◆通过规划管理和资金支持，鼓励绿色高效的能源建筑；

◆通过规划管理和资金支持，鼓励小尺度可再生能源项目，例如木屑锅炉和太阳能电池板等。

7. 资金机制

（1）资金来源

英国国家公园资金来源主要由以下几部分组成。一是中央政府资助。英国国家公园的保护管理经费大部分由中央政府资助，一般占比 50% ~ 94%，平均资助比例达到 72%。二是地方当局的预算，但只有三家国家公园接收这笔资金。三是国家公园自身收入，如信息中心销售收入、停车场收入等，占 1% ~ 43.4%，平均比例为 15.6%。四是特殊基金，如欧盟基金、英国文化遗产彩票基金和可持续发展基金等，这部分比例可达 9% 左右。五是银行利息、专项或者一般的储备及垃圾填埋税等，大约占 8%。同时，由于资金与其他政府项目可能出现冲突，除政府直接拨款和设立环保项目支撑以外，国家彩票也是来源之一。

（2）资金使用

英国自然保护区要依法为自己制定财政规划来确保资金的收支平衡。财政规划要对各类活动所需资金额度有详细的计划，并且要确定保护区资金近期、中期和远期来源。

每个英国国家公园管理局自己决定资金用途，大概可分为九大用途。附表 5-28、附图 5-36 以三个国家公园在 2008 年 9 月的资金用途进行举例说明。

附表 5-28　2008 年英国国家公园资金用途比例

单位：%

序号	资金用途	布雷肯比肯斯	达特穆尔	湖区
1	保护自然环境	4	14	8
2	保护文化遗产	3	7	4
3	发展控制规划	15	16	10
4	政策与社区发展规划	9	7	8
5	促进对国家公园的学习和理解	24	18	27
6	游憩管理和交通	6	9	1
7	巡逻员、产业工人和志愿者	21	19	22
8	组织运作	17	7	13
9	其他	2	3	7

资料来源：http://www.nationalparks.gov.uk/learningabout/wholooksafternationalparks/costsandspending。

8. 规划体系

英国国家公园的规划政策也很庞杂，其中最重要的是国家公园管理规划与法定规划体系下的区域规划（regional plan）和地方规划（local plan）。国家

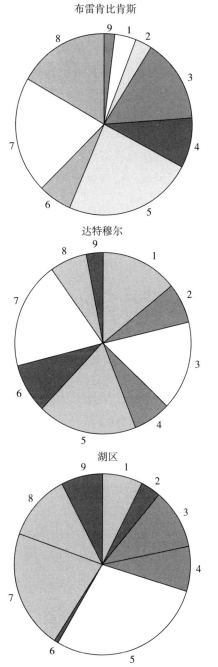

附图5－36　2008年英国国家公园资金用途比例

注：序号所指与附表5－27对应。

公园管理规划至少应包括的关键要素为：有关国家公园管理规划作用的描述、国家公园设立的目的和社会经济职责；国家公园的关键特征和特殊质量；国家公园面临的主要问题和趋势；实现雄心的方式——政策和行动计划。管理规划中较少涉及空间规划的内容，而是采用"愿景—目标—行动计划"的框架：首先，综合公园保护管理有关的国际国内法规、战略、规划、措施和现实状况；其次，明确公园发展方向，阐述如何实现目标；最后，为实现目标建立政策框架。具体政策多需要综合调动其他相关资源，并非仅依靠管理规划和管理局自身。因此，管理规划与其他规划文件之间大多是互相影响的关系。

根据1990年的《城镇和乡村规划法》，英国政府授权国家公园管理局作为地方规划当局制定包括采矿与废弃物规划和发展控制规划在内的地方规划。目前该体系正处于改革时期，不同地方由于改革进度不同存在差异。以峰区国家公园为例，其法定规划分为区域空间战略（RSS）和当地规划框架（LDF）两个层次，与国家公园管理规划共同构成规划政策框架，包含该地各项政策要求。此外，国家公园管理局有权审批国家公园范围内的规划申请，以此控制国家公园内的开发活动。一般的规划申请许可会在国家公园进行较长时间的公示。

（四）地域制——日本国家公园

1. 日本自然公园体系

日本自然公园体系维护着国土的景观。依据1957年制定的《自然公园法》，日本的自然公园分为三类：国立公园（即国家公园）、国定公园和都道府县立自然公园。这三种形式的公园都是以维持和保护自然风景、特殊生态遗迹以及为国民提供野外游憩场所为目的，其差异主要在自然地域风景的知名度、代表性和原始自然的重要程度，以及由此带来的经营管理主体的不同。

国立公园是最能够代表日本自然风景的区域，也是人们接触自然的最佳场所，能使人们获得感动和快乐，同时也能为下一代人保留和提供与当代人一样的享受自然、保护自然的地方，并依照国立公园的规定开展各种各样的活动。国立公园通过"自然环境保全审议会"（由地理、环境、历史等方面的专家构成）提出意见，最终由环境大臣制定并由环境省进行管理。[1]

国定公园又称准国立公园，是具有仅次于国立公园的自然景观的自然风景地区。国定公园通过都道府县直接提出书面申请，再由"自然环境保全审议会"进行审查，最终由环境大臣指定、都道府县管理。

都道府县立自然公园是代表都道府县风景的自然风景地区，由都道府县知事根据本地条例指定，并由都道府县进行管理。

截至 2015 年 3 月，日本已建立自然公园 401 处，总面积 54344.69km²，占日本国土面积的 14.38%。其中国立公园 32 处，面积为 21134.02km²，占国土面积的 5.59%；国定公园 56 处，面积为 13506.94km²，占国土面积的 3.57%；都道府县立自然公园 313 处，面积为 19703.73km²，占国土面积的 5.21%（见附表 5 – 29）。

附表 5 – 29　日本国立公园、国定公园、都道府县立自然公园的比较

类别	数量（处）	面积（公顷）	占国土面积比例(%)	指定者	指定的要件	依据的法律	行政管理责任者
国立公园	32	21134.02	5.59	环境大臣	能够作为日本景观的代表，在世界上也是引以为豪的杰出自然风景	《自然公园法》	环境省
国定公园	56	13506.94	3.57	环境大臣	仅次于国立公园景观的自然风景	《自然公园法》	都道府县
都道府县立自然公园	313	19703.73	5.21	都道府县知事	代表都道府县风景的自然风景	都道府县条例	都道府县
合计	401	54344.69	14.37				

注：日本国土面积依据日本官方公布的数据（37796173 公顷）。

资料来源：http://www.env.go.jp/park/。

2. 日本国立公园发展历程

（1）二战前国立公园建立

①对具有代表自然与文化价值的独立景物及其周边环境的整体性保护

对具有代表自然与文化价值的独立景物及其周边环境进行整体性保护源于

---

[1]　谷光灿、刘智：《从日本自然保护的原点——尾濑出发看日本国家公园的保护管理》，《中国园林》2013 年第 8 期。

风景地富士山和日光地区。1868 年，富士山和日光当地的团体向国会提出设置国立公园并进行风景管理的申请。由于官方对此缺乏认识，这些申请未被受理。为了日光神社和寺院的保护和修缮，以及遗迹风景的维持和管理，1879年民间团体"保晃会"成立。到 1908 年，日光的主要建筑被认定为特别保护建筑物。1911 年，日本国会通过设置国立大公园的申请，国立公园范围涉及富士山、日光、琵琶湖、松岛等地区。

②天然纪念物思想的传入及应用

20 世纪初期，留学德国的三好学将德国的天然纪念物思想传入日本。1911 年，他提出应保护日光的杉树、小金井的樱花等具有价值的植被，推动了《天然纪念物保存法》的建立①。1919 年 4 月，国会颁布《史迹与名胜天然纪念物保存法》，保护的范围扩展到神社寺院、植物、动物、历史建筑、遗迹、地质矿物等。

③对风景林地资源的保护

对风景林地资源的保护源于北海道开发。日本明治维新以后，北海道大力发展农业、开垦荒地、大面积采伐原始森林，导致自然资源遭到破坏。1913年，国会颁布《北海道原生天然保护林制度》。1915 年，国会颁布《国有保护林制度》，通过立法保护北海道的原始森林和风景林地资源。

④国立公园的正式立法

1931 年，日本内务省通过国立公园委员会正式颁布《国立公园法》，标志着日本国立公园制度的创立。1934～1936 年，建立了第一批 12 处国立公园，包括濑户内海、云仙、雾岛、大雪山、富士箱根等。1942 年，国立公园的候选不再局限于自然性景观和文化资源，而是拓展到部分风景优美，接近城市区域，适合国民体育锻炼、陶冶情操和健身休闲的场所。二战前，日本共确立了12 处国立公园。

（2）二战后国立公园的发展

二战结束后，日本重新启动了国立公园发展计划。1946 年，伊势志摩国立公园建立，成为战后首个国立公园。直到 1948 年日本厚生省成立国立公园部，国立公园的发展才真正步入正轨。1949 年，《国立公园法》被重新修订，

---

① 许浩：《日本国立公园发展、体系与特点》，《世界林业研究》2013 年第 6 期。

其中的"准国立公园地区"被改为"国定公园"。由于战后大量人为活动对国立公园的自然环境造成极大破坏，日本于同年设置了特别保护地区制度，用以保护国立公园中最核心的景观资源。1950 年，《史迹与名胜天然纪念物保存法》修改为《文化财保护法》。国立公园的选定也将沿海悬崖等滨海风景资源纳入保护范畴。1951 年，日本在准国立公园地区设立了首批三处国定公园①。1957 年，日本全面修订《国立公园法》，并在此基础上制定了《自然公园法》，增加了都道府县立自然公园，确定了日本的自然公园体系。随后日本经历了经济快速发展，自然资源过度开发的阶段。随着对自然生态系统的认知加强，1964 年日本将具有独特价值的陆地生态系统地域纳入国立公园保护范畴。后来考虑到自然林、湿地、海岸线等的价值，也将其纳入国立公园的景观资源评价范畴。1971 年，日本设立环境省，对自然资源进行严格保护，并开始接管国立公园。随后，长期过度严格的保护政策又导致了人们对利用的轻视。经过长期探讨研究，80 年代后期，自然环境保护审议会将"野外体验型"作为自然公园的主要利用方式，并开始探索如何在自然公园内开展生态旅游②。自此之后，基于保护和利用的各种制度相继完善细化，为国立公园的管理提供了便利（见附表 5 - 30）。

附表 5 - 30　日本国立公园发展年表

年份	制度
1911	帝国会议设立日本最早的 2 个国立公园：日光国立公园、富士山国立公园
1931	内务省通过国立公园委员会颁布《国立公园法》
1934	建立第一批国立公园
1948	厚生省成立国立公园部
1949	重新修订《国立公园法》，将"准国立公园地区"改为"国定公园"
1951	设立首批国定公园
1957	制定《自然公园法》，新增都道府县立自然公园，明确自然公园体系
1971	设立环境省
1994	自然公园纳入国家预算体系

注：表中部分内容参考马盟雨、李雄《日本国家公园建设发展与运营体制概况研究》，《中国园林》2015 年第 2 期。

---

① 三处国定公园分别是耶马日田英彦山国定公园、琵琶湖国定公园和佐弥彦国定公园。
② 张玉钧：《日本的自然公园体系》，《森林与人类》2014 年第 5 期。

专栏附 5 – 15　人物专栏：日本国立公园之父——田村刚

田村刚（1890~1979），日本著名的造园学者，为日本近代造园学的发展做出巨大贡献，也为日本国家公园制度的诞生和成长做出巨大贡献，被人称为"日本国立公园之父"。

20世纪初，日本对美国国家公园的信息掌握并不充分。1917年，田村刚在《造园概论》中了解到较为详细的美国国家公园的相关信息，被其中拍摄的图片专辑刺激感染，决定投入更大的精力进行相关资料的收集。其间，田村刚亲自确认国外各国国家公园的实际情况，了解已经建立国家公园的国家的相关制度、各种各样的理念以及管理运营方法，根据各国的经验，增强了构建日本本国国立公园制度的自信。田村刚从欧美视察回国时，日本的社会经济情况加上关东大地震的打击，使行政当局决定建立国立公园。1927年，内务省委托田村刚、本多静六等加入。1929年，日本设立国立公园协会，田村刚亲自任常务理事，开始具体的国立公园事务，包括国立公园候选地的实际考察等。

3. 类型和数量

日本的国立公园是指那些全国范围内规模最大并且自然风光秀丽、生态系统完整、有命名价值的国家风景及著名的生态系统。国立公园原则上应有超过20km^2的核心景区，核心景区保持着原始景观；除此之外，还需要有若干生态系统未因人类开发和占有而发生显著变化，动植物种类及地质、地形、地貌具有特殊科学、教育、娱乐功能的区域。

在日本，国立公园的主要任务是对具有代表性的自然风景资源进行严格保护和合理利用，限制开发，同时为人们提供欣赏、利用和亲近自然的机会，以及必要的信息和利用设施。国立公园建立在《自然公园法》的基础上，接受环境省的指定与管理。截至2015年3月，日本已建立31处国立公园，面积合计约21052km^2，约占日本国土面积的5.6%[①]（见附表5–31）。

---

① 数据来源：http://www.env.go.jp/park/。

附表5－31　日本国立公园统计

单位：km²

名称	所在地	时间	代表性风景资源	面积
利尻礼文佐吕别国立公园	北海道	1974.9.20	由2个岛和湿地组成，包括利尻山、礼文岛峭壁、佐吕别湿地草原、沙丘林等	241.66
知床国立公园	北海道	1964.6.1	知床半岛的原始自然公园、自然文化遗产、多种野生动物栖息地	386.33
阿寒国立公园	北海道	1934.12.4	森林、阿寒湖、火山、温泉	904.81
钏路湿原国立公园	北海道	1987.7.31	日本最大湿地	287.88
大雪山国立公园	北海道	1934.12.4	北海道的屋脊、湿地、高山植物群	2267.64
支笏洞爷国立公园	北海道	1949.5.16	支笏湖、洞爷湖、火山、温泉	994.73
十和田八幡平国立公园	东北	1936.2.1	十和田湖、高山植物群落、温泉	855.51
三陆复兴国立公园	东北	1955.5.2.	地中海海岸断崖、大海、动物栖息地	146.35
磐梯朝日国立公园	东北	1950.9.5	出羽三山、森林、湖泊、沼泽群	1864.04
日光国立公园	关东	1934.12.4	瀑布、山湖、东照宫、丰富的动植物资源	1149.08
尾濑国立公园	关东	2007.8.30	湿原景观、百名山、会津驹岳、燧岳、至佛山、田代山、帝释山等	372.00
秩父多摩甲斐国立公园	关东	1950.7.10	森林、溪流	1262.59
小笠原国立公园	关东	1950.7.10	由30多座岛屿组成，本地动植物区系	66.29
富士箱根伊豆国立公园	关东	1936.2.1	火山（富士山等）、湖泊、伊豆半岛、伊豆七岛	1216.95
南阿尔卑斯国立公园	关东	1964.6.1	约3000米高的群山、针叶林等高山植被	357.52
上信越高原国立公园	中部	1949.9.7	谷川越、火山、温泉	1880.46
中部山岳国立公园	中部	2015.3.27	峡谷、海岸、沙滩、瀑布	1743.23
白山国立公园	中部	1934.12.4	白山及山麓部分、高山植被群落	555.44

续表

名称	所在地	时间	代表性风景资源	面积
伊势志摩国立公园	中部	1962.11.12	海湾、岛屿、神宫	555.44
吉野熊野国立公园	近畿	1946.11.20.	熊野川、吉野山、熊野三山、金峰山寺、青岸渡寺等	597.93
山阴海岸国立公园	近畿	1963.2.1	日本海海岸景观、鸟取沙丘、特有植被系统	87.83
濑户内海国立公园	近畿（中国、四国、九州）	1963.7.15	海峡、滩、湾、岛	669.34
大山隐岐国立公园	中国四国	1934.3.16	断崖、岛屿	353.53
足摺宇和海国立公园	中国四国	1936.2.1	断崖、岛屿、珊瑚、海底景色	113.45
西海国立公园	九州	1972.11.10	溺谷地貌、悬崖、亚热带植物群、历史遗迹	246.46
云仙天草国立公园	九州	1955.3.16	群岛	282.79
阿苏九重国立公园	九州	1934.3.16	阿苏山、九重山、温泉、高原、志高湖	726.78
雾岛锦江湾国立公园	九州	1934.12.4	活火山、樱岛	365.86
屋久国立公园	九州	1934.3.16	火山群（韩国岳等）、自然遗产——屋久岛	245.66
庆良间诸岛国立公园	九州	2012.3.16	珊瑚、丰富的生态系统	35.20
西表石垣国立公园	九州	2014.3.5	石垣岛、西表岛、珊瑚礁、常绿阔叶林和红树林等亚热带植物群落、珍贵野生动物栖息地	219.58

资料来源：http://www.env.go.jp/park/parks/index.html。

4. 立法情况

日本所有的国立公园都依照《自然公园法》进行规划管理。该法的原则是在对国立公园实行严格保护的前提下，适当开发、合理利用。除了《自然公园法》这一专门适用于国立公园的立法之外，《自然环境保护法》①《都市计划法》《文化财保护法》《濒危物种野生动植物保存法》等16项国家法律，以

---

① 1972年制定的《自然环境保护法》，首次明确了日本自然环境保护的基本原则和方针，为自然公园的管理指明了方向。它同时还确立了自然公园在日本自然保护中的重要地位。

及《自然环境保护条例》《景观保护条例》等法规文件形成了日本自然保护和管理的法律制度体系。这些法律法规经过不断的完善和调整，具有较强的科学性和可操作性，有利于相关从业人员与社会民众遵守与执行①。

5. 选定

日本国立公园的选定主要包括区域选定、范围圈定、界限确定三个标准。即①整个国土内该地域的重要性；②依据该地域的资源禀赋特点和实际情况确定范围；③依据明显地标确定边界。最终由环境大臣根据《自然公园法》第5条第1项的规定来确定。

日本国立公园选定的具体依据有四个方面：景观、要素、保护及道路。景观主要考虑的是特殊性和典型性，例如濑户内海、阿寒、大雪山等；要素则是指非常突出的地形地貌、森林温泉等自然要素；保护主要是指自然保护的必要性，将已受到或极有可能受到破坏的自然生态系统进行严格保护，例如钏路湿地；道路是借鉴美国风景道（parkway）的思想，利用风景道确定公园的范围或分区，例如阿苏九重国立公园和伊豆半岛公园②。

6. 地域制管理

日本国土狭窄，人口稠密，国立公园的土地权属非常复杂，存在多种所有制——国家所有、地方政府所有、私人所有（现有26%的国立公园面积为私人所有）（见附图5-37）和多种经济活动——农业、林业、旅游业及娱乐产业。这种复杂的土地所有制成分和经济活动的存在，使公园的管理者无法拥有全部的公园土地所有权和使用权。因此，日本采用了不论土地所有权的地域制自然公园制度，即通过相应法律对权益人的行为进行规范和管理。简单来说，环境省和地方政府即使没有部分土地的管理权或使用权，也可以对园内的相关行为做必要的限制和规范，即对所有土地都进行公共管理。环境省和地方政府制订详细且全面的管理计划，与国立公园各类土地所有者合作管理，以达到既能有效保护国立公园资源，又能兼顾当地居民生产生活活动的目的。

7. 规划体系

为了建设和管理的有效落实，每个国立公园都必须制定公园规划，并依照

---

① 马盟雨、李雄：《日本国家公园建设发展与运营体制概况研究》，《中国园林》2015年第2期。

② 张玉钧：《国家公园身兼保护与游憩的双重任务——日本国家公园的选定、规划与管理模式探析》，《中国绿色时报》2014年8月26日。

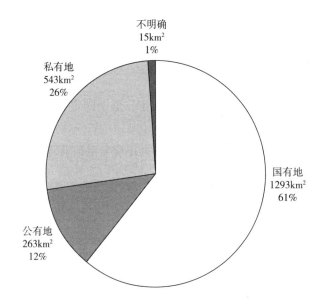

附图 5 - 37　日本国立公园土地所有权面积统计

注：其中国有地大部分为国有林地。

这个规划对园内服务设施的配置和行为限制的强弱做出规定。国立公园的规划分为"分区规划""事业规划"两部分（见附图 5 - 38）。

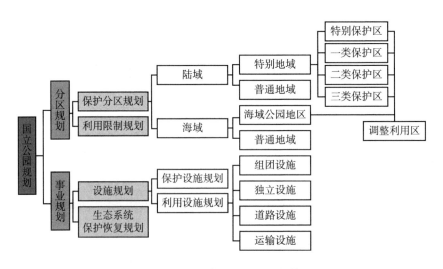

附图 5 - 38　日本国立公园规划体系

（1）分区规划

①保护分区规划。保护分区规划是指通过分区来设定不同限制强度的行为规范，使开发和利用服从于保护。分区规划的目的是保护自然景观，对无序的开发和利用加以限制。按照生态系统完整性、资源价值等级、游客可利用程度等指标，将公园的海域分为海域公园地区和普通地域两大类；陆域划分为特别地域和普通地域两大类，其中特别地域又划分为特别保护区、一类保护区、二类保护区和三类保护区（见附表5-32）。特别保护区是自然公园中最核心的区域，禁止一切可能对自然环境造成影响的活动，未经允许不得变更地形地貌、新建或改建建筑物。日本国立公园中有13.2%的区域为特别保护区，面积为279138公顷；国定公园中有4.9%的区域为特别保护区，面积为65858公顷；都道府县立自然公园没有特别保护区（见附表5-33、附图5-39）。

附表5-32　日本国立公园的保护分区

大类	亚类	内容	备注
特别地域	特别保护区	公园核心区域，原始状态保持地区，自然景观最为优美，行为限制程度最高	有步行道，行为许可制
	一类保护区	景观区域，仅次于特别保护区，必须极力保护和维持现有景观	有步行道，行为许可制
	二类保护区	农林渔业活动可适当进行，设有不影响自然风貌的休憩场所	有机动车道，行为许可制
	三类保护区	对风景资源不会造成影响的区域，不限制农林渔业活动，设有不影响自然风貌的接待设施	有机动车道，行为许可制
海域公园地区		热带鱼、珊瑚、海藻等不同特征的典型动植物景观区，以及海滩、岩礁等不同特征的地形和海鸟等典型野生动物景观区	被限制行为许可制
普通地域（缓冲区）		特别地域和海域公园地区以外的区域，包括当地居民区，实施风景保护措施；对特别地域、海域公园地区和国立公园以外的地区起缓冲、隔离作用	被限制行为申报制

②利用限制规划。访客的增加或行为的不当会导致国立公园原始性的丧失，也会导致风景资源和生物多样性受到严重威胁。因此，为了确保生态系统的可持续发展，有必要在国立公园中设置利用调整区，并制定利用限制规划。利用限制规划由环境大臣或都道府县知事认定和许可，通过限定访客的人数上限和连续利用最长日数，确保该地区生态系统可持续发展能力，达到维护国立公园良好自然景观的最终目的（见附表5-34）。

附表 5 – 33　日本自然公园体系中的特别地域与普通地域统计

单位：km²，%

类别	特别地域		普通地域	
	面积	占公园总面积比例	面积	占公园总面积比例
国立公园	15283.06	72.3	5850.96	27.7
国定公园	12566.45	93.0	940.49	7.0
都道府县立自然公园	7199.27	36.5	12504.46	63.5
合计	35048.78	64.5	19295.91	35.5

资料来源：http://www.env.go.jp/park/。

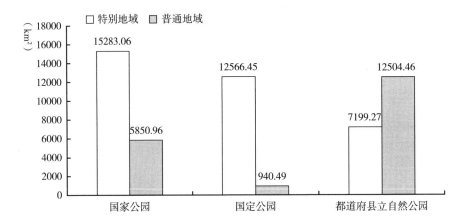

附图 5 – 39　日本自然公园体系中的特别地域与普通地域

附表 5 – 34　日本国立公园的利用调整分区

分区	内容	备注
利用调整区	风景优美的地区，通过调整和限制访客人数来避免对自然生态系产生的不利影响，旨在促进可持续利用的区域	访客进入认定制限制汽车利用制

（2）事业规划

事业规划是指为保护公园的生态系统和景观环境制定的一系列生态系统保护和恢复措施，以及为游客使用的安全性与舒适度设置的一系列必要基础设施和服务设施。事业规划分为设施规划和生态系统保护恢复规划两大部分。

设施规划包括为了合理利用公园的可用资源、恢复被破坏的自然环境、保障游客安全而规划的设施及措施。其中，道路、公共厕所、植被恢复等公共事业的设施一般由国家或地方自治体投资建设，宾馆等营业性的设施由民间企业投资建设。

生态系统保护恢复规划是指为保护生态系统而实施的一系列科学措施。例如，鹿和长棘海星等外来动植物会对乡土自然植被和珊瑚群造成侵害，从而引起生态系统受损。当采用传统的限制手法已经远远不能保证对当地自然风景地的保护时，国家、地方公共团体、民间团体等就要通力合作来捕获或通过预防性和顺应性的措施来驱除鹿和长棘海星，从而保护自然植被和珊瑚群免受食害影响（见附表 5 - 35）。

附表 5 - 35　日本国立公园事业规划内容

类别	规划项目		内容	备注
设施规划	保护设施规划		为恢复自然环境而设置的保护设施和安全设施	植被恢复设施、动物繁殖设施、防沙设施、防火设施等
	利用设施规划	组团设施规划	比较集中的利用设施	
		独立设施规划	园地、宾馆、休息所、露营场等	
		道路设施规划	车道和自行车道、人行道等	
		运输设施规划	铁路、索道、电梯、船舶等	
生态系统保护恢复规划			为生态系统保护或恢复而进行的预防性和适应性规划	对生态系统有影响的物种捕捉、外来物种驱除等

8. 管理机制

（1）管理模式

日本的国立公园采用的是中央和地方相结合的综合管理模式。在中央设立环境省，并在其中设置自然环境局进行行政管理，下属的国立公园科、环境整备担当参事官、亲近自然活动推进室等分别负责国立公园管理的相关工作。全国共设 7 处法律上的地方环境事务所，负责地方上的环境行政工作，在北海道东部地区、北海道西部地区、关东南部地区等 10 处地方设置自然保护事务所，执行《自然公园法》并落实实施细则。此外，还设置了自然保护官和自然保护官助理。自然保护官从事批准国立公园内的开发行为，保护各种稀有动植物等各种与自然保护有关的业务；自然保护官助理负责辅佐自然保护官从事国立公园等的巡逻和调查、指导访客、就自然环境进行讲解等实际业务，并与地区

志愿者进行联络和调整。另外，也有部分私营和民间机构参与公园的建设与管理，主要包括公园志愿者、自然公园指导员、自然公园财团、运营协会、地区管理财团等。他们会进行公园内的动植物保护、美化清扫、设施管理与维修、讲解等活动（见附图5-40）。

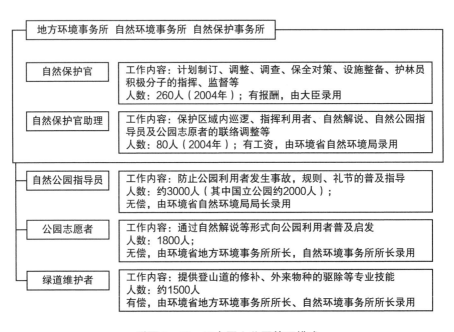

附图5-40　日本国立公园管理模式

按照规定，每个国立公园都要有自己的管理计划书。管理计划书的内容主要是基于自然景观的保护原则来规定各个分区的性质、建筑物的色彩以及对动植物保护的注意事项，并以此为基准来合理设置公园内的设施，从而推进自然环境的保护和利用。

（2）对自然的保护

在日本现有的31处国立公园中，有200多处特别保护区。保护对象包括原始自然生态系统及其周边环境，具备完整生态系统的河流源头，反映植被系统性的自然区域，具备明显的植被垂直分布特征的山体，新的熔岩流上的植被迁移地等类型。

①自然再生项目。自然再生项目是由环境省牵头、多方参与的国家战略性

工程。其原则是恢复健全的生态系统，对国立公园的特别区域实行严格保护，确保野生动物迁徙廊道的通畅和生物空间的稳定，包括恢复城市临海区域的海滩、森林再造、变直线型河流为自然型蜿蜒河流等具体措施。这些措施在实施时不是单纯地改善景观或维护特定的植物群落，而是最大限度地提高整个生态系统的质量，力求全面恢复该地区的生物多样性。

②风景地保护协议。日本国立公园内存在较多社区，土地所有权复杂，加之其对土地的使用不当，可能出现对国立公园风景资源保护不到位的问题。这种情况下，环境大臣可以与地方公共团体或国立公园土地所有者管理团体签署风景地保护协议，来代替土地所有者保护、管理自然风景区以及信息发布和提供服务。签订风景地保护协议的土地所有者将享受税收优惠待遇。

③私有地收购事业。日本国立公园和国家指定的鸟兽保护区等常包含许多私有土地。这些私有土地中有很多自然风景资源优美的区域。为了统一保护和管理国立公园内的自然资源，环境省可以在土地所有者提出申请的前提下购买这些土地。

④协议会制度。日本国立公园设立协议会制度，在制订管理计划书时，需要吸引居民、专家、非营利性组织、地方政府、环境省等利益相关者参与，重新审视现有计划，以便提高公园管理水平和保护措施的实际可操作性①。

（3）对行为的限制

①对开发行为的限制。依据《自然公园法》，日本国立公园的目的是保护高品质的自然风景区。为了达到这个目的，必须对可能影响现有自然景观的建筑物进行条件限制，并对木竹砍伐、土石方采挖、动植物捕捉和采集等行为加以规范。这种限制一般建立在公园保护分区规划和利用限制规划的基础上，根据不同的分区等级，行为限制的强弱和内容也存在差异。

②对动植物采集的限制。以国立公园为首的自然公园设立的目的是保护原始景观资源，包括诸如森林景观、珊瑚礁景观等营造的生态系统。因此，为了确保自然公园生态系统的多样性，必须有特别许可才能在国立公园或国定公园的特别地域进行动物捕获和植物采集。此外，由于国立公园核心地区生态系统脆弱，容易受到外来生物侵扰，日本于2006年开始在国立公园特别地域采取

---

①　许浩：《日本国立公园发展、体系与特点》，《世界林业研究》2013年第6期。

全面禁止引入外来动植物的管理政策。

③对车辆进入的限制。一般情况下，国立公园无条件接受人和汽车的进入，但是近年来由于雪地车和越野车的快速普及，特别是节假日期间，公园道路和停车场的容量严重超标，对公园内野生动植物的生长环境构成了威胁，一些自然区域还出现了一定程度的空气污染问题。为了防止这种问题的蔓延，1990年12月，环境省出台了车辆适当化使用的措施，即车辆限制政策，在国立公园或国定公园的特别地区，分地域、分时间控制汽车的进入。

9. 经营机制

（1）设施提供

为促进设施与自然景观的协调，防止设施建设对公园景色美感造成破坏，日本国立公园内一切硬件设施的建设和使用都要严格遵照法律和公园的规划来进行。比如，在《自然公园法》中，明确规定了园内建筑物的体量、风格、布局，甚至建筑物房顶的颜色搭配，以确保建筑物与周遭环境能够自然地融为一体。还有园内垃圾桶、路标、指示牌等都采用木质结构，美观、自然，与环境统一、协调等。而对于具体设施的提供，又有以下几方面规定。

第一，为了促进对国立公园的充分利用，允许地方公共团体和个人按照国立公园的统一规划提供服务设施。

第二，公共设施的提供。为了以合理的方式保护国立公园、让人民群众安全舒适地休闲游览，鼓励提供贴近自然的服务设施。日本国立公园内的公共设施由环境省和在环境省帮助下的地方政府共同提供，经费比例为1∶2或1∶3。

第三，特许承租人制度。按照日本《国立公园法》，私营企业在取得国立公园的经营执照后，可以经营酒店、旅馆、滑雪场和其他食宿设施。但公园管理机构需对私营企业进行监督，并向其收取一定的特许经营费。经营执照的发放严格按照每个国立公园的游客接待计划、服务质量标准及服务管理资格进行。发放计划由地方经济发展状况和就业数量决定。在许多国立公园内，也向市政府发放经营执照。

第四，国家度假村。在国立公园内，自然环境优美的地方可以建立以娱乐为目的的国家度假村。国家度假村的特点是，住宿设施有益于健康、简洁、不昂贵，并且与户外的其他设施浑然成为一体。国家度假村中的部分公共设施，如景点、小路、露营点等都是非营利的，它们由环境省和相关的公共团体管理；国家度假村中的营利性设施，如酒店、旅馆、滑雪缆车等由国家度假村协会管理。

（2）资金机制

日本国立公园管理所需费用主要来源于环境省和各级地方政府拨款，另有地方财团的投资和小部分的公园自营收入。资金筹措的其他形式还有自筹贷款、引资等。比如自然公园内商业经营者上缴的管理费或利税，通过基金会形式向社会募集的资金、地方财团的投资等。在国立公园管理支出方面，主要包括公共事业建设费，雇用熟悉当地情况的居民开展清扫、防治外来物种等活动所支付的绿色员工事业费，雇用自然管理员助理的费用，等等①。在维护国立公园特别是游客集中区的清洁与美化方面，主要由政府组织起由地方政府、特许承租人、科学家、当地群众等组成的志愿队伍来承担，其所需经费由环境省、都道府县政府和地方企业共同承担，承担经费比例约各占1/3。

日本禁止公园管理部门制订经济创收计划。因此，日本的国立公园是免收门票的，只有部分历史文化古迹和世界文化遗产等景点实行收费制，但与日本人的收入相比，只是象征性的。

以2006年日本环境省对国立公园的预算为例，主要包括保护管理方案讨论、普及启发、推进适当利用、自然环境保护和总体保护管理五个方面。其中推进适当利用的预算最多，约占总预算的77.76%；其次是自然环境保护，约占16.14%；预算最少的是保护管理方案讨论，约占0.66%。该预算平均下来，每个国民约有80日元，而国立公园访客每人是30日元（见附表5-36、附图5-41）。

附表5-36　2006年日本环境省对国立公园的预算

单位：万日元

类别		预算	
大类	小类	预算概要	金额
保护管理方案讨论	保护管理相关的计划制订	国立公园计划的制订,管理计划的制订,山原国立公园指定计划的制订等	1871
	保护管理方案的讨论	推进活用景观法的景观形成,讨论海域的保全方案,通过有关人员的广泛参与建立富有魅力的国立公园	4829

---

① 丰婷：《国家公园管理模式比较研究——以美国、日本、德国为例》，硕士学位论文，华东师范大学，2011。

续表

类别		预算	
大类	小类	预算概要	金额
普及启发	普及启发	公园志愿者活动的推进,儿童公园管理者工作的实施,开展各种大型活动,推进生态旅游	2783
	访客指导	活用护林员积极分子和自然公园指导员	22040
推进适当利用	利用设施的整备与维持	国家公共设施的整备及维持管理,设施整备计划相关的调查(公共事业预算)等	765630
	适当利用环境的保障性工作和设施	知床、尾瀬、小笠原相关的适当利用方案的讨论,山岳厕所等保障性设施的修建和维护	20386
自然环境保护	保护规定伴随的负担减轻	对不许可处分的损失补偿	5
	保护生物多样性	指定动物的选定,外来生物对策的讨论和实施,鹿等动物的管理方案讨论	9274
	自然再生	自然环境再生,为了环境复原的整备工作,自然再生区域的相关调查,推进自然再生活动	153831
总体保护管理	地区间合作管理的实施	支持民间活动,步道管理,外来物种应对工程	30164
合计			1010813

资料来源:http://www.env.go.jp,国立公园的管理体制。

10. 日常运营

(1) 风景资源的保护

日本国立公园保护的风景资源经历了从最初的名胜、史迹、传统胜地和自然山岳景观,到休闲度假地域、滨海风景资源、陆地海洋生态系统、生物多样性,以及大范围的湿地环境的改变①。景观资源的尺度越来越大,概念范围也越来越广,保护的风景资源从点到面再到系统,逐渐发展成为对自然环境的整体性保护。因为人们感受到的风景不只是视觉风景,还包含基于五官的所感,即所谓五感景观或五感风景。这种全面整体性的保护理念是对自然的全面认识,以及对自然环境保护和生物多样性保护的贡献。

(2) 国立公园的活动

日本《自然公园法》第一条规定,在保护优美自然风景区的同时,也要

---

① 许浩:《日本国立公园发展、体系与特点》,《世界林业研究》2013年第6期。

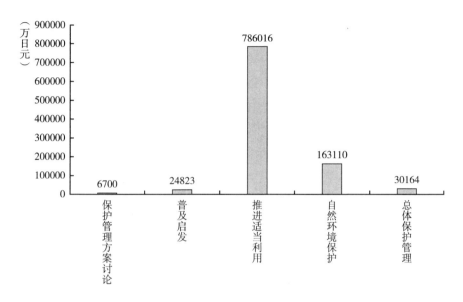

附图5-41　2006年日本国立公园环境省预算

追求其利用价值的提高，并完成为国民提供保健、休养、教化等目的。因此，日本国立公园承担着保护与游憩的双重任务，是人们接触自然、扩展自然知识和康体游憩的重要场所。日本国立公园内的活动以体验自然为主题，形式多样，如登山、徒步、滑雪、野营、皮划艇、潜水、观鸟、自然观察等。针对这些自然体验活动，国立公园会建设一系列的配套设施，这些设施均是以不破坏核心资源为前提而进行的最简化设计。例如，尾濑国立公园的住宿设施主要是山小屋，屋内一律不用肥皂和牙膏，并采用严格的预约制度，以控制游客数量和对生态环境的破坏①。此外，日本国立公园还时常开展自然观察等活动，让游客在认识自然的基础上，热爱自然，从而保护自然。

　　日本国立公园以和谐的生态环境、多样的自然体验活动，受到旅游者的青睐。据统计，1997～2013年，日本国立公园访客人数每年都保持在3亿人次以上（见附图5-42）。在日本众多的国立公园中，富士箱根伊豆国立公园的访客最多，2009～2013年，每年的访客数量都在1亿人次以上。2013年，该

---

① 谷光灿、刘智：《从日本自然保护的原点——尾濑出发看日本国家公园的保护管理》，《中国园林》2013年第8期。

国立公园的访客人数占到日本国立公园总访客人数的34.22%。其次为濑户内海国立公园、上信越高原国立公园、阿苏九重国立公园、日光国立公园、秩父多摩甲斐国立公园，具体人数如附表5–37所示。

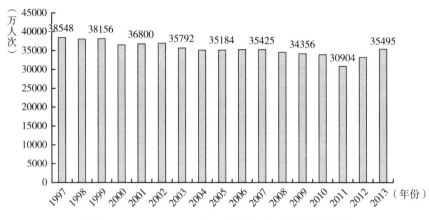

附图5–42　1997～2013年日本国立公园访客人数统计

附表5–37　2009～2013年日本访客人数排名前六的国立公园

单位：万人次

	2009 年	2010 年	2011 年	2012 年	2013 年
富士箱根伊豆国立公园	10920	11250	10413	11335	12147
濑户内海国立公园	4123	4029	3809	4061	3944
上信越高原国立公园	2614	2588	2516	2614	2647
阿苏九重国立公园	2306	2219	2227	2121	2241
日光国立公园	1789	1770	1339	1510	1544
秩父多摩甲斐国立公园	1519	1430	1287	1440	1396

（五）特点比较

美国和中国台湾地区的"国家公园"土地权属都是基于"国家所有"，且都设立了"全国性"的"国家公园"管理机构，且按照"一地一主""一地一牌"严格管理。这种营建制的管理体制，决定了资金结构。以美国为例，在资金机制上，24部联邦法律，62种规则、标准和执行命令保证了美国国家公园体系作为国家公益事业在联邦经常性财政支出中的地位，确保了国家公园主要的资金来源①。

英国和日本的国家公园土地权属较为复杂，包括国有、集体所有和私人所有。这种分散型的土地权属状况决定了其管理模式多为地方性的地域制管理，国家公园内的部分非国有土地可做保留，通过签订协议等形式限制所有人的利用方式。国家公园的资金渠道主要依靠地方财政，规划的制定也多为各国家公园委员会各自制定（见附表5－38）。

附表5－38　不同类型国家公园体制特征比较

类型	管理模式	土地管理	资金来源	规划制定
营建制	中央直管或中央主管	征收、购买、租赁、合同协定等方式收购土地所有权	中央财政为主,地方财政作补充,社会多渠道	政府统一制定
地域制	中央监管、地方主管	保留私人所有权、通过地役权等方式限制利用方式	地方财政为主,社会多渠道	各国家公园委员会独立制定

以美国为代表的营建制和以日本为代表的地域制虽管理模式不同，但都有严格的关于管理机构职能、日常运营机制等方面的责权界定。不同管理模式的国家公园也有着共同之处。首先在国家公园的定位上，都符合面积大、国家性、公益性和保护性四大特征。在功能定位上，都遵循公共资源可持续管理原则，强调公众对资源的享用、理解以及国家共同意识的树立。其次都有较为完善的立法保障和科学系统的利益相关者参与机制。

根据上述两种国家公园管理模式的比较分析，中国国家公园体制在建立过程中可汲取的经验有如下几个方面。

1. 根据自身国情制定相应管理模式，绝不能随意套用

国家公园之所以能冠以"国家"二字，最主要的特征便是国家代表性，体现一个国家最精华的资源和特色。国家公园虽在国际上有标准的定义，但在任何一个国家的具体实践中，都有着或多或少的调整和改变。中国的保护地体系有着鲜明的土地权属特征、社区聚落特征以及山水文化特征。如何在保护资源的前提下，顺应基本国情，建立符合中国资源特色且实际可操作的科学的国家公园管理模式，树立并继承中华民族自然观、自然文化特色和国家共同意识

---

① 周武忠：《国外国家公园法律法规梳理研究》，《中国名城》2014年第2期。

是关键问题。

2. 公共资源国家监管、公众共享

第一，"国家"。国家公园一定要明确资源属性为国家所有，由国家承担主要管理和保护事权，以此来保障公众对于文化和自然遗产地资源的需要。通过国家级机构合理处理保护与利用的关系，采取分区管理形式，将遗产地划分为多类区域，主体功能不同，旅游等相关产业的开发和游客可及范围限于某些功能区（如中国的自然保护区将旅游活动及其他资源开发利用限于实验区）。在经营制度方面，国家公园在经营方面有严格规定，管经分离和特许经营是比较成熟的。这既利用了市场经济体制的高效率，也易于把握保护和利用的"度"。第二，"公"。国家公园的"公"，不仅是公有制的"公"，也是让公众受益的"公"，还是分区利用并向公众开放的公共空间的"公"。任何国家公园都应该将国家作为保护和利用的主要承担者，在保护资源原真性和完整性的基础上服务于公众，为全国的公众带来精神上的享受。在涉及居民和社区的国家公园的管理和发展中，一定要考虑周边社区的发展需要，将国家公园的建设和民生的改善、社区的发展统筹起来进行。另外，美国、中国台湾地区均把公益性作为"国家公园"管理的重要原则，并建立了"国家投入"为主的资金机制，通过分区分业务管理的思路来保障公益性。

3. 完善的保护地法律法规体系作为保障

完善的法律法规体系应是等级梯度明确的、从宏观到微观的法律法规群，包括中央法案、行政命令、规章制度、计划、条例，各层级之间相互补充、相互制约。在级别上应强调中央层面的立法，另外还需制定明确的管理目标、管理方针、管理措施等。

三 世界国家公园案例分析

（一）美国黄石国家公园

1. 公园概况

黄石国家公园成立于1872年，是世界上第一个国家公园。它的建立标志着国家公园体系建立的开端。黄石国家公园是美国北部的七个天然奇观之一，于 1978 年被列入《世界自然遗产名录》。黄石国家公园位于美国西北部，落基山脉西侧的黄石河上游，地跨美国的三个州，总面积为 8987km²，其中，96% 的土地位于怀俄明州的西北部，3% 的土地位于蒙大拿州的北部和西北部，1% 的土地位于爱达荷州的西北部。黄石国家公园的资源类型包括湖泊、峡谷、河流和山脉，资源中以野生动植物和地热资源最为丰富，尤其是以老忠实泉为代表的间歇泉，是黄石国家公园最突出的代表性资源。另外，黄石国家公园的生态系统类型多样，其中亚高热带森林是非常丰富的，是中南部落基山脉生态区域的一部分。黄石国家公园的人文资源也非常丰富，有 1800 多处著名的考古遗迹，25 处遗迹、标志和区域已列入国家史迹名录中，1 处国家历史遗迹，900 多处历史建筑，还有 30 多万件历史物件可以展示黄石地区悠久的历史。

2. 发展历史

一万两千年以前，黄石国家公园地区开始有人类活动，印第安人首先在此打猎和钓鱼。1807 年，随着路易斯与克拉克探险队的远征及第一位进入黄石国家公园的白人约翰·寇特（John Coat）的探勘，黄石国家公园才得以呈现在世人面前，但都没有留下可靠的记录。

专栏附 5 - 16　黄石国家公园最重要的两次科考

1856 年，探险家詹姆斯·布里杰（James Bridger）在黄石探险。他撰写的有关黄石景观的探险故事在东部畅销。1869 年，查尔斯·库克（Charles W Cook）组建了一支新的探险队，再次进入黄石地区。1870 年，一支由蒙大拿州测量师亨利·瓦什伯恩（Henry Washburn）率领的探险队前往黄石。这个探险队由 19 人组成，其中有记者、律师等。这次探险队员扩大了探险范围，他们发现了黄石河、黄石湖等地区，并做了大量的记录。探险队员回到东部以后，发表了大量介绍黄石地区风景的文章，使黄石成为公共出版物上讨论的话题。在探险过程中，他们提出了"如何对待这片土地上的自然奇迹"这一问题，赫奇斯（Hedges）建议这里应该建设一个永久为全民所有的公园。

1871 年海登科考团的科考资金来自国会，科考团成员包含昆虫学家、地质学家、动物学家、矿物学家、气象学家、医生、画家和摄影师等各类专业人员和艺术家。由于与前几次探险路线不同，他们发现了前人未能发现的温泉、大瀑布和色彩绚丽的悬崖等地质奇观。科考团对黄石地区的地质、动植物、气

候进行了全方位的考察并做了详细的记录，随行的艺术家们如托马斯·莫兰等人则将他们看到的黄石景观描绘下来。海登回来之后，就加入了争取在黄石建立国家公园的运动，对促使黄石成为一个国家公园起了关键性的作用。在国会公共土地委员会的要求下，海登提交了一份翔实的考察报告，建议设立一个公共公园并且免费向所有公民开放。之后，马萨诸塞州议员亨利·道斯（Henry L. Dawes）在提出的《黄石法案》中指出："'为了人民的利益，被批准成为公众的公园及娱乐场所'，同时也是'为了她所有树木、矿石的沉积物，自然奇观和风景以及其他景物都保持现有的状态而免于破坏'。"

1872 年 3 月 1 日，格兰特总统签署了《黄石法案》，美国第一个真正意义上的国家公园成立。

1976 年 1 月 12 日，黄石国家公园中 8159km^2 被纳入国家荒野地保护体系。

1978 年，黄石国家公园被列入《世界自然遗产名录》。

1995 年，由于采矿、违规引入非本地物种与本地物种竞争、道路建设与游人压力、野牛的普鲁氏茵病等原因，黄石国家公园被列入《濒危世界遗产名录》。这迫使克林顿政府于 1996 年以 6500 万美元收购计划采矿的私人土地，有效地解除了矿产公司对黄石国家公园的威胁。

2009 年 3 月 30 日，黄石国家公园中的斯内克河由国会通过被纳入自然与风景河流系统。同年，生物勘探的环境影响报告完成，大黄石生态系统的科学议程建立。

专栏附 5-17　黄石国家公园与印第安人

与北美大陆被"发现"一样，黄石国家公园的被"发现"与"保护"，是相对美国主流社会而言的。即使印第安人数百年来一直生活在这片土地上，在很长的一段时间里，他们仍被认为与黄石毫无关系，甚至被认为是公园的敌人。印第安人的部落以游牧或捕猎为生，公园成为保护区后，这些行为被认为违反了公园的保护规范，引发了印第安人与管理者之间的冲突。1877 年，Norris 园长为了解决冲突，以印第安人畏惧地热资源为由，提出让他们迁出黄石公园。20 世纪初期，为了吸引旅游者，政府极力开发以印第安文化为重点的文化旅游项目，定期在公园内举行印第安人庆典和仪式表演，但是在利用印第安文化的同时，政府还是不愿承认印第安人在黄石的历史。

通过人种史学资料和部落长老的访谈以及持续的咨询访谈资料，1961 年，黄石国家公园首次承认了印第安人与黄石之间的关系：印第安部落在史前时代便开始在公园西北部有了大量的生活轨迹，根据文献证实，许多部落是这片伟大区域的长久定居者。每年夏季，黄石国家公园都会组织一系列印第安文化表演，这是重要的文化遗产。

与黄石公园有关联的部落有 26 个，他们的首领与联邦政府有合法的关系。这些部落代表和公园管理者一起参加公园咨询会等，他们可以对当前问题提出部落观点，比如北美野牛的管理。部落也会对公园有关民族志资源的项目进行评价。

直到 19 世纪 60 年代，附近的蒙大拿州发现了黄金，淘金者开辟了经由黄石河到达该地的小道，黄石逐渐为人所知，有组织的探险才开始出现。美国东部的探险家和学者对黄石国家公园的建立起到重要的作用。1871 年，由美国地质学家费丁南·海登（Ferdinand Vandiveer Hayden）率领的考察队在美国国会的支持下对黄石进行了全面科学的考察。

3. 管理体制

（1）管理目标

①保护公园资源。黄石国家公园的自然、文化及相关价值在良好的环境中得到保护、修复和维护，并且在广义上的生态系统和文化氛围中得到很好的经营；黄石国家公园在获取自然、文化资源及相关价值的知识方面做出巨大贡献，关于资源和游客的管理决策是基于充分的科学信息做出的。

②成为向公众提供娱乐和游客体验的场所。游客能安全地游览，并对可进入性、可获得性、多样性以及对公园设施、服务质量和娱乐机会感到满意；黄石国家公园的游客、所有美国人、全世界人民都能够理解并且赞赏为了当代以及子孙后代而对黄石国家公园的资源进行保护。

③确保机构的高效率。黄石国家公园运用正确且高效的管理实践、管理系统和管理技术实现其使命；通过吸引合作伙伴、采取主动以及从其他机构、组织和个人获得支持来增强管理能力。

（2）管理机构

美国国家公园管理模式以中央集权为主，并且自上而下地实行垂直领导，加以其他相关部门的合作以及民间机构的辅助。黄石国家公园直接隶属于内政部国家公园管理局，其管理体制是这样变迁的：黄石国家公园建立之后，最初是由美国军队（游骑兵，ranger）进行管理（1872～2017）。美国国家公园管理局1916年成立后，1917年，美国国家公园管理局接过黄石国家公园的管理权。黄石国家公园管理局有7个部门：维修部、资源管理和游客保护部、黄石资源中心、行政管理部、商业管理部、解说部、主管办公室（见附表5－39）。

附表5－39　各部门占国家公园管理局财政支出的比例

部门	占国家公园管理局财政支出比例(%)
维修部	49
资源管理和游客保护部	23
黄石资源中心	9
行政管理部	7
商业管理部	4
解说部	4
主管办公室	4

资料来源：黄石国家公园官网文件，Yellowstone National Park Business Plan 中支出比例为年度平均比例。

参与黄石国家公园日常管理的人员，包括国家公园管理局正式雇员、志愿者、合作伙伴、黄石国家公园协会人员、黄石国家公园赞助商、黄石国家公园基金会人员六类。

①正式雇员。在美国，国家公园的雇员始终是最受人尊敬的公职人员。游客往往把那些穿灰绿色制服的公园雇员看作公园的守护者，并认为他们会很好地提供关于公园的信息、最近休息处的方向以及各种帮助。国家公园的雇员深知来自公众的尊敬，并因此而努力工作，为游客提供优质的服务。截至2014年7月，黄石国家公园的正式雇员包括336人，其中，全年工作的有188人，需休假的有141人，兼职的有7人①。

②志愿者。黄石国家公园管理局为了在延长的旅游旺季中保持公园的平稳运作，每年都要招募许多临时雇员和志愿者。这些人员包括工程师、造景师、

---

① 数据来源：黄石国家公园官网文件，Yellowstone Resources and Issues Handbook 2015。

机械师、电工、管子工、木匠、油漆工、重型设备操作人员、水处理设备操作人员、监督人员以及其他一些干杂活的人员。如今，黄石国家公园越来越依赖志愿者的帮助，以弥补自身人员和经费预算的不足。志愿者工作包括：在信息咨询台前回答游客的咨询、野营地的维护、搜集和分析数据，以便资源管理者和研究者使用。

③合作伙伴。黄石国家公园长期保持这样的传统，即与非营利机构合作，以帮助公园的雇员为游客提供更好的服务以及对公园的资源进行更好的保护。一方面，黄石国家公园总能够从一些慷慨的支持者那里获得捐赠；另一方面，黄石国家公园管理局总是努力说服关心黄石国家公园的机构或私人提供帮助，以保护、修复公园的资源。

④合作协会。黄石国家公园协会自1933年成立以来，已经通过在公园观光中心销售教育资料、发展会员和从愿意支持特别项目的个人那里募集资金，筹集了多达60万美元的资金。黄石国家公园合作协会还向公园提供穿制服的守护者以及为游客提供信息。

⑤赞助商。黄石国家公园最慷慨的赞助商是美国留声机总裁及 Mannheim Steamroller 集团公司制片人 Chip Davis。黄石国家公园其他的赞助商包括：佳能，它提供设备和资金用于研究棕熊以及打印公园的宣传品；Diversa Inc，对狼的 DNA 进行实验分析以找出黄石国家公园中的狼与美国其他地方的狼的血缘关系；环境系统研究所，提供软件和培训以帮助公园雇员绘制资源图以及获得空间信息，以便于研究人员利用。黄石国家公园还和 Univer Home & Personal Care 公司有长期稳定的合作关系。该公司提供资金支持关于公园热点问题的科学研讨会，捐助回收材料用于老忠实泉周围的人行道。该公司还是建立一个新的游客中心的主要赞助商。

⑥基金会。基金会于1996年建立，以便于吸纳更多的私人资金用于维持、保护和加强黄石国家公园的资源管理并丰富游客的游览经历。

（3）资源管理

黄石国家公园始终努力保持国家公园系统的优良传统，即公园的所有工作人员都参与公园资源的保护工作。所有的雇员都被鼓励参与对游客的教育活动，尤其是教育的内容涉及资源保护时。雇员会在遇到游客时，向游客讲解关于野生动物的生活习性、种群状况等，也会在与垂钓者聊天的同时，检查垂钓

者是否遵守公园的有关规章制度，降低对鱼类的负面影响。

为了加强经营管理和资源保护方面的联系，黄石国家公园在 20 世纪 80 年代开展了一项名为"资源运营"的项目。除了资源方面的专家负责监督公园自然和文化方面的资源状况、确定需要采取什么措施去保护或修复它们之外，还有全职的资源运营协调员。通常情况下，还有 15 名雇员被安排在资源管理运营和游客保护部工作。

总体职责如下：

◆监督资源状况，从而确定游客的影响程度，并采取有效措施将这种影响降至最低；

◆在游客经常光顾的景点开辟道路、野营地以及添置设施设备；

◆教育游客如何保护公园的资源；

◆加强法律和公园规章制度的实施力度。

1994 年，黄石国家公园建立了赔偿基金，其主要目的是为那些遭到人为破坏的自然资源或文化资源提供修复的资金。此外，这笔资金还用来改造警务部门的设备以及培训员工对处理公园内违法活动的理解，还用来奖励那些对打击公园内违法犯罪活动做出贡献的人。

‖野生动物

狩猎限制

尽管在黄石国家公园外打猎或收集鹿角是合法的，但是在黄石国家公园内却是非法的。每到春天，加拿大马鹿（elk）、驯鹿（caribou）、驼鹿（moose）会脱角，那些盗猎者就会乘虚而入。此时，黄石国家公园的巡逻队员就得在那些人迹罕至的偏远地区时刻防止这些偷盗事件发生。

垂钓限制

尽管在黄石国家公园内大多数水域允许垂钓活动，但是，根据鱼的种类、规格、季节、鱼饵和垂钓方式等的不同，黄石国家公园对垂钓活动也做了一些限制。所有 16 岁及以上的游客必须在购买垂钓许可证之后才能获准在公园内钓鱼。

禁止给野生动物投食

游客给野生动物投食会导致它们失去野性，还会降低这些野生动物野外生存的能力。有时，投喂食物还可能给投喂者造成伤害。根据公园的管理条例，无论是有意还是无意给野生动物投喂食物的行为都是被禁止的。

防止北美野牛外流

对于那些越过黄石国家公园边境的北美野牛，黄石国家公园守护者采取的措施是跟踪它们，并且在必要的时候使用抓捕设施和运输工具将其送回黄石国家公园内。

管理习惯于人类活动的动物和害虫

如果野狼和棕熊习惯了人类在其周围的存在以及人类的食物，那么它们就不再害怕人类，就可能会对人类造成伤害。一些不小心的游客就曾被棕熊和野狼咬过、被加拿大马鹿踢伤过，或者被乌鸦叼走野营时使用的食物。在游客的居住地或公园雇员的住所，啮齿动物、黄蜂、有刺的昆虫以及蝙蝠就很令人烦恼。资源运营人员会从游客的人身安全角度考虑，采取十分严厉的做法，清除啮齿动物或有害昆虫，诱捕蝙蝠和其他对人类可能造成伤害的野生动物，如有可能，将其安置于别的地方，否则，只能将其杀死。

‖ 本地植物

消除外来动植物对本地植物的危害

植物学家目前已经在黄石国家公园内发现了 170 多种外来植物物种，其中大多数物种对黄石国家公园内土生土长的植物物种的生存构成了威胁。资源运营员就得努力防止、监督和控制这些外来物种的蔓延。吉卜赛飞蛾就是一个典型的例子。1869 年，这种小昆虫落户于黄石国家公园，就曾给许多落叶植物造成毁灭性的破坏。目前黄石国家公园内已经难以寻觅到这种小昆虫的踪影。区域植物专家已经和来自动植物检疫局以及美国林务局的昆虫学家通力合作，每年安装大约 80 个捕蛾网用以检测吉卜赛飞蛾的生存状况和趋势。

整治有安全隐患的树木

尽管管理有安全隐患的树木的资金资助已于 1986 年停止，但在一些开发过的地区，比如野营地、道路边等地方，还存在树木倒地伤人的可能。资源运营员会和被授权的人员合作，去识别哪些树木会倒地伤人，然后设法将其移走。那些在野营地或道路边的大树被移走后，资源运营人员、维护人员或其他志愿人员就会在原地栽种新的树苗。

‖ 地质资源的保护

对那些极易受到损害的地热资源进行保护：有一些游客会将泥地里的淤泥

作为纪念品带走，有一些游客在许愿时会用硬币将温泉的出口塞住。1996 年，资源运营员在上、中、下间歇泉盆地考察了 81 个地热点，看看它们是否遭到破坏。结果，在那个夏天，他们从温泉池中清理出来 3000 多个硬币、烟蒂、铁钉、岩石碎片……温泉狭窄的通气孔被塞住后，水就难以流出来，温泉的喷发方式就会被改变或者温泉的温度会降低，这会影响温泉池里藻类的生长，而藻类是许多温泉出现各种色彩的原因。例如，公园的守护者为疏通通气孔，会帮助地质学家抽出 Morning Glory 池中的水，直到能看到那些堵塞温泉通气孔的东西，然后设法将其取出，或者用其他的方式设法使温泉能够自身净化。

4. 专项规划

（1）设施规划

黄石国家公园有完善的功能分区模式，以协调生态保护与资源利用之间的矛盾。功能分区主要分为 4 个区域：原始自然保护区、特殊自然保护区、公园发展区和特别使用区。原始自然保护区是黄石国家公园最核心的部分，占据了整个公园的大部分面积，不允许人员和车辆进入，完全保持自然状态，主要用于保护核心的动植物资源和生态；特殊自然保护区保护级别低于原始自然保护区，允许少量游客进入，有自行车道、步行道和露营地，无其他接待设施，特别强调公众的进入不能影响其生态环境；公园发展区仅是强调游客的进入、旅游设施的开发不改变这一区域的生态环境，设有简易的接待设施、餐饮设施、休闲设施、公共交通和游客中心；特别使用区相对于公园发展区保护的力度更小，主要开辟出来供采矿或伐木用，但要求开发活动不能对周边或者公园其他区域的环境造成影响，这一部分占据的面积比较小，主要为了解决资源开发与生态环境保护的矛盾。

黄石国家公园分为五个景区：西北的猛犸象温泉区，以石灰石台阶为主；东北的罗斯福区，仍保留着老西部景观；中间为峡谷区，可观赏黄石大峡谷和瀑布；东南为黄石湖区，主要是湖光山色；西部及西南为间歇喷泉区，遍布间歇泉、温泉等。

黄石国家公园有 5 个入口。主要的道路有 5 个入口道路和大环路，有 8 个主要的游客区域。大环路上有许多访客中心、博物馆、人行步道和景观辅路。所有的主路都可以让旅行车和其他大型车辆通过，但是大部分的辅路是不允许的。黄石国家公园没有穿梭巴士服务，在黄石国家公园旅行，需要小汽车、摩托车、自行车。

黄石国家公园夏季开放，冬季只有北入口开放，部分道路在冬季（11月到次年5月初）对轮式车辆关闭，许多设施也有季节性开放和关闭的日期。

黄石国家公园内现建有9个游客中心、博物馆和联络站，9个宾馆或旅社（包括2000多个房间或特色小屋），7个国家公园管理局经营的露营场所（包括450多个地点），5个特许经营者经营的露营场所（包括1700多个地点）。黄石国家公园内共有1500多处建筑物、52个野餐区域、1个码头、13个自导游径。

黄石国家公园共有5个公园入口，范围内道路（可行车）总长度为750km，其中有499km进行了铺设，木板路长达24km，比较偏僻地区的游径小道长度为1609km，包含了92处游径小道起点，通过这些游径小道可以到达301处露营营地。

（2）教育和解说系统

每年有数以千计的关于公园方面的书面咨询、电话问询、电传或电子邮件被转入黄石公园的全体员工手中。主要为加深游客经历及保护公园资源而进行的讲解全部由黄石国家公园的讲解员完成。讲解员由22名正式雇员和大约60名季节性的临时雇员构成。他们的任务就是通过各种各样的正式或非正式的私人交往、室内外展示、出版物、多媒体等方式来增进公众对公园价值和资源的理解和好评。还有一个讲解专家在网站上开展了对景点的"真实"游览、互动地图、详细介绍黄石国家公园等活动。这大大地提高了该网站的访问次数和受欢迎程度，并将公园的服务范围向非传统的、各种类型的公众拓宽。

每年黄石国家公园针对来访游客和其他公众出版大约60种读物，其中包括：4种报纸，有850000份在驾车驶入公园的游客中分发；7种自助游的出版物，每年达750000份；还有一份叫作《初级守护者》的报纸；还有关于滑雪、徒步旅游、划船、骑马等方面的小册子；此外，还有叫作《黄石公园科学》的季刊。

黄石国家公园协会，作为教育和讲解的主要合作伙伴，通过在公园的游客中心销售出版物，将获得的资金用于印制公园外文版地图，提供外文导游，出

版法文、德文、西班牙文、日文报纸等。游客驾车驶入公园时，可将自己的收音机调到 1610 频道，收听关于公园的简短信息和注意事项。更新设备和加大员工投入后，广播已能够为游客提供更多的信息，包括道路封锁的情况、天气预报、野营和住宿的建议等。

代表性的活动包括：

◆ 初级守护者：针对 5 ~ 12 岁的孩子，活动项目包括徒步，完成一系列的关于黄石国家公园资源和热点问题的活动，了解地热学、生态学相关概念；

◆ 野生动物教育——探险：由黄石国家公园协会一名有经验的生物学家带领，探寻黄石国家公园内珍稀的野生动物；

◆ 寄宿和学习：集教育和休闲于一体，白天和晚上有不同的体验活动；

◆ 现场研讨会：提供相对集中的近距离的教育经历，主要涉及一些专门领域，如野生动物、地质学、生态学、历史、植物、艺术以及户外活动的技巧；

◆ 徒步探险：在黄石国家公园守护者的带领下，游客花半天的时间，参观鲜为人知的地热区，探寻野生动物的栖息地，经历黄石国家公园的一段荒凉地带，徒步旅行的难度从轻松到十分艰险不等；

◆ 野营和野餐：黄石国家公园内共有 12 个指定的野营地点，可赏景、进行一些活动。

5. 资金机制

（1）资金来源

黄石国家公园的资金大部分是经国会批准，从税收中划拨的。其他的资金，比如门票收入，也是资金来源的重要组成部分，但这些资金一般用于特别项目而并非雇员薪水和设施设备这样的固定支出。

黄石国家公园的资金来源构成包括（见附图 5 - 43）：

①基础资金：该资金每年由国会批准，并根据国家公园服务法划拨给每一个国家公园。尽管这笔资金每年都在增长，但其增长幅度仍低于黄石国家公园开支的增幅。

②项目拨款（非基础资金）：这些项目必须是国家公园服务法认为是值得的，才能够被批准获得拨款。一次性建设项目，如公路建设等。

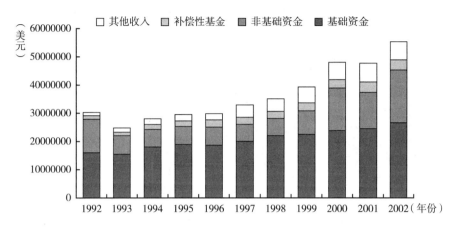

附图5-43　1992~2002年黄石国家公园资金来源比例分析

资料来源：黄石国家公园官网文件，Yellowstone National Park Business Plan。

③补偿性基金：比如员工住宿补助、为入口社区提供服务的互助项目等。

④捐赠和特许经营收入。

（2）资金使用

2014年，黄石国家公园的财务总经费为6970万美元。其中国会拨款为5250万美元，主要用于国家公园运作和职工工资、森林火灾等；其他经费为1720万美元，主要来源为捐赠和津贴、公共事业费用。

这些经费中用于管理的部分占12%，包括人力资源、签订合同、预算和财政、物业管理、通信和信息技术等；用于设备运营和维修的部分占36%，包括公共事业、道路、游径、建筑、历史保护地的协调、建筑工程管理等；用于资源保护的部分占17%，包括调查和监督自然与文化资源、入侵物种的管理；用于游客服务的部分占35%，包括解说和教育、法律的实施、急救医疗服务、搜寻和救助、入口处站点的运营、建筑的消防活动、公园优惠管理（见附图5-44）。

（3）门票管理

黄石国家公园的门票使用期限为7天，每人15美元，每辆汽车30美元，每辆摩托车25美元，特定年度的年票为60美元。除了门票收费之外，黄石国家公园内还有其他的收费项目（见附表5-40）。

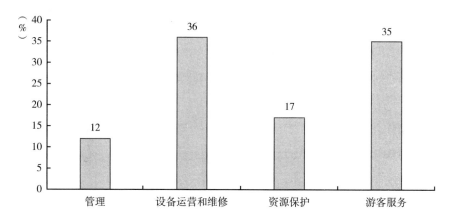

附图 5 - 44　黄石国家公园经费支出项目所占比例

附表 5 - 40　黄石国家公园其他项目收费

单位：美元

	收费	时长/计量单位	相关信息	是否可预订
钓鱼许可（Fishing License）				
黄石	25.0	每周	16 岁及以上	
黄石	18.0	每 3 天	16 岁及以上	
	40.0	每个通行证	16 岁及以上季节通行证	
船的使用（Use of Boat）\				
黄石	5.0	每周	非机动船	
	0.0	每周	机动船	
	20.0	每船年度通行证	机动船	
	10.0	每船年度通行证	非机动船	
野外露营（Backcountry Camping）				
黄石	5.0	每晚	每个人	
	25.0	每个许可证	不可退款、只收预订费	公园预订系统
	25.0	每年	年度野营通行证	
	3.0	每人每晚	每晚最高收费 15	
露营地（Campgrounds）				

续表

		收费	时长/计量单位	相关信息	是否可预订
	徒步旅行者或骑自行车者	5.0	每地每晚		
	印第安溪（Indian Creek）75 个站点	15.0	每地每晚	收费5 徒步旅行者或骑自行车者	
	路易斯湖（Lewis Lake）85 个站点	15.0	每地每晚	收费5 徒步旅行者或骑自行车者	
	猛犸象（Mammoth）85 个站点	20.0	每地每晚	收费5 徒步旅行者或骑自行车者	
	诺里斯（Norris）116 个站点	20.0	每地每晚	收费5 徒步旅行者或骑自行车者	
郊野（Front-country）	小石溪（Pebble Creek）36 个站点	15.0	每地每晚	收费5 徒步旅行者或骑自行车者	
	沼泽溪（Slough Creek）29 个站点	15.0	每地每晚	收费5 徒步旅行者或骑自行车者	
	高塔瀑布（Tower Falls）32 个站点	15.0	每地每晚	收费5 徒步旅行者或骑自行车者	
	桥湾（Bridge Bay）	18.5	每地每晚	成本加利用加税收	公园预订系统
	峡谷（Canyon）	18.5	每地每晚	成本加利用加税收	公园预订系统
	格兰特村（Grant Village）	18.5	每地每晚	成本加利用加税收	公园预订系统
	麦迪逊（Madison）	18.5	每地每晚	成本加利用加税收	公园预订系统
团体	黄石	60.0	每地每晚	费用取决于团队规模	公园预订系统
		80.0	每地每晚	费用取决于团队规模	公园预订系统
	钓鱼桥（Fishing Bridge）	35.0	每地每晚	成本加税收	公园预订系统

6. 法律基础

应用于黄石国家公园的政策法规包括三类：全国通用的政策法规和黄石国家公园专有的政策法规，NPS 对资源和价值判断以及进行技术处理的指导类文件（类似于中国的技术标准和导则），处理利益相关者的政策。这些政策法规在黄石公园应用的对象包括地热景观、动态地质过程、水文系统、温带生态系统、与黄石国家公园持久联系的事物、公园的开放性、公众体验等。以地热这

样的地质景观为例，相关政策法规包括《黄石法案》《河流与海港法》《荒野与景观河法》《国家环境政策法》《清洁水法》《自然资源管理参考手册》《国家公园管理局管理政策》等。

专栏附 5 - 18　偷猎者与《国家公园保护法案》
(*National Park Protection Act*)

自 1886 年美国军队接管黄石后，最持久的威胁来自偷猎者，他们的活动威胁到北美野牛等濒危动物。1894 年，一个名为 Ed Howell 的男子被逮捕，他在鹈鹕山谷（Pelican Valley）屠杀北美野牛。而当时的最高刑罚是驱逐出公园，根本遏制不住偷猎者的猖狂。Emerson Hough 是一个著名的记者，他在当时一个非常受欢迎的杂志 *Forest & Stream* 上出版并发行了其报告。杂志编辑 George Bird Grinnell 是有名的自然主义者，他帮助组织了一个全国性的抗议。这个抗议在全国引起了关注。因此，在两个月时间内，国会通过了《国家公园保护法案》［又称《雷斯法案》（*Lacey Act*）］，增加了军队保护公园内这些珍稀动植物的权力，有效地遏制了屡禁不止的偷猎局面。

7. 案例评述与借鉴

黄石国家公园自 1872 年建立迄今已有 100 多年的历史，在长期的探索和发展中形成了较为完善的管理体系，对于国家公园建设处于起步期的中国具有重要的借鉴意义。

（1）中央政府垂直管理

黄石国家公园直接隶属于国务院下的内政部，由国家公园管理局统一管理。公园的管理人员都由国家公园管理局直接任命、统一调配，直接对国家公园管理局负责。

（2）完善的法律体系和监督机制

黄石国家公园有独立的《黄石国家公园法案》用于管理具体事务，而且针对六类监管对象分别设置不同的法律规范，根据保护级别的差异分别设置三个层次的法律规范进行行为约束，针对性强，实施效果好。在监督机制上，依法监督和公众参与相结合，在遇到重大举措时会向公众征询意见甚至进行公民表决，以体现大多数人的利益诉求，起到对管理机构的监督。

（3）管理权与经营权分离

黄石国家公园归国家公园管理局管理，管理部门不参与公园内的经营项目，专注于资源的保护与管理。1965 年美国国会通过的《特许经营法》，要求在国家公园体系内全面实行特许经营制度，即公园的餐饮、住宿等旅游服务设施向社会公开招标，经济上与国家公园无关。国家公园会收取一定的特许经营管理费，作为资源保护与管理的一部分收入来源。

（4）规划体系规范

黄石国家公园的规划设计由国家公园管理局下设的丹佛规划设计中心全权负责，统一编制总体规划、专项规划、详细规划和单体设计。规划程序为：黄石国家公园提出申请——国家公园管理局同意后拨款编制——编制完成后报国家公园管理局——经国会讨论通过。整个规划编制程序充分体现了国家公园规划的严肃性。规划制定过程由丹佛中心领导，地方局规划设计机构具体负责，基层国家公园规划设计人员共同参与，另外组织群众讨论，吸收群众意见，充分吸纳各个层级人员的意见。

（二）英国凯恩戈姆山国家公园

1. 公园概况

凯恩戈姆山国家公园（Cairngorms National Park）是英国苏格兰的一处国家公园，位于苏格兰东北部地区。凯恩戈姆山国家公园是不列颠群岛面积最大的国家公园。2010 年，凯恩戈姆山国家公园的范围进行了扩展。苏格兰凯恩戈姆山是英国的最高峰，公园占地 1750 平方英里（4500 平方公里）。凯恩戈姆山是英国 1/4 珍稀野生动植物的栖息地，包括最大的、自然度最高的大景观尺度保护区。

凯恩戈姆山国家公园设立于 2003 年，是苏格兰第二个国家公园，由苏格兰议会批准设立。其设立的主要原因有以下三点：①其自然遗产和文化遗产具有突出的国家性；②该区域有与众不同的特质和延续性的地方身份认同；③能够进一步确保国家公园体系的实现和整合。

2. 发展目标

凯恩戈姆山的长期愿景是成为公众享受并珍视的杰出国家公园，实现人与自然繁荣共生。2010 年版的公园规划中，提出以下五项发展原则：①可持续发展——为了今天和明天；②维护社会公平——为了公园内的所有利益相关

者；③人民能够广泛参与到公园之中——体现国家公园的公益性；④管理方式不断变革——开放思想接受新思路；⑤不断增加公园的价值——创造不同的体验和经历。

凯恩戈姆山国家公园管理局的建立，是为确保国家公园发展目标的实现。2000年的国家公园苏格兰草案中将苏格兰境内的国家公园目标定为以下四个方面：①保护和提升区域内的自然和文化遗产；②提升区域内自然资源的可持续利用；③提升公众对区域特质的理解和享受（包括游憩形式的享受）；④提升当地社区的可持续经济和社会发展。苏格兰的国家公园不同于其他国家公园，公园既有乡村保护、理解和享受的目标，又有社会和经济的发展目标。每个目标都同等重要。尤其是当保护和提升自然与文化遗产目标与公园的其他目标发生冲突的时候，国家公园管理局需要权衡各个目标的实现。将前两个目标合并，就成为凯恩戈姆山国家公园的三个重要的管理规划方向，即资源管理、游客管理和实现社会经济可持续发展（见附图5－45）。

附图5－45　凯恩戈姆山国家公园三大发展目标

3. 管理体制

（1）管理机构

凯恩戈姆山国家公园管理局成立于2003年9月，对国家公园进行全面管理。凯恩戈姆山国家公园是一个授权机构，是促进各机构组织合作的领导机构。国家公园管理局不重复其他组织的工作，但是确保项目愿景和公园发展目标的达成，因此更像是一个协调性的理事会。目前国家公园管理局有67名员工、19 名理事会成员。国家公园管理局的职责包括管理公园的户外可进入性，规划公园的管理和发展，规划地区发展，实施公园的合作机会，等等。

（2）资源管理

凯恩戈姆山国家公园内的资源保护和管理重点在于保持并提升资源质量，强化其重要性和吸引性，同时保障经济和社区的协调发展。重点地区要进行资源的重点集中保护，促进资源的可持续使用，整合统一土地管理模式。其目的在于强调一些关键区域保护政策的实施，实现发展与保护的平衡。国家公园内有很多其他保护地类型，在进行土地开发时，开发商需要对其进行通盘考虑，开发申请需要消除或尽可能降低对资源的影响。

专栏附 5 - 19　资源管理

2010 年版国家公园发展规划中，关于资源管理方面的第一条政策为欧盟 Natura 2000 划定的保护地，具体政策内容如下：

发展可能给欧盟 Natura 2000 保护区带来巨大影响的发展，将依据 1994 年的保育条例进行适当评估。当评估不能够确认发展不会给整体带来负面影响时，发展仅在具备以下条件时被允许：

没有可选择的解决方案；有必要的能够压倒一切的原因，包括社会和经济自然的原因。

当某一区域被指定为欧洲重要物种栖息地时，只有在以下条件下才被允许开发利用：开发利用项目事关人类健康、公共安全、有更重要的环境价值或者其他欧盟委员会认可。

凯恩戈姆山国家公园的资源保护愿景是和更多不同的土地所有者及行业组织共享。保护需要所有人的共同努力，来实现公园真正为野生动植物及生活工作在这里的人们提供一个真正特别的居所。有许多不同的个人、机构、组织参与到凯恩戈姆山国家公园的保护工作中。2010 年版的国家公园发展规划列举了 15 项资源保护与管理措施，涉及与相关保护地管理政策的融合协调、重要保护地类型、重点保护物种、景观、文化遗产、各种资源能源等。最新一版《凯恩戈姆山自然行动计划》（The Cairngorms Nature Action Plan）（2013），并没有涉及生物多样性的所有方面。该计划的主要目标在于明确地梳理关键合作

伙伴和相关的资源保护及管理机构，这些机构能够带来保护的原动力和支持。该计划强调了以下几方面内容：①扩大、联通林地和湿地面积；②亟须采取行动保护山地和草地；③有针对性地保护26种关键物种；④公众参与。

4. 社会经济可持续发展

凯恩戈姆山国家公园内居住人口约有16000人，因此关注经济社会问题尤为重要。该区域被定为国家公园后，国家公园管理机构的工作重点就是找到实现社区居民可持续生计的途径，增加人们工作机会并提升社会福祉。可持续发展意味着当今和后代对资源的共享。因此，所有管理政策都要紧紧围绕促进社区的可持续发展，即解决公园内的居住和工作问题。因此，2010年版的国家公园发展规划中涉及社会经济可持续发展的政策包括以下四部分：①可持续社区和发展，包括制定发展标准、减少碳排放、开发商如何筹资等；②住房，包括可支付性住房投资、不同远近程度的住房规划、住房置换以及住房的扩张和变更等；③经济发展，包括商业发展、零售发展、传统建筑的转化和再利用等；④交通，包括建设统一可持续的交通网络、电力通信设施、废品处理及垃圾填埋等。

在2010年版国家公园发展规划中，关于社会经济可持续发展的第一条政策为发展制定设计标准。具体内容如下：

所有关乎发展的设计要符合以下适当情况：

◆最小化气候变化发展的影响；

◆反映和加强周边地区传统模式和特征，加强当地方言和地方特色，同时鼓励创新设计和材料使用；

◆使用的材料和景观小品要能补充环境发展；

◆在建设过程中阐释可持续使用资源（包括最小化能源、废物和水的实用），在未来维护安排和退役工程都可能是必要的；

◆能够存储、分离和收集可回收材料，为堆肥做准备；

◆减少旅行的需要；

◆保护所有被周边享用的设施，使其利于与周边环境协调且利于共享；

◆使用符合设计标准和配色的材料，根据设计指南和其他补充性的规划指导建设。

所有的基建项目必须附一个设计说明，说明该设计如何符合政策要求。

5. 可持续旅游

专栏附 5 – 20　可持续旅游

2010 年版国家公园发展规划中，关于可持续旅游的第一条政策聚焦与旅游相关的发展。具体内容如下：基于旅游的能够给当地经济带来有益影响的发展，要通过扩大旅游景点和相关设施的范围和提高服务质量，为不会带来不利影响的景观、建筑和历史环境、生物多样性、地理多样性、凯恩戈姆山国家公园传统文化的保护提供支持。任何减少旅游景点和设施的范围以及降低质量的提案都将被否决，除非可以证明这个提案的实施不会给当地经济带来不利影响。

凯恩戈姆山国家公园的愿景之一是成为世界级的旅游目的地，提供杰出旅游资源和游憩机会。因此，公园内需要发展可持续旅游，并强化提升公众对公园的认知和理解。相关管理政策也是为了实现此目标而制定，包括与旅游活动相关的发展、户外可进入性、运动和游憩设施以及其他有关开发空间的条款等。其中，凯恩戈姆山户外可进入性战略目标是为不同年龄、能力和社会背景人员在公园内的活动提供方便和安全的保障，使他们能够更加活跃地投入公园的学习、关心和欣赏中。公园管理者们充分意识到缺乏锻炼给人们带来的健康威胁，因此通过此策略来促进公众积极参与户外游憩活动，通过建设一些健身设施来实现目标。其中包括三大主题：活动场所、活动管理和提升活动质量。

6. 规划体系与合作机制

国家公园管理局和企业、土地所有者、社区等共同合作来实现共同的发展目标。根据不同的发展目标，国家公园管理局制定了不同的战略、政策和计划。针对整个国家公园发展的规划为《区域发展规划》（Local Development Plan）。此规划为统领整个国家公园发展的核心规划，详细说明了公园的发展目标和不同目标所需要开展的工作和管理策略。不同的管理目标和管理对象及利益相关者会涉及更详细的专项规划。例如针对土地所有者的《户外可进入战略》（Outdoor Access Strategy），针对经济发展的《经济战略》（Economic Strategy），针对自然资源保护的《凯恩戈姆山自然行动计划》（Cairngorms Nature Action Plan），针对科研的《凯恩戈姆山研究战略》（Cairngorms Research Strategy），针对开发商的《国家公园资本投资规划》（Cairngorms Investment Plan），针对旅游的《可持续旅游策略和行动计划》

(Cairngorms Sustainable Tourism Strategy and Action Plan)，针对交通的《核心道路规划》(Cairngorms Trunk Road Plan)。凯恩戈姆山国家公园的空间规划不涉及分区，重点在于识别规划范围内的保护地形式、交通网络、住房（居民点）、游客活动节点、社区中心等。因此，属于点线面结合型空间规划模式（见附图5-46）。

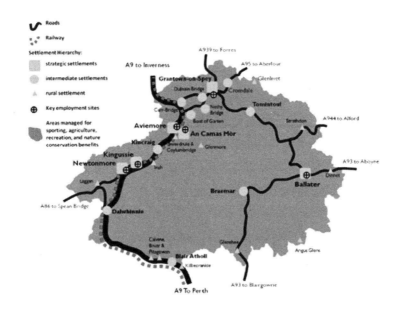

附图5-46　凯恩戈姆山国家公园空间规划

《凯恩戈姆山国家公园伙伴关系规划（2012～2017）》不会单独发布并执行（见附图5-47），而是将融合合作伙伴的相关规划和项目，其核心目的是多方共同把握苏格兰所有的机会，以实现可持续的经济增长，从而有助于建设一个更成功的国家公园。

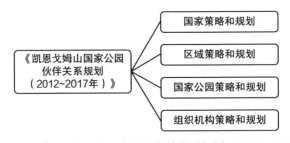

附图5-47　《凯恩戈姆山国家公园伙伴关系规划（2012～2017年)》

共同发布和利用这些成果，既依赖于有效的伙伴关系，又依赖于个人、企业、客户和游客，大家都是国家公园的利益相关者。这些成果是否有效，还取决于这些规划覆盖面的大小、其他地区规划的衔接配合、影响国家公园的关键问题（如住房和社区规划合作等）的解决方案的有效性。规划成果，应该是集体协调的结果——所有合作伙伴达成利益平衡。但真正的成功需要所有合作伙伴参与并实施这些规划。

7. 案例评述与借鉴

通过以上梳理，可以发现英国国家公园的管理体制呈现以下特色。

（1）资源管理目标升级。英国国家公园的核心目标是提升公众对于资源的认知和享受，兼顾社区的发展。凯恩戈姆山国家公园的管理和发展充分考虑利益相关者和公园三大管理目标来实现。由于国家公园内社区地位和旅游发展的重要性，公园管理充分关注人的因素，具有浓厚的人文性、可持续性，强调发展的共赢。

（2）顶层设计立法先行。英国的国家公园立法相较于中国早了半个多世纪，已经形成系统的法律体系。英国先有立法才有后来的一系列国家公园建设。

（3）中央与地方相结合的管理模式。英国国家公园联合王国层面和成员国层面都对国家公园具有管理权，即中央和地方相结合的方式。

（4）轻建设重协调。英国国家公园的管理规划轻建设重协调，更像是一个用于协调各方利益的协同发展规划。例如凯恩戈姆山地区被指定为国家公园是在 2003 年，此前的社区发展、旅游活动已经形成一定规模，此时定为国家公园的协同发展意义更为重大。

（5）明确土地权属确保公益性。英国国家公园的建立背景是大众争取到私人土地游憩的权利，因此其土地管理具有特色。英国国家公园的土地管理模式，一方面通过合同协议促使私人或集体开放公共使用权，另一方面通过土地流转手段从私人或集体手中购买土地或接受私人捐赠。

（6）关注社区居民的发展。英国国家公园内基本都有社区，因此国家公园的重要发展目标是关注社区居民的发展，并对原住民进行培训和产业引导，关注他们的发展与需要。

（7）多样化资金来源渠道。英国国家公园的不同资金来源有不同特点，具有稳定可靠性和灵活多样性的特点。其中政府、国家组织资金比非政府组

织资金来源可靠，而非政府组织、慈善团体的资金运作比政府资金更为灵活。

（三）日本富士箱根伊豆国立公园

1. 公园概况

富士箱根伊豆国立公园位于日本山梨县、静冈县、神奈川县和东京都境内，于1936年2月1日被日本政府指定为国立公园。该公园由不同的地域组成整体，但各个地域又相对独立，个性十分鲜明。公园包含四个部分：日本的最高山峰——富士山，三重式的破火山口及火山性堰塞湖（芦之湖）环抱的箱根，兼有隆起、沉降、海蚀等复杂地形的伊豆半岛，海底火山喷发形成的伊豆诸岛，总面积121695公顷（陆地区域），是日本最大的国立公园之一。公园的代表性景观为火山、湖泊、伊豆半岛、伊豆七岛。

富士箱根伊豆国立公园在静冈县的面积最大，为46693公顷，占整个公园面积的38.4%；其次是山梨县，面积36742公顷，占整个公园面积的30.2%；位于东京都境内的面积为27499公顷，占整个公园面积的22.6%；在神奈川县境内的面积最小，为10356公顷，占整个公园面积的8.5%（见附表5－41）。富士箱根伊豆国立公园的四个部分中，富士山地域的面积最大，为60591公顷，占整个公园面积的49.79%；其次为伊豆诸岛地域，面积为27499公顷，占整个公园面积的22.60%；伊豆半岛的面积为22439公顷，占整个公园面积的18.44%；箱根地域的面积最小，为11166公顷，占整个公园面积的9.18%（见附表5－42）。

附表5－41　富士箱根伊豆国立公园在各区县的面积

单位：公顷，%

	静冈县	山梨县	东京都	神奈川县	其他	合计
面积	46693	36742	27499	10356	405	121695
面积占比	38.4	30.2	22.6	8.5	0.3	100

附表5－42　富士箱根伊豆国立公园各区域面积

单位：公顷，%

	富士山	伊豆诸岛	伊豆半岛	箱根	合计
面积	60591	27499	22439	11166	121695
面积占比	49.79	22.60	18.44	9.18	100

2. 发展历史

1934 年，日本开始建立国立公园。1934～1936 年，共建立了 12 处国立公园，富士箱根国立公园就是其中的一处。1938 年，环境省对公园的面积进行了调整，扩大了公园在箱根地域的面积。1955 年，公园新增了伊豆半岛区域，同时公园更名为富士箱根伊豆国立公园。1964 年，公园的区域进一步扩大，伊豆诸岛被划入公园的范围（见附表 5－43）。

附表 5－43　富士箱根伊豆国立公园重要历史节点

时间	事件
1936 年	富士箱根国立公园指定
1938 年	扩大公园在箱根地域的面积
1952 年	"富士山"被指定为"特别名胜"
1955 年	新增伊豆半岛区域,公园名称变更为"富士箱根伊豆国立公园";配备箱根地域管理人员
1962 年	富士箱根伊豆国立公园管理事务所开设
1964 年	新增伊豆诸岛区域
1966 年	箱根町湖尻地区箱根访客中心开馆
1985 年	国立公园举办自然观察会,开始引进志愿者
1992 年	伊豆诸岛八丈岛访客中心开馆
1998 年	富士河口湖町访客中心开馆
2000 年	富士宫市的田贯湖畔田贯湖自然塾(政府建立的自然教育学校)开馆
2010 年	伊豆大岛被认定为日本地质公园
2012 年	箱根火山地域被认定为日本地质公园 伊豆半岛地域被认定为日本地质公园
2013 年	富士山被列入世界文化遗产

3. 功能分区

根据风景的品质和特征，富士箱根伊豆国立公园的陆地部分分为特别地域和普通区域两大类。特别地域再划分为特别保护区、第一类保护区、第二类保护区、第三类保护区四个级别。特别保护区是国立公园中最核心的保护区，实施最严格的保护控制措施。第一类保护区是具有仅次于特别保护区的景观资源，必须极力保护现有景观的地区。第二类保护区的景观资源次于第一类保护区，是可以进行适当的农林渔业活动的区域。第三类保护区的景观资源次于第二类保护区，是一般不控制农林渔业活动的地区。普通区域主要为一些居民区。富士箱根伊豆国立公园四个不同的区域在规划各个区域的分区时，针对各个区域的景观特色进行划分，

具体分区依据如附表 5 - 44 所示。富士箱根伊豆国立公园内第三类保护区的面积
最大，为 424. 45km²，占整个公园面积的 34. 88%；面积最小的为特别保护区，
面积为 76. 80km²，占整个公园面积的 6. 31%（见附表 5 - 45、附图 5 - 48）。

附表 5 - 44　富士箱根伊豆国立公园各个区域分区依据

区域	特别地域				普通区域
	特别保护区	第一类保护区	第二类保护区	第三类保护区	
富士山区域	最具特色的火山（富士山）以及森林	与特别保护区相接，完好地保持着火山地形、珍贵植物生长的区域以及湖泊等			村落等没有特别区域资质的地区
箱根区域	最具特色的火山地形、植物群落、动物的栖息地等区域	与特别保护区相接，完好地保持着火山地形、贵重植被的区域	火山口内自然状态比较良好的区域	外轮山外侧需要维持一定风景的林业区域	村落等普通区域
伊豆半岛区域	稀少的原生林以及暖带性植物群落地区	景观主体地区，需要极力保护的地区	需要保持良好自然状态的区域，力求与农林渔业协调，需要努力保护自然景观的区域	需要保持景观完整性的区域，要考虑与农林渔业相协调	渔村村落、农耕地等，没有特别区域资质的地区
伊豆诸岛区域	火山地形的代表景观（大岛三原山、神津岛天上山、八丈富士等各山顶部），特别的海岸景观（御藏岛、利岛、新岛、神津岛的海食崖），对动植物来说非常珍贵的自然资源（原生态的常绿阔叶林、大水薙鸟的栖息地等），需要重点保护的区域	与特别保护区相连，或者同地区沿着火山山顶部周边、海食崖以及珍贵植被生长着自然状态的地区	各岛的山腹作为诸岛景观一部分和主要的展望地等保持着比较自然状态的区域	以上区域外维持整体景致的区域，以及农林业规定的严禁乱开发的区域	陆地上的普通区域是村落等没有特别区域资质的地区，海域则是离海岸线 1km 界线内的区域

资料来源：www. env. go. jp/park/fujihakone/intro/files/park_ kanri_ 2. pdf，www. env. go. jp/park/
fujihakone/intro/files/park_ kanri_ 3. pdf，www. env. go. jp/park/fujihakone/intro/files/park_ kanri_
9. pdf，www. env. go. jp/park/fujihakone/intro/files/park_ kanri_ 11. pdf。

附表5-45　富士箱根伊豆国立公园各分区的面积

单位：km^2，%

区域	特别地域				普通区域	公园面积（陆地）	面积占比
	特别保护区	第一类保护区	第二类保护区	第三类保护区			
富士山区域	46.42	36.38	91.56	164.02	267.53	605.91	49.79
箱根区域	5.20	15.59	70.29	15.87	4.71	111.66	9.18
伊豆半岛区域	1.84	13.87	91.16	101.61	15.91	224.39	18.43
伊豆诸岛区域	23.34	20.73	50.45	142.95	37.52	274.99	22.60
合计	76.80	86.57	303.46	424.45	325.67	1216.95	100
面积占比	6.31	7.11	24.94	34.88	26.76	100	

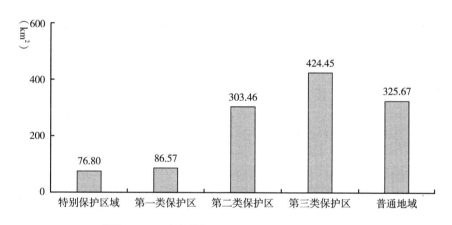

附图5-48　富士箱根伊豆国立公园各分区的面积

　　富士箱根伊豆国立公园富士山区域的特别保护区主要是以富士山、大室山和青木原为核心，以及连接这三大区域的带状区域，特别地域主要是三大核心区域的外围，普通地域主要为居民集中区，包括富士宫市、南都留郡、山中湖村等。

　　箱根区域的特别保护区主要包括神山、二子山、金时山、元汤根等五大区域，特别地域为这五大特别保护区的外围区域，普通地域主要为元汤根、强罗等区域。

　　伊豆半岛区域的特别保护区面积较小，仅为1.84km^2，主要为八丁池和万

三郎岳区域,特别地域包括向北经日金山连接箱根地域的带状区域、特别保护区周边以及海岸靠近陆地的部分,普通地域主要为海岸靠近海的海域部分。

伊豆诸岛区域的特别保护区主要为各岛屿的核心区域,特别地域为核心区域的外围环状区域,普通地域为特别地域的外围环状区域。

4. 土地所有权

富士箱根伊豆国立公园范围内土地权属复杂,包括国有地、公有地和私有地三种形式(见附表 5 - 46、附图 5 - 49)。其中国有地所占面积最小,为226.22km²,占总面积的18.60%;其次为公有地,面积为406.39km²,占总面积的33.42%;面积最大的为私有地,为583.44km²,占总面积的47.98%。

附表 5 -46　富士箱根伊豆国立公园土地权属统计

单位：km²，%

	国有地	公有地	私有地	所有权区分不明	公园面积(陆地区域)
富士山地域	128.97	246.31	229.73	0	605.01
箱根地域	24.44	13.46	73.76	0	111.66
伊豆半岛地域	64.03	31.36	129.00	0	224.39
伊豆诸岛地域	8.78	115.26	150.95	0	274.99
合计	226.22	406.39	583.44	0	1216.05
面积占比	18.60	33.42	47.98	0	100

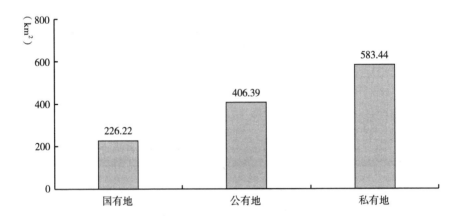

附图 5 -49　富士箱根伊豆国立公园三种土地所有权属下的面积

富士箱根伊豆国立公园中的私有土地占近一半的比例。考虑到公园运营成本、原住居民的生产生活及实际操作的可行性，该国家公园并没有将这些土地进行全部的收购，而是对位置较为核心或对资源保护和公园管理有影响的部分私有土地进行地域制管理，即原有权益人仍拥有土地所有权，但公园管理者与其签订法律合同，规范其使用行为，以达到对公园内所有土地的公共管理。按照土地及设施的不同类型，富士箱根伊豆国立公园有以下三种管理模式：

由环境省直接管理的财产：环境省管理的白滨地区内，一般车辆禁止入内；环境省管理的地区内禁止野营；对于拍摄电影电视节目，如果会践踏落叶层，或者有车辆进入，则不允许使用该土地。

由财团法人管理的财产：主要负责停车场的运营，美化清扫，公园设施的管理以及轻微的修补工作。另外，成立了"箱根自然解说活动联络协议会"。

其他土地及设施的管理：在有脆弱的植被生长的特别保护区以及第一类保护区，在征求土地所有者的意见后，讨论收购事项。

5. 管理体制

（1）管理目标

富士箱根伊豆国立公园的管理是自然保护和利用并重的，从开发利用资源的角度来进行资源的保护。公园的管理目标主要包括保护目标和利用目标，见附表5-47。针对不同的地域，保护目标和利用目标会有所不同。

附表5-47 富士箱根伊豆国立公园各区域的保护目标和利用目标

	富士山区域	箱根区域	伊豆半岛区域
保护目标	保护富士山秀丽的山容、火山景观、湿地植被、植物的迁移过程（草本到木本），保护学术价值很高的富士山特有的高山植物群落、珍贵的自然植被、野生动物的生态环境，强调人与自然的融合	保护富于变化的细致景观，规避像墓地建造、采石等对地形造成大规模破坏的产业，要复原人工林的树种转换，保护珍贵的野生动植物以及温泉资源	保护天城山以及西南海岸线美丽的景观；同时保护伊豆的skyline和西伊豆skyline沿线，以及散布在各点的小面积良好自然景观

	富士山区域	箱根区域	伊豆半岛区域
利用目标	富士山:由于富士山的利用主要是五合目的登山利用和五合目的汽车利用,因此目标是抑制五合目的过度集中利用,在山麓地区修建新的公园利用地点 富士山北麓:主要利用形态是富士五湖的周边休闲游、自然探索、露营、网球等室外运动,还有最近流行的划船和钓鱼,还能看到一些熔岩树洞等自然景观,基本都是一日游或者短期住宿。利用方针是增加各种基础设施的充分准备和自然解说体制等软对策 富士山南麓:主要利用形态是田贯湖集团设施地区的露营地,将集中在五合目的访客分散到山麓地区。将南麓建立成为一个据点,以分散五合目区域的人流	本地区在指定为国立公园之前,就已经修建了登山铁道、缆车、车道等设施。现在乘坐缆车、船舶等交通工具的道路网络很发达,所以以汽车为中心的短期旅游占主流。另外,该区域离首都圈近,来泡温泉以及到金时山登山的游客很多,有利于温泉、自然探索等野外娱乐活动的促进与发展。同时也要发展通过徒步来悠闲地欣赏自然景观和历史遗迹的活动	在伊豆半岛地区适当建设观光线,是由于车道本身就具有自然景观的形态,且车道是展望自然景观的较好视角。此外,修建车道沿线的观光平台、停车场以及游步道的同时,也要积极建设景观的自然解说系统,以从单纯的开车兜风逐渐发展成为漫步于自然探索中的休闲模式

（2）管理机构

富士箱根伊豆国立公园的行政管理主体为日本环境省,其日常管理主要由下设在关东地方环境事务所的箱根自然环境事务所执行。为了便于进行管理,箱根自然环境事务所在富士箱根伊豆国立公园的四个区域设置了四个自然保护官事务所,负责具体区域的管理。其中伊豆诸岛自然保护官事务所负责伊豆诸岛,富士五湖自然保护官事务所负责富士山山梨县侧,沼津自然保护官事务所负责富士山静冈县侧和伊豆半岛北部,下田自然保护官事务所负责伊豆半岛南部,箱根区域则由箱根自然环境事务所管理（见附图5-50）。

除由环境省设立的公园管理机构管理外,还有多种利益相关主体参与公园的管理、运营、监督等。例如,富士山区域的其他相关管理者还包括相关自治体、自然公园指导员、山岳团体、公园事业者等;箱根地区的其他相关管理者包括相关地方公共团体、箱根公园志愿者协会、自然公园指导员、神奈川县公园指导员、公园工作人员等。

6. 设施规划

（1）设施建设主体

富士箱根伊豆国立公园的设施按照投资建设主体,分为三类:环境省投资

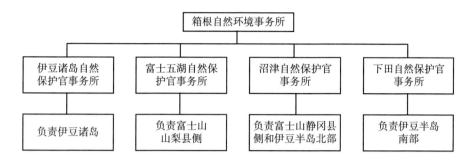

附图5-50 富士箱根伊豆国立公园的管理机构

建设、地方公共团体投资建设以及民间投资建设。环境省投资建设的设施主要是体现富士箱根伊豆国立公园公益性及保护的专门公共设施,例如田贯湖游客中心、箱根游客中心、园内的厕所、富士山的登山道等。地方公共团体投资建设的主要是用于观光的一些设施,也包括这些设施的整顿,像园内观光车等。民间投资建设的主要是能够取得相应利益的设施,像旅游纪念品店、温泉酒店等。

(2)设施的利用

富士箱根伊豆国立公园的设施按照利用情况,可以分为集团设施、单独设施、车道、步道、运输设施等。单独设施:配备与火山地形、动植物自然景观探索、徒步、自驾游、温泉、夏季垂钓等相对应的设施。车道:以既存的国道和县道为中心,保证通往国立公园的各个入口和利用点间的便利性。步道:以既存的登山道、步道为中心,推进对自然、历史、文化的利用。运输设施:石恒山、大观山以及长尾山到箱根山的车道,强罗到驹岳山顶的索道设施,游船停泊设施。

富士箱根伊豆国立公园有七大集团设施区域,分别是本栖、田贯湖、凑、湖尻、畑引山、大岛、多幸湾。不同的集团设施,游客的利用目的不同(见附表5-48)。

附表5-48 2013年富士箱根伊豆国立公园不同集团设施区域访客人数及利用目的

单位:万人

	访客人数					主要利用目的
	2009年	2010年	2011年	2012年	2013年	
本栖	61.1	64.9	64.0	77.2	88.5	1、4
田贯湖	28.9	29.4	28.3	29.7	31.0	1、8

续表

	访客人数					主要利用目的
	2009 年	2010 年	2011 年	2012 年	2013 年	
凑	16.5	16.8	16.2	17.0	17.7	2、5
湖尻	491.2	500.9	441.8	486.0	512.4	1、2、4、7、8
畑引山	5.9	6.0	5.3	5.8	6.3	1、4、9
大岛	17.4	17.1	12.2	14.5	13.1	1、5、8
多幸湾	1.6	1.6	1.2	1.3	1.4	1、4、5

注：1. 自然风景观赏；2. 温泉；3. 神社参诣；4. 登山、郊游、野餐；5. 海水浴；6. 滑雪滑冰；7. 开车兜风；8. 垂钓；9. 其他。

7. 游憩活动

（1）游憩活动类型

富士箱根伊豆国立公园四个区域的景观及资源各具特点，各个区域的主要游憩活动类型不尽相同。例如，富士山：富士五湖周边的休闲活动、自然探索、露营等，网球等室外体育运动，划船，钓鱼，田贯湖畔露营，富士山每年7~9月的登山；箱根地区：温泉、自然探索、登山；伊豆半岛地域：自然观察会（地方公共团体协办的自然教育活动）。

（2）游憩活动管理

关于芦之湖水域利用的规定：①由于小船、滑水、观光船、钓船等错综，为了不造成事故，相关人员要及时整顿。尤其是自己携带的小船，要向芦之湖水上安全协会等相关机关通报；②由于湖的西岸是水鸟的栖息地，因此要防止摩托艇等造成的干扰。

动植物保护规定：对由于利用过剩、践踏等而土地裸露的区域，及由于盗挖而植被荒芜的区域，在同土地所有者进行协商后，制定植被恢复禁止入内的规定，对动物的规定也基于此原则。

野营：野营只可在规定的野营区进行。

户外演唱会：在园区以及广场办户外演唱会，不可以由于噪声而给其他游客造成麻烦，要考虑到日期、时间、位置等限定因素。此外，对听众或者媒体记者对周边动植物的踩踏要采取相应的应对措施，结束后要尽到清扫整理的义务。

定向越野：主办方选择场地要考虑到践踏对动植物造成的损伤，路线要避开车流量大的车道，不可进入私人住宅、私有田地。

喂食：不可随意投喂园区内出现的野猴等野生动物，相关管理者要注意宣传投喂原则。

垂钓：渔业协会等要协助管理钓鱼者鱼线的放置、垃圾的丢弃、鱼饵的投放过多等行为。

宠物的携带：对于在园区、步道等地，要注意管理携带犬类等宠物的游客，以免对野生动植物以及其他游客造成不良影响，也要注意不要有丢弃宠物的行为。

（四）中国台湾地区垦丁"国家公园"①

1. 公园概况

垦丁"国家公园"位于台湾岛最南端的恒春半岛。其中陆地面积180.83km²，海域面积152.06km²，海陆域合计共332.89km²，属热带区域。公园景观以海域珊瑚礁生态环境、热带动植物和候鸟栖息地、先民文化遗迹为代表。

垦丁"国家公园"陆地范围西边包括龟山向南至红柴之台地崖与海滨地带，南部包括龙銮潭南面之猫鼻头、南湾、垦丁森林游乐区、鹅銮鼻，东沿太平洋岸经佳乐水，北至南仁山区。海域范围包括南湾海域和从龟山经猫鼻头、鹅銮鼻北至南仁湾间的海岸线距海岸一公里内的海域。

2. 发展目标

垦丁"国家公园"在中国台湾地区所谓"国家公园法"制定的保育、娱乐、研究的总目标前提下，依据实地情况制定以下详细发展目标（见附图5-51）。

保育研究与环境监测

提供各类科学研究、教学、自然研习及环境教育之场所与机会，防范外来物种及各类污染源入侵，进行长期生态监测，以确保园区生物多样性及永续

---

① 本案例分析以中国台湾地区"垦丁国家公园管理处"《垦丁国家公园计划—计划书（第三次通盘检讨）》（计划书的通盘检讨相当于中国大陆的规划修编）为依据。

附图 5 - 51　垦丁"国家公园"建立目标关系

性，配合土地复育策略，加强监测及防范，避免资源超限及不当利用，防止资源破坏，并恢复已遭破坏的重要生态系统及景观。

自然人文之生态旅游

确立尊重自然人文导向、强调教育与解说、在地组织主导、自然环境与社会文化负面影响最小、永续经营、回馈社区与社区参与等目标下，推动生态旅游。营造自然、洁净、安全、亲善的休憩环境、设施及服务，辅以生态旅游的规划，提供优质"国家公园"的体验。

民众参与之生态保育

在经营管理层面，强化与地方社区之互动关系，透过住民咨询及走动等管理方式，建立和谐、有效的沟通平台，保存少数民族文化，发掘地方特色，协助在地发展，凝聚维护环境资源的共识，共谋环境保育之目标，达到在地保育、社区保育的最大成效。

生态工法之环境维护

公共设施皆要求合乎生态及自然，以生态工程及减法设计为准则，并推行设施总检查，将每一个据点设施重新定位，提供更优化、生态化及人性化的设施。

持续建设监理环境资源资料库

建立区域内自然资源、人文资料与环境改变动态等咨询的基本资料库，提供区域内资源保育、复育与利用等经营管理的参考。

基于"国家公园"的政策指导背景，构建垦丁"国家公园"整体规划思路框架：

①以环境资源保护为园区发展的基础；

②订立垦丁"国家公园"绩效衡量指标与年度考核研究；

③兼具永续发展与管用相符的土地使用分区计划；

④转变现行旅游模式，以前瞻性角度规划未来旅游形态；

⑤提升园区整体景观风貌，打造国际级观光景点；

⑥回应近年全球气候变暖与本园区敏感脆弱环境的需求，新增防火计划以响应各式自然或人为灾害的预防与应对。

3. 功能分区

依据台湾地区"国家公园法"规定，垦丁"国家公园"陆地部分划分为5个区域：生态保护区、特别景观区、史迹保存区、游憩区、一般管制，海域部分划分为4个区域：生态保护区、特别景观区、游憩区、一般管制区。其中陆地部分的划分除配合生态资源、地形地势、土地使用现状、土地权属、景观因素及游憩需求外，每一区域内须具有共同特性及理想形状与适当面积，其范围则尽量以河川、溪流、山脊线、谷线或其他明显物理界线为界。

（1）生态保护区

是指为供研究生态而应严格保护的天然生物社会及其生育环境的地区及海域，具有下列条件之一者划设为生态保护区：

①生物社会未被人为重度干扰，尚能保持原始天然状态而继续其自然营力作用之地区；

②繁衍的生物种类众多足以代表某一大区域内生态特性的地区；

③濒临绝种或稀有动物分布的地区；

④具有学术研究价值的生态资源需特别保护的地区；

⑤局部生态环境已遭人力破坏，做适当治理后可观察其复旧潜力的地区；

⑥位于保护自然生态体系而须纳入的缓冲地带。

（2）特别景观区

是指无法以人力再造的特殊天然景致而严格限制开发行为的地区和海域，具有下列条件之一者划为特别景观区：

①天然资源目前尚保存完整，在同类资源中具有代表者；

②具有珍稀的天然资源或景观应严加保护地区；

③计划范围内独特的地理自然标志或雄伟壮观的天然景致；

④具有叙述研究价值的地质、地形、动物分布地区；

⑤足以显示本"国家公园"的特色并可供观赏或环境教育的天然资源分布地区。

⑥固有特殊天然景致虽遭人破坏，适当治理后可恢复旧日景观并成为本"国家公园"特色的地区。

（3）史迹保存区

是指为保存重要史前遗址、历史文化遗迹及有价值的历代古迹而划定的地区，具有下列条件之一者划定为史迹保存区：

①重要史前遗址分布地区；

②具历史价值的古建筑及文化资产；

③具考古价值的埋葬文化资产；

④具人类学与民俗学研究价值的文化资产。

（4）游憩区

是指适合各种野外娱乐活动，并准许兴建适当娱乐设施及有限度资源利用行为的地区或海域，具有下列条件之一者划定为游憩区：

①具有天赋娱乐资源、景观优美可供游憩活动的地势平缓地区或海域；

②区位适中、视野良好的地区；

③配合特殊游憩活动所必需的地域或海域；

④目前已供游憩活动使用的地区；

⑤因应旅游活动必须兴建服务设施的地区。

（5）一般管制区

是指"国家公园"区域内不属于上述四种分区的陆地与海域。为维护环境品质及便于管理，一般管制区依实地情况划分为下列各种不同的用地，加以各种不同的管制。其中，陆地部分包括下列用地：

①乡村农业用地：指目前聚居人口数达200人以上，住宅用地密集而面积超出一公顷的地区，或配合政府重大措施设定的住宅用地，或毗邻现有学校的住宅用地和学校用地。

②机关用地：基于公共安全或管理需要或配合特定目的事业划定供机关使用的土地。

③道路用地：依"公路法"第二条定义的公路以及经垦丁"国家公园管理处"设定为输运旅客与登山健行活动使用，或配合当地生产事业需要划定供道路、步道及其设施使用的土地。

④港埠用地：为发展海域观光游憩或提供渔业需求，划设供渔船、游艇及

其相关设施使用的土地。

⑤农业用地：为维持农业生产，适于农耕不破坏水土保持的地区。

⑥林业用地：为涵养水源、水土保持及维护天然景致而设立供林业及其设施使用的土地。

⑦畜产实验用地：指恒春畜产实验分所现有试验牧场及梅花鹿复育地区土地。

⑧河川用地：现有河川或配合水利事业而划定的土地。

⑨墓葬用地：配合当地民俗风俗需要划定的供埋葬使用的土地。

⑩绿带用地：为美化环境或隔离使用划定供栽植花草、林木的土地。

⑪海洋生物博物馆暨相关服务设施用地：配合教育主管部门设置海洋生物博物馆暨相关服务设施使用的土地。

⑫学校用地：供学校教学、行政管理、实验、运动等所需之建筑物及其必要设施使用而划定的土地。

⑬加油站用地：以供建筑车辆加油设施使用为目的。

4. 管理机制

（1）管理架构

由"内政部"下的"营建署"管辖，"营建署"下设"国家公园组"，"国家公园组"下设垦丁"国家公园管理处"，掌管垦丁"国家公园"的规划建设、经营管理、保育与协调等事项，设置企划经营科、公务建设科、观光游憩科、保育研究科、解说教育科，且配置"国家公园"警察队，该队直属"内政部警政署"，但接受"国家公园管理处"处长的指挥与监督，并由"国家公园管理处"编列经费维持其职务所需。警察队的任务为配合管理处执行园内的治安秩序维护、灾害抢救、自然资源及环境保护，以及处理"国家公园法"暨有关警务安全事项①（见附图5-52）。

（2）土地管理

垦丁"国家公园"陆域土地以农、林、牧等非建成地使用为主（见附表5-49、附图5-54），约占园区陆地总面积的95%，其余为住宅、商业、机

---

① 徐国士，《台湾地区国家公园的生态教育》，https：//wenku. baidu. com/view/43980f48e45c3b3567ec8bff. html。

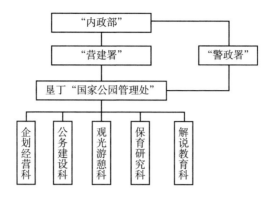

附图 5-52　垦丁"国家公园"管理架构

关、学校、道路用地，以及停车场及墓地等，约占园区总面积的5%（见附图
5-53、附图5-55）。

附表 5-49　垦丁"国家公园"土地使用现状面积分配表

单位：公顷，%

分类	面积	百分比1[①]	百分比2[②]
一　建成地			
住宅使用	208.25	50.25	1.15
商业使用	12.63	3.05	0.07
机关	33.53	8.09	0.19
学校	18.09	4.37	0.10
道路	118.20	28.52	0.65
停车场	10.90	2.63	0.06
墓地	12.81	3.09	0.07
小计	414.41	100.00	2.29
二　非建成地			
农地	2638.74	14.94	14.59
牧地	1113.37	6.30	6.16
林野地	13296.41	75.27	73.53
裸露地	409.12	2.32	2.26
河川、湖泊	207.75	1.18	1.15
小计	17665.39	100.00	97.69
总计	18079.80	—	99.98

注：①建成地、非建成地各部分面积占比。②各部分总面积占比。

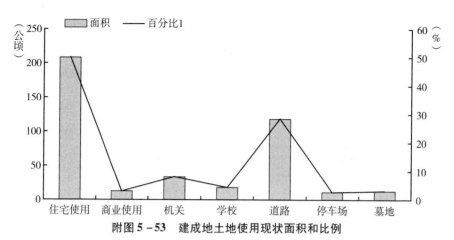

附图 5 - 53　建成地土地使用现状面积和比例

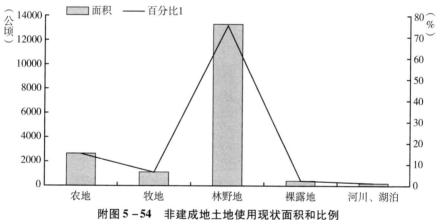

附图 5 - 54　非建成地土地使用现状面积和比例

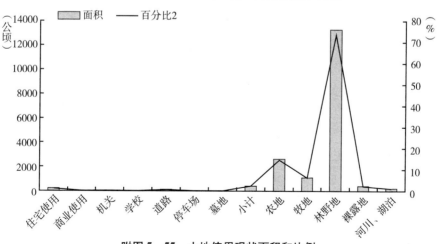

附图 5 - 55　土地使用现状面积和比例

垦丁"国家公园"的土地所有权以公有地为多，占总面积的78.63%，私有地占总面积的21.36%，本区公有土地主要为林班地、"国有林区"、保安林、实验牧场用地、林业实验所用地及未登陆的原野地等（见附表5-50、附图5-56）。

附表5-50 园区土地权属分配表

单位：公顷，%

分类	面积	百分比
私有地	2772.38	21.36
垦丁"国家公园管理处"	1475.83	11.37
台湾地区"财政部国有财产局"	3259.07	25.11
台湾地区"行政院农业委员会林务局"	2559.54	19.72
其他	2910.78	22.43

注：以地政机关登记面积为准。

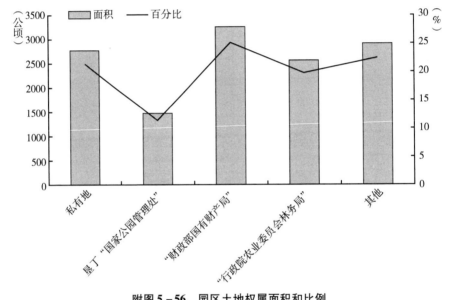

附图5-56 园区土地权属面积和比例

（3）资源管理

垦丁"国家公园"为使本地区特殊的自然风景、野生动物及史迹能够永续保存，除了依据"国家公园法"及其实施细则及其他有关规定之外，又就各类天然资源的性质与特性制订了保护管制计划，包括地形地质及其景观资源的保护、动植物资源及其景观的保护、海洋生物资源及其景观的保护、文化古迹的保护与防灾计划的制订。

①地形地质及其景观资源的保护

垦丁"国家公园"内地形上是中央山脉向南延伸的丘陵地带,其地层与地质结构富于变化,记载着地壳运动史与岩石形成史,具有学术研究与环境教育的功能,同时,因其变化多端,形成了丰富的内容,具有许多奇特景观供观赏。针对以上需求,垦丁"国家公园"从区域划分、服务设施的建设与土地的使用三个方面采取保护措施。

在分区方面,垦丁"国家公园"将急需保护的地形地质及其景观资源均划为生态保护区或特别景观区,按照分区管理的政策进行保护。在服务设施建设方面,建设简易人行步道并配设观景区。非经"国家公园管理处"的许可,游客不得擅自离开步道或景观区。除必要的安全、卫生、环境教育措施,以及简易路旁停车场外,不得兴建任何建筑物。除必要解说标示牌外,禁止广告、招牌或其他类似物的设置。在土地的使用方面,禁止原有地形、地势、地物之人为改变或矿物、土石的开采,禁止破坏岩石。除经"国家公园管理处"的许可,禁止车辆进入,禁止放牧牲畜。原有合法建筑物仅可进行维修改建,并须先征得"国家公园管理处"的许可,特别景观区内原有合法建筑物办理移建后,其原有土地及建筑物应由"国家公园管理处"有限办理征收。

②动植物资源及其景观的保护

垦丁"国家公园"所处地区属热带性气候,地形富于变化,四周被海洋包围,是各种动植物种群的理想栖息地,在台湾其他地区所罕有,极具学术科研价值,其中以冬候鸟的景观最为罕见。为保护以上资源,垦丁"国家公园"从区域划分、动植物保护允许措施、服务设施建设与土地使用四个方面进行保护。

在分区方面,垦丁"国家公园"将需要保护的地区划入生态保护区与特别景观区,其中部分地区划设为工作研究生态的样本区,除经"国家公园管理处"允许的生态研究人员外,其他任何人员不准进入。生态保育区为学术研究、公共安全、公园管理上的特殊需求,除经"内政部"许可外,禁止行驶动力或非动力交通或游憩工具,并禁止任何建筑物的建造,特别景观区内除必要的安全、卫生、环境教育设施及简易路旁停车场外,不得兴建任何建筑物。在动植物保护举措方面,为保护珍贵或濒临灭绝的动物,设置必要的设施或移植至适当的地区;为恢复原有动植物并观察其恢复潜力,经"国家公园

管理处"许可可做局部环境的治理。在服务设施建设方面，辟建简易人行步道并配设观景区，非经"国家公园管理处"许可，游客不得擅自离开步道与观景区。在土地的使用方面，禁止改变原有地形、地势、地物或开采矿物、土石，禁止放牧或车辆进入，除了必要的解说标示牌外，禁止广告、招牌或其他类似的设置。原有合法建筑物仅可以进行修建或移建，并须先征得"国家公园管理处"的许可。生态保育区与特别景观区内原有合法建筑物办理移建后，其原有土地及建筑物应由"国家公园管理处"有限办理征收。

③海洋生物资源及其景观的保护

垦丁"国家公园"所处的恒春半岛沿海水质清澈碧蓝，大致未受污染，野生动物种类丰富，海洋地形富于变化，具有极高的学术研究价值，也是重要的产业资源，可用于开展潜水、游泳、钓鱼、滑水、帆船、游艇等各种海上娱乐活动（严格保护前提下）。主要的保护措施是公布一些禁止事项，除经垦丁"国家公园管理处"许可外，禁止捕捉、采捞及破坏海域动植物资源，禁止任何建筑物及人工设施的兴建，禁止钓鱼，禁止毒、炸、电鱼与非经许可采捞珊瑚、贝类。禁止投放人工鱼礁、采矿、爆破及其他改变地形等行为。禁止油污、废水、化学药剂及废弃物等排放及使用。禁止动力及非动力的船只及其他载具驶入本区。

④文化古迹的保护

文化古迹在考古学、历史学、民俗学、人类学上具有意义与价值，并可供瞻仰借以启迪民族意识。垦丁"国家公园"所属地区仍保留有先民的垦荒经营痕迹，是重要的文化古迹。

针对以上需求，垦丁"国家公园"规定对古物、古迹及原有建筑物之修建或重建应保存其原有形态，由"国家公园管理处"拟订计划书提请"内政部""国家公园计划委员会"审议后实行。除为修建或重建古建筑，禁止敲击或挖掘等破坏行为。为推动园区环境教育深度旅游，在不妨碍文化资产的保存与观赏原则下，其附近可设置停车场、资料展览室与卫生设施或广植林荫等。其解说与休憩设施配置应整体规划，并经"国家公园管理处"同意。除必要的解说标示牌外，禁止广告、招牌或其他类似物的设置。禁止在古迹上加刻文字或图形。经"国家公园管理处"同意的学术机构可进行考古研究，但不得破坏文化资产。

（4）防灾计划

垦丁"国家公园"的东部与南部为台风多发区，主要灾害包括台风、地震、淹水、泥石流、森林火灾及可能的核能灾害。为更好地保护"国家公园"内的自然与文化资源，垦丁"国家公园"制订了详细的防灾计划，提出厚植防灾观念，整合各方资源，建立各阶层防灾工作责任体制，并纳入民众自主防灾系统，达到永续发展"国家公园"的目标，包括灾害预防、自然灾害应变、核能灾害应变、核能灾害抢救、收容、救治与灾后复原等方面的计划。

5. 经营机制

垦丁"国家公园"的经营事业，由主管机关依据"国家公园"计划决定，必要时主管机关可以奖励地方管理部门、私人或团体，在"国家公园管理处"监督下投资经营，并收取一定费用；其申请资格、申请与审核程序、监督管理、奖励、撤销或废止许可、代管或退场机制及其他相关事项之办法与收费基准，由主管机关商议有关机关决定。

6. 资金机制

垦丁"国家公园"的经费来源是政府财政拨款、公营事业机构或公私团体的捐献（财物及土地）。其中政府财政拨款占绝大部分。目前垦丁"国家公园"不收门票，积极开展生态旅游活动，以带来相关产业税收增加，政府的税收增加后，再以预算的方式把资金"返还"到"国家公园"。垦丁"国家公园管理处"每年会制定详细的预算金额与资金走向。2016 年的预算金额为3.06 亿新台币，约合 6136.9 万元人民币①，主要用于人员维持、基本行政工作维持、经营管理计划、解说教育计划、保育研究计划、土地购置计划、营建工程计划、交通及运输设备计划和其他设备计划。

7. 案例评述与借鉴

（1）案例评述

深入细致的研究和庞大的调研数据支持

规划前的研究和调研对于户外游憩规划策略的制定十分关键。深入细致的研究，包括课题分析、政策解读、执行情况，以及对"国家公园"发展新政策与理念趋势的研究，并进行地理环境、生态体系与游憩资源、游憩活动与旅游设施等内容的大规模调研，从而能够基于丰富的前期资料进行分区、保护、利用与管理规划。

---

① 数据来源：2016 年垦丁"国家公园管理处"岁出计划提要及分支计划概况表。

以明确的目标、清晰的主线引领规划

"国家公园"的规划非常强调目标制定的重要性，规划决策首先建立目标，而这一目标是之后"国家公园"所有规划决策的依据来源。通过对规划目标不同程度的具体化和细化，形成规划思路，制定规划措施，可以减少规划过程中的盲目性，提高规划效率。

（2）对大陆地区国家公园建设的借鉴

注重调研

以往中国大陆的景区规划在基础调研方面做得较弱，大多来自县志等二手资料，很少有调研充分、分析精准的一手调研资料。因此，规划文本呈现基础资料薄弱，缺乏支撑难以说明问题。垦丁"国家公园"的文本具有大量的一手调研资料、丰富的图表和大量的分析内容，既是规划文本更是调研报告，分析结论真实可信。

明确目标

明确国家公园的建立目标是实现资源的永续保护、利用和研究。因此，所有的规划内容都将围绕这一目标展开，所以保护是第一位的。基础资源评价、社会影响评价、防灾规划、景观管理规划等，都是为了保护和永续利用景观资源进行的基础性工作。在此基础上，才可能为大众提供游憩、教育、科研机会。

多规融合

国家公园的规划涉及资源、历史、社会、经济等方方面面。因此，国家公园的规划应该由"一规"（《国家公园总体规划》）统领"多规"，这也是解决中国很多自然保护地"一地多牌""一地多主"问题的起始手段。例如，九寨沟既是国家级自然保护区，又是国家级风景名胜区。因此，在规划制定和执行的管理中，既要满足《自然保护区条例》的要求，又要满足《风景名胜区条例》的要求。九寨沟的管理机构在这其中不仅可能左右为难，还可能为了便于开发两头钻空子。如果九寨沟未来要创建国家公园，首先要一规统领、多规融合，以多规合一为手段，从而在起步环节既堵住保护漏洞，也为符合法规的利用指明出路。

（本部分初稿执笔：张玉钧、张婧雅、李卅、徐亚丹、安童童、尚琴琴、彭林林、程红光、崔祥芬、周璞、朱彦鹏）

湖南南山国家公园管理局行政权力清单和来源

附表 6-1 湖南南山国家公园管理局行政权力清单（试行）

序号	权力类别	事项名称	管理形式	备注
一	省发展改革委授予湖南南山国家公园管理局市县级经济社会管理权限目录（共 3 项，其中行政许可 1 项，其他行政权力 2 项			
1	行政许可	权限内省重大和限制类企业投资项目核准,项目包括:①除应由省级以上投资主管部门核准和跨县市区河流以外的县域内水库项目;②除应由省级以上投资主管部门核准的其他水事工程项目;③非军区跨县或非跨河系调水项目或非跨界水电站项目;④沼气发电项目;⑤风电项目;⑥县域内除应由省级以上投资主管部门核准以外的独立公路桥梁、隧道项目;⑦除应由省级投资主管部门核准以外的内河航运项目;⑧除应由省级投资主管部门核准以外的城市供水项目(跨县市调水项目除外);⑨电网工程;除应由省级以上投资主管部门核准,中央在湘企业以外的 220 千伏以下电网项目;⑩公路:除应由省级以上投资主管部门核准以外、独立公路桥梁、隧道项目;⑪旅游:国家级风景名胜区、国家自然保护区、全国重点文物保护单位总投资 1000 万元以上、3000 万元以下和省级自然保护区(含增资)1 亿美元以下及以下鼓励类项目	授权前实施主体为省发展改革委;授权后湖南南山国家公园管理局(以下简称"管理局")直接实施	
2	其他行政权力	权限内省预算内基建投资及专项资金安排	授权前实施主体为省发展改革委;授权后管理局直接报省发展改革委,抄送邵阳市发改委	

续表

序号	权力类别	事项名称	管理形式	备注
3	其他行政权力	权限内政府投资项目核准	授权前实施主体为省发展改革委；授权后管理局直接报省发展改革委，抄送邵阳市发改委	
二	省自然资源厅授予湖南南山国家公园管理局市级经济社会管理权限目录（共9项，其中行政许可1项，其他行政权力8项）			
1	行政许可	中小型地质环境治理项目立项审批	授权前实施主体为省自然资源厅；授权后管理局直接实施	
2	其他行政权力	建设项目使用四公顷以上国有未利用土地审批	授权前实施主体为省自然资源厅；授权后管理局直接报省自然资源厅，抄送邵阳市国土资源局	
3	其他行政权力	城乡建设用地增减挂钩试点项目实施方案审批	授权前实施主体为省自然资源厅；授权后管理局直接报省自然资源厅，抄送邵阳市国土资源局	
4	其他行政权力	基本农田划定审核	授权前实施主体为省自然资源厅；授权后管理局直接报省自然资源厅，抄送邵阳市国土资源局	
5	其他行政权力	建设用地占补平衡指标挂钩审查	授权前实施主体为省自然资源厅；授权后管理局直接报省自然资源厅，抄送邵阳市国土资源局	
6	其他行政权力	土地复垦方案审查	授权前实施主体为省自然资源厅；授权后管理局直接报省自然资源厅，抄送邵阳市国土资源局	

续表

序号	权力类别	事项名称	管理形式	备注
7	其他行政权力	永久性测量标志拆迁审批	授权前实施主体为省自然资源厅；授权后管理局直接报省自然资源厅，抄送邵阳市国土资源局	
8	其他行政权力	农用地转用、征收土地审查（含城市批次、乡镇批次、单独选址项目用地）	授权前实施主体为省自然资源厅；授权后管理局直接报省自然资源厅，抄送邵阳市国土资源局	
9	其他行政权力	建设项目用地预审（省级预审项目）	授权前实施主体为省自然资源厅；授权后管理局直接报省自然资源厅，抄送邵阳市国土资源局	
三	省生态环境厅授予湖南南山国家公园管理局省级经济社会管理权限目录（行政许可1项）			
1	行政许可	环评审批权限内相对应的噪声、固废污染防治设施验收	授权前实施主体为省生态环境厅；授权后管理局直接实施	
四	省住房和城乡建设厅授予湖南南山国家公园管理局省级经济社会管理权限目录（其他行政权力1项）			
1	其他行政权力	城镇排水与污水处理规划备案	授权前实施主体为省住房和城乡建设厅；授权后管理局直接报省住房和城乡建设厅，抄送邵阳市住房和城乡建设局	
五	省交通运输厅授予湖南南山国家公园管理局省级经济社会管理权限目录（共3项，其中行政许可2项，其他行政权力1项）			
1	行政许可	设置非公路标志审批	授权前实施主体为省交通运输厅；授权后管理局直接实施	
2	行政许可	更新砍伐公路护路树木审批	授权前实施主体为省交通运输厅；授权后管理局直接实施	

续表

序号	权力类别	事项名称	管理形式	备注
3	其他行政权力	省立项的水运建设项目初步设计文件审批	授权前实施主体为省交通运输厅；授权后管理局直接报告交通运输厅，抄送邵阳市交通运输局	
六		省水利厅授予湖南南山国家公园管理局省级经济社会管理权限目录（共6项，其中行政许可1项，行政征收2项，其他行政权力3项）		
1	行政许可	取水许可审批	授权前实施主体为省水利厅，城步苗族自治县水利局；授权后管理局直接实施，抄送部阳市水利局	
2	行政许可	生产建设项目水土保持方案审批和验收（县域内省级立项的占地10公顷以下且挖填土石方10万立方米以下的）	授权前实施主体为省水利厅；授权后管理局直接实施，抄送邵阳市水利局	
3	行政征收	水资源费征收	授权前实施主体为省水利厅；授权后管理局直接实施，抄送邵阳市水利局	
4	其他行政权力	县域内总投资500万元以下水土流失治理项目的实施方案审批	授权前实施主体为省水利厅；授权后管理局直接实施，抄送邵阳市水利局	
5	其他行政权力	县域内省级审批且不跨行政区域的生产建设项目的水土保持补偿费征收使用和管理	授权前实施主体为省水利厅；授权后管理局直接实施，抄送邵阳市水利局	
6	其他行政权力	水资源补助项目申报审批	授权前实施主体为省水利厅；授权后管理局直接实施，抄送邵阳市水利局	
七		省农业农村厅授予湖南南山国家公园管理局省级经济社会管理权限目录（共2项，均为行政许可）		
1	行政许可	国家二级保护野生动物特许猎捕证和省重点保护野生动植物特许采许可	授权前实施主体为省农业农村厅；授权后管理局直接实施	

438

续表

序号	权力类别	事项名称	管理形式	备注
2	行政许可	驯养繁殖国家二级保护和省重点保护水生野生动物审批	授权前实施主体为省农业农村厅；授权后管理局直接实施，抄报部阳市农委	
八、省林业局授予湖南南山国家公园管理局省级经济社会管理权限目录（共12项，其中行政许可2项，其他行政权力10项）				
1	行政许可	驯养繁殖国家二级保护和省重点保护野生动物审批	授权前实施主体为省林业局；授权后管理局直接实施，抄送部阳市林业局	
2	行政许可	进入林业部门管理的自然保护区核心区从事科学研究观测、调查活动审批	授权前实施主体为省林业局；授权后管理局直接实施，抄送部阳市林业局	
3	其他行政权力	风景名胜区重大建设项目选址方案核准	授权前实施主体为省林业局；授权后管理局直接报省林业局，抄送部阳市林业局	
4	其他行政权力	造林作业设计审批	授权前实施主体为省林业局；授权后管理局直接实施，抄送部阳市林业局	
5	其他行政权力	采集、采伐国家重点保护天然种质资源审批	授权前实施主体为省林业局；授权后管理局直接报省林业局，抄送部阳市林业局	
6	其他行政权力	省级权限内建设工程征占用林地审批	授权前实施主体为省林业局；授权后管理局直接报省林业局，抄送部阳市林业局	
7	其他行政权力	省级权限内森林资源流转项目审批	授权前实施主体为省林业局；授权后管理局直接报省林业局，抄送部阳市林业局	

续表

序号	权力类别	事项名称	管理形式	备注
8	其他行政权力	森林生态效益补偿基金公共管护支出项目审批	授权前实施主体为省林业局；授权后管理局直接报省林业局，抄送部邵阳市林业局	
9	其他行政权力	非国家重点保护野生动物猎捕种类及年度猎捕量限额计划审批	授权前实施主体为省林业局；授权后管理局直接报省林业局，抄送部邵阳市林业局	
10	其他行政权力	林木采伐指标计划审批	授权前实施主体为省林业局；授权后管理局直接报省林业局，抄送部邵阳市林业局	
11	其他行政权力	林地定额计划审批	授权前实施主体为省林业局；授权后管理局直接报省林业局，抄送部邵阳市林业局	
12	其他行政权力	县级林地保护利用规划审核	授权前实施主体为省林业局；授权后管理局直接报省林业局，抄送部邵阳市林业局	
九、省文化和旅游厅授予湖南南山国家公园管理局省级经济社会管理权限目录（行政许可1项）				
1	行政许可	旅行社设立分社、服务网点备案	授权前实施主体为省文化和旅游厅；授权后管理局管理局直接实施	
十、省文物局授予湖南南山国家公园管理局省级经济社会管理权限目录（其他行政权力6项）				
1	其他行政权力	在省级文物保护单位的保护范围内进行其他建设工程、爆破、钻探、挖掘等作业审批	授权前实施主体为省文物局；授权后管理局直接报省文物局，抄送部邵阳市文物局	

续表

序号	权力类别	事项名称	管理形式	备注
2	其他行政权力	权限内不可移动文物的原址重建、迁移、拆除及改变用途审批	授权前实施主体为省文物局；授权后管理局直接报省文物局，抄送部阳市文物局	
3	其他行政权力	省级文物保护单位修缮、实施原址保护措施审批	授权前实施主体为省文物局；授权后管理局直接报省文物局，抄送部阳市文物局	
4	其他行政权力	拍摄省级文物保护单位、制作考古发掘现场专题类、直播类节目，为制作出版物、音像制品拍摄馆藏文物，境外机构和团体拍摄考古发掘现场等审批	授权前实施主体为省文物局；授权后管理局直接报省文物局，抄送部阳市文物局	
5	其他行政权力	省级文物保护单位（含省级水下文物保护单位、水下文物保护区）的认定及撤销	授权前实施主体为省文物局；授权后管理局直接报省文物局，抄送部阳市文物局	
6	其他行政权力	全国重点文物保护单位、省级文物保护单位的开发利用情况综合评估	授权前实施主体为省文物局；授权后管理局直接报省文物局，抄送部阳市文物局	

图书在版编目（CIP）数据

中国国家公园体制建设报告. 2019－2020 / 苏杨，张
玉钧，石金莲主编. －－北京：社会科学文献出版社，
2019.12
　（国家公园蓝皮书）
　ISBN 978－7－5201－5896－1

　Ⅰ.①中…　Ⅱ.①苏…　②张…　③石…　Ⅲ.①国家公
园－体制－研究报告－中国－2019－2020　Ⅳ.
①S759.992

中国版本图书馆 CIP 数据核字（2019）第 288620 号

国家公园蓝皮书
中国国家公园体制建设报告（2019~2020）

主　　编 / 苏　杨　张玉钧　石金莲
副 主 编 / 王　蕾　陈吉虎　何思源

出 版 人 / 谢寿光
组稿编辑 / 宋月华
责任编辑 / 韩莹莹

出　　版 / 社会科学文献出版社·人文分社（010）59367215
　　　　　　地址：北京市北三环中路甲 29 号院华龙大厦　邮编：100029
　　　　　　网址：www.ssap.com.cn
发　　行 / 市场营销中心（010）59367081　59367083
印　　装 / 三河市龙林印务有限公司

规　　格 / 开　本：787mm×1092mm　1/16
　　　　　　印　张：29　字　数：485 千字
版　　次 / 2019 年 12 月第 1 版　2019 年 12 月第 1 次印刷
书　　号 / ISBN 978－7－5201－5896－1
定　　价 / 168.00 元

本书如有印装质量问题，请与读者服务中心（010－59367028）联系